谨以此书纪念恩师曾庆元院士
100周年诞辰！

本教材第 2 版曾获 2021 年度湖南省研究生优秀教材

结构动力学讲义

Lectures on Dynamics of Structures

周智辉　文　颖　曾庆元　编著

第 3 版

人民交通出版社

北　京

内 容 提 要

本书系统论述了结构动力学的基本概念与原理,除了包括传统的结构动力学理论,还包括中南大学在结构动力学领域的科研成果,即弹性系统动力学总势能不变值原理、形成系统矩阵的“对号入座”法则及程序实现方法。

本书分9章,第1章结构振动引论、第2章系统运动方程的建立、第3章单自由度系统的振动分析、第4章多自由度系统振动分析的振型叠加法、第5章连续系统(直梁)的振动分析、第6章固有频率和振型的近似计算、第7章自由度缩减、第8章逐步积分法、第9章随机振动初步,以及附录。

本书可作为高等教育工程学科(包括土木工程、交通运输工程、机械工程等)高年级本科生及研究生的教材或教学参考书,也可供有关教师、研究人员及工程技术人员参考。

Summary of Contents

This book systematically introduces the fundamental concepts and principles of dynamics of structures. It covers topics not only of the classical theory of structural dynamics but of some contributions presented by Central South University, including the principle of total potential energy with stationary value in elastic system dynamics, and the “set-in-right-position” rule for assembling system matrices and implementation method by programming.

The book is divided into 9 chapters. Chapter 1 introduces the overview of structural dynamics. Chapter 2 presents the formulation of equations of motion of systems. Analysis of dynamic response of SDOF systems and the MDOF systems (mode superposition method) are demonstrated in Chapter 3 and Chapter 4 respectively. Then, Chapter 5 illustrates the analysis of dynamic response of continuous systems (straight beam). Chapter 6 presents the approximate evaluation of natural frequencies and mode shapes. The reduction of degrees of freedom in dynamic analysis is introduced in Chapter 7. Chapter 8 and Chapter 9 clarify the step-by-step integration method and fundamentals of random vibration respectively. Finally, several appendices are also included in this book.

The book can be used as a textbook or supplementary material for engineering undergraduates with a background in Civil, Traffic & Transportation, Mechanical Engineering as well as graduate students. It will also be a handy reference for college teachers, researchers and practical engineers.

第3版前言

本书第2版于2017年出版,在此后几年的教学与科研过程中我们一直思考如何对其进行完善和修订,读者也给我们提供了一些修改建议。2020年,我们对本书第2版作了一定的补充与修订,并将修订后的稿件翻译成英文。2021年出版了英文版教材 *Fundamentals of Structural Dynamics*(Elsevier与中南大学出版社联合出版),这促进了中国教育的国际化发展,为双语教学提供了参考资料。2022—2023年,我们在前期工作的基础上又补充了一些内容,如随机振动基础知识、动态子结构法、复振型分析方法、非线性振动迭代分析方法等,并增加了习题与MATLAB计算程序。把近几年积累的资料整理成《结构动力学讲义》(第3版)书稿,希望对相关教学与科研工作有所裨益。

与本书第2版相比,第3版主要补充与修订内容如下:

(1)增加一项科研成果——基于MATLAB等语言符号运算功能的系统矩阵形成方法,方便编写动力有限元计算程序。

(2)考虑到结构振动研究从确定性向随机性延伸的需要,增加"随机振动初步"一章。

(3)第2版教材按一般性到特殊性思路先介绍多自由度系统,再介绍单自由度系统,考虑到由简到繁的认知习惯,第3版对上述内容进行了重新编排,改变了原有的叙述顺序；同时将多自由度系统振动分析与连续系统振动分析分列成两章。

(4) 将“自由度缩减”单独成章，并增加了与荷载相关的里兹向量、动态子结构法等内容。

(5) 对局部内容作了适当增加或删减，增加了虚位移原理、动力直接平衡法、杜哈美积分的数值计算、复振型分析方法、非线性系统振动迭代分析方法等，删除了测振仪表(位移计与加速度计)的设计原理等。

(6) 设置了适量的习题，并配备了本课程常用的 MATLAB 计算程序，有利于读者开展课后学习。

(7) 全面修订第 2 版教材的细节表述，力求内容精练、表述透彻。

经修订后，第 3 版教材的内容组织框架如下：第 1 章介绍结构振动的概况，明确本书的论述范围。第 2 章详细阐述建立系统运动方程相关的基础概念、基本原理及方法。第 3 章为单自由度系统的振动分析，与之关联的阻尼理论在本章一并介绍。第 4 章介绍多自由度系统的振动分析，重点是应用振型叠加法(包括复振型分析方法)求解系统响应。第 5 章通过分析直梁弯曲振动展示连续系统振动分析的解析方法。第 6 章为固有频率与振型的近似计算，是第 4 章系统固有动力特性分析的补充与延续，所述方法实用性更强。第 7 章介绍系统自由度的缩减，其本质是系统建模的内容，与第 2 章一脉相承，考虑需要用到振型等知识点，且该内容可作为选读材料，故单列一章于此。第 8 章介绍求解系统响应的数值方法——逐步积分法，并对算法的稳定性与精度分析作了详细阐述，此类方法应用广泛，且适用于非线性系统。前面讲述的响应分析仅涉及确定性振动问题，而第 9 章介绍随机振动的初步知识，主要包括数学基础、随机响应分析方法以及系统动力可靠度分析理论。

本书主要特点有：

(1) 内容包含中南大学在结构动力学领域的一些研究成果，如弹性系统动力学总势能不变值原理与形成系统矩阵的“对号入座”法则，以及基于 MATLAB 等语言符号运算功能的系统矩阵形成方法。

(2) 内容精练、篇幅适中，同时涵盖结构动力学的主要知识点；实例丰富，所选实例既是理论的具体展现，其定量讨论又起到了概念延伸的作用，便于初学者快速掌握结构动力学的基本知识。

(3) 满足常规课时的教学需求；对于 32 ~ 40 课时，可选讲确定性振动部分(第

1～8 章)；若为 48 课时，则可将随机振动内容(第 9 章)纳入教学。

全书修订工作由周智辉、文颖合作完成。硕士研究生肖舒晴、沈浩杰、段湘、宋含笑、刘艳箫、毛旺等承担了相关程序编制与图表绘制工作。

为读者提供一本称心的读物，给自己留下一份暖心的记忆，是作者编写此书的愿景。然而，限于自身学识，书中欠缺之处在所难免，敬请各位读者批评指正，我们的联系邮箱为 zzhyy@csu.edu.cn。闻过则喜，作者在此预先表示诚挚的谢意。

本书的编写与出版得到了中南大学研究生教材建设项目资助，人民交通出版社卢俊丽编辑给予了我们极大的信任与支持，在此表示衷心的感谢。

作　者

2024 年 5 月

第2版前言

我在长沙铁道学院读硕士研究生时，学习结构动力学，采用的教材就是本书油印稿。当时，学到曾老师提出的弹性系统动力学总势能不变值原理与形成系统矩阵的“对号入座”法则，敬仰之情油然而生。因为在结构动力学这一经典力学领域，能够有创新、有发展，谈何容易。此后有幸追随曾老师攻读博士学位，从事车桥系统振动研究十余年，研究过程中，用到动力学的方法与概念时，总不忘温习油印稿中的相关章节，从中汲取养分，该书稿一直是我手边最重要的工具书。2012年，曾老师提议将此书稿整理出版。尽管他当时年近九旬，仍然翻阅原稿提出修改补充意见，安排我和文颖对原稿进行完善。历经3年，书稿终于在2015年11月出版面世。当我把新出版的书呈送到曾老师面前时，虽未见激动之情，但那满意的笑容至今记忆犹新。我知道，他每出一本书，就像看待小孩出生一样，看得很重。然而，万万没有想到，两个月后他住进了医院，并且再也没有回到他熟悉的校园，就这样永远地离开了他身边的人。现在想起，书稿得以及时面世，他能看一眼自己的作品，是何等庆幸，否则，我们将留下永远的遗憾。

对老师最好的纪念是继承他的事业并将其发扬光大。《结构动力学讲义》书稿虽已出版，并不表示它已经完美无缺。我们在教学与科研过程中，还在不断地思考如何将书稿做得更好一些。同时，很多同行朋友还有学生在阅读本书后，也给我们提出了许多中肯的建议,我们将这些一一记在笔记本上。恰逢此时出版社提议将原稿修改再版。我们也借此机会将近两年的思考反映到新的书稿之中,对原稿部分章节做了适当调整,具体如下:①除第一章外,其他各章开头增加了一段简短的导言,简述本章与其他章节的衔接关系。②原稿2.4、2.5与2.6节讲述了非驻定势场与第一类拉格朗日方程等内容,这部分难度较大,同时在工程中应用很少,故将其删除。③将原来5.1与5.2节形成系统矩阵的"对号入座"法则的内容提到第2章,使其置于运动方程建立的系统之中,这样可以更好地体现联合运用弹性系统动力学总势能不变值原理与此法则建立系统运动方程的优势。④将第5章标题改为"多自由度系统反应分析的振型叠加法",并添加了"系统自由度缩减"一节,着重阐述结构动力学自由度的概念,方便理解结构静力与动力自由度之间的关系。如此一来,第3、4、5章依次讲述多自由度系统(也包括连续系统)运动方程解耦为单自由度运动方程的方法、单自由度运动方程求解以及多自由度系统反应分析等内容,编排更趋一体,连贯性更强。⑤对结构振动分类、广义力以及哈密尔顿原理等细节性内容作了适当补充。

尽管追求完美一直是我们整理书稿的初衷,但是限于作者水平,错漏之处仍然难免,敬请各位同行朋友继续批评指正,我们的联系邮箱为 zzhyy@csu.edu.cn。

最后,向为本书稿完善工作献出劳动与智慧的朋友表示由衷的谢意。在此特别感谢人民交通出版社领导、李喆与周宇编辑长期以来对我们的鼓励与支持。

作　者

2017年7月

第1版前言

1980年以来,我为长沙铁道学院(现为中南大学)桥梁、轨道、岩土工程、应用力学等专业讲授硕士生课程“结构动力学”。当时,感到按一般顺序即由单自由度讲到多自由度,许多概念不便交代,如线性系统的微振动、主振动、振动按固有振型展开等。另外,觉得“结构动力学”的根本内容是能量原理的应用;而阐述能量原理如何应用于结构振动分析,必须针对多自由度系统。因此,讲授中先论述多自由度系统的振动分析,得出振型叠加法;然后,问题归结为单自由度系统的振动分析。这样,与一般著作的顺序不一致,学生复习不便,便提议印发讲稿。该讲稿在长沙铁道学院(后为中南大学)一直沿用30余年,油印稿尽管能够一定程度地满足本校研究生的教学需要,为了让更多学生或科研工作者读到该书稿,决定在原稿的基础上做一定的修改补充将其出版。

本书共分为7章。第1章介绍结构振动的基本概念。第2章介绍运动方程的建立,除介绍拉格朗日方程与哈密尔顿原理等经典理论外,还叙述了本人提出的弹性系统动力学总势能不变值原理。第3章为线性微振动正则化方程,从一般多自由度系统出发,推导出解耦的正则化方程,从而将多自由度系统线性微振动方程转化为单自由度方程的求解。第4章为单自由度系统的振动,本章一方面继续阐述第3章留下的单自由度方程的求解问题,另一方面引出了动力学的一些物理概念。第 5 章为结构振动问题的矩阵分析，本章特色在于运用本人提出的形成系统矩阵“对号入座”法则，建立矩阵形式的系统运动方程。第 6 章为频率与振型的近似计算，介绍了瑞利能量法、瑞利-里兹法、矩阵迭代法以及子空间迭代法求解结构自振特性的原理与过程。第 7 章介绍了逐步积分法，阐述了逐步积分法的基本思路，介绍了几种代表性的逐步积分方法，并对算法的稳定性与精度分析作了详细阐述。

在本讲义整理出版的过程中，我重新梳理了原稿的思路，提出了补充和完善意见。周智辉和文颖两位副教授根据补充和完善意见，查阅相关文献，完成了对原书稿的整理工作。硕士研究生林立科、杨露、钱志东、刘国、姜博、刘征宇、李特完成了本书稿文字打印和图表绘制工作。

本讲义出版过程中，得到了人民交通出版社和周宇编辑的大力支持，在此表示衷心的感谢。

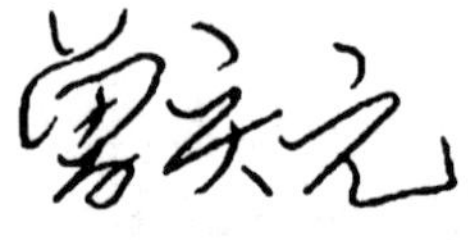

2015 年 5 月

目录

第1章

结构振动引论

1.1 结构振动分析的目的

在工程界,除静力问题外,还存在大量的动力问题。例如,地震作用下建筑结构的振动问题,机器转动产生的不平衡力引起的机器基础的振动问题,风荷载作用下大跨度桥梁、高层结构的振动问题,由轨面不平顺引起的列车-轨道-桥梁系统耦合振动问题,机床与刀具在加工时的振动问题等。

虽然在一般情况下,对结构设计和分析而言,静力问题是首先要面对的,而且是问题的主要方面,但有时动力荷载会严重影响结构的正常使用,甚至导致结构毁灭性破坏。例如,轨道状况恶化导致列车运行舒适性无法满足,甚至出现安全隐患;地震引起结构倒塌破坏;风振引起大跨度桥梁破坏等。因此,在工程结构的研究、设计和安全性评价时,进行结构动力反应分析对于减弱或消除振害非常重要。虽然在某些结构设计规范或结构动力反应分析中,简化起见,采用了一些拟静力计算方法,例如,结构抗震规范中采用的反应谱法,抗风分析中用等效静力形式的风压代替实际风压。但在这些方法中仍会涉及结构动力分析,例如需要确定结构的自振周期,而在多自由度体系的反应谱法分析中还需要确定结构振型等。

同时,振动也有有利的一面。例如,土建工程中广泛应用振动打桩、振动夯土、混凝土振动捣实、筑路机械振动压实与振动摊铺等；在冶金、煤炭等领域广泛进行振动给料、振动筛分、振动破碎、振动研磨、振动脱水等作业；地质领域利用振动对地下资源进行勘探。

结构动力分析的目的是确定动力荷载作用下结构的内力和变形，并通过动力分析确定结构的动力特性，以便控制振动危害，或发挥其有益的作用。结构动力学是研究结构动力特性及其在动力荷载作用下的动力反应分析原理和方法的一门理论和技术学科，为增强工程结构在动力环境中的可靠性提供坚实的理论基础。

1.2 结构动力问题的特点

动力问题在以下几个方面有别于静力问题：

(1)动力问题具有随时间变化的性质。由于作用在结构上的荷载和结构响应均随时间变化，动力问题不像静力问题那样不随时间变化。因此，动力分析要比静力分析更复杂且更费时。

(2)在动力问题中加速度起着很大作用。加速度引起与之反向的惯性力作用在结构上。例如，如图 1-2-1a)所示的悬臂梁在动力荷载 $F(t)$ 作用下发生振动时，梁中Ⅰ—Ⅰ截面弯矩 $M(t)$ 、剪力 $V(t)$ 不仅要平衡外荷载 $F(t)$ ，而且要平衡振动中梁的加速度所引起的惯性力。如果悬臂梁所承受的是静力 F ，如图 1-2-1b)所示，那么Ⅰ—Ⅰ截面弯矩 M 、剪力 V 只需平衡静力 F 。一般来说，在结构内部弹性力所平衡的全部荷载中，如果惯性力所占比例较大，就必须考虑问题的动力特性；反之，若荷载随时间变化十分缓慢，结构的振动也缓慢到致使惯性力小到可以忽略不计，即使荷载和响应随时间变化，对任何时刻的分析也仍可用静力分析方法解决。

(3)阻尼也是动力问题中需要考虑的重要因素。所有的结构在振动时都要消耗能量。当仅考察结构的固有特性，或只研究结构在较小时段内的动力响应时(如冲击荷载作用)，一般可以采用无阻尼分析。然而，当阻尼很大，或阻尼虽小但振动持续时间较长，或研究共振区的振动形态时，就必须考虑阻尼对结构振动的影响。

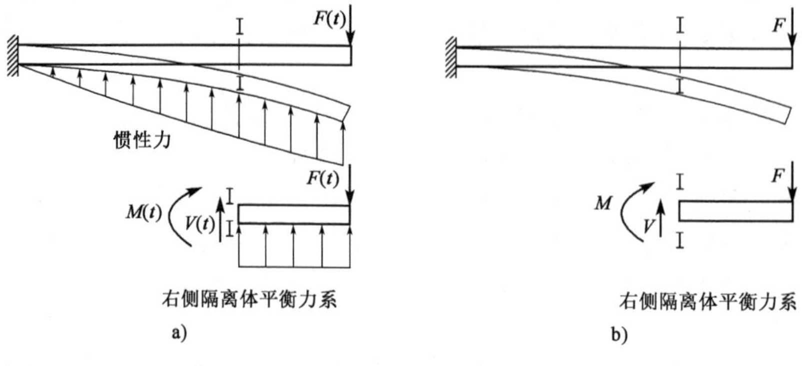

图 1-2-1 悬臂梁的动力与静力问题

a)动力问题；b)静力问题

1.3 振动分类

(1)按系统响应是否确定,振动分为确定性振动与随机振动。

①确定性振动——荷载与系统都是确定的,系统响应可以用一个确定的时间函数或者离散时间序列描述。

②随机振动——荷载或系统是不确定的,系统响应是随机的,但服从一定统计规律,可用概率统计的方法进行分析。风荷载引起的结构振动、列车在不平顺轨面运行导致的车-轨-桥系统振动等都是随机振动。本书主要讲述确定性振动分析方法,仅第 9 章简要介绍了随机振动的初步知识。

(2)按激扰因素的类型,振动分为自由振动、强迫振动、自激振动和参数激振。

①自由振动——外部扰动导致系统偏离初始平衡位置或系统具有初始速度,扰动迅速撤除后系统发生的振动,其振动特性仅取决于系统本身的物理特性(刚度、质量及阻尼等)。

②强迫振动——又称受迫振动,系统受到外界持续的激振作用而被迫产生的振动,其振动特性除了取决于系统本身的特性,还取决于激励的特性。

③自激振动——由系统自身运动引发和控制的振动。分析自激振动时,首先要确定系统的组成部分,此外还要弄清各部分相互作用和系统能量输入与消耗的过程。系统做自激振动时,以系统某一部分的周期振动从外界获取能量,其激振力是系统本身运动的位移、速度和加速度的函数。在自然界里、工程技术中乃至人们的日常生活中,自激振动无处不在,例如发动机的活塞运动、钟表运动、美国塔科马(Tacoma)桥风致振动以及微风中的树叶振动等。

仔细观察树叶在风力作用下的摆动过程,当微风吹向迎风而立的树叶时,风对叶片的推动使枝条弯曲,改变了叶片的迎风角度。一部分气流沿叶片滑过,减弱了风对叶片的正压力。于是枝条的弹性恢复力使叶片回归原处。如此重复不已,表现为树叶的顺风摆动现象。归纳上述过程可知:作为恒定能源的风并非周期变化,但它对叶片的作用力是周期变化的。变化的原因在于叶片自身的运动控制了风对叶片的作用。也就是说,叶片的运动成为风力能源的控制阀。

④参数激振——外力作用使系统的参数按一定规律变化,改变系统参数而产生的振动。摆长作周期性变化的单摆运动是参数激振的一个简单例子[图 1-3-1a)],考虑单摆微振动,其运动方程为 $\ddot{\varphi} + 2(\dot{l}/l)\dot{\varphi} + (g/l)\varphi = 0$,其中 φ 为单摆摆动角,$\dot{\varphi}$ 与 $\ddot{\varphi}$ 分别为摆动角对时间的一阶与二阶导数,l 为随时间变化的摆长,$\dot{l}$ 为摆长对时间的一阶导数,g 为重力加速度,推导过程见例 2-8-1,可见外力作用使系统参数随摆长 l 按一定规律变化,在系统运动方程中外力并不体现在荷载项。另一例子是周期变化轴向压力作用下直杆发生振幅逐渐增大的横向振动,如图 1-3-1b)所示,图中 $v(x,t)$ 为直杆横向位移,P_0 为常量荷载大小,P_t 为简谐荷载幅值,$\bar{\omega}$ 为简谐荷载圆频率。周期性变化的轴向力导致直杆横向弯曲振动方程中的参数发生周期性改变(具体方程见文献[1]第 17 章),从而导致直杆横向弯曲振动。当 $\bar{\omega}$ 与直杆横向振动固有频率 ω 满足一定关系,即 $\bar{\omega} = 2\omega/K$ ($K = 1,2,\cdots$)时,直杆横向振幅愈来愈大[图 1-3-1c)],以致其丧失稳定性,这就是杆件轴向激扰力周期性变化激起杆件横向“共振”现象。

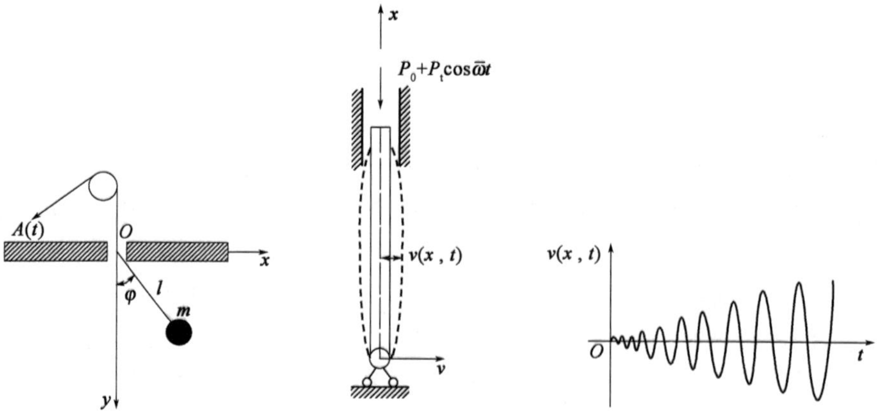

a)　　　b)　　　c)

图 1-3-1　参数激振实例与响应特性

a)变化摆长的单摆运动;b)直杆横向弯曲振动;c)参数共振响应曲线

(3)按描述系统振动的微分方程是否为线性,振动分为线性振动和非线性振动。

①线性振动——系统的惯性力、阻尼力、恢复力分别与加速度、速度及位移呈线性关系,能够用线性微分方程表述的振动。此时微分方程中只出现加速度、速度及位移参量的一次项,而不出现它们的高次项。本书主要讨论线性振动问题。

②非线性振动——系统的惯性力、阻尼力、恢复力具有非线性特性,只能用非线性微分方程表述的振动。地震引起的结构破坏性倒塌、强风作用下柔性结构的大幅振动,均属于非线性振动。

1.4　工程振动分析范畴

在振动研究中,通常把所研究的对象(如工程结构物)称为振动系统,一般用质量特性 M 、阻尼特性 C 以及刚度特性 K 表述振动系统;把外界对系统的作用或引起系统振动的因素称为激励或输入;在激励作用下系统产生的动态行为称为响应(反应)或输出。激励与响应由系统的动力特性(质量特性 M 、阻尼特性 C 、刚度特性 K)联系,如图 1-4-1 所示。

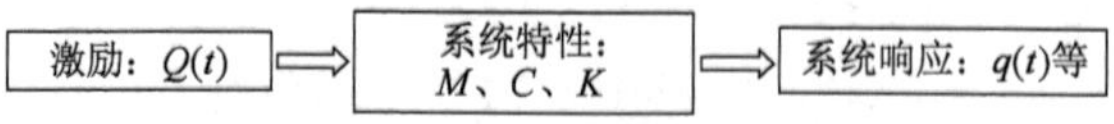

图 1-4-1　描述系统振动的三要素

振动分析就是研究系统特性、激励与系统响应之间的关系。已知其中任意两个求第三个的问题都属于工程振动分析范畴,具体如下:

(1)响应分析:已知系统特性和激励,求系统响应。响应分析为分析结构强度、刚度和评估系统振动状态等提供依据。本书重点讲述响应分析问题。

(2)环境预测:在系统特性与系统响应已知的情况下,反推激励(输入)特性,以判别系统的环境特征。

(3)系统识别:在激励与系统响应均为已知的情况下,求系统参数,以便了解振动系统的特性。系统识别包括物理参数(质量、刚度、阻尼等)识别和模态参数(固有频率与振型等)识别等。本书第3章利用动力响应识别系统的固有频率与阻尼的一些方法体现了系统识别的基本概念。

(4)系统设计:已知激励和系统响应要求,设计合理的系统参数。通常系统设计依赖于响应分析,实际工作中,系统设计与响应分析是交替进行的。本书例3-3-2即体现了系统设计的概念。

1.5 结构响应分析的主要任务

1)描述振动位形

求解系统位移等响应是结构动力学的一项重要任务。而建立系统所受惯性力、阻尼力、恢复力以及外荷载之间的动力平衡方程(即系统运动方程)是求解系统响应的前提。系统所受惯性力、阻尼力、恢复力甚至外荷载与系统各处的位移、速度、加速度以及系统自身属性直接相关。为此,需要描述任意时刻结构振动的位置与变形状态(也称为振动位形)。振动位形一般由结构质点的位置坐标决定。实际结构一般是连续系统,描述其振动位形理论上需要无限个位移参量。例如,精确地描述简支梁在竖平面的振动需要获取沿梁长度方向连续分布质点的位置坐标 v_k ($k = 1,2,\cdots$),如图1-5-1a)所示。要严格描述无限自由度系统的振动,需要建立位移关于空间位置坐标和时间两类独立变量的连续函数,如图1-5-1a)中的 $v(x,t)$ 。这在实际振动分析中非常困难,也无必要。作为满足工程精度要求的结构振动近似分析,可采用若干个离散位移参量表述结构的振动位形。例如,可将梁划分为有限区段(单元),区段的振动位形由其节点位移参量描述,如图1-5-1b)所示,从而用若干个节点位移参量近似表述梁的竖向振动位形。选取合适的函数或离散位移参量描述结构振动位形实质是采用一定的简化假定构建结构的分析模型。该过程关系到计算工作的简繁和计算结果的精度,是结构振动分析非常重要的第一步[2,3]。

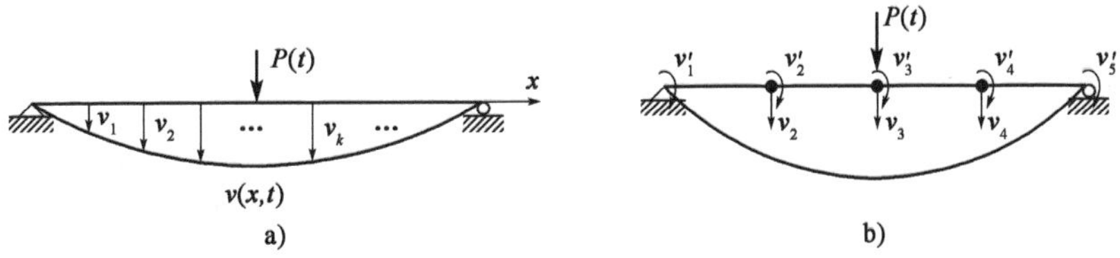

图1-5-1 简支梁的振动位形描述

a)用连续函数描述位形;b)用离散位移参量近似描述位形

2)确定激振源

引起结构振动的各种因素统称为激振源,实际结构振动的激振源很复杂且受随机因素支配。例如列车对桥梁的动力作用就是很复杂的激扰,它包括轮对蛇行引起的轮轨接触力、车辆惯性偏载、轨道表面不平顺产生的附加力等。这些激扰一般难以用确定性的数学式定量描述,但具有一定规律。地震对结构的动力输入用地震时记录的地震加速度波表示,但不同地区相同级别的地震加速度波不能用统一的数学式表示,它具有随机性。同样,风力对建筑物的作用也是随机的。上述动力作用统称为随机荷载。

实际工程中也存在特殊的振动激励,尽管任意时刻的振动幅值随机变化,但这些变化都是围绕某一确定性均值发生微小波动,这类激励用随时间按确定性规律变化的函数来表述已具有足够的精度。例如匀速转动的转子偏心引起的简谐激扰。

根据激扰作用能否用确定性数学方法描述,结构振动激励分为两大类:

①随机性动力荷载——荷载随时间的变化规律不能精确表述,每次实验均得出差异较大的荷载量值,但可由概率论描述量值的规律。

②确定性动力荷载——荷载随时间的变化完全清楚,多次实验能得出基本相同(考虑实验记录误差)的荷载值。其典型形式如图 1-5-2 所示。

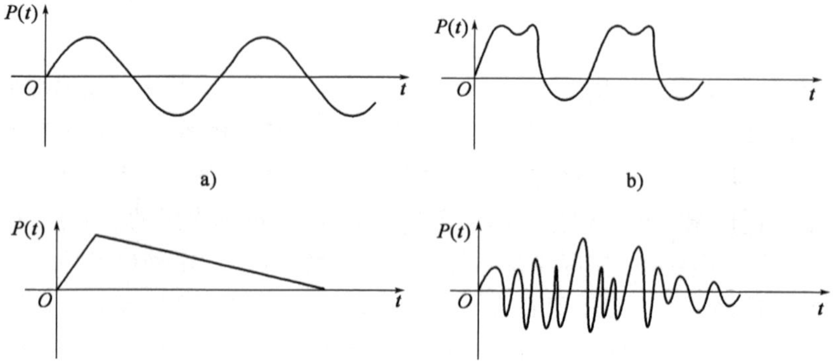

图 1-5-2 典型确定性动力荷载

a)简谐荷载;b)复杂周期荷载;c)短持续时间的冲击荷载;d)长持续时间的一般荷载

确定性动力荷载包括周期性荷载与非周期性荷载。其中,周期性荷载可分为简谐荷载[图 1-5-2a)]与复杂周期荷载[图 1-5-2b)];非周期性荷载可分为短持续时间的冲击荷载[如冲击波或爆炸波,见图 1-5-2c)]和长持续时间的一般荷载[如实测地震激励,见图 1-5-2d)]。

3)构建阻尼力模型

结构振动过程中出现的机械能耗散机制(阻尼)很复杂,至今未完全弄清楚。与能量耗散相对应的结构振动阻尼力可由下列因素引起:固体材料变形时的内摩擦,结构连接部位的摩擦(如钢结构螺栓连接处的摩擦),混凝土裂缝的张开与闭合,结构周围外部介质引起的阻尼(如空气、流体的影响)等。因为有许多机理在结构中起作用,所以准确地模拟阻尼通常很困难。不过,如果只有一种形式的阻尼占优势,就有可能找到一种较合理的模型,如黏滞阻尼力 F_{vd} 的大小与速度 $\dot{v}$ 成正比,即 $F_{vd} = c\dot{v}$,c 为黏滞阻尼系数,其方向与速度方向相反,这部分内容将在 3.8 节详细介绍。

4)建立系统运动方程

如前所述,实际振动分析中往往采用有限个位移参量近似描述结构振动位形(如有限元法)。这样振动问题转化为求这些选定位移参量的时间历程。为此,需要建立关于这些位移参量的结构运动方程(在引入惯性力概念之后也称为动力平衡方程)。多自由度结构振动规律可用以下运动方程来描述:

$$\boldsymbol{M}\ddot{\boldsymbol{q}} + \boldsymbol{C}\dot{\boldsymbol{q}} + \boldsymbol{K}\boldsymbol{q} = \boldsymbol{Q} \tag{1-5-1}$$

式中,$\boldsymbol{q}$ 为广义坐标(位移)向量;$\dot{\boldsymbol{q}}$ 为广义速度向量;$\ddot{\boldsymbol{q}}$ 为广义加速度向量;$\boldsymbol{M}$ 为质量矩

阵；$\boldsymbol{C}$ 为阻尼矩阵；$\boldsymbol{K}$ 为刚度矩阵；$\boldsymbol{Q}$ 为与广义坐标对应的广义力向量。

当采用关于空间与时间的连续函数表述结构振动位形时，其运动方程为偏微分方程的形式，详见第 5 章。运用物理定律（如牛顿第二定律等），采用数学语言建立系统运动方程是构建结构数学模型的过程，即数学建模。

5）求解运动方程

线性运动方程求解方法比较成熟，可分成以下两大类：

（1）常系数线性运动方程的解法：主要包括经典方法——数值积分法［如欧拉（Euler）法，龙格-库塔（Runge-Kutta）法］、变分法、振型叠加法、逐步积分法、加权残数法。

（2）变系数线性运动方程的解法：主要包括变分法、逐步积分法、加权残数法。

非线性运动方程求解至今无普遍的分析解法，一般用小参数法、变分法以及加权残数法求解。随着电子计算机的快速发展，较多采用逐步积分法。

6）振动测试响应及相关参数

振动测试主要目的是检验理论分析结果的正确性，修正分析与数学模型和测定理论分析中需要的参数和资料，例如结构各阶固有振动频率、振型、阻尼系数以及作为动力输入的地震加速度资料等都是振动测试内容，它们是结构振动分析的基础。本书关于动力测试的内容不多，详细内容可参考振动测试及分析方面的著作。

本章习题

1.1　日常生活中有哪些振动？工程结构中有哪些振动？试举例说明。

1.2　结构动力与静力分析的主要区别有哪些？

1.3　确定性动力荷载与随机性动力荷载的主要区别是什么？如何用数学方式表达这两类动力荷载？

1.4　简述工程振动分析中常见的几类问题以及它们之间的关系。

1.5　简述结构动力响应计算与振动测试的互补关系。

第2章

系统运动方程的建立

针对承受动荷载作用的实际结构，采取合适的方式描述结构振动位形（即构建分析模型），列出系统运动方程（即构建数学模型），才能进一步求解结构响应，评估系统动力性能。可见，建立系统运动方程是结构动力分析的核心内容。本章首先介绍与系统运动方程相关的结构动力学基本概念，主要包括系统的约束，系统位形的描述，实位移、可能位移及虚位移，广义力，有势力与势能等。然后，详细叙述了建立系统运动方程的常用方法与原理，主要包括：(1)动力直接平衡法；(2)虚位移原理；(3)拉格朗日方程；(4)哈密尔顿原理；(5)弹性系统动力学总势能不变值原理；(6)形成系统矩阵的"对号入座"法则及程序实现方法。

2.1 系统的约束

讨论系统运动时必须指出运动是相对哪一个物体而言，该物体称为参照物。与其固结的坐标系称为参考坐标系（简称参考系）。分析结构振动一般选取地球作为参照物，取固结于地球的笛卡儿坐标系作为参考系，也称为基础坐标系。由有限个或无穷个质点（相对而言）所组成的系统称为质点系。其中任一质点 m_i 的空间位置由位置矢量 $\boldsymbol{r}_i$ 决定，也可以由三个直角坐标 x_i、y_i、z_i 确定，如图2-1-1所示。若组成质点系的各个质点的位置和速度不受限制，即每个质点均可在空间占有任意位置和具有任意速度，则称此质点系为自由质点系，简称自由系统，如太空中的飞行器等。事实上，绝大多数质点系的各个质点位置与速度有某种联系，它们不能自由运动,称之为非自由质点系,简称约束系统,如固结在地球上的桥梁、房屋等。

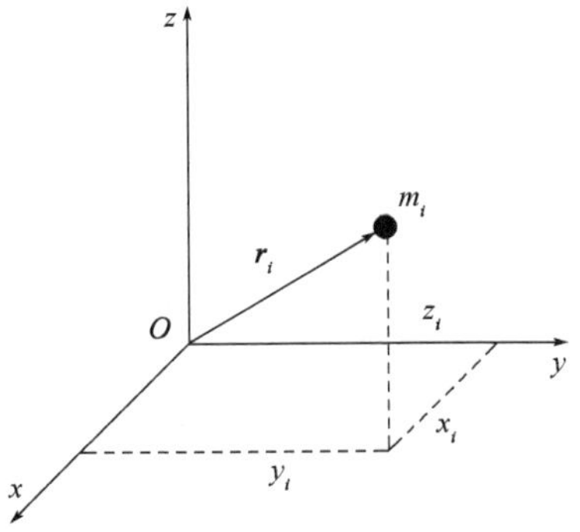

图 2-1-1　基础坐标系下质点位置描述

对质点的位置和速度所施加的几何或运动学的限制称为约束,其数学表达式称为约束方程。例如,结构边界条件就是一类约束方程。下面简要介绍常见的约束分类。

(1)根据约束方程所涉及的状态变量,分为几何约束和运动约束。

①几何约束——只限制系统质点的位置。例如图 2-1-2 中质点 m 的位置坐标(x,y,z)必须满足方程

$$x^2 + y^2 + z^2 = l^2 \tag{2-1-1}$$

式(2-1-1)称为约束方程, l 为刚性杆的长度。故描述质点 m 在 t 时刻空间位置坐标 $x(t)$ 、$y(t)$ 、$z(t)$ 中只有两个坐标是相互独立的。

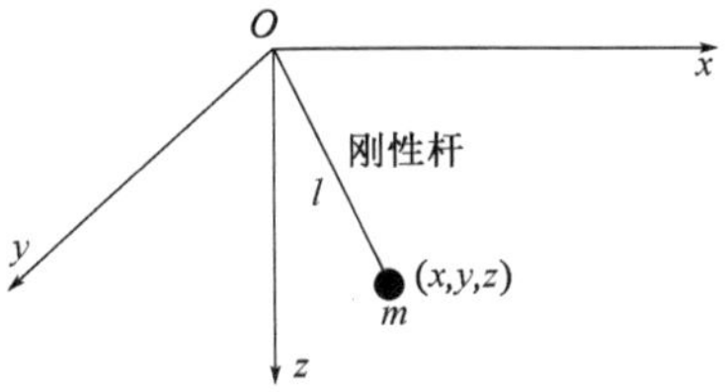

图 2-1-2　受刚性杆约束的空间质点

②运动约束——限制质点的运动速度。例如图 2-1-3 所示圆柱滚筒沿水平地面 x 方向滚动,其质心 C 的位置必须满足

$$z_C = R \tag{2-1-2}$$

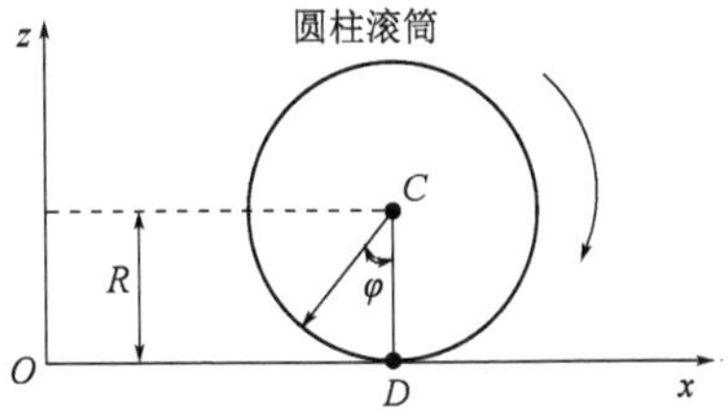

图 2-1-3　圆柱滚筒水平滚动

式(2-1-2)称为几何约束方程。若只能滚动,不能滑动,则滚筒与地面接触点 D 的速度为零,即

$$\dot{x}_C - R\dot{\varphi} = 0 \tag{2-1-3}$$

式(2-1-3)为运动约束方程。经积分,可得 $x_C = R\varphi + c$ (c 为积分常数),运动约束变为几何约束。但是,有些运动约束方程不能积分为几何约束方程。如图 2-1-4 所示,冰刀在冰面上的运动可以简化为杆 AB 在一平面内的运动,而质心 C 的速度 v_C 始终沿 AB 的方向,在 x 和 y 方向上的两个速度分量 $\dot{x}_C$ 、$\dot{y}_C$ 应满足

$$\frac{\dot{y}_C}{\dot{x}_C} = \tan\theta \text{ 或 } \dot{x}_C\sin\theta - \dot{y}_C\cos\theta = 0 \tag{2-1-4}$$

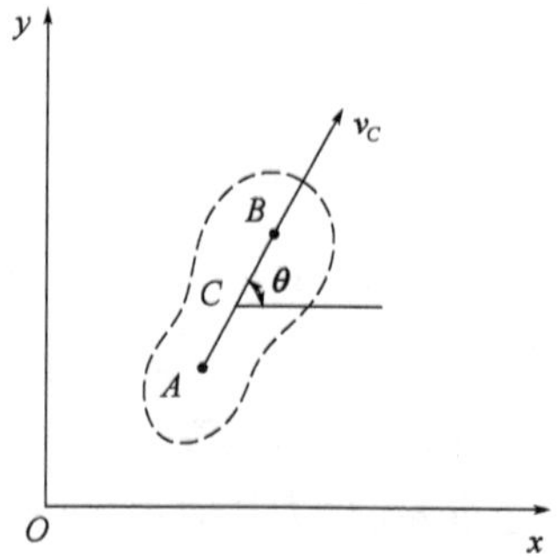

图 2-1-4　冰刀面内运动

式(2-1-4)是一个运动约束方程,由于杆 AB 和 x 轴的夹角 θ 随着系统运动而不断变化,故该式是一个不可积分的运动约束方程。如何判别运动约束方程是否可积,可参考文献[4]。

(2)根据约束方程是否显含时间变量,分为稳定 (定常)约束和非稳定 (非定常)约束。

①稳定约束——约束方程不显含时间变量 t 。式(2-1-1) ~ 式(2-1-3)表示的约束均为稳定约束。

设力学系统由 l 个质点组成,稳定约束的一般表达式为

$$f(\boldsymbol{r}_1,\cdots,\boldsymbol{r}_l,\dot{\boldsymbol{r}}_1,\cdots,\dot{\boldsymbol{r}}_l) = 0 \text{ 或 } f(x_1,y_1,z_1,\cdots,x_l,y_l,z_l,\dot{x}_1,\dot{y}_1,\dot{z}_1,\cdots,\dot{x}_l,\dot{y}_l,\dot{z}_l) = 0 \tag{2-1-5}$$

令 $k=1,2,\cdots,l$,则式中,$\boldsymbol{r}_k$ 为第 k 个质点的位置矢量;$\dot{\boldsymbol{r}}_k$ 为第 k 个质点的速度矢量;(x_k,y_k,z_k) 为基础坐标系下第 k 个质点的坐标分量;$(\dot{x}_k,\dot{y}_k,\dot{z}_k)$ 为基础坐标系下第 k 个质点的速度分量。

②非稳定约束——约束方程显含时间变量 t 。如图 2-1-5 所示,平面摆的悬支点 j 按 $y_0 = a\sin\omega t$ 正弦模式沿铅垂方向上下运动,质点 m 的约束方程为

$$x^2 + (y - a\sin\omega t)^2 = l^2 \tag{2-1-6}$$

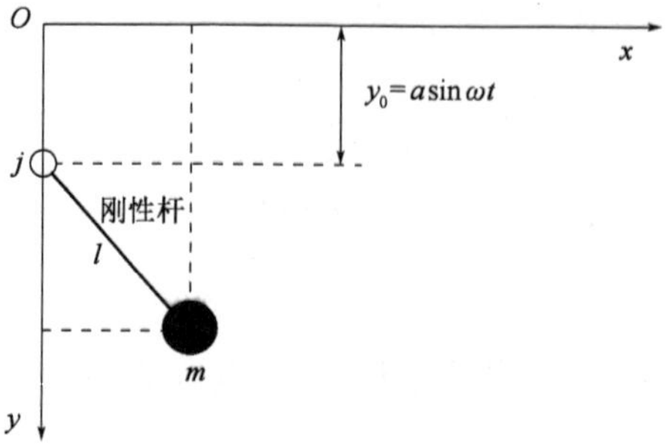

图 2-1-5　作垂向运动的单摆

式(2-1-6)为非稳定约束方程。非稳定约束的一般表达式为

$$f(\boldsymbol{r}_1,\cdots,\boldsymbol{r}_l,\dot{\boldsymbol{r}}_1,\cdots,\dot{\boldsymbol{r}}_l,t)=0$$

或

$$f(x_1,y_1,z_1,\cdots,x_l,y_l,z_l,\dot{x}_1,\dot{y}_1,\dot{z}_1,\cdots,\dot{x}_l,\dot{y}_l,\dot{z}_l,t)=0 \tag{2-1-7}$$

(3)根据约束方程是否显含质点速度项,分为完整约束和非完整约束。

①完整约束。几何约束和可积分的运动约束称为完整约束,其约束方程不包含坐标对时间的导数(速度项)。其一般表达式为

$$f(\boldsymbol{r}_1,\cdots,\boldsymbol{r}_l,t)=0\text{ 或 }f(x_1,y_1,z_1,\cdots,x_l,y_l,z_l,t)=0 \tag{2-1-8}$$

②非完整约束。不可积分的运动约束称为非完整约束,其约束方程包含坐标对时间 t 的导数。其一般表达式为

$$f(\boldsymbol{r}_1,\cdots,\boldsymbol{r}_l,\dot{\boldsymbol{r}}_1,\cdots,\dot{\boldsymbol{r}}_l,t)=0$$

或

$$f(x_1,y_1,z_1,\cdots,x_l,y_l,z_l,\dot{x}_1,\dot{y}_1,\dot{z}_1,\cdots,\dot{x}_l,\dot{y}_l,\dot{z}_l,t)=0 \tag{2-1-9}$$

式(2-1-8)与式(2-1-9)均显含时间 t,当约束为稳定时,两式不显含时间 t。如前所述,图 2-1-3 所示圆柱滚筒水平滚动的约束为完整约束。图 2-1-4 所示冰面上运动的冰刀对应运动约束方程不可积分,属于非完整约束。因此,如果给定了一个含有质点速度的约束方程,那么就应当研究是否可以通过该方程对时间的积分得到式(2-1-8)形式的方程。若可以,则是完整约束;反之则是非完整约束。

所有约束均为完整约束的质点系称为完整系统,只要存在一个或一个以上非完整约束的质点系就称为非完整系统。本书后面各章节主要针对完整系统展开论述,关于非完整系统的详细内容见文献[4]。

2.2 系统位形的描述

理论上讲,任何结构的位形都需要用空间与时间(若为静力问题则不需要考虑时间变量)的函数来表述(详见第 5 章)。然而,可以根据实际分析问题的需要对结构的位形做出合适的假定,用若干个参量描述结构位形。例如:研究天体运动时,可以将地球视为质点,只需 3 个平动位移参量即可表述其位形;研究列车车辆运行安全性与平稳性时,可以将车辆的车体、构架以及轮对简化为刚体模型,每个刚体只需用 3 个平动与 3 个转动参量描述其位形;桥梁结构位形可以用有限元方法近似表述,整个结构的位形用若干个单元节点位移参量可以近似确定。

能唯一确定系统位形的独立参量称为广义坐标。动力系统的广义坐标是时间 t 的函数。对于完整系统,系统广义坐标数等于其自由度数(其定义一般由虚位移引出,见 2.3 节),用 n 表示;对于非完整系统,两者并不相等,详见文献[4]。一个自由质点在空间的位置,需用 3 个独立坐标确定。由 l 个质点(以后凡不另说明均设为 l 个质点)组成的自由质点系,则需要 $3l$ 个独立坐标才能完全确定系统位形。非自由系统,由于受到一些约束的限制,系统各质点的位置坐标要满足一定的约束条件,而不是完全独立的。

设一非自由完整系统,有 s 个完整约束,则 $3l$ 个坐标需满足 s 个约束方程,只有 $3l-s$ 个坐标是独立的,而其余 s 个坐标则是这些独立坐标的给定函数。这样,要确定系统的位形只需要 $3l-s$ 个独立坐标(习惯上常称独立坐标为自由度)就足够了,即 $n=3l-s$。

例如,一个自由质点在空间有 3 个自由度。若将它约束在一个平面上,则只有 2 个自由度。假如将此质点再用一根刚性杆与平面上某一固定点相连,则此质点只余下 1 个自由度。又如,双摆(图 2-2-1)在竖向平面内摆动,则质量块 m_1 和 m_2 的4 个坐标 x_1 、x_2 、y_1 、y_2 要满足以下两个几何约束方程

$$x_1^2 + y_1^2 = l_1^2 , \quad (x_2 - x_1)^2 + (y_2 - y_1)^2 = l_2^2$$

因此,只有 2 个坐标是独立的,此系统只有 2 个自由度。

用直角坐标表示其独立坐标并不总是很方便,有时还会破坏独立坐标的唯一性。例如,图 2-2-1 所示的双摆,选取 x_1 、x_2(或 y_1 、y_2)作为独立坐标,则对应于这组坐标各有上、下(或左、右)两个不同的可能位置。显然以它们为独立坐标是不适宜了。如选用 φ_1 和 φ_2 为独立坐标,则很方便且能唯一地确定质点系的位形。各质点的直角坐标可表示为 φ_1 与 φ_2 的单值、连续函数。

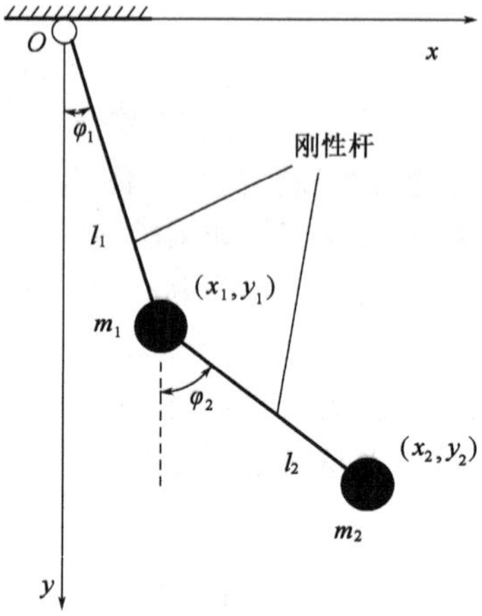

图 2-2-1　在竖向平面内运动的双摆

对于同一系统,广义坐标有多种选择。例如,考虑梁在竖向平面内振动,见图 2-2-2。根据简支梁的边界约束条件,梁的振动位形可用傅立叶级数展开成

$$v(x,t) = \sum_{i=1}^{\infty} a_i(t) \sin \frac{i\pi x}{L} \tag{2-2-1}$$

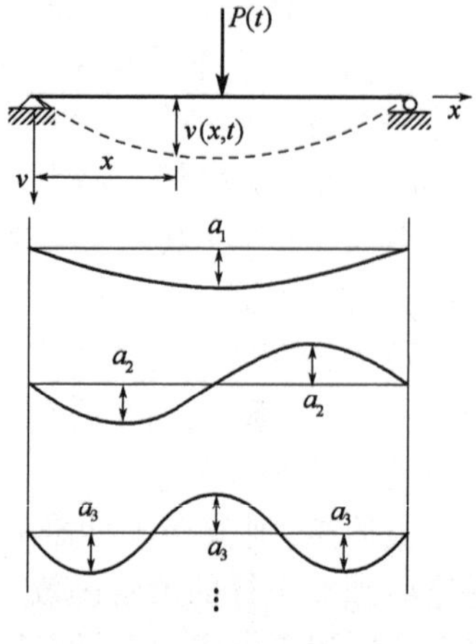

图 2-2-2　简支梁竖向振动位形描述

式中，$\sin\frac{i\pi x}{L}$ 为形状函数；L 为梁的跨度，它是满足边界条件的给定函数；$a_i(t)$ 为广义坐标，是一组待定参数，对动力问题而言，它是时间的函数。这样，简支梁的振动位形由无限多个广义坐标 $a_i(t)$（$i=1,2,\cdots,\infty$）所确定，系统自由度为无限多个。与数学分析中的处理方法相同，在实际分析中仅取级数的前面若干项，例如取 n 项，可近似表达系统的振动位形，即

$$v(x,t) \approx \sum_{i=1}^{n} a_i(t)\sin\frac{i\pi x}{L} \tag{2-2-2}$$

这样，无限自由度的简支梁被简化为有限自由度的系统。广义坐标表示形状函数的幅值，若形状函数是位移量，则广义坐标具有位移的量纲。然而，广义坐标往往并不是真实的物理量，只有 n 项叠加后才是真实的位移。这种表述系统位形的方法称为广义坐标法。应用该方法时，所采用的形状函数是针对整个结构定义的，对于复杂结构找到合适的形状函数比较困难。而工程结构分析常采用有限元法描述结构的位形。

有限元法是广义坐标法的特殊形式，该方法采用具有明确物理意义的参数作为广义坐标，形状函数可以用分片区域的函数间接表达得到，确定其表达式相对简单。这里以图 2-2-3a）所示简支梁为例简要说明如何用有限元法描述结构位形。

将简支梁划分为 3 个单元（包含 4 个节点），取节点竖向位移 v 与转角 v'[$v' = \partial v/\partial x$，如图 2-2-3a）所示]为广义坐标。考虑到节点 1、4 处的位移边界条件，该有限元模型共有 6 个广义坐标（位移参数）：v_1'、v_2、v_2'、v_3、v_3'、v_4'。每个节点位移参数只在节点相邻单元内引起位移，图 2-2-3b）、c）、d）分别给出了与节点位移 v_1'、v_2、v_2'相对应的形状函数 $\varphi_1(x)$、$\varphi_2(x)$、$\varphi_3(x)$，其他与之类似。参照式（2-2-2），简支梁的振动位形可用 6 个广义坐标及其形状函数表述如下：

$$v(x,t) = v_1'\varphi_1(x) + v_2\varphi_2(x) + v_2'\varphi_3(x) + v_3\varphi_4(x) + v_3'\varphi_5(x) + v_4'\varphi_6(x)$$

通过这样的方法，无限自由度的简支梁转化为具有 6 个自由度的系统。这里的形状函数 $\varphi_i(x)$ 与 2.11 节推导的单元位移插值形函数 N_i 密切相关，但不能完全对等。$\varphi_i(x)$ 是结构全区域的函数，N_i 是分片区域（单元）的函数。通过分片区域形函数 N_i 可以确定全区域的形状函数，这样确定形状函数表达式相对简单。同时，一般广义坐标法中广义坐标是形状函数的幅值，往往没有明确的物理意义，而有限元法采用具有明确物理意义的参数作为广义坐标。这些是有限元法相对于一般广义坐标法的优点。

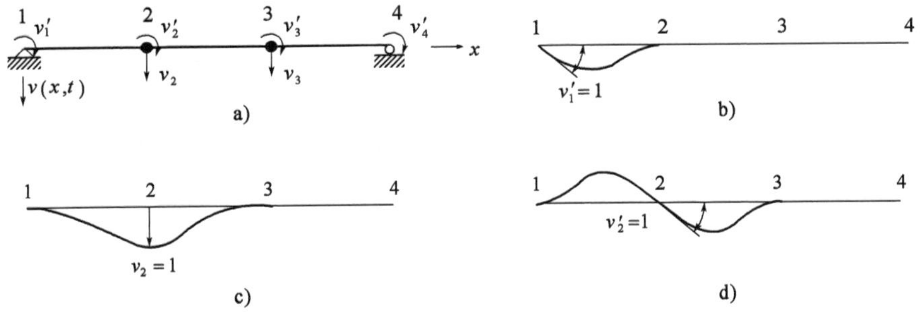

图 2-2-3 采用有限元法描述简支梁位形

a）单元节点位移参数；b）形状函数 $\varphi_1(x)$；c）形状函数 $\varphi_2(x)$；d）形状函数 $\varphi_3(x)$

2.3 系统的实位移、可能位移与虚位移

当一个包含 l 个质点的非自由系统在某一初始条件下运动,其内各质点的位置矢径 $\boldsymbol{r}_k$ $(k = 1,2,\cdots,l)$ 既满足动力学微分方程和初始条件,又满足所有约束方程,称此种运动为真实运动,意为实际上发生的运动。在真实运动中各质点所产生的位移称为实位移。设一完整系统,共有 s 个完整约束,其约束方程为

$$f_c(\boldsymbol{r}_1,\cdots,\boldsymbol{r}_l,t) = 0 \text{ 或 } f_c(x_1,y_1,z_1,x_2,y_2,z_2,\cdots,x_l,y_l,z_l,t) = 0 \quad (c = 1,2,\cdots,s) \tag{2-3-1}$$

出于简化,用 $x_1,x_2,x_3,x_4,x_5,x_6,\cdots,x_{3l-2},x_{3l-1},x_{3l}$ 分别代替 $x_1,y_1,z_1,x_2,y_2,z_2,\cdots,x_l,y_l,z_l$,则式(2-3-1)可改写为

$$f_c(x_1,x_2,\cdots,x_{3l},t) = 0 \quad (c = 1,2,\cdots,s) \tag{2-3-2}$$

设时间由 t 变化到 $t + \mathrm{d}t$,质点产生的无穷小实位移用 $\mathrm{d}\boldsymbol{r}_k$ $(k = 1,2,\cdots,l)$ 表示[其直角坐标形式可表示为 $\mathrm{d}x_i$ $(i = 1,2,\cdots,3l)$],产生位移后的系统也应满足约束方程式(2-3-2),即

$$f_c(x_1 + \mathrm{d}x_1,x_2 + \mathrm{d}x_2,\cdots,x_{3l} + \mathrm{d}x_{3l},t + \mathrm{d}t) = 0 \quad (c = 1,2,\cdots,s) \tag{2-3-3}$$

将式(2-3-3)按泰勒级数展开,略去二阶及以上微分项得

$$f_c(x_1 + \mathrm{d}x_1,x_2 + \mathrm{d}x_2,\cdots,x_{3l} + \mathrm{d}x_{3l},t + \mathrm{d}t)$$

$$= f_c(x_1,x_2,\cdots,x_{3l},t) + \frac{\partial f_c}{\partial x_1}\mathrm{d}x_1 + \frac{\partial f_c}{\partial x_2}\mathrm{d}x_2 + \cdots + \frac{\partial f_c}{\partial x_{3l}}\mathrm{d}x_{3l} + \frac{\partial f_c}{\partial t}\mathrm{d}t = 0 \quad (c = 1,2,\cdots,s)$$

应用式(2-3-2)得到

$$\frac{\partial f_c}{\partial x_1}\mathrm{d}x_1 + \frac{\partial f_c}{\partial x_2}\mathrm{d}x_2 + \cdots + \frac{\partial f_c}{\partial x_{3l}}\mathrm{d}x_{3l} + \frac{\partial f_c}{\partial t}\mathrm{d}t = 0 \quad (c = 1,2,\cdots,s)$$

或简写为

$$\sum_{i=1}^{3l}\frac{\partial f_c}{\partial x_i}\mathrm{d}x_i + \frac{\partial f_c}{\partial t}\mathrm{d}t = 0 \quad (c = 1,2,\cdots,s) \tag{2-3-4}$$

对于稳定约束情况,f_c 不显含时间 t,故有

$$\sum_{i=1}^{3l}\frac{\partial f_c}{\partial x_i}\mathrm{d}x_i = 0 \quad (c = 1,2,\cdots,s) \tag{2-3-5}$$

只满足式(2-3-4)或式(2-3-5)的无穷小的位移称为可能位移。由于不要求可能位移满足运动方程和初始条件,只需满足约束方程,故它不唯一。显然,实位移因满足约束条件,所以也是可能位移,它是许多可能位移中的一个。又因为实位移要同时满足运动方程和初始条件,所以它只有唯一解。

例如,一质点 m 被约束在一个半径为 R 的固定球面上运动(图 2-3-1),其约束方程为

$$x^2 + y^2 + z^2 = R^2$$

当时间由 t 变化到 $t + \mathrm{d}t$ 后,质点应满足 $x\mathrm{d}x + y\mathrm{d}y + z\mathrm{d}z = 0$ 或 $\boldsymbol{r} \cdot \mathrm{d}\boldsymbol{r} = 0$。

可见,满足上述方程的 $\mathrm{d}\boldsymbol{r}$ 或 $\mathrm{d}x$、$\mathrm{d}y$、$\mathrm{d}z$ 有无数多个,它们就是球面上 M 点的切平面上的

任意矢量 d$\boldsymbol{r}$（图中画出 5 个），这些都是可能位移。而质点 m 的实位移既要满足约束条件又要满足运动方程和初始条件，所以在球面 M 点的切平面上并与 M 点真实轨迹相切的那个位移（图中用实线表示）才是实位移。显然它只是可能位移中的一个。

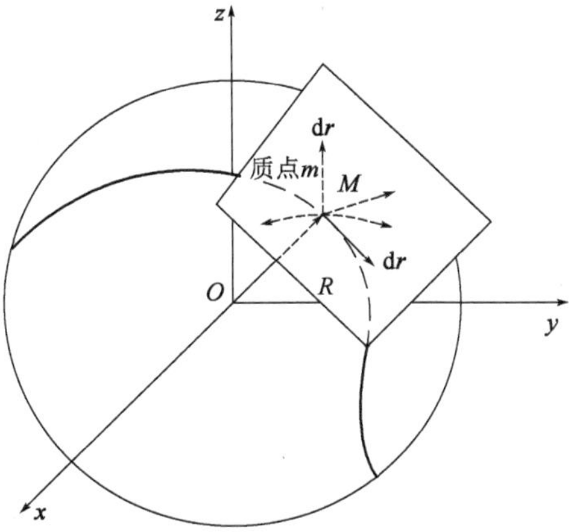

图 2-3-1　实位移、可能位移示意图

虚位移是在某固定时刻系统在约束许可情况下假想的无穷小位移，记为 $\delta \boldsymbol{r}_i (i = 1,2,\cdots,l)$ 或 $\delta x_i (i = 1,2,\cdots,3l)$ 。独立的虚位移个数称为系统的自由度数，也等于其独立的运动方程数。完整系统广义坐标数即为自由度数，关于非完整系统自由度数分析详见文献[4]。

在某固定时刻 t，系统发生虚位移 $\delta x_i \ (i = 1,2,\cdots,3l)$ 后，系统也应满足约束方程式(2-3-2)，即

$$f_c(x_1 + \delta x_1, x_2 + \delta x_2, \cdots, x_{3l} + \delta x_{3l}, t) = 0 \tag{2-3-6}$$

将式(2-3-6)按泰勒级数展开，略去二阶及以上微分项得

$$\begin{aligned} & f_c(x_1 + \delta x_1, x_2 + \delta x_2, \cdots, x_{3l} + \delta x_{3l}, t) \\ &= f_c(x_1, x_2, \cdots, x_{3l}, t) + \frac{\partial f_c}{\partial x_1}\delta x_1 + \frac{\partial f_c}{\partial x_2}\delta x_2 + \cdots + \frac{\partial f_c}{\partial x_{3l}}\delta x_{3l} = 0 \end{aligned}$$

应用式(2-3-2)得到

$$\frac{\partial f_c}{\partial x_1}\delta x_1 + \frac{\partial f_c}{\partial x_2}\delta x_2 + \cdots + \frac{\partial f_c}{\partial x_{3l}}\delta x_{3l} = 0$$

或简写为

$$\sum_{i=1}^{3l}\frac{\partial f_c}{\partial x_i}\delta x_i = 0 \quad (c = 1,2,\cdots,s) \tag{2-3-7}$$

比较式(2-3-7)和式(2-3-4)可知，δx_i 和 dx_i 所满足的方程不相同。前者与时间无关，而后者与时间有关。在非稳定约束情况下，因约束随时间而变动，可以把约束在该时刻加以“冻结”，满足该时刻约束条件的位移即为质点的虚位移。因此，虚位移不一定是可能位移，更不一定是实位移。

例如，质点 m 在水平面上做曲线运动[图 2-3-2a)]，若水平面是固定的，即为稳定约束。质点 m 的实位移是在水平面上，且在 M 点的切线方向，其指向也可以确定（用实线表示的 d$\boldsymbol{r}$）。而可能位移是在水平面上，过 M 点的任意方向上的位移（用虚线表示的 d$\boldsymbol{r}$），它有无数多个。虚位移与可能位移一样是在水平面上，过 M 点的任意方向上的位移（用虚线表示的

$\delta\boldsymbol{r}$),也有无数多个。

水平面若以匀速率 v 作上升运动[图 2-3-2b)],就是非稳定约束,此时质点 m 的实位移是从 t 时刻平面Ⅰ上 M 点到 $t+\mathrm{d}t$ 时刻平面Ⅱ上 M' 点(用实线表示的 $\mathrm{d}\boldsymbol{r}$)。可能位移是从 t 时刻平面Ⅰ上 M 点到 $t+\mathrm{d}t$ 时刻平面Ⅱ上任意一点(用虚线表示的 $\mathrm{d}\boldsymbol{r}$)。而虚位移仍在 t 时刻平面Ⅰ上,可取为 M 点任意方向上的位移(用虚线表示的 $\delta\boldsymbol{r}$)。

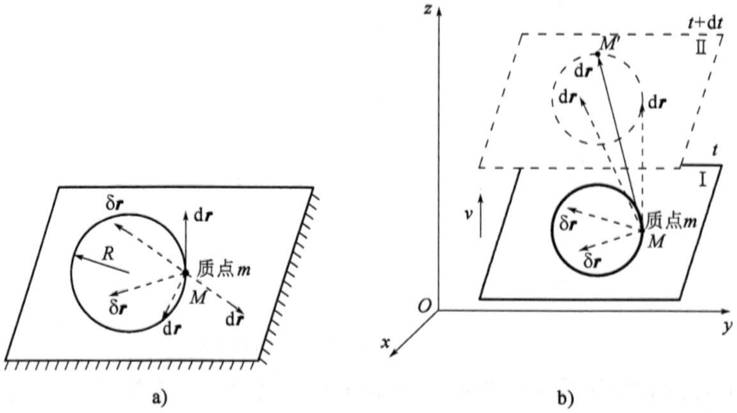

图 2-3-2 实位移、可能位移及虚位移示意图

a)稳定约束;b)非稳定约束

2.4 广 义 力

设一个由 l 个质点组成的完整约束系统,受到 s 个完整约束,系统的自由度数 $n=3l-s$,系统的位置可用 n 个广义坐标 $q_1,q_2,\cdots,q_n$ 确定。任一质点 m_k 的空间位置矢径 $\boldsymbol{r}_k$ 可表示为广义坐标 $q_1,q_2,\cdots,q_n$ 和时间 t 的函数,即

$$\boldsymbol{r}_k=\boldsymbol{r}_k(q_1,q_2,\cdots,q_n,t) \tag{2-4-1}$$

由于描述系统位置的广义坐标彼此独立,故它们可以独立变化。其中每一个广义坐标的变分就相当于系统的一个独立虚位移。因此,各个质点的虚位移 $\delta\boldsymbol{r}_k$ 可以表示为各独立虚位移 $\delta q_1,\delta q_2,\cdots,\delta q_n$ 的函数,与虚位移对应的时间 t 是固定的。对式(2-4-1)进行变分可得

$$\delta\boldsymbol{r}_k=\sum_{i=1}^{n}\frac{\partial\boldsymbol{r}_k}{\partial q_i}\delta q_i \tag{2-4-2}$$

设质点 m_k 所受力为 $\boldsymbol{F}_k$,于是在虚位移 $\delta\boldsymbol{r}_k$ 上所做虚功为

$$\delta W_k=\boldsymbol{F}_k\cdot\delta\boldsymbol{r}_k \tag{2-4-3}$$

将式(2-4-2)代入式(2-4-3),有

$$\delta W_k=\boldsymbol{F}_k\cdot\sum_{i=1}^{n}\frac{\partial\boldsymbol{r}_k}{\partial q_i}\delta q_i=\sum_{i=1}^{n}\boldsymbol{F}_k\cdot\frac{\partial\boldsymbol{r}_k}{\partial q_i}\delta q_i \tag{2-4-4}$$

质点系的虚功为

$$\delta W=\sum_{k=1}^{l}\sum_{i=1}^{n}\boldsymbol{F}_k\cdot\frac{\partial\boldsymbol{r}_k}{\partial q_i}\delta q_i=\sum_{i=1}^{n}\sum_{k=1}^{l}\boldsymbol{F}_k\cdot\frac{\partial\boldsymbol{r}_k}{\partial q_i}\delta q_i\equiv\sum_{i=1}^{n}Q_i\delta q_i \tag{2-4-5}$$

定义

$$Q_i = \sum_{k=1}^{l} \boldsymbol{F}_k \cdot \frac{\partial \boldsymbol{r}_k}{\partial q_i} \tag{2-4-6}$$

Q_i 为对应于广义坐标 q_i 的广义力。对于质点系而言，$\boldsymbol{F}_k$ 代表作用于该系统的外力与内力。当系统内力所做虚功之和为零时(如理想约束系统)，只需考虑外力虚功。由式(2-4-6)可以求出对应于各广义坐标的广义力。此外，也可以用以下两种方法计算广义力：

(1)方法Ⅰ

将式(2-4-6)写成投影形式

$$Q_i = \sum_{k=1}^{l} \left(F_{kx} \frac{\partial x_k}{\partial q_i} + F_{ky} \frac{\partial y_k}{\partial q_i} + F_{kz} \frac{\partial z_k}{\partial q_i} \right) \tag{2-4-7}$$

式中，F_{kx}、F_{ky}、F_{kz} 为质点 m_k 所受力 $\boldsymbol{F}_k$ 在 x、y、z 轴上的投影；x_k、y_k、z_k 为 m_k 的位置坐标。当 x_k、y_k、z_k 容易表示为广义坐标的函数时，由式(2-4-7)求 Q_i 很方便。

(2)方法Ⅱ

由于各广义坐标是相互独立的，可以令 δq_i 不为零，其余广义虚位移均为零，此时系统对 δq_i 的虚功为 δW_i，则 q_i 对应的广义力可按下式计算

$$Q_i = \frac{\delta W_i}{\delta q_i} \tag{2-4-8}$$

在以上论述中，当 $\boldsymbol{F}_k\ (k = 1,2,\cdots,l)$ 包含作用在质点系所有力(包括系统外力与内力)时，Q_i 为所有作用力对应于广义坐标 q_i 的广义力，此时可以得出广义力形式的平衡方程

$$Q_i = 0 \quad (i = 1,2,\cdots,n) \tag{2-4-9}$$

当 $\boldsymbol{F}_k(k = 1,2,\cdots,l)$ 仅包含作用在质点系部分作用力时，Q_i 为该部分作用力对应于广义坐标 q_i 的广义力。例如，在2.8节拉格朗日方程式(2-8-11)中的广义力是除惯性力外其他作用力对应的那部分广义力。

【例2-4-1】 图2-4-1所示的平面双摆系统，P_1 和 P_2 为作用于质点 m_1 和 m_2 上的外力。广义坐标选择 φ_1 和 φ_2，求作用力 P_1 和 P_2 对应的广义力。

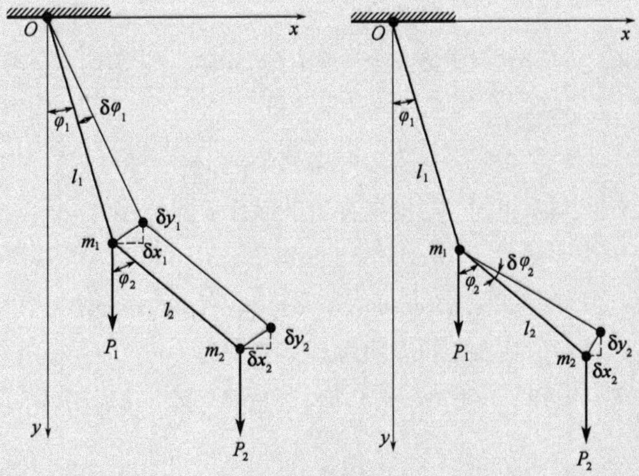

图2-4-1 平面双摆系统广义力计算图式

【解】 方法Ⅰ：

作用于质点 m_1 和 m_2 上的外力在 x 、y 、z 轴上的投影(说明:图 2-4-1 垂直于 xOy 平面的 z 轴未画出)如下:

$$F_{1x} = F_{2x} = F_{1z} = F_{2z} = 0\ ,\quad F_{1y} = P_1\ ,\quad F_{2y} = P_2$$

由于 F_{1x} 、F_{2x} 、F_{1z} 、F_{2z} 为零,因此只需写出由广义坐标 φ_1 和 φ_2 表达的 y_1 和 y_2 ,即

$$y_1 = l_1\cos\varphi_1$$

$$y_2 = l_1\cos\varphi_1 + l_2\cos\varphi_2$$

$$\frac{\partial y_1}{\partial \varphi_1} = -l_1\sin\varphi_1\ ,\quad \frac{\partial y_1}{\partial \varphi_2} = 0$$

$$\frac{\partial y_2}{\partial \varphi_1} = -l_1\sin\varphi_1\ ,\quad \frac{\partial y_2}{\partial \varphi_2} = -l_2\sin\varphi_2$$

于是有

$$Q_1 = F_{1y}\frac{\partial y_1}{\partial \varphi_1} + F_{2y}\frac{\partial y_2}{\partial \varphi_1} = -(P_1 + P_2)l_1\sin\varphi_1$$

$$Q_2 = F_{1y}\frac{\partial y_1}{\partial \varphi_2} + F_{2y}\frac{\partial y_2}{\partial \varphi_2} = -P_2l_2\sin\varphi_2$$

方法Ⅱ:

先令 $\delta\varphi_1$ 不等于零, $\delta\varphi_2$ 等于零,相应直角坐标系下虚位移为

$$\delta x_1 = l_1\delta\varphi_1\cos\varphi_1\ ,\quad \delta y_1 = -l_1\delta\varphi_1\sin\varphi_1$$

$$\delta x_2 = l_1\delta\varphi_1\cos\varphi_1\ ,\quad \delta y_2 = -l_1\delta\varphi_1\sin\varphi_1$$

质点系作用力 P_1 和 P_2 对 $\delta\varphi_1$ 的虚功为

$$\delta W_1 = P_1\delta y_1 + P_2\delta y_2 = -P_1l_1\delta\varphi_1\sin\varphi_1 - P_2l_1\delta\varphi_1\sin\varphi_1$$

将其代入式(2-4-8)可求得

$$Q_1 = -(P_1 + P_2)l_1\sin\varphi_1$$

再令 $\delta\varphi_2$ 不等于零, $\delta\varphi_1$ 等于零,相应直角坐标系下虚位移为

$$\delta x_1 = 0\ ,\quad \delta y_1 = 0$$

$$\delta x_2 = l_2\delta\varphi_2\cos\varphi_2\ ,\quad \delta y_2 = -l_2\delta\varphi_2\sin\varphi_2$$

质点系作用力 P_1 和 P_2 对 $\delta\varphi_2$ 的虚功为

$$\delta W_2 = P_1\delta y_1 + P_2\delta y_2 = -P_2l_2\delta\varphi_2\sin\varphi_2$$

相应可得

$$Q_2 = -P_2l_2\sin\varphi_2$$

【例2-4-2】 图2-4-2所示的多质量-弹簧系统，P_1、P_2分别为作用于质量块m_1、m_2上的外力，广义坐标选为v_1、v_2，求解系统所有力对应于各广义坐标的广义力。

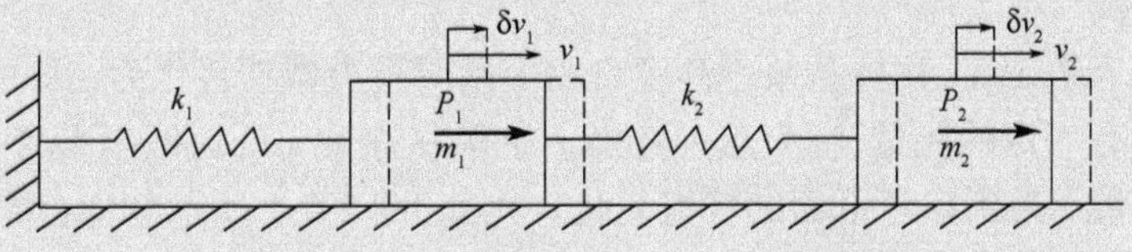

图2-4-2 多质量-弹簧系统广义力计算图式

【解】 当系统产生一定的虚位移δv_1与δv_2时，作用于系统的外力和内力所做虚功如下：

(1)外力P_1、P_2所做的虚功和为：$P_1\delta v_1 + P_2\delta v_2$。

(2)设想将弹簧k_1切除，弹簧k_1作用于质量块m_1的弹性力k_1v_1可视为外力，该力所做虚功为：$-k_1v_1\delta v_1$。

(3)弹簧k_2分别作用于质量块m_1、m_2的力$k_2(v_2-v_1)$为一组系统内力，这组内力对质量块m_1、m_2所做虚功的总和为：$k_2(v_2-v_1)\delta v_1 - k_2(v_2-v_1)\delta v_2$。

综合得到所有力所做总虚功为：

$$\begin{aligned}\delta W &= P_1\delta v_1 + P_2\delta v_2 - k_1v_1\delta v_1 + k_2(v_2-v_1)\delta v_1 - k_2(v_2-v_1)\delta v_2 \\ &= (P_1 - k_1v_1 + k_2v_2 - k_2v_1)\delta v_1 + (P_2 - k_2v_2 + k_2v_1)\delta v_2\end{aligned}$$

由式(2-4-5)可得

$$Q_1 = P_1 - k_1v_1 + k_2v_2 - k_2v_1, \quad Q_2 = P_2 - k_2v_2 + k_2v_1$$

式中，Q_1、Q_2分别为系统所有作用力对应于广义坐标v_1、v_2的广义力。$Q_1 = 0$，$Q_2 = 0$即为广义力形式的平衡方程。

若该系统为动力系统，广义坐标v_1、v_2随时间变化，在以上推导基础上，补充惯性力所做虚功和：$-m_1\ddot{v}_1\delta v_1 - m_2\ddot{v}_2\delta v_2$。此时作用于该动力系统所有力所做总虚功为

$$\begin{aligned}\delta W &= P_1\delta v_1 + P_2\delta v_2 - k_1v_1\delta v_1 + k_2(v_2-v_1)\delta v_1 - k_2(v_2-v_1)\delta v_2 - m_1\ddot{v}_1\delta v_1 - m_2\ddot{v}_2\delta v_2 \\ &= (P_1 - k_1v_1 + k_2v_2 - k_2v_1 - m_1\ddot{v}_1)\delta v_1 + (P_2 - k_2v_2 + k_2v_1 - m_2\ddot{v}_2)\delta v_2\end{aligned}$$

同样，由式(2-4-5)可得

$$Q_1 = P_1 - k_1v_1 + k_2v_2 - k_2v_1 - m_1\ddot{v}_1, \quad Q_2 = P_2 - k_2v_2 + k_2v_1 - m_2\ddot{v}_2$$

式中，Q_1、Q_2分别为该动力系统所有作用力(包括惯性力)对应于广义坐标v_1、v_2的广义力。$Q_1 = 0$，$Q_2 = 0$即为广义力形式的动力平衡方程。

2.5 有势力与势能

根据机械能守恒定律,物体从某一高度自由下落时重力做功转化为物体的动能。因此,物体在此高度处具有一定的能量,称为重力势能。物体从高度 z 处返回至参考平面时重力做的功反映物体由高度 z 处到参考平面的势能变化。例如,图 2-5-1 所示物体(质量为 m)由 B 处移至 A 处,重力做功

$$W = -mg(z_A - z_B) = -(V_A - V_B) \tag{2-5-1}$$

由此看出,物体由 B 处至 A 处时势能的变化 $V_A - V_B = -[-mg(z_A - z_B)]$ 为重力做功的负值。当 B 处于参考平面时, $z_B = 0$, $V_B = 0$,有

$$V_A = -(-mgz_A) \tag{2-5-2}$$

这说明物体在 A 处的势能等于物体由参考平面至 A 处时重力做功的负值,这是计算重力势能的准则。

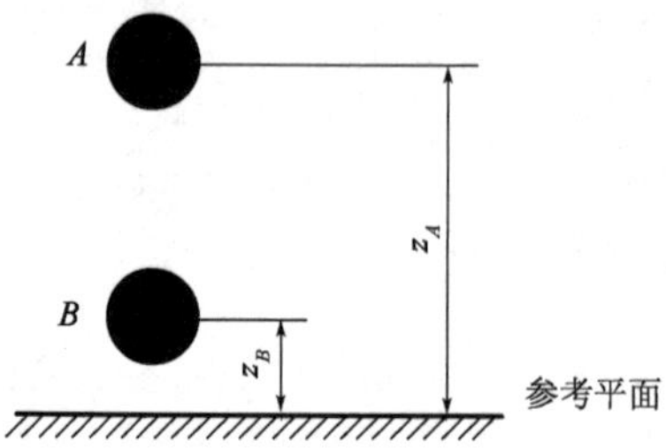

图 2-5-1 物体势能(位势)的计算

上述重力势能计算准则同样适用于弹性系统内力势能的计算。例如图 2-5-2 所示弹簧刚度为 k ,其在 x_2 、x_1 位置的势能分别为弹性内力由零点至 x_2 、x_1 做功的负值,故有

$$V_2 = -W_2 = -\left(-\frac{1}{2}kx_2^2\right), \quad V_1 = -W_1 = -\left(-\frac{1}{2}kx_1^2\right) \tag{2-5-3}$$

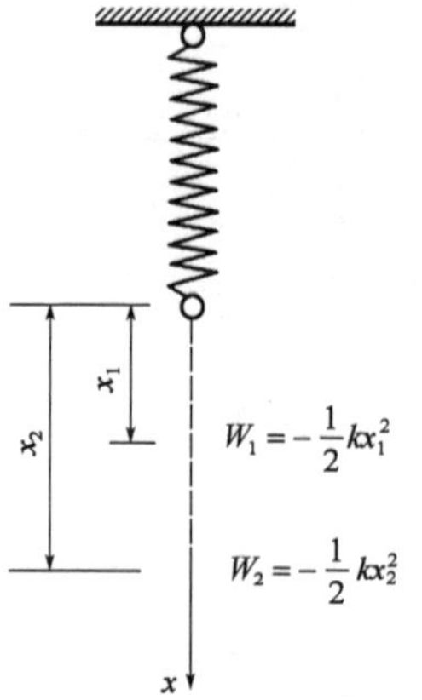

图 2-5-2 弹簧弹性内力做功

式(2-5-3)中括号内的负号是因为弹性内力作用方向与弹簧位移方向相反。因此,弹簧由位置 x_1 至 x_2 时的势能变化等于弹簧内力由 x_1 至 x_2 做功的负值,即

$$V_2 - V_1 = -\left[-\frac{k}{2}(x_2^2 - x_1^2)\right] \tag{2-5-4}$$

需要注意的是,弹性内力假定为位移的线性函数,故式(2-5-3)中有系数 1/2;由于物体在重力作用下位移与到地心距离相比可以忽略不计,物体重力可视为常量,与其位移无关,故势能计算式(2-5-2)中无系数 1/2。

上面所讲的重力与弹性内力具有以下特点:

(1)力的大小和方向完全由受力物体的位置决定。

(2)物体从位置 B 移到位置 A,如图 2-5-3 所示,力做功只取决于初始位置和终了位置,而与运动路径无关。

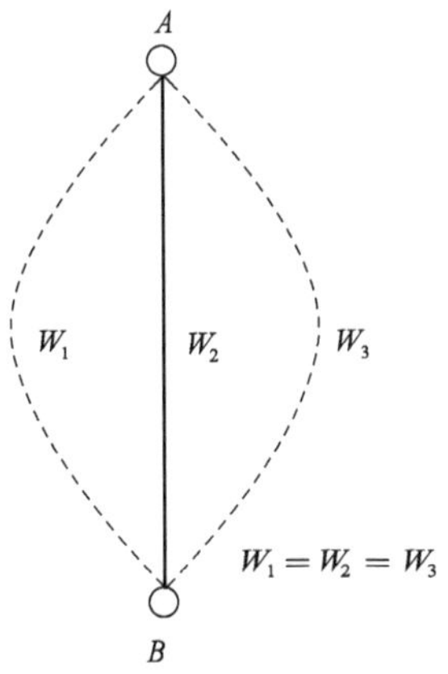

图 2-5-3 有势力做功与路径无关

具有这些特点的力称为有势力,若先取物体的某一位置 B 作为系统势能的"零位置",则任意位置 A 的势能定义为系统从位置 B 移至 A 过程中有势力做功的负值。有势力做功仅与物体先后的位置有关,而与路径无关。因此,确定了系统势能"零位置"后,物体任意状态的势能将是其位置坐标的单值函数,可表示为

$$V = V(x, y, z) \tag{2-5-5}$$

函数 V 称为势函数。当系统位置发生微小变化时,其势能的变化可表示为

$$\mathrm{d}V = -\mathrm{d}W = -(f_x\mathrm{d}x + f_y\mathrm{d}y + f_z\mathrm{d}z) \tag{2-5-6}$$

式中,f_x、f_y 与 f_z 分别为有势力 $\boldsymbol{f}$ 的三个分量。由式(2-5-6)可得到

$$f_x = -\frac{\partial V}{\partial x},\quad f_y = -\frac{\partial V}{\partial y},\quad f_z = -\frac{\partial V}{\partial z} \tag{2-5-7}$$

所以有势力 $\boldsymbol{f}$ 可写成

$$\boldsymbol{f} = -\nabla V \tag{2-5-8}$$

式中,∇为梯度函数,$\nabla = \left\{\frac{\partial}{\partial x} \quad \frac{\partial}{\partial y} \quad \frac{\partial}{\partial z}\right\}$。

2.6 动力直接平衡法

惯性是物体保持原有运动状态的能力。惯性的作用表现在,当物体运动状态改变时,惯性将反抗运动状态的改变,提供一种反抗物体运动状态变化的力,这种力称为惯性力,用f_I表示。惯性力的大小等于物体质量与加速度的乘积,方向与加速度方向相反。

一般将质点系所受的力分为主动力、约束反力和惯性力,其中主动力与约束反力的划分并不是绝对严格的,可以根据分析问题的需要有不同的理解与归类方式,如支座反力可以视为约束反力,也可归为主动力。

质点系的达朗贝尔(D'Alembert)原理表述为:在质点系运动的任意时刻,若除了实际作用于每一质点的主动力和约束反力外,再加上假想的惯性力,则在该时刻质点系将处于假想的平衡状态,称之为动力平衡状态。由l个质点组成约束质点系,$\boldsymbol{F}_k$、$\boldsymbol{f}_{Ik}$、$\boldsymbol{R}_k$分别为质点m_k所受的主动力、惯性力和约束反力,则达朗贝尔原理可表示为

$$\boldsymbol{F}_k + \boldsymbol{R}_k + \boldsymbol{f}_{Ik} = \boldsymbol{0} \quad (k = 1,2,\cdots,l) \tag{2-6-1}$$

通常主动力$\boldsymbol{F}_k$包括外荷载$\boldsymbol{P}(t)$、阻尼力$\boldsymbol{f}_D$和恢复力$\boldsymbol{f}_S$,运动方程(2-6-1)也称为动力平衡方程。

【例 2-6-1】 根据图2-6-1所示两质点动力系统,列出该系统的运动方程。

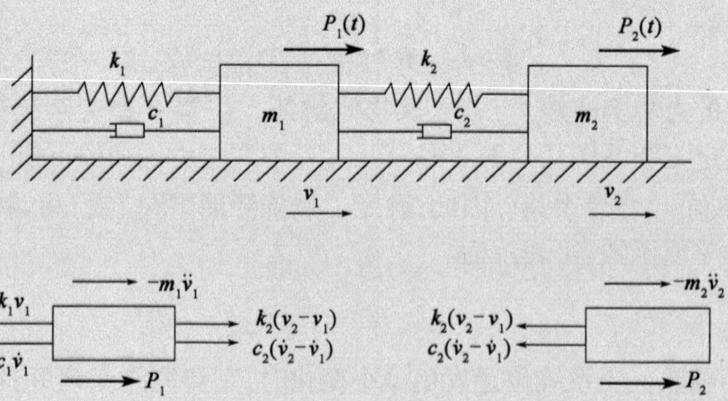

图2-6-1 两质点动力系统模型示意图

【解】 选质点m_1与m_2相对于地面的水平位移v_1与v_2为系统的广义坐标。

质点m_1所受的主动力:$F_1 = P_1 + k_2(v_2 - v_1) + c_2(\dot{v}_2 - \dot{v}_1) - k_1v_1 - c_1\dot{v}_1$,惯性力:$f_{I1} = -m_1\ddot{v}_1$,以向右为正。

质点m_2所受的主动力:$F_2 = P_2 - k_2(v_2 - v_1) - c_2(\dot{v}_2 - \dot{v}_1)$,惯性力:$f_{I2} = -m_2\ddot{v}_2$。代入动力平衡方程得

$$P_1 + k_2(v_2 - v_1) + c_2(\dot{v}_2 - \dot{v}_1) - k_1v_1 - c_1\dot{v}_1 - m_1\ddot{v}_1 = 0$$

$$P_2 - k_2(v_2 - v_1) - c_2(\dot{v}_2 - \dot{v}_1) - m_2\ddot{v}_2 = 0$$

整理后写成矩阵形式得

$$\begin{bmatrix} m_1 & 0 \\ 0 & m_2 \end{bmatrix}\begin{Bmatrix} \ddot{v}_1 \\ \ddot{v}_2 \end{Bmatrix} + \begin{bmatrix} c_1 + c_2 & -c_2 \\ -c_2 & c_2 \end{bmatrix}\begin{Bmatrix} \dot{v}_1 \\ \dot{v}_2 \end{Bmatrix} + \begin{bmatrix} k_1 + k_2 & -k_2 \\ -k_2 & k_2 \end{bmatrix}\begin{Bmatrix} v_1 \\ v_2 \end{Bmatrix} = \begin{Bmatrix} P_1 \\ P_2 \end{Bmatrix}$$

2.7 虚位移原理

一般形式的虚位移原理可表述为：质点系在一组力（包括主动力 $\boldsymbol{F}_k$，约束反力 $\boldsymbol{R}_k$，惯性力 $\boldsymbol{f}_{Ik} = -m_k\ddot{\boldsymbol{r}}_k$）作用下处于动力平衡状态，当该系统产生一定的虚位移时，这组力所做虚功之和等于零[5,6]，即

$$\sum_{k=1}^{l}(\boldsymbol{F}_k \cdot \delta\boldsymbol{r}_k + \boldsymbol{R}_k \cdot \delta\boldsymbol{r}_k - m_k\ddot{\boldsymbol{r}}_k \cdot \delta\boldsymbol{r}_k) = 0 \tag{2-7-1}$$

式中，力、位移及加速度均表示为矢量形式，对应的虚功表示为矢量点积的形式。

对于具有理想约束的质点系，由于在任意虚位移下约束反力所做虚功之和恒等于零，即 $\sum_{k=1}^{l}\boldsymbol{R}_k \cdot \delta\boldsymbol{r}_k = 0$，于是，任意时刻主动力和惯性力在任意虚位移上所做虚功之和等于零，即

$$\sum_{k=1}^{l}(\boldsymbol{F}_k \cdot \delta\boldsymbol{r}_k - m_k\ddot{\boldsymbol{r}}_k \cdot \delta\boldsymbol{r}_k) = 0 \tag{2-7-2}$$

若系统约束不是理想约束，则可以将约束反力分成理想约束反力与非理想约束反力两类，前者所做虚功为零，后者可视为作用于系统的主动力并入主动力 $\boldsymbol{F}_k$ 中，这样对应的动力学虚功方程仍为式(2-7-2)。

利用虚位移原理建立系统运动方程时，首先要确定系统各质点上所受的力（惯性力包含在内）。然后引入对应于每个自由度的虚位移，根据这些力所做的虚功等于零可得出其运动方程。利用虚位移原理建立系统运动方程的主要优点是：虚功为标量，可以按代数方式相加。而作用于结构上的力是矢量，它只能按矢量叠加。因此，对于不便于列平衡方程的复杂系统，虚位移原理较动力直接平衡法方便。

【例 2-7-1】 动力系统如图 2-6-1 所示，试用虚位移原理列出其运动方程。

【解】 质点 m_1 所受的主动力：$F_1 = P_1 + k_2(v_2 - v_1) + c_2(\dot{v}_2 - \dot{v}_1) - k_1v_1 - c_1\dot{v}_1$，惯性力：$f_{I1} = -m_1\ddot{v}_1$。

质点 m_2 所受的主动力：$F_2 = P_2 - k_2(v_2 - v_1) - c_2(\dot{v}_2 - \dot{v}_1)$，惯性力：$f_{I2} = -m_2\ddot{v}_2$。

当系统发生虚位移 δv_1、δv_2 时，根据虚位移原理，有

$$[P_1 + k_2(v_2 - v_1) + c_2(\dot{v}_2 - \dot{v}_1) - k_1v_1 - c_1\dot{v}_1]\delta v_1 - m_1\ddot{v}_1\delta v_1 +$$
$$[P_2 - k_2(v_2 - v_1) - c_2(\dot{v}_2 - \dot{v}_1)]\delta v_2 - m_2\ddot{v}_2\delta v_2 = 0$$

由于 δv_1、δv_2 具有任意性，因此有

$$P_1 + k_2(v_2 - v_1) + c_2(\dot{v}_2 - \dot{v}_1) - k_1v_1 - c_1\dot{v}_1 - m_1\ddot{v}_1 = 0$$

$$P_2 - k_2(v_2 - v_1) - c_2(\dot{v}_2 - \dot{v}_1) - m_2\ddot{v}_2 = 0$$

可整理得到与例2-6-1相同的矩阵形式运动方程,两者结果完全一致。

【例2-7-2】 图2-7-1a)所示系统由两根刚性杆 AB 和 BC 组成。两根杆除 A、C 处有刚性约束外,还在 B 点有竖向弹簧约束,在 E 点有竖向阻尼约束。AB 杆为均匀质量杆,单位长度的质量为 $\overline{m}$,D 点为 AB 杆质心。BC 杆为无重杆,中点 E 有一个集中质量 m。E 点作用一个集中动荷载 $P(t)$,AB 杆作用均布荷载 $p(t)$,C 端沿杆端作用常量为 N 的轴向力。试用虚位移原理列出其运动方程。

【解】 图2-7-1所示系统比较复杂,但因两个杆都是刚性的,整个系统的位移仅用一个位移参数即可唯一确定,故为单自由度系统。

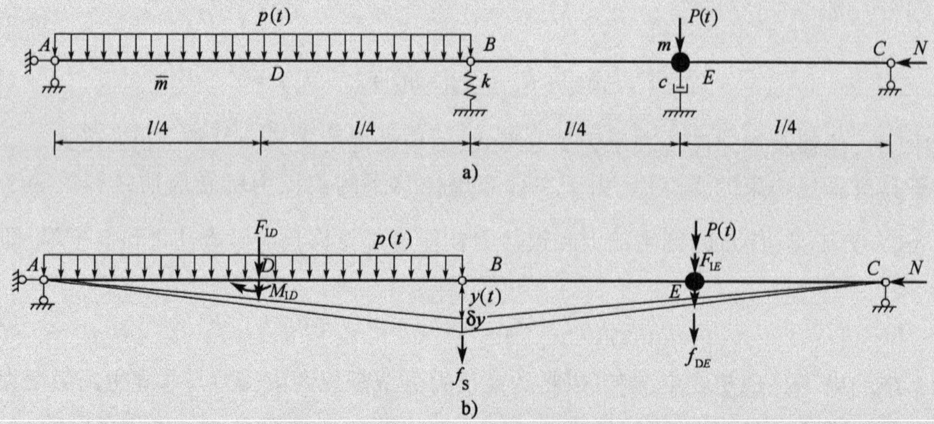

图2-7-1 刚体组合单自由度结构

a)系统基本参数;b)系统变位与受力

选 B 点的竖向位移 $y(t)$ 为基本位移参量,其他各点的位移均可以通过它表示,如图2-7-1b)所示。

用动力直接平衡法建立该系统运动方程比较烦琐,但用虚位移原理就简便多了。具体过程如下:

作用于系统上的主动力与惯性力(先不考虑轴向力 N)有:

(1)弹性力:$f_S = -ky$;

(2)阻尼力:$f_{DE} = -c(\dot{y}/2)$;

(3)集中质量 m 的惯性力:$F_{IE} = -m\ddot{y}/2$;

(4)AB 杆均布质量平动惯性力:$F_{ID} = -\overline{m}(l/2) \times (\ddot{y}/2)$;

(5)AB 杆绕质心 D 转动惯性力矩为

$$M_{ID} = -I_D \times [\ddot{y}/(l/2)] = -(\overline{m}l^2/48)\ddot{y}$$

式中,$I_D = \overline{m}l^3/96$,为 AB 杆绕质心 D 转动惯性矩。

(6)动荷载:$p(t)$ 和 $P(t)$。

给系统以虚位移 δy ,如图 2-7-1b)所示,支座约束反力所做虚功为零,系统主动力与惯性力在该虚位移下所做总虚功为

$$\delta W = -ky\delta y - c\frac{\dot{y}}{2}\frac{\delta y}{2} - m\frac{\ddot{y}}{2}\frac{\delta y}{2} - \frac{\overline{m}l}{4}\ddot{y}\frac{\delta y}{2} - \frac{\overline{m}l^2}{48}\ddot{y}\frac{\delta y}{(l/2)} + P\frac{\delta y}{2} + p\frac{l}{4}\delta y$$

根据 $\delta W = 0$ 可得系统运动方程

$$\left(\frac{m}{4} + \frac{\overline{m}l}{6}\right)\ddot{y} + \frac{c}{4}\dot{y} + ky = \frac{P}{2} + \frac{pl}{4}$$

若 C 端作用轴向力 N ,则在总虚功中应添加轴向力 N 所做的虚功。B 点产生竖向虚位移 δy 时,由于 AB 杆与 BC 杆转动产生的 C 端水平向虚位移均为 $[y(t)/(l/2)]\delta y$,因此轴向力 N 所做的虚功为

$$\delta W_N = N\left(\frac{y}{l/2} + \frac{y}{l/2}\right)\delta y = \frac{4N}{l}y\delta y$$

考虑轴向力 N 后,系统总虚功为

$$\delta W = -ky\delta y - c\frac{\dot{y}}{2}\frac{\delta y}{2} - m\frac{\ddot{y}}{2}\frac{\delta y}{2} - \frac{\overline{m}l}{4}\ddot{y}\frac{\delta y}{2} - \frac{\overline{m}l^2}{48}\ddot{y}\frac{\delta y}{(l/2)} + P\frac{\delta y}{2} + p\frac{l}{4}\delta y + \frac{4N}{l}y\delta y$$

根据 $\delta W = 0$ 可得系统运动方程

$$\left(\frac{m}{4} + \frac{\overline{m}l}{6}\right)\ddot{y} + \frac{c}{4}\dot{y} + \left(k - \frac{4N}{l}\right)y = \frac{P}{2} + \frac{pl}{4}$$

由此可见,添加轴向力作用后,仅对系统运动方程的广义刚度项有影响。轴向力 N 降低了系统的刚度,而轴向拉力则增强了系统的刚度。

2.8 拉格朗日方程

设质点系(质点数为 l)共有 s 个约束方程,即

$$f_c(x_1, y_1, z_1, \cdots, x_l, y_l, z_l, t) = 0 \quad (c = 1,2,\cdots,s) \tag{2-8-1}$$

式中, $x_k = x_k(q_1, q_2, \cdots, q_n, t)$; $y_k = y_k(q_1, q_2, \cdots, q_n, t)$; $z_k = z_k(q_1, q_2, \cdots, q_n, t)$; $k = 1, 2, \cdots, l$。

系统振动位形可用 n 个广义坐标 $q_1, q_2, \cdots, q_n$ 描述,所有质点的位置矢径 $\boldsymbol{r}_k$ 可以表示成广义坐标的函数,即

$$\boldsymbol{r}_k = \boldsymbol{r}_k(q_1, q_2, \cdots, q_n, t) \quad (k = 1,2,\cdots,l)$$

故有

$$\dot{\boldsymbol{r}}_k = \frac{\mathrm{d}\boldsymbol{r}_k}{\mathrm{d}t} = \sum_{m=1}^{n}\frac{\partial \boldsymbol{r}_k}{\partial q_m}\dot{q}_m + \frac{\partial \boldsymbol{r}_k}{\partial t} \tag{2-8-2}$$

$$\frac{\partial \dot{\boldsymbol{r}}_k}{\partial \dot{q}_i}=\frac{\partial}{\partial \dot{q}_i}\left(\sum_{m=1}^{n}\frac{\partial \boldsymbol{r}_k}{\partial q_m}\dot{q}_m+\frac{\partial \boldsymbol{r}_k}{\partial t}\right)=\frac{\partial}{\partial \dot{q}_i}\left(\sum_{m=1}^{n}\frac{\partial \boldsymbol{r}_k}{\partial q_m}\dot{q}_m\right)=\frac{\partial \boldsymbol{r}_k}{\partial q_i} \tag{2-8-3}$$

系统第 k 个质点受力如图 2-8-1 所示,根据牛顿第二定律,其运动方程为

$$\boldsymbol{F}_k+\boldsymbol{R}_k=m_k\ddot{\boldsymbol{r}}_k\quad(k=1,2,\cdots,l) \tag{2-8-4}$$

式中,m_k 为第 k 个质点的质量;$\ddot{\boldsymbol{r}}_k$ 为第 k 个质点的加速度;$\boldsymbol{F}_k$ 为第 k 个质点的主动力;$\boldsymbol{R}_k$ 为第 k 个质点的约束反力。

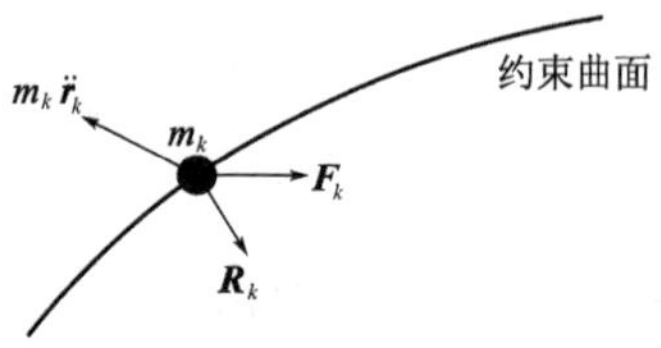

图 2-8-1　约束质点的动力平衡

若系统约束为理想约束,则约束反力所做虚功为零,即 $\sum_{k=1}^{l}(\boldsymbol{R}_k\cdot\delta\boldsymbol{r}_k)=0$。若系统约束不是理想约束,按 2.7 节的处理方法,将非理想约束反力视为主动力,余下的约束反力所做虚功为零,仍可将系统当作理想约束系统处理。

系统虚功方程为

$$\sum_{k=1}^{l}(\boldsymbol{F}_k\cdot\delta\boldsymbol{r}_k-m_k\ddot{\boldsymbol{r}}_k\cdot\delta\boldsymbol{r}_k)=-\sum_{k=1}^{l}(\boldsymbol{R}_k\cdot\delta\boldsymbol{r}_k)=0 \tag{2-8-5}$$

根据前述虚位移的概念,$\delta\boldsymbol{r}_k$ 是在时间 t 不变的条件下对质点位置的变分,故

$$\delta\boldsymbol{r}_k=\sum_{i=1}^{n}\frac{\partial \boldsymbol{r}_k}{\partial q_i}\delta q_i \tag{2-8-6}$$

所以有

$$\sum_{k=1}^{l}\left[(\boldsymbol{F}_k-m_k\ddot{\boldsymbol{r}}_k)\cdot\left(\sum_{i=1}^{n}\frac{\partial \boldsymbol{r}_k}{\partial q_i}\delta q_i\right)\right]=0$$

调换求和次序,得

$$\sum_{i=1}^{n}\left[\delta q_i\sum_{k=1}^{l}(\boldsymbol{F}_k-m_k\ddot{\boldsymbol{r}}_k)\cdot\frac{\partial \boldsymbol{r}_k}{\partial q_i}\right]=0$$

因 δq_i 是独立的和任意的,故每个 δq_i 的系数均为零,则

$$\sum_{k=1}^{l}(\boldsymbol{F}_k-m_k\ddot{\boldsymbol{r}}_k)\cdot\frac{\partial \boldsymbol{r}_k}{\partial q_i}=0 \tag{2-8-7}$$

或

$$\sum_{k=1}^{l}\left(m_k\ddot{\boldsymbol{r}}_k\cdot\frac{\partial \boldsymbol{r}_k}{\partial q_i}\right)=\sum_{k=1}^{l}\left(\boldsymbol{F}_k\cdot\frac{\partial \boldsymbol{r}_k}{\partial q_i}\right) \tag{2-8-8}$$

系统动能可表示为 $T=\frac{1}{2}\sum_{k=1}^{l}(m_k\dot{\boldsymbol{r}}_k\cdot\dot{\boldsymbol{r}}_k)$,根据式(2-8-2)与式(2-8-3),可以得到

$$\frac{\partial T}{\partial q_i}=\sum_{k=1}^{l}\left(m_k\dot{\boldsymbol{r}}_k\cdot\frac{\partial \dot{\boldsymbol{r}}_k}{\partial q_i}\right)=\sum_{k=1}^{l}\left[m_k\dot{\boldsymbol{r}}_k\cdot\left(\sum_{m=1}^{n}\frac{\partial^2 \boldsymbol{r}_k}{\partial q_i\partial q_m}\dot{q}_m+\frac{\partial^2 \boldsymbol{r}_k}{\partial q_i\partial t}\right)\right]$$

$$\frac{\partial T}{\partial \dot{q}_i}=\sum_{k=1}^{l}\left(m_k\dot{\boldsymbol{r}}_k\cdot\frac{\partial \dot{\boldsymbol{r}}_k}{\partial \dot{q}_i}\right)=\sum_{k=1}^{l}\left(m_k\dot{\boldsymbol{r}}_k\cdot\frac{\partial \boldsymbol{r}_k}{\partial q_i}\right)$$

$$\begin{aligned}\frac{\mathrm{d}}{\mathrm{d}t}\left(\frac{\partial T}{\partial \dot{q}_i}\right) &= \frac{\mathrm{d}}{\mathrm{d}t}\left[\sum_{k=1}^{l}\left(m_k \dot{\boldsymbol{r}}_k \cdot \frac{\partial \boldsymbol{r}_k}{\partial q_i}\right)\right] \\ &= \sum_{k=1}^{l}\left(m_k \ddot{\boldsymbol{r}}_k \cdot \frac{\partial \boldsymbol{r}_k}{\partial q_i}\right) + \sum_{k=1}^{l}\left[m_k \dot{\boldsymbol{r}}_k \cdot \frac{\mathrm{d}}{\mathrm{d}t}\left(\frac{\partial \boldsymbol{r}_k}{\partial q_i}\right)\right] \\ &= \sum_{k=1}^{l}\left(m_k \ddot{\boldsymbol{r}}_k \cdot \frac{\partial \boldsymbol{r}_k}{\partial q_i}\right) + \sum_{k=1}^{l}\left[m_k \dot{\boldsymbol{r}}_k \cdot \left(\sum_{m=1}^{n}\frac{\partial^2 \boldsymbol{r}_k}{\partial q_i \partial q_m}\dot{q}_m + \frac{\partial^2 \boldsymbol{r}_k}{\partial q_i \partial t}\right)\right]\end{aligned}$$

所以

$$\sum_{k=1}^{l}\left(m_k \ddot{\boldsymbol{r}}_k \cdot \frac{\partial \boldsymbol{r}_k}{\partial q_i}\right) = \frac{\mathrm{d}}{\mathrm{d}t}\left(\frac{\partial T}{\partial \dot{q}_i}\right) - \frac{\partial T}{\partial q_i} \tag{2-8-9}$$

令 $\sum_{k=1}^{l}(\boldsymbol{F}_k \cdot \delta \boldsymbol{r}_k) = \sum_{i=1}^{n} Q_i \delta q_i$，当某个虚位移 δq_i 不为零，其他虚位移全为零时，根据式(2-8-6)，可以得到

$$Q_i = \sum_{k=1}^{l}\left(\boldsymbol{F}_k \cdot \frac{\partial \boldsymbol{r}_k}{\partial q_i}\right) \tag{2-8-10}$$

将式(2-8-9)与式(2-8-10)代入式(2-8-8)，可得出拉格朗日方程

$$\frac{\mathrm{d}}{\mathrm{d}t}\left(\frac{\partial T}{\partial \dot{q}_i}\right) - \frac{\partial T}{\partial q_i} = Q_i \quad (i = 1,2,\cdots,n) \tag{2-8-11}$$

式中，Q_i 为作用于系统的主动力（包括非理想约束反力）对应于广义坐标 q_i 的广义力。考虑到约束反力（仅包括理想约束反力）的虚功为零，其对应的广义力为零，Q_i 也可理解为主动力与约束反力对应的广义力，是除惯性力外其他作用力对应的广义力。

从式(2-8-9)也可以看出，$\frac{\mathrm{d}}{\mathrm{d}t}\left(\frac{\partial T}{\partial \dot{q}_i}\right) - \frac{\partial T}{\partial q_i}$ 是惯性力对应于广义坐标 q_i 的广义力的负值，称 $-\left[\frac{\mathrm{d}}{\mathrm{d}t}\left(\frac{\partial T}{\partial \dot{q}_i}\right) - \frac{\partial T}{\partial q_i}\right]$ 为广义惯性力。拉格朗日方程(2-8-11)表示所有作用力对应于广义坐标 q_i 的广义力应等于零，与式(2-4-9)本质上是一致的。

下面分析广义力 Q_i，一般情况下，作用于各质点的主动力 $\boldsymbol{F}_k$ 可写成有势力与非有势力之和，故有

$$\boldsymbol{F}_k = \boldsymbol{f}_k + \boldsymbol{\varphi}_k = -\boldsymbol{\nabla}_k V + \boldsymbol{\varphi}_k \tag{2-8-12}$$

式中，V 是质点系的总势能，包括外部有势力势能和内势能；$\boldsymbol{\nabla}_k = \{\partial/\partial x_k \quad \partial/\partial y_k \quad \partial/\partial z_k\}$；$\boldsymbol{f}_k$ 是作用于第 k 个质点的有势力；$\boldsymbol{\varphi}_k$ 是作用于第 k 个质点的非有势力，例如媒质阻力等。

将式(2-8-12)代入式(2-8-10)，得

$$Q_i = \sum_{k=1}^{l}\left(\boldsymbol{F}_k \cdot \frac{\partial \boldsymbol{r}_k}{\partial q_i}\right) = -\sum_{k=1}^{l}\left(\boldsymbol{\nabla}_k V \cdot \frac{\partial \boldsymbol{r}_k}{\partial q_i}\right) + \sum_{k=1}^{l}\left(\boldsymbol{\varphi}_k \cdot \frac{\partial \boldsymbol{r}_k}{\partial q_i}\right)$$

而

$$\sum_{k=1}^{l}\left(\boldsymbol{\nabla}_k V \cdot \frac{\partial \boldsymbol{r}_k}{\partial q_i}\right) = \sum_{k=1}^{l}\left(\frac{\partial V}{\partial x_k}\frac{\partial x_k}{\partial q_i} + \frac{\partial V}{\partial y_k}\frac{\partial y_k}{\partial q_i} + \frac{\partial V}{\partial z_k}\frac{\partial z_k}{\partial q_i}\right) = \frac{\partial V}{\partial q_i}$$

又令

$$Q_i' = \sum_{k=1}^{l}\left(\boldsymbol{\varphi}_k \cdot \frac{\partial \boldsymbol{r}_k}{\partial q_i}\right) \tag{2-8-13}$$

所以

$$Q_i = -\frac{\partial V}{\partial q_i} + Q_i' \tag{2-8-14}$$

可见,广义力 Q_i 可表示为广义有势力与广义非有势力之和。

所以

$$\frac{\mathrm{d}}{\mathrm{d}t}\left(\frac{\partial T}{\partial \dot{q}_i}\right) - \frac{\partial (T - V)}{\partial q_i} = Q_i' \tag{2-8-15}$$

质点系动能和势能之差 $T - V$,称为拉格朗日函数,记作 L,即 $L = T - V$,而势能 $V = V(q_1, q_2, \cdots, q_n, t)$,它只依赖于广义坐标 q_i 和 t,而不依赖于 $\dot{q}_i$,故有 $\partial L/\partial \dot{q}_i = \partial T/\partial \dot{q}_i$,所以

$$\frac{\mathrm{d}}{\mathrm{d}t}\left(\frac{\partial L}{\partial \dot{q}_i}\right) - \frac{\partial L}{\partial q_i} = Q_i' \tag{2-8-16}$$

这就是拉格朗日方程的最终形式。如果约束不稳定[7],L 可能显含时间 t,即 $L = L(q_1, q_2, \cdots, q_n, \dot{q}_1, \dot{q}_2, \cdots, \dot{q}_n, t)$,$L$ 的变量 q_i 和 $\dot{q}_i$ 称为拉格朗日变量。

应用拉格朗日方程时,除了非有势力(主要是阻尼力),其余仅涉及标量运算,不必直接分析惯性力与有势力(主要是弹性恢复力),而惯性力与弹性恢复力正是建立系统运动方程时最为困难的处理对象。关于阻尼力,实际上它一般不是基于材料、结构构件的几何尺寸等通过数学推理分析得到,而往往是通过试验或经验得到,详见 4.5 节瑞利阻尼的构造。因此,拉格朗日方程得到了更多的应用。

【例 2-8-1】 如图 2-8-2 所示,外力作用使单摆摆长 l 按一定规律变化,试用拉格朗日方程推导质点 m 的运动方程。

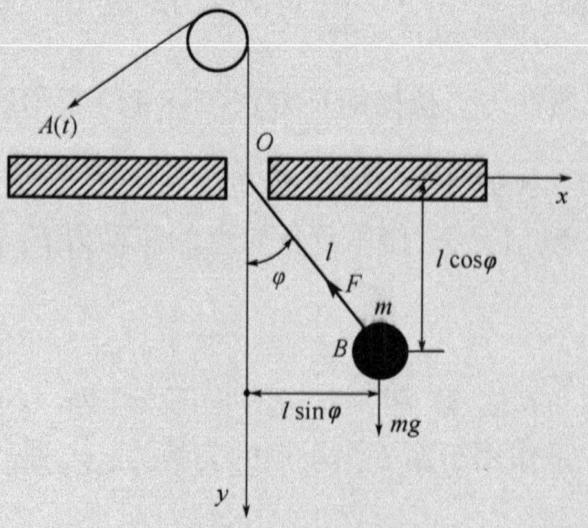

图 2-8-2　变长单摆

【解】 O 为坐标原点,势能零点取在 O 点。取 φ 为该质点的广义坐标。作用于系统的有势力为 mg,而细绳对质点 m 的拉力 F 做功为零,故 $Q' = 0$,质点直角坐标 $x = l\sin\varphi$,$y = l\cos\varphi$,所以

$$\dot{x} = \frac{\mathrm{d}}{\mathrm{d}t}(l\sin\varphi) = \dot{l}\sin\varphi + l\cos\varphi\dot{\varphi}$$

$$\dot{y} = \frac{\mathrm{d}}{\mathrm{d}t}(l\cos\varphi) = \dot{l}\cos\varphi - l\sin\varphi\dot{\varphi}$$

动能

$$T = \frac{1}{2}m(\dot{x}^2 + \dot{y}^2)$$
$$= \frac{1}{2}m[(\dot{l}\sin\varphi + l\cos\varphi\dot{\varphi})^2 + (\dot{l}\cos\varphi - l\sin\varphi\dot{\varphi})^2]$$
$$= \frac{1}{2}m(\dot{l}^2 + l^2\dot{\varphi}^2)$$

质点势能 V 为从位置 O 至 B 重力做功的负值,即

$$V = -mgl\cos\varphi$$

考虑 $L = T - V$,代入拉格朗日方程得到

$$\frac{\mathrm{d}}{\mathrm{d}t}(ml^2\dot{\varphi}) + mgl\sin\varphi = 0$$

即

$$l^2\ddot{\varphi} + 2l\dot{l}\dot{\varphi} + gl\sin\varphi = 0$$

该方程为非线性运动方程。若 φ 很小,则有 $\sin\varphi \approx \varphi$,$\ddot{\varphi} + 2(\dot{l}/l)\dot{\varphi} + (g/l)\varphi = 0$,即为变系数线性方程。式中第二项相当于阻尼项。当 $\dot{l}$ 为正时,为正阻尼,振幅将随时间衰减;当 $\dot{l}$ 为负时,为负阻尼,振幅将随时间不断扩大,详见3.1.3节。

2.9 哈密尔顿原理

拉格朗日方程适用于离散系统(有限自由度)运动方程的建立。对于连续体(无限自由度),宜用哈密尔顿原理。二者都建立在虚位移原理基础之上,故二者可以相互推导。哈密尔顿原理属于动力学中的变分原理,可由变分理论引出,但不如由拉格朗日方程推导简便。下面按后者引出。

设以系统各广义坐标的虚位移 δq_i 乘式(2-8-16)并求和,然后在 t_1 至 t_2 区间内积分,得

$$\int_{t_1}^{t_2}\sum_{i=1}^{n}\frac{\mathrm{d}}{\mathrm{d}t}\left(\frac{\partial L}{\partial \dot{q}_i}\right)\delta q_i\mathrm{d}t - \int_{t_1}^{t_2}\sum_{i=1}^{n}\frac{\partial L}{\partial q_i}\delta q_i\mathrm{d}t = \int_{t_1}^{t_2}\sum_{i=1}^{n}Q_i'\delta q_i\mathrm{d}t \tag{2-9-1}$$

而

$$\int_{t_1}^{t_2}\sum_{i=1}^{n}\frac{\mathrm{d}}{\mathrm{d}t}\left(\frac{\partial L}{\partial \dot{q}_i}\right)\delta q_i\mathrm{d}t = \int_{t_1}^{t_2}\sum_{i=1}^{n}\delta q_i\mathrm{d}\left(\frac{\partial L}{\partial \dot{q}_i}\right) = \sum_{i=1}^{n}\left[\frac{\partial L}{\partial \dot{q}_i}\delta q_i\right]_{t_1}^{t_2} - \int_{t_1}^{t_2}\sum_{i=1}^{n}\left(\frac{\partial L}{\partial \dot{q}_i}\delta \dot{q}_i\right)\mathrm{d}t$$

代入式(2-9-1)得

$$\sum_{i=1}^{n}\left[\frac{\partial L}{\partial \dot{q}_i}\delta q_i\right]_{t_1}^{t_2} - \int_{t_1}^{t_2}\sum_{i=1}^{n}\left(\frac{\partial L}{\partial \dot{q}_i}\delta \dot{q}_i + \frac{\partial L}{\partial q_i}\delta q_i\right)\mathrm{d}t = \int_{t_1}^{t_2}\sum_{i=1}^{n}Q_i'\delta q_i\mathrm{d}t \tag{2-9-2}$$

因系统的初始与终了位置是给定的,即有 t_1、t_2 时刻 $\delta q_i = 0$,得到

$$\sum_{i=1}^{n}\left[\frac{\partial L}{\partial \dot{q}_i}\delta q_i\right]_{t_1}^{t_2} = 0 \tag{2-9-3}$$

此外,因为 $L = L(q_1, q_2, \cdots, q_n, \dot{q}_1, \dot{q}_2, \cdots, \dot{q}_n, t)$,在时间变量 t 保持不变的条件(体现虚位

移原理的本质)下有

$$\delta L=\sum_{i=1}^{n}\frac{\partial L}{\partial\dot{q}_i}\delta\dot{q}_i+\sum_{i=1}^{n}\frac{\partial L}{\partial q_i}\delta q_i \tag{2-9-4}$$

因为时间变量 t 保持不变,上述变分称为等时变分。令 $\delta W_{nc}=\sum_{i=1}^{n}Q_i'\delta q_i$,同时将式(2-9-3)与式(2-9-4)代入式(2-9-2),可得哈密尔顿原理的表达式

$$\int_{t_1}^{t_2}\delta L\mathrm{d}t+\int_{t_1}^{t_2}\delta W_{nc}\mathrm{d}t=0 \text{ 或 } \int_{t_1}^{t_2}\delta(T-V)\mathrm{d}t+\int_{t_1}^{t_2}\delta W_{nc}\mathrm{d}t=0 \tag{2-9-5}$$

式中,δW_{nc} 为系统所有非有势力做的虚功;δ 为 t_1 到 t_2 内的变分。

当不存在非有势力时,$\delta W_{nc}=0$,则得

$$\int_{t_1}^{t_2}\delta L\mathrm{d}t=0 \text{ 或 } \int_{t_1}^{t_2}\delta(T-V)\mathrm{d}t=0 \tag{2-9-6}$$

哈密尔顿原理不直接使用惯性力和弹性力,而分别用对动能和势能的变分代替。因而,对这两项来讲,仅涉及标量处理。而虚功原理中,尽管虚功本身是标量,但用来计算虚功的力与虚位移都是矢量。这些是哈密尔顿原理的主要优点。当考虑非有势力做功时,仍然涉及矢量运算。实际上,直接利用哈密尔顿原理建立运动方程并不多见。哈密尔顿原理的美妙之处在于它以一个极为简洁的数学表达式概括了复杂的力学问题。

【例 2-9-1】 试用哈密尔顿原理推导图 2-9-1 所示质点 m 的运动方程。

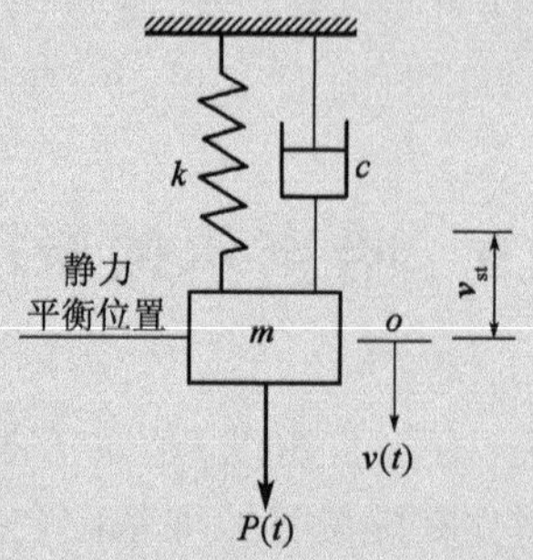

图 2-9-1 单自由度质量-弹簧-阻尼系统

【解】 图 2-9-1 所示的单自由度振动系统,其静力位移为 v_{st},振动位移 $v(t)$ 从静力平衡位置算起,这样重力 mg 与弹性力 kv_{st} 已自相平衡。

质点 m 的动能:

$$T=\frac{1}{2}m\dot{v}^2$$

系统的势能:

$$V=\frac{1}{2}kv^2$$

当系统产生虚位移 δv,非有势力所做虚功为

$$\delta W_{nc}=P\delta v-c\dot{v}\delta v$$

将以上各式代入哈密尔顿原理表达式,得

$$\int_{t_1}^{t_2}(m\dot{v}\delta\dot{v}-kv\delta v+P\delta v-c\dot{v}\delta v)\mathrm{d}t=0$$

又因为

$$\int_{t_1}^{t_2} m\dot{v}\delta\dot{v}\mathrm{d}t = \int_{t_1}^{t_2} m\dot{v}\frac{\mathrm{d}(\delta v)}{\mathrm{d}t}\mathrm{d}t = [m\dot{v}\delta v]_{t_2}^{t_1} - \int_{t_1}^{t_2} m\ddot{v}\delta v\mathrm{d}t$$

$$= m\dot{v}\delta v\mid_{t=t_2} - m\dot{v}\delta v\mid_{t=t_1} - \int_{t_1}^{t_2} m\ddot{v}\delta v\mathrm{d}t$$

$$= -\int_{t_1}^{t_2} m\ddot{v}\delta v\mathrm{d}t$$

所以

$$\int_{t_1}^{t_2}(-m\ddot{v} - c\dot{v} - kv + P)\delta v\mathrm{d}t = 0$$

由于 δv 具有任意性,因此有

$$m\ddot{v} + c\dot{v} + kv = P$$

上式即为质点 m 的运动方程。

【例 2-9-2】 图 2-9-2 所示为一变截面直梁,梁长为 L ,取梁的中性轴为 Ox 轴,并将原点取在梁的左端,在该坐标系里梁的单位长度分布质量为 $m(x)$,弯曲刚度为 $EI(x)$,单位长度的竖向动荷载为 $p(x,t)$ 。设梁中性轴上的竖向位移为 $v(x,t)$,若此位移的初始位置是梁在自重作用下的静平衡位置,则在计算动力响应时,自重的影响可以不予考虑。下面用哈密尔顿原理推导变截面直梁的竖向弯曲振动微分方程。

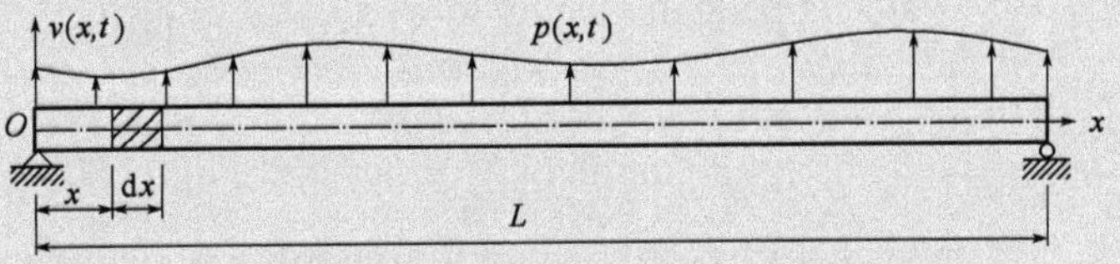

图 2-9-2 变截面直梁竖向振动示意图

【解】 梁在振动时的动能为

$$T = \frac{1}{2}\int_0^L m(x)\left(\frac{\partial v}{\partial t}\right)^2\mathrm{d}x \tag{2-9-7}$$

梁在振动时的势能为

$$V = \frac{1}{2}\int_0^L EI(x)\left(\frac{\partial^2 v}{\partial x^2}\right)^2\mathrm{d}x \tag{2-9-8}$$

外荷载 $p(x,t)$ (非有势力)所做的虚功 δW_{nc} 为

$$\delta W_{nc} = \int_0^L p(x,t)\delta v(x,t)\mathrm{d}x \tag{2-9-9}$$

根据哈密尔顿原理有

$$\int_{t_1}^{t_2}\delta(T - V)\mathrm{d}t + \int_{t_1}^{t_2}\delta W_{nc}\mathrm{d}t = 0 \tag{2-9-10}$$

分别对动能 T 、势能 V 变分,并在时段 $[t_1,t_2]$ 内积分,可得

$$\begin{aligned}\int_{t_1}^{t_2}\delta T\mathrm{d}t &= \int_{t_1}^{t_2}\frac{1}{2}\int_0^L m(x)\,\delta\left(\frac{\partial v}{\partial t}\right)^2\mathrm{d}x\mathrm{d}t\\ &= \int_{t_1}^{t_2}\int_0^L m(x)\,\dot{v}\delta\dot{v}\mathrm{d}x\mathrm{d}t\\ &= \int_0^L m(x)\,\dot{v}\,\Big[\delta v\Big]_{t_1}^{t_2}\mathrm{d}x - \int_{t_1}^{t_2}\int_0^L m(x)\,\ddot{v}\delta v\mathrm{d}x\mathrm{d}t\\ &= -\int_{t_1}^{t_2}\int_0^L m(x)\,\ddot{v}\delta v\mathrm{d}x\mathrm{d}t\\ &= -\int_{t_1}^{t_2}\int_0^L m(x)\,\frac{\partial^2 v}{\partial t^2}\delta v\mathrm{d}x\mathrm{d}t \end{aligned} \tag{2-9-11}$$

$$\begin{aligned}\int_{t_1}^{t_2}\delta V\mathrm{d}t &= \int_{t_1}^{t_2}\frac{1}{2}\int_0^L EI(x)\,\delta\left(\frac{\partial^2 v}{\partial x^2}\right)^2\mathrm{d}x\mathrm{d}t = \int_{t_1}^{t_2}\int_0^L EI(x)\,v''\delta v''\mathrm{d}x\mathrm{d}t\\ &= \int_{t_1}^{t_2}\left\{EI(x)\,v''\,[\delta v']_0^L - \int_0^L\frac{\partial}{\partial x}[EI(x)\,v'']\,\delta v'\mathrm{d}x\right\}\mathrm{d}t\\ &= \int_{t_1}^{t_2}\left\{EI(x)\,v''\,[\delta v']_0^L - \frac{\partial}{\partial x}[EI(x)\,v'']\,[\delta v]_0^L + \int_0^L\frac{\partial^2}{\partial x^2}[EI(x)\,v'']\,\delta v\mathrm{d}x\right\}\mathrm{d}t\\ &= \int_{t_1}^{t_2}\int_0^L\frac{\partial^2}{\partial x^2}[EI(x)\,v'']\,\delta v\mathrm{d}x\mathrm{d}t = \int_{t_1}^{t_2}\int_0^L\frac{\partial^2}{\partial x^2}\left[EI(x)\,\frac{\partial^2 v}{\partial x^2}\right]\delta v\mathrm{d}x\mathrm{d}t \end{aligned} \tag{2-9-12}$$

对外荷载所做虚功 δW_{nc} 在时段 $[t_1,t_2]$ 内积分可得

$$\int_{t_1}^{t_2}\delta W_{\mathrm{nc}}\mathrm{d}t = \int_{t_1}^{t_2}\int_0^L p(x,t)\,\delta v\mathrm{d}x\mathrm{d}t \tag{2-9-13}$$

将式(2-9-11)~式(2-9-13)代入式(2-9-10)可得

$$\begin{aligned}&-\int_{t_1}^{t_2}\int_0^L m(x)\,\frac{\partial^2 v}{\partial t^2}\delta v\mathrm{d}x\mathrm{d}t - \int_{t_1}^{t_2}\int_0^L\frac{\partial^2}{\partial x^2}\left[EI(x)\,\frac{\partial^2 v}{\partial x^2}\right]\delta v\mathrm{d}x\mathrm{d}t +\\ &\int_{t_1}^{t_2}\int_0^L p(x,t)\,\delta v\mathrm{d}x\mathrm{d}t = 0\end{aligned} \tag{2-9-14}$$

整理后可得

$$\int_{t_1}^{t_2}\int_0^L\left\{-m(x)\,\frac{\partial^2 v}{\partial t^2} - \frac{\partial^2}{\partial x^2}\left[EI(x)\,\frac{\partial^2 v}{\partial x^2}\right] + p(x,t)\right\}\delta v\mathrm{d}x\mathrm{d}t = 0 \tag{2-9-15}$$

因为 δv 是任意的,故要使式(2-9-15)成立,必须有

$$-m(x)\,\frac{\partial^2 v}{\partial t^2} - \frac{\partial^2}{\partial x^2}\left[EI(x)\,\frac{\partial^2 v}{\partial x^2}\right] + p(x,t) = 0 \tag{2-9-16}$$

即可得到变截面直梁的竖向弯曲振动微分方程

$$\frac{\partial^2}{\partial x^2}\left[EI(x)\,\frac{\partial^2 v}{\partial x^2}\right] + m(x)\,\frac{\partial^2 v}{\partial t^2} = p(x,t) \tag{2-9-17}$$

2.10 弹性系统动力学总势能不变值原理

中南大学曾庆元院士根据达朗贝尔原理,将动力问题转化为动力平衡问题,借鉴静力学总势能不变值原理的思想,由虚位移原理导出了弹性系统动力学总势能不变值原理[8-10]。为阐述此原理,本节首先介绍虚位移原理及静力学总势能不变值原理的主要思想;然后,给出弹性系统动力学总势能不变值原理的推导过程;最后,用3个实例说明该原理的应用。

2.10.1 虚位移原理及静力学总势能不变值原理的主要思想

虚位移原理由平衡力系对系统无限小虚位移做功之和等于零导出。虚位移是想象的满足系统变形协调条件(约束条件)的任意小位移,与系统的实际作用力无关,因而称为虚位移。文献[11]由弹性力学三个平衡方程乘虚位移,经过数学演证,导出静力学虚功方程为

$$\int_s \boldsymbol{\varphi} \cdot \delta \boldsymbol{u} \mathrm{d}s + \int_v \boldsymbol{X} \cdot \delta \boldsymbol{u} \mathrm{d}v = \int_v \boldsymbol{\sigma} \cdot \delta \boldsymbol{\varepsilon} \mathrm{d}v \tag{2-10-1}$$

式(2-10-1)左边为面力 $\boldsymbol{\varphi}$ 和体力 $\boldsymbol{X}$ 做的外力虚功之和 δW,右边为系统的虚应变能 δU_{i},故式(2-10-1)简写为

$$\delta W = \delta U_{\mathrm{i}} \tag{2-10-2}$$

因为力做功 W 的负值为其势能 U_{e},故 $\delta W = -\delta U_{\mathrm{e}}$,代入式(2-10-2),得出虚位移原理更简洁的表示式

$$\delta_{\varepsilon} U = \delta_{\varepsilon}(U_{\mathrm{i}} + U_{\mathrm{e}}) = 0 \tag{2-10-3}$$

式(2-10-3)称为系统总位能(亦称势能)驻值原理[11],其中 $U = U_{\mathrm{i}} + U_{\mathrm{e}}$ 为系统总势能,U_{e} 为外力势能。此处的外力势能是由虚位移原理延伸出来的概念,有势力与非有势力均有外力势能,不同于2.5节的势能概念仅限于有势力。文献[12]将式(2-10-3)看成 $U = U_{\mathrm{i}} + U_{\mathrm{e}}$ 具有不变值的数学条件,并称“$U = U_{\mathrm{i}} + U_{\mathrm{e}}$ = 不变值”为总势能不变值定理。文献[11]指出:“加到变分号 δ 的下标 ε,是强调只有弹性应变和位移是变分的。在计算外力势能 U_{e} 时,应该看到,所有的位移均被认为是变量,而对应的力则是指定的(即不变化——作者注)。”该文献强调对系统总势能变分时,要保持式(2-10-3)的虚位移原理本质,外力和应力保持不变,只有位移和应变变分,让式(2-10-3)中的符号 δ 始终保持式(2-10-1)中 δ 对位移和应变变分的作用。不能因为将虚位移原理式(2-10-1)表达成总势能驻值原理式(2-10-3),就使变分号 δ 的意义背离式(2-10-1)中表示虚位移和虚应变的本意,而把 δ 看作一个对总势能 U 的数学变分符号。

根据上述论述,可总结出两点:(1)虚位移是想象的平衡系统任意小的变形协调位移,是一种可能发生的趋势,与系统中的外力和应力无关;它不是实际位移,不破坏力系平衡,故虚位移过程中外力和内力是不变化的。(2)将式(2-10-1)中的虚位移和虚应变前的符号 δ 移到积分号外,即得到弹性系统总势能驻值原理。式(2-10-3)中符号 δ 的这种移动,不引起系统外力和应力的变化;故作系统总势能 U 的一阶变分时,应只对位移 $\boldsymbol{u}$ 和应变 $\boldsymbol{\varepsilon}$ 变分,对外力和应力不变分,这样才能保证由式(2-10-3)可以返回到式(2-10-1),这恰好反映了虚位移原理的要求。

2.10.2 弹性系统动力学总势能不变值原理的推导

在引入达朗贝尔原理并考虑阻尼力作用后,弹性系统动力学问题即转化为动力平衡问题,其平衡方程的一般形式为

$$\boldsymbol{f}_{\mathrm{m}}+\boldsymbol{f}_{\mathrm{c}}+\boldsymbol{f}_{\mathrm{s}}+\boldsymbol{P}(t)=\boldsymbol{0} \tag{2-10-4}$$

式中,$\boldsymbol{f}_{\mathrm{m}}$ 为系统惯性力矢量;$\boldsymbol{f}_{\mathrm{c}}$ 为系统阻尼力矢量;$\boldsymbol{f}_{\mathrm{s}}$ 为系统弹性力矢量;$\boldsymbol{P}(t)$ 为系统外力(包含重力)矢量。

在给定时刻 t,式(2-10-4)两边乘系统虚位移 $\delta\boldsymbol{u}$,并考虑 $-\delta\boldsymbol{u}\cdot\boldsymbol{f}_{\mathrm{s}}$ 等于系统虚应变能 δU_{i},得出

$$\delta U_{\mathrm{i}}=\delta\boldsymbol{u}\cdot\boldsymbol{f}_{\mathrm{m}}+\delta\boldsymbol{u}\cdot\boldsymbol{f}_{\mathrm{c}}+\delta\boldsymbol{u}\cdot\boldsymbol{P}(t) \tag{2-10-5}$$

式(2-10-5)即为弹性系统动力学虚位移原理的一般表示式。与式(2-10-1)表示的静力学虚位移原理一样,式(2-10-5)可表示为如下简洁的形式

$$\delta_{\varepsilon}(U_{\mathrm{i}}+V_{\mathrm{m}}+V_{\mathrm{c}}+V_{\mathrm{P}})=0 \tag{2-10-6}$$

式中,U_{i} 为系统弹性应变能;$V_{\mathrm{m}}=-\boldsymbol{u}\cdot\boldsymbol{f}_{\mathrm{m}}$ 为系统惯性力做功负值;$V_{\mathrm{c}}=-\boldsymbol{u}\cdot\boldsymbol{f}_{\mathrm{c}}$ 为系统阻尼力做功负值;$V_{\mathrm{P}}=-\boldsymbol{u}\cdot\boldsymbol{P}(t)$ 为系统外力做功负值。

因为对平衡系统应用虚位移时,时间瞬时固定,所有作用于系统的力都不变,它们做功只与位移的起始位置和终了位置有关,而与力作用点的运动路径无关,符合有势力的定义,所以它们都可视为有势力。这样,V_{m}、V_{c} 与 V_{P} 分别称为系统惯性力、阻尼力、外力的势能。因此,称

$$\Pi_{\mathrm{d}}=U_{\mathrm{i}}+V_{\mathrm{m}}+V_{\mathrm{c}}+V_{\mathrm{P}} \tag{2-10-7}$$

为弹性系统动力学总势能,它也是系统 Π_{d} 的一般计算式[10]。

仿照式(2-10-3),称式(2-10-6)为弹性系统动力学总势能不变值原理,式中变分号 δ 的右下标 ε 同样是强调对弹性系统动力学总势能 Π_{d} 变分时,要保持式(2-10-6)的虚位移原理本质,即只对弹性应变和位移变分,惯性力、阻尼力、外力等荷载均不变分,即在计算 V_{m}、V_{c} 与 V_{P} 时,所有应变及位移均被认为是变量,而对应的力则是指定的。式(2-10-6)的物理意义为:在引入达朗贝尔原理之后,在给定时刻 t,弹性系统动力学总势能 Π_{d} 的一阶变分必须等于零,Π_{d} 取不变值。一般泛函取驻值是根据泛函变分原理得出的。这里总势能 Π_{d} 取不变值是根据虚位移原理得出的,显然没有理由要求按变分法计算 Π_{d} 的一阶变分,而只应根据虚位移原理的物理概念对 Π_{d} 中的应变和位移进行变分。

综上所述,由弹性系统动力学总势能不变值原理建立系统运动方程的基本步骤如下:首先推求作用于系统各作用力势能,得出动力系统的总势能 Π_{d};再由 $\delta_{\varepsilon}\Pi_{\mathrm{d}}=0$ 导出系统运动方程。为了检验弹性系统动力学总势能不变值原理的正确性与简便性,列举如下 3 个算例。

【例 2-10-1】 如图 2-10-1 所示,外力作用使单摆摆长 l 按一定规律变化,试用弹性系统动力学总势能不变值原理推导该单摆的运动方程。

【解】 选择如图 2-10-1 所示坐标系,势能零点取为 O 点,取 φ 为该单摆的广义坐标。

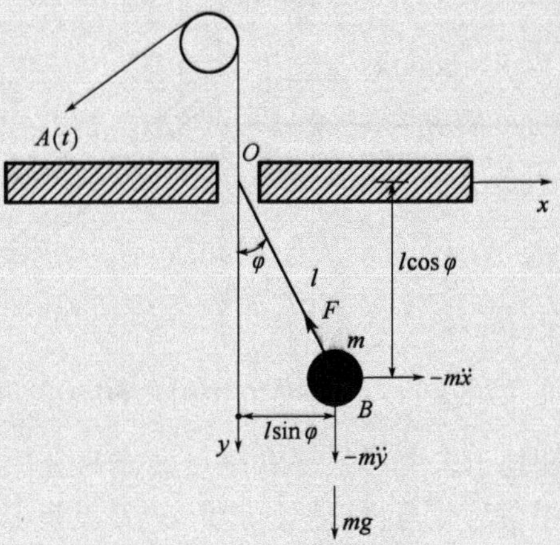

图 2-10-1 变长单摆的动力平衡状态

根据图 2-10-1,质点 m 的坐标可表示为

$$x = l\sin\varphi,\quad y = l\cos\varphi$$

于是有

$$\dot{x} = \dot{l}\sin\varphi + l\cos\varphi\dot{\varphi},\quad \ddot{x} = \frac{\mathrm{d}\dot{x}}{\mathrm{d}t} = \frac{\mathrm{d}}{\mathrm{d}t}(\dot{l}\sin\varphi + l\cos\varphi\dot{\varphi})$$

$$\dot{y} = \dot{l}\cos\varphi - l\sin\varphi\dot{\varphi},\quad \ddot{y} = \frac{\mathrm{d}\dot{y}}{\mathrm{d}t} = \frac{\mathrm{d}}{\mathrm{d}t}(\dot{l}\cos\varphi - l\sin\varphi\dot{\varphi})$$

故系统总势能(细绳对质点 m 的拉力 F 做功为零)为

$$\begin{aligned}\Pi_{\mathrm{d}} &= -mgl\cos\varphi - (-m\ddot{x}x) - (-m\ddot{y}y)\\ &= -mgl\cos\varphi + m\frac{\mathrm{d}}{\mathrm{d}t}(\dot{l}\sin\varphi + l\cos\varphi\dot{\varphi})l\sin\varphi + m\frac{\mathrm{d}}{\mathrm{d}t}(\dot{l}\cos\varphi - l\sin\varphi\dot{\varphi})l\cos\varphi\end{aligned}$$

于是

$$\begin{aligned}\delta_{\varepsilon}\Pi_{\mathrm{d}} &= mgl\sin\varphi\delta\varphi + m\frac{\mathrm{d}}{\mathrm{d}t}(\dot{l}\sin\varphi + l\cos\varphi\dot{\varphi})l\cos\varphi\delta\varphi + \\ &\quad m\frac{\mathrm{d}}{\mathrm{d}t}(\dot{l}\cos\varphi - l\sin\varphi\dot{\varphi})(-l\sin\varphi\delta\varphi)\\ &= \delta\varphi\left(ml^2\ddot{\varphi} + 2ml\dot{l}\dot{\varphi} + mgl\sin\varphi\right) = 0\end{aligned}$$

因为 $\delta\varphi \neq 0$,所以 $ml^2\ddot{\varphi} + 2ml\dot{l}\dot{\varphi} + mgl\sin\varphi = 0$,即 $l^2\ddot{\varphi} + 2l\dot{l}\dot{\varphi} + gl\sin\varphi = 0$ 。

【例 2-10-2】 图 2-10-2 所示系统中,质点 M 用弹簧(弹簧刚度为 k)连接于活动质点 O,质点 M 与 O 都限定在同一水平面沿 x 轴做直线运动,质点 O 相对于支撑平台的运动

$x_0(t)$ 已知,且 $x_0(0)=0$。另外在质点 M 上悬挂一物理摆,摆锤质量为 m,其重心 C 至悬挂点的距离为 l,摆绕其重心轴的回转半径为 ρ。初始时刻弹簧处于未变形状态,试列出该系统的运动方程。

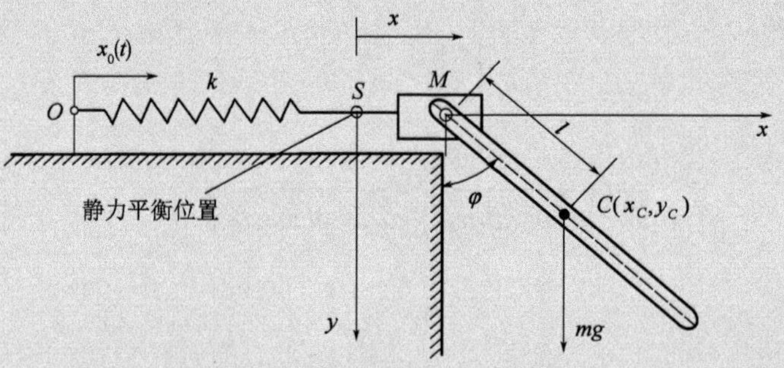

图 2-10-2　平面机构运动状态描述

【解】　取初始时刻弹簧处于未变形状态右端点 S 作为坐标原点。该系统广义坐标取为质点 M 相对于点 S 的水平位移 x 与物理摆的转角 φ,C 点坐标可表示为

$$x_C = l\sin\varphi + x,\quad y_C = l\cos\varphi$$

故有

$$\dot{x}_C = l\cos\varphi\dot{\varphi} + \dot{x}$$

$$\ddot{x}_C = l\cos\varphi\ddot{\varphi} - l\sin\varphi\dot{\varphi}^2 + \ddot{x}$$

$$\dot{y}_C = -l\sin\varphi\dot{\varphi}$$

$$\ddot{y}_C = -l\sin\varphi\ddot{\varphi} - l\dot{\varphi}^2\cos\varphi$$

惯性力势能:

$$\begin{aligned} V_{\mathrm{m}} &= -(-m\ddot{x}_C x_C - m\ddot{y}_C y_C - M\ddot{x}x - m\rho^2\ddot{\varphi}\varphi) \\ &= m(l\cos\varphi\ddot{\varphi} - l\sin\varphi\dot{\varphi}^2 + \ddot{x})(l\sin\varphi + x) + \\ &\quad m(-l\sin\varphi\ddot{\varphi} - l\dot{\varphi}^2\cos\varphi)l\cos\varphi + M\ddot{x}x + m\rho^2\ddot{\varphi}\varphi \end{aligned}$$

重力势能(势能零点取在 S 点):

$$V_{\mathrm{P}} = -mgl\cos\varphi$$

弹簧应变能:

$$U_{\mathrm{i}} = \frac{1}{2}k(x - x_0)^2$$

系统总势能:

$$\Pi_{\mathrm{d}} = V_{\mathrm{m}} + V_{\mathrm{P}} + U_{\mathrm{i}}$$

由 $\delta_{\mathrm{g}}\Pi_{\mathrm{d}} = 0$,得

$$\begin{aligned} &m(l\cos\varphi\ddot{\varphi} - l\sin\varphi\dot{\varphi}^2 + \ddot{x})(l\cos\varphi\delta\varphi + \delta x) + \\ &m(-l\sin\varphi\ddot{\varphi} - l\dot{\varphi}^2\cos\varphi)(-l\sin\varphi\delta\varphi) + M\ddot{x}\delta x + \\ &m\rho^2\ddot{\varphi}\delta\varphi + mgl\sin\varphi\delta\varphi + k(x - x_0)\delta x = 0 \end{aligned}$$

按 δx、$\delta\varphi$ 集合,得

$$\delta x[(m+M)\ddot{x}+ml\cos\varphi\ddot{\varphi}-ml\sin\varphi\dot{\varphi}^2+k(x-x_0)]+$$

$$\delta\varphi[m(l^2\cos^2\varphi\ddot{\varphi}-l^2\sin\varphi\cos\varphi\dot{\varphi}^2+\ddot{x}l\cos\varphi+$$

$$l^2\sin^2\varphi\ddot{\varphi}+l^2\sin\varphi\cos\varphi\dot{\varphi}^2)+m\rho^2\ddot{\varphi}+mgl\sin\varphi]=0$$

考虑 $\delta x\neq 0,\delta\varphi\neq 0$,可得

$$\begin{cases}(m+M)\ddot{x}+ml\ddot{\varphi}\cos\varphi-ml\dot{\varphi}^2\sin\varphi+k(x-x_0)=0\\ ml\ddot{x}\cos\varphi+(ml^2+m\rho^2)\ddot{\varphi}+mgl\sin\varphi=0\end{cases}$$

若仅考虑系统微振动,则 x 、φ 为微小量, $\cos\varphi\approx 1$, $\sin\varphi\approx\varphi$,略去所有非线性项,上式可近似写为

$$\begin{cases}(m+M)\ddot{x}+ml\ddot{\varphi}+kx=kx_0\\ ml\ddot{x}+(ml^2+m\rho^2)\ddot{\varphi}+mgl\varphi=0\end{cases}$$

从本例与例 2-8-1 可以看出,当仅考虑系统微振动时,系统运动方程通常可以近似线性化。本书后面章节将详细论述线性系统振动分析方法,仅在逐步积分方法中涉及非线性振动的一些内容。

【例 2-10-3】 运用弹性系统动力学总势能不变值原理建立如图 2-9-2 所示变截面直梁的竖向弯曲振动微分方程,已知条件同例 2-9-2。

【解】 梁体弯曲应变能为

$$U_{\mathrm{i}}=\frac{1}{2}\int_0^L EI(x)\left(\frac{\partial^2 v}{\partial x^2}\right)^2\mathrm{d}x$$

外力势能[梁端支反力做功为零,故只计入竖向动荷载 $p(x,t)$ 做功]为

$$V_{\mathrm{P}}=-\int_0^L p(x,t)v\mathrm{d}x$$

梁体惯性力势能为

$$V_{\mathrm{m}}=-\int_0^L -m(x)\frac{\partial^2 v}{\partial t^2}v\mathrm{d}x=\int_0^L m(x)\frac{\partial^2 v}{\partial t^2}v\mathrm{d}x$$

对 U_{i} 作一阶变分并由分部积分得

$$\begin{aligned}\delta U_{\mathrm{i}}&=\int_0^L EI(x)\frac{\partial^2 v}{\partial x^2}\delta\left(\frac{\partial^2 v}{\partial x^2}\right)\mathrm{d}x\\&=\left[EI(x)\frac{\partial^2 v}{\partial x^2}\delta\left(\frac{\partial v}{\partial x}\right)\right]_0^L-\int_0^L\frac{\partial}{\partial x}\left[EI(x)\frac{\partial^2 v}{\partial x^2}\right]\delta\left(\frac{\partial v}{\partial x}\right)\mathrm{d}x\\&=\left[EI(x)\frac{\partial^2 v}{\partial x^2}\delta\left(\frac{\partial v}{\partial x}\right)\right]_0^L-\left[\frac{\partial}{\partial x}\left(EI(x)\frac{\partial^2 x}{\partial x^2}\right)\delta v\right]_0^L+\int_0^L\frac{\partial^2}{\partial x^2}\left[EI(x)\frac{\partial^2 v}{\partial x^2}\right]\delta v\mathrm{d}x\\&=\int_0^L\frac{\partial^2}{\partial x^2}\left[EI(x)\frac{\partial^2 v}{\partial x^2}\right]\delta v\mathrm{d}x\end{aligned}$$

V_P 的一阶变分为

$$\delta V_P = -\int_0^L p(x,t)\delta v \mathrm{d}x$$

V_m 的一阶变分为

$$\delta V_m = \int_0^L m(x)\frac{\partial^2 v}{\partial t^2}\delta v \mathrm{d}x$$

将 δU_i、δV_P 及 δV_m 的计算式代入式(2-10-6),整理得出

$$\int_0^L \left\{\frac{\partial^2}{\partial x^2}\left[EI(x)\frac{\partial^2 v}{\partial x^2}\right] + m(x)\frac{\partial^2 v}{\partial t^2} - p(x,t)\right\}\delta v \mathrm{d}x = 0$$

因为 $\delta v \neq 0$,要使上式成立,必须有

$$\frac{\partial^2}{\partial x^2}\left[EI(x)\frac{\partial^2 v}{\partial x^2}\right] + m(x)\frac{\partial^2 v}{\partial t^2} = p(x,t)$$

本例计算结果与例 2-9-2 用哈密尔顿原理计算结果完全相同。

2.11 形成系统矩阵的“对号入座”法则及程序实现方法

2.11.1 形成系统矩阵的“对号入座”法则

在弹性系统动力学总势能不变值原理的基础上,曾庆元院士提出了形成系统矩阵的“对号入座”法则,方便建立矩阵形式的运动方程[13-14]。

设系统有 n 个独立位移坐标 q_i $(i=1,2,\cdots,n)$,由于系统发生虚位移时,时间 t 固定,作用于系统的外荷载保持为常量,弹性系统动力学总势能 Π_d 为系统位移 q_i ($i = 1,2,\cdots,n$)的函数,则由弹性系统动力学总势能不变值原理 $\delta_\varepsilon \Pi_d = 0$ 得出

$$\delta_\varepsilon \Pi_d = \sum_{i=1}^{n}\frac{\partial \Pi_d}{\partial q_i}\delta q_i = 0 \tag{2-11-1}$$

由于 $\delta q_i \neq 0$ ($i = 1,2,\cdots,n$),必有

$$\frac{\partial \Pi_d}{\partial q_i} = 0 \quad (i = 1,2,\cdots,n) \tag{2-11-2}$$

式(2-11-2)表示系统的 n 个平衡方程,它原义是表示当 Π_d 对 q_i 变分时,就得到系统第 i 个平衡方程,但从 $\partial\Pi_d/\partial q_i = 0$ 中看不出这个意思。为此,将式(2-11-1)改写成如下形式

$$\delta_\varepsilon \Pi_d = \delta q_1\frac{\partial \Pi_d}{\partial q_1} + \delta q_2\frac{\partial \Pi_d}{\partial q_2} + \cdots + \delta q_n\frac{\partial \Pi_d}{\partial q_n} = 0 \tag{2-11-3}$$

要使式(2-11-3)成立,必须有

$$\begin{cases} \delta q_1 \dfrac{\partial \Pi_{\mathrm{d}}}{\partial q_1} = 0 \\ \delta q_2 \dfrac{\partial \Pi_{\mathrm{d}}}{\partial q_2} = 0 \\ \quad\vdots \\ \delta q_n \dfrac{\partial \Pi_{\mathrm{d}}}{\partial q_n} = 0 \end{cases} \tag{2-11-4}$$

因为 $\delta q_i \neq 0(i = 1,2,\cdots,n)$,故式(2-11-4)亦是 n 个平衡方程。与式(2-11-2)的区别是它包含了 δq_i ,此 δq_i 表示与之相乘的 $\partial \Pi_{\mathrm{d}}/\partial q_i = 0$ 是系统的第 i 个平衡方程。这样,在将 $\delta_{\varepsilon}\Pi_{\mathrm{d}}$ 的各项放入刚度矩阵、阻尼矩阵、质量矩阵以及荷载向量的过程中, δq_i 表示第 i "行"。另外, $\partial \Pi_{\mathrm{d}}/\partial q_i = 0$ 中可能包含与位移参量 q_j 、速度参量 $\dot{q}_j$ 或加速度参量 $\ddot{q}_j$ 相关的项 $(j = 1,2,\cdots,n)$ 。位移参量 q_j 的序号 j 则表示刚度矩阵的第 j "列",式(2-11-4)中各个与 $\delta q_i \cdot q_j$ 相乘的系数应放在刚度矩阵的第 i"行"和第 j"列"并进行累加。速度参量 $\dot{q}_j$ 的序号 j 则表示阻尼矩阵的第 j "列",式(2-11-4)中各个与 $\delta q_i \cdot \dot{q}_j$ 相乘的系数应放在阻尼矩阵的第 i"行"和第 j"列"并进行累加。加速度参量 $\ddot{q}_j$ 的序号 j 则表示质量矩阵的第 j "列",式(2-11-4)中各个与 $\delta q_i \cdot \ddot{q}_j$ 相乘的系数应放在质量矩阵的第 i"行"和第 j"列"并进行累加。式(2-11-4)中不包含位移参量 q_j 、速度参量 $\dot{q}_j$ 或加速度参量 $\ddot{q}_j$ 的项,应反号(因荷载向量移至平衡方程右侧而需反号)后放在荷载向量的第 i"行"并进行累加。这就是形成系统矩阵的"对号入座"法则。

从"对号入座"法则可知:由系统应变能的一阶位移变分 δU_{i} ,得出系统刚度矩阵 $\boldsymbol{K}$;由系统阻尼力势能的一阶位移变分 δV_{c} ,得出系统阻尼矩阵 $\boldsymbol{C}$;由系统惯性力势能的一阶位移变分 δV_{m} ,得出系统质量矩阵 $\boldsymbol{M}$;由外力势能的一阶位移变分负值 $-\delta V_{\mathrm{P}}$,得出系统荷载向量 $\boldsymbol{Q}$ 。式(2-11-3)应用于单元,就得出单元矩阵;应用于整个结构,就得出结构总体矩阵。结构中的某些部件,例如桁架桥中的桥门架、横联等,不便将其看作一个单元;有些荷载作用于节点,而不是作用于某一个单元。对于这些情况,应用组拼单元刚度矩阵得出总体刚度矩阵,以及组拼单元荷载向量得出总体荷载向量的一般做法,就不便处理。将这些部件的应变能及这些荷载的势能计入结构的总势能,应用式(2-11-3)就可方便地考虑它们的作用。这种思想使得考虑局部变形及零部件作用,建立复杂系统运动方程的工作变得相当清晰和简便。

显然,"对号入座"法则与一般有限元分析中的计算机编码法和刚度集成法有本质区别,它直接来自弹性系统动力学总势能不变值原理 $\delta_{\varepsilon}\Pi_{\mathrm{d}} = 0$ 。下面举两个例子说明形成系统矩阵的"对号入座"法则的应用。

【例 2-11-1】 如图 2-6-1 所示的两质点动力系统,试用弹性系统动力学总势能不变值原理与形成系统矩阵的"对号入座"法则建立该系统矩阵形式的运动方程。

【解】 取系统的两个广义坐标为 v_1 、v_2 ,则

惯性力势能:

$$V_{\mathrm{m}} = -(-m_1\ddot{v}_1)v_1 - (-m_2\ddot{v}_2)v_2$$

阻尼力势能：

$$V_c = -(-c_1\dot{v}_1 v_1) - [-c_2(\dot{v}_2 - \dot{v}_1)(v_2 - v_1)]$$

弹性应变能：

$$U_i = \frac{1}{2}k_1 v_1^2 + \frac{1}{2}k_2(v_2 - v_1)^2$$

外力势能：

$$V_P = -P_1 v_1 - P_2 v_2$$

系统总势能：

$$\Pi_d = U_i + V_m + V_c + V_P$$

对总势能进行位移变分

$$\begin{aligned}\delta_\varepsilon \Pi_d &= k_1 v_1 \delta v_1 + k_2(v_2 - v_1)(\delta v_2 - \delta v_1) - (-m_1\ddot{v}_1)\delta v_1 - (-m_2\ddot{v}_2)\delta v_2 - \\ &\quad (-c_1\dot{v}_1\delta v_1) - [-c_2(\dot{v}_2 - \dot{v}_1)(\delta v_2 - \delta v_1)] - P_1\delta v_1 - P_2\delta v_2 \\ &= [m_1\ddot{v}_1 + k_1 v_1 - k_2(v_2 - v_1) + c_1\dot{v}_1 - c_2(\dot{v}_2 - \dot{v}_1) - P_1]\delta v_1 + \\ &\quad [m_2\ddot{v}_2 + k_2(v_2 - v_1) + c_2(\dot{v}_2 - \dot{v}_1) - P_2]\delta v_2\end{aligned}$$

由于 δv_1 与 δv_2 不等于零，根据 $\delta_\varepsilon \Pi_d = 0$ 可得系统运动方程

$$\begin{cases} m_1\ddot{v}_1 + k_1 v_1 - k_2(v_2 - v_1) + c_1\dot{v}_1 - c_2(\dot{v}_2 - \dot{v}_1) = P_1 \\ m_2\ddot{v}_2 + k_2(v_2 - v_1) + c_2(\dot{v}_2 - \dot{v}_1) = P_2 \end{cases}$$

将上式写成如下矩阵形式：

$$\begin{bmatrix} m_1 & 0 \\ 0 & m_2 \end{bmatrix}\begin{Bmatrix} \ddot{v}_1 \\ \ddot{v}_2 \end{Bmatrix} + \begin{bmatrix} c_1 + c_2 & -c_2 \\ -c_2 & c_2 \end{bmatrix}\begin{Bmatrix} \dot{v}_1 \\ \dot{v}_2 \end{Bmatrix} + \begin{bmatrix} k_1 + k_2 & -k_2 \\ -k_2 & k_2 \end{bmatrix}\begin{Bmatrix} v_1 \\ v_2 \end{Bmatrix} = \begin{Bmatrix} P_1 \\ P_2 \end{Bmatrix}$$

以上方法是根据弹性系统动力学总势能不变值原理先建立系统运动方程组，再用矩阵形式表达运动方程组。当系统比较复杂时，这样组拼矩阵形式的运动方程非常不便，下面由“对号入座”法则直接组拼矩阵形式的运动方程。

首先，将系统总势能的变分写成如下形式：

$$\begin{aligned}\delta_\varepsilon \Pi_d = &(\delta v_1 k_1 v_1 + \delta v_2 k_2 v_2 - \delta v_2 k_2 v_1 - \delta v_1 k_2 v_2 + \delta v_1 k_2 v_1) + \\ &(\delta v_1 c_1 \dot{v}_1 + \delta v_2 c_2 \dot{v}_2 - \delta v_2 c_2 \dot{v}_1 - \delta v_1 c_2 \dot{v}_2 + \delta v_1 c_2 \dot{v}_1) + \\ &(\delta v_1 m_1 \ddot{v}_1 + \delta v_2 m_2 \ddot{v}_2) - (\delta v_1 P_1 + \delta v_2 P_2)\end{aligned}$$

其次，设定两个广义坐标 v_1 与 v_2 在位移向量中分别排第 1 位与第 2 位。观察到系统总势能的变分由以下 4 种形式的子项构成，各对应子项组拼的系统矩阵的规则如下：

(1) $\delta v_i k v_j$,对应刚度参数 k 累加到 $\boldsymbol{K}$ 矩阵第 i 行第 j 列;

(2) $\delta v_i c \dot{v}_j$,对应阻尼参数 c 累加到 $\boldsymbol{C}$ 矩阵第 i 行第 j 列;

(3) $\delta v_i m \ddot{v}_j$,对应质量参数 m 累加到 $\boldsymbol{M}$ 矩阵第 i 行第 j 列;

(4) $\delta v_i P$,对应荷载参数 P 累加到 $\boldsymbol{Q}$ 向量第 i 行。

然后,将系统总势能各子项按照上述规则分别组拼到各自矩阵对应位置,最终得到矩阵形式的运动方程

$$\begin{matrix} & \ddot{v}_1 \quad \ddot{v}_2 & & \dot{v}_1 \qquad \dot{v}_2 & & v_1 \qquad v_2 & & \\ \begin{matrix}\delta v_1\\ \delta v_2\end{matrix} & \begin{bmatrix} m_1 & 0 \\ 0 & m_2 \end{bmatrix}\begin{Bmatrix}\ddot{v}_1\\ \ddot{v}_2\end{Bmatrix} & + & \begin{bmatrix} c_1+c_2 & -c_2 \\ -c_2 & c_2 \end{bmatrix}\begin{Bmatrix}\dot{v}_1\\ \dot{v}_2\end{Bmatrix} & + & \begin{bmatrix} k_1+k_2 & -k_2 \\ -k_2 & k_2 \end{bmatrix}\begin{Bmatrix}v_1\\ v_2\end{Bmatrix} & = & \begin{Bmatrix}P_1\\ P_2\end{Bmatrix}\end{matrix}$$

方程外围给出的 δv_1 与 δv_2 为各矩阵(或向量)的行标识,$\ddot{v}_1$ 与 $\ddot{v}_2$ 为质量矩阵的列标识,$\dot{v}_1$ 与 $\dot{v}_2$ 为阻尼矩阵的列标识,v_1 与 v_2 为刚度矩阵的列标识。这样标识便于组拼各矩阵元素。

【例 2-11-2】 运用有限元法建立如图 2-11-1 所示的平面连续梁的矩阵形式的运动方程。

有限元法是结构动力分析的常用方法。列举本例的目的是用简单实例反映有限元法中建立系统矩阵形式的运动方程的基本过程("对号入座"法则的应用也包含其中)。基于此方程,可用后续各章的方法计算结构的动力特性与动力响应。这些内容构成了结构动力分析有限元法的雏形。

如图 2-11-1a)所示,假定该梁只能在竖平面产生弯曲变形,无轴向伸缩。将梁分为 N 个单元,包含 $N+1$ 个节点,第 n 个单元的计算图式见图 2-11-1b),节点 i 、j 的竖向位移为 v_i 、v_j ,以向下为正;转角位移为 v_i'、v_j',以顺时针方向旋转为正;$m(z)$ 、$c(z)$ 分别为连续梁单位长度质量及外部介质黏滞阻尼系数。

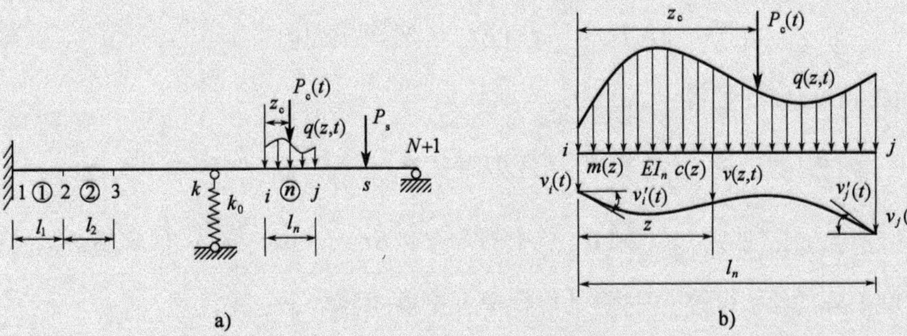

图 2-11-1 连续梁竖平面振动计算

a)单元划分示意图;b)单元位移模型

【解】 (1)单元位移模式

图 2-11-1b)所示平面梁单元的节点位移参量为

$$\boldsymbol{q}_{\mathrm{e}}=\begin{Bmatrix}q_{\mathrm{e}1}\\q_{\mathrm{e}2}\\q_{\mathrm{e}3}\\q_{\mathrm{e}4}\end{Bmatrix}=\begin{Bmatrix}v_i\\v_i'\\v_j\\v_j'\end{Bmatrix} \tag{2-11-5}$$

假定单元竖向挠曲位移函数 $v(z,t)$ 用下式给出

$$v(z,t)=a_0+a_1z+a_2z^2+a_3z^3 \tag{2-11-6}$$

单元几何边界条件：$z=0, v(0)=v_i, v'(0)=v_i', z=l_n, v(l_n)=v_j, v'(l_n)=v_j'$，代入式(2-11-6)或其导数式，可确定系数 a_0、a_1、a_2 及 a_3，得出

$$v(z,t)=\boldsymbol{N}\boldsymbol{q}_{\mathrm{e}} \tag{2-11-7}$$

式中，

$$\boldsymbol{N}=\{N_1\quad N_2\quad N_3\quad N_4\} \tag{2-11-8}$$

$$N_1=1-3\left(\frac{z}{l_n}\right)^2+2\left(\frac{z}{l_n}\right)^3,\quad N_2=z-2\frac{z^2}{l_n}+\frac{z^3}{l_n^2}$$

$$N_3=3\left(\frac{z}{l_n}\right)^2-2\left(\frac{z}{l_n}\right)^3,\quad N_4=-\frac{z^2}{l_n}+\frac{z^3}{l_n^2}$$

(2)单元刚度矩阵

单元弯曲应变能

$$U_{\mathrm{i}}=\frac{EI_n}{2}\int_0^{l_n}(v'')^2\mathrm{d}z$$

对单元弯曲应变能进行位移变分

$$\delta_\varepsilon U_{\mathrm{i}}=EI_n\int_0^{l_n}v''\delta v''\mathrm{d}z$$

将式(2-11-7)代入上式并考虑 $v''=\boldsymbol{N}''\boldsymbol{q}_{\mathrm{e}}$、$\delta v''=\boldsymbol{N}''\delta\boldsymbol{q}_{\mathrm{e}}$，其中 $\boldsymbol{N}''=\dfrac{\mathrm{d}^2\boldsymbol{N}}{\mathrm{d}z^2}$，得出

$$\delta_\varepsilon U_{\mathrm{i}}=\delta\boldsymbol{q}_{\mathrm{e}}^{\mathrm{T}}\left(EI_n\int_0^{l_n}\boldsymbol{N}''^{\mathrm{T}}\boldsymbol{N}''\mathrm{d}z\right)\boldsymbol{q}_{\mathrm{e}} \tag{2-11-9}$$

将式(2-11-9)展开可得

$$\delta_\varepsilon U_{\mathrm{i}}=EI_n\int_0^{l_n}(\boldsymbol{N}''\delta\boldsymbol{q}_{\mathrm{e}})(\boldsymbol{N}''\boldsymbol{q}_{\mathrm{e}})\mathrm{d}z=\sum_{i=1}^4\sum_{j=1}^4\delta q_{\mathrm{e}i}\int_0^{l_n}EI_nN_i''N_j''\mathrm{d}zq_{\mathrm{e}j} \tag{2-11-10}$$

根据“对号入座”法则，式(2-11-10)中的 $\delta q_{\mathrm{e}i}\int_0^{l_n}EI_nN_i''N_j''\mathrm{d}zq_{\mathrm{e}j}$ 表示 $\int_0^{l_n}EI_nN_i''N_j''\mathrm{d}z$ 应该叠加到单元刚度矩阵的第 i 行第 j 列，于是可得单元刚度矩阵如下：

$$\begin{array}{cc} & \begin{array}{cccc} v_i & v_i' & v_j & v_j' \end{array} \\ \boldsymbol{K}^{\mathrm{e}}=\begin{array}{c}\delta v_i\\ \delta v_i'\\ \delta v_j\\ \delta v_j'\end{array}\dfrac{EI_n}{l_n^3} & \begin{bmatrix}12 & 6l_n & -12 & 6l_n\\ 6l_n & 4l_n^2 & -6l_n & 2l_n^2\\ -12 & -6l_n & 12 & -6l_n\\ 6l_n & 2l_n^2 & -6l_n & 4l_n^2\end{bmatrix}\end{array} \tag{2-11-11}$$

(3)单元阻尼矩阵

单元阻尼力势能

$$V_c = \int_0^{l_n} c(z)\dot{v}(z,t)v(z,t)\,\mathrm{d}z \tag{2-11-12}$$

其中

$$\dot{v}(z,t) = \frac{\mathrm{d}v(z,t)}{\mathrm{d}t} = \frac{\mathrm{d}}{\mathrm{d}t}(\boldsymbol{N}\boldsymbol{q}_e) = \boldsymbol{N}\dot{\boldsymbol{q}}_e \tag{2-11-13}$$

对单元阻尼力势能进行位移变分

$$\delta_\varepsilon V_c = \int_0^{l_n} c(z)\dot{v}(z,t)\delta v(z,t)\,\mathrm{d}z = \delta\boldsymbol{q}_e^{\mathrm{T}}\left[\int_0^{l_n} c(z)\boldsymbol{N}^{\mathrm{T}}\boldsymbol{N}\mathrm{d}z\right]\dot{\boldsymbol{q}}_e \tag{2-11-14}$$

将式(2-11-14)展开可得

$$\delta_\varepsilon V_c = \int_0^{l_n} c(z)(\boldsymbol{N}\delta\boldsymbol{q}_e)(\boldsymbol{N}\dot{\boldsymbol{q}}_e)\,\mathrm{d}z = \sum_{i=1}^{4}\sum_{j=1}^{4}\delta q_{ei}\int_0^{l_n} c(z)N_iN_j\mathrm{d}z\dot{q}_{ej} \tag{2-11-15}$$

根据“对号入座”法则,式(2-11-15)中的 $\delta q_{ei}\int_0^{l_n} c(z)N_iN_j\mathrm{d}z\dot{q}_{ej}$ 表示 $\int_0^{l_n} c(z)N_iN_j\mathrm{d}z$ 应该叠加到单元阻尼矩阵的第 i 行第 j 列。当分布阻尼系数 $c(z)$ 为常数,即 $c(z) = c$ 时,可得单元阻尼矩阵如下:

$$\boldsymbol{C}^e = \begin{matrix} \delta v_i \\ \delta v_i' \\ \delta v_j \\ \delta v_j' \end{matrix}\ \frac{cl_n}{420}\overset{\begin{matrix}\quad\dot{v}_i & \qquad\dot{v}_i' & \qquad\dot{v}_j & \qquad\dot{v}_j'\end{matrix}}{\begin{bmatrix} 156 & 22l_n & 54 & -13l_n \\ 22l_n & 4l_n^2 & 13l_n & -3l_n^2 \\ 54 & 13l_n & 156 & -22l_n \\ -13l_n & -3l_n^2 & -22l_n & 4l_n^2 \end{bmatrix}} \tag{2-11-16}$$

单元阻尼矩阵确定后,可按“对号入座”法则组装整体阻尼矩阵。然而实际结构除了外部介质阻尼,还包含结构内阻尼等,确定相应的阻尼力模型及其参数往往比较困难。因此,常常根据结构试验(或经验)所确定的阻尼比表示阻尼矩阵,如瑞利(Rayleigh)阻尼、考伊(Caughey)阻尼等,详见4.5节。

(4)单元质量矩阵

单元惯性力势能

$$V_m = \int_0^{l_n} m(z)\ddot{v}(z,t)v(z,t)\,\mathrm{d}z$$

其中

$$\ddot{v}(z,t) = \frac{\mathrm{d}^2v(z,t)}{\mathrm{d}t^2} = \frac{\mathrm{d}^2}{\mathrm{d}t^2}(\boldsymbol{N}\boldsymbol{q}_e) = \boldsymbol{N}\ddot{\boldsymbol{q}}_e \tag{2-11-17}$$

对单元惯性力势能进行位移变分

$$\delta_\varepsilon V_m = \int_0^{l_n} m(z)\ddot{v}(z,t)\delta v(z,t)\,\mathrm{d}z = \delta\boldsymbol{q}_e^{\mathrm{T}}\left[\int_0^{l_n} m(z)\boldsymbol{N}^{\mathrm{T}}\boldsymbol{N}\mathrm{d}z\right]\ddot{\boldsymbol{q}}_e \tag{2-11-18}$$

将式(2-11-18)展开可得

$$\delta_{\varepsilon} V_{\mathrm{m}} = \int_0^{l_n} m(z)(\boldsymbol{N}\delta\boldsymbol{q}_{\mathrm{e}})(\boldsymbol{N}\ddot{\boldsymbol{q}}_{\mathrm{e}})\mathrm{d}z = \sum_{i=1}^{4}\sum_{j=1}^{4}\delta q_{\mathrm{e}i}\int_0^{l_n} m(z) N_i N_j \mathrm{d}z \ddot{q}_{\mathrm{e}j} \tag{2-11-19}$$

根据“对号入座”法则,式(2-11-19)中的 $\delta q_{ei}\int_0^{l_n} m(z) N_i N_j \mathrm{d}z\ddot{q}_{ej}$ 表示 $\int_0^{l_n} m(z) N_i N_j \mathrm{d}z$ 应该叠加到单元质量矩阵的第 i 行第 j 列。当分布质量 $m(z)$ 为常数,即 $m(z) = m$ 时,可得单元质量矩阵如下:

$$\boldsymbol{M}^{\mathrm{e}} = \begin{matrix} \\ \delta v_i \\ \delta v_i' \\ \delta v_j \\ \delta v_j' \end{matrix} \frac{ml_n}{420}\begin{matrix} \begin{matrix} \ddot{v}_i & \ddot{v}_i' & \ddot{v}_j & \ddot{v}_j' \end{matrix} \\ \begin{bmatrix} 156 & 22l_n & 54 & -13l_n \\ 22l_n & 4l_n^2 & 13l_n & -3l_n^2 \\ 54 & 13l_n & 156 & -22l_n \\ -13l_n & -3l_n^2 & -22l_n & 4l_n^2 \end{bmatrix} \end{matrix} \tag{2-11-20}$$

由于单元质量连续分布,上述单元质量矩阵不是对角阵,称为一致质量矩阵。当假定单元的质量集中在单元两端时,单元质量矩阵为对角阵,称为集中质量矩阵。如图 2-11-2 所示,单元两端集中质量均为 $ml_n/2$,同时忽略集中质量的转动惯量,此时有

单元惯性力势能

$$V_{\mathrm{m}} = \frac{ml_n}{2}\ddot{v}_i v_i + \frac{ml_n}{2}\ddot{v}_j v_j$$

对单元惯性力势能进行位移变分

$$\delta_{\varepsilon} V_{\mathrm{m}} = \frac{ml_n}{2}\ddot{v}_i \delta v_i + \frac{ml_n}{2}\ddot{v}_j \delta v_j$$

得到单元集中质量矩阵

$$\boldsymbol{M}^{\mathrm{e}} = \begin{matrix} \\ \delta v_i \\ \delta v_i' \\ \delta v_j \\ \delta v_j' \end{matrix} \frac{ml_n}{2}\begin{matrix} \begin{matrix} \ddot{v}_i & \ddot{v}_i' & \ddot{v}_j & \ddot{v}_j' \end{matrix} \\ \begin{bmatrix} 1 & 0 & 0 & 0 \\ 0 & 0 & 0 & 0 \\ 0 & 0 & 1 & 0 \\ 0 & 0 & 0 & 0 \end{bmatrix} \end{matrix} \tag{2-11-21}$$

可以看出,集中质量矩阵的非对角元素均为零,这是因为忽略了集中质量的转动惯量,与转动位移参量对应的元素均为零。从数学上讲,一致质量矩阵是严格的,而集中质量法是一种工程处理方法。实际计算表明:采用集中质量矩阵具有较好的精度,而且计算效率比采用一致质量矩阵要高,故结构动力分析时常采用集中质量法。

图 2-11-2 集中质量单元模型

(5)单元荷载向量

单元外荷载势能

$$V_{\mathrm{P}} = -P_{\mathrm{c}}v(c) - \int_0^{l_n} qv(z,t)\mathrm{d}z = -P_{\mathrm{c}}v(c) - \int_0^{l_n} q\boldsymbol{N}\boldsymbol{q}_{\mathrm{e}}\mathrm{d}z$$

注意这里没有计入相邻单元施加给该单元的端部作用力;该作用力对单元是外力,对整体结构是内力;相邻单元之间的相互作用力成对出现,对应的势能相互抵消,对整个结构来说这部分势能为零,故不在此列出。

对单元外荷载势能进行位移变分

$$\delta_{\varepsilon}V_{\mathrm{P}} = \delta\boldsymbol{q}_{\mathrm{e}}^{\mathrm{T}}\left(-P_{\mathrm{c}}\boldsymbol{N}_{z=z_{\mathrm{c}}}^{\mathrm{T}} - \int_0^{l_n} q\boldsymbol{N}^{\mathrm{T}}\mathrm{d}z\right)$$

同样,根据"对号入座"法则得到单元荷载向量

$$\boldsymbol{Q}^{\mathrm{e}} = \int_0^{l_n} q\boldsymbol{N}^{\mathrm{T}}\mathrm{d}z + P_{\mathrm{c}}\boldsymbol{N}_{z=z_{\mathrm{c}}}^{\mathrm{T}} \tag{2-11-22}$$

将式(2-11-8)代入式(2-11-22)得

$$\boldsymbol{Q}^{\mathrm{e}} = \begin{array}{c} \delta v_i \\ \delta v_i' \\ \delta v_j \\ \delta v_j' \end{array}\left\{\begin{array}{c} \dfrac{ql_n}{2} + \left(N_1\right)_{z=z_{\mathrm{c}}}P_{\mathrm{c}} \\ \dfrac{ql_n^2}{12} + \left(N_2\right)_{z=z_{\mathrm{c}}}P_{\mathrm{c}} \\ \dfrac{ql_n}{2} + \left(N_3\right)_{z=z_{\mathrm{c}}}P_{\mathrm{c}} \\ -\dfrac{ql_n^2}{12} + \left(N_4\right)_{z=z_{\mathrm{c}}}P_{\mathrm{c}} \end{array}\right\}$$

(6)结构总体矩阵

梁在任意 t 时刻的总势能不仅包括所有单元总势能(单元弹性应变能、惯性力势能、阻尼力势能、外荷载势能),还包括不包含在单元之内的局部部件与非单元荷载的势能,具体如下:

$$\Pi_{\mathrm{d}} = \sum_{n=1}^{N}U_{\mathrm{i}} + \sum_{n=1}^{N}V_{\mathrm{m}} + \sum_{n=1}^{N}V_{\mathrm{c}} + \sum_{n=1}^{N}V_{\mathrm{P}} + \frac{1}{2}k_0v_k^2 - P_sv_s$$

式中,k_0 为中间支承弹簧刚度系数;v_k 为节点 k 的竖向位移; P_s 为作用在节点 s 的竖向集中荷载;v_s 为节点 s 的竖向位移。需要说明的是:作用于节点 s 的荷载 P_s 也可视为所在单元(相邻单元任取一个均可)外力,按单元荷载处理,本例作用于节点 1 与 $N+1$ 的约束反力默认为通过此方式已写入总势能计算式,而将荷载 P_s 外力势能单独列出是为了体现特殊荷载的处理方法。

根据弹性系统动力学总势能不变值原理,有

$$\delta_{\varepsilon}\Pi_{\mathrm{d}} = \sum_{n=1}^{N}\delta_{\varepsilon}U_{\mathrm{i}} + \sum_{n=1}^{N}\delta_{\varepsilon}V_{\mathrm{m}} + \sum_{n=1}^{N}\delta_{\varepsilon}V_{\mathrm{c}} + \sum_{n=1}^{N}\delta_{\varepsilon}V_{\mathrm{P}} + k_0v_k\delta v_k - P_s\delta v_s = 0$$

即有

$$\sum_{n=1}^{N}\delta\boldsymbol{q}_{\mathrm{e}}^{\mathrm{T}}\boldsymbol{K}^{\mathrm{e}}\boldsymbol{q}_{\mathrm{e}} + \sum_{n=1}^{N}\delta\boldsymbol{q}_{\mathrm{e}}^{\mathrm{T}}\boldsymbol{M}^{\mathrm{e}}\ddot{\boldsymbol{q}}_{\mathrm{e}} + \sum_{n=1}^{N}\delta\boldsymbol{q}_{\mathrm{e}}^{\mathrm{T}}\boldsymbol{C}^{\mathrm{e}}\dot{\boldsymbol{q}}_{\mathrm{e}} - \sum_{n=1}^{N}\delta\boldsymbol{q}_{\mathrm{e}}^{\mathrm{T}}\boldsymbol{Q}^{\mathrm{e}} + k_0v_k\delta v_k - P_s\delta v_s = 0 \tag{2-11-23}$$

按结构各节点位移参数的一阶变分集合,整理后得到

$$\delta\boldsymbol{q}^{\mathrm{T}}(\boldsymbol{M}\ddot{\boldsymbol{q}} + \boldsymbol{C}\dot{\boldsymbol{q}} + \boldsymbol{K}\boldsymbol{q}) = \delta\boldsymbol{q}^{\mathrm{T}}\boldsymbol{Q} \tag{2-11-24}$$

其中

$$\begin{cases} \boldsymbol{M} = \sum\limits_{n=1}^{N} \boldsymbol{M}^{\mathrm{e}} \\ \boldsymbol{C} = \sum\limits_{n=1}^{N} \boldsymbol{C}^{\mathrm{e}} \\ \boldsymbol{K} = \sum\limits_{n=1}^{N} \boldsymbol{K}^{\mathrm{e}} + k_0(\delta v_k \cdot v_k) \\ \boldsymbol{Q} = \sum\limits_{n=1}^{N} \boldsymbol{Q}^{\mathrm{e}} + P_s(\delta v_s) \end{cases} \tag{2-11-25}$$

式中，$\boldsymbol{M}$、$\boldsymbol{C}$、$\boldsymbol{K}$、$\boldsymbol{Q}$ 分别为结构总体质量矩阵、阻尼矩阵、刚度矩阵、荷载向量；$\boldsymbol{q}$、$\delta\boldsymbol{q}$ 分别为结构位移向量及其一阶变分。

式(2-11-25)中的求和运算不是数学上的矩阵相加，而是按“对号入座”法则组装系统矩阵。式(2-11-11)给出了单元刚度矩阵，对应的单元基本位移参量为 v_i、v_i'、v_j、v_j'，其在单元刚度矩阵中的编号分别为 1、2、3、4，在总体位移向量中的编号(需事先设定)分别为 m_1、m_2、m_3、m_4。于是，可以将单元刚度矩阵的任一元素 k_{ij}^{e} ($i,j = 1,2,3,4$) 累加到总体刚度矩阵 $\boldsymbol{K}$ 的第 m_i 行第 m_j 列。用同样的方法可以分别将单元阻尼矩阵、单元质量矩阵及单元荷载向量的元素累加到总体阻尼矩阵 $\boldsymbol{C}$、总体质量矩阵 $\boldsymbol{M}$ 及总体荷载向量 $\boldsymbol{Q}$ (对于荷载向量，只需按相应行号累加)。另外，$k_0(\delta v_k \cdot v_k)$ 项表示刚度元素 k_0 应累加到总体刚度矩阵中 $\delta v_k \cdot v_k$ 对应的位置，$P_s(\delta v_s)$ 项表示荷载 P_s 应累加到总体荷载向量中 δv_s 对应行。因 $\delta\boldsymbol{q}^{\mathrm{T}} \neq \boldsymbol{0}$，得到结构动力平衡矩阵方程

$$\boldsymbol{M}\ddot{\boldsymbol{q}} + \boldsymbol{C}\dot{\boldsymbol{q}} + \boldsymbol{K}\boldsymbol{q} = \boldsymbol{Q} \tag{2-11-26}$$

本例中单元局部坐标系与结构整体坐标系完全一致，故未作区分，将单元矩阵元素累加到总体矩阵前不需要进行坐标变换。否则，必须通过坐标变换得到整体坐标系下的单元矩阵后才能进行累加，详细内容可参考有限元的相关著作。

式(2-11-26)中尚未处理边界条件，对于动力有限元问题，常见的边界条件处理方法有置大数法和划行划列法。如图 2-11-1a)所示，1 号与 $N+1$ 号节点受到不同程度的约束，其中 1 号节点竖向位移与转角均为零，$N+1$ 号节点竖向位移为零。采用置大数法处理边界条件时，可将极大数叠加到上述被约束位移参量在总体结构刚度矩阵中对应的对角元素位置。其物理含义为：在被约束的位移参量 v 上，施加一个刚度系数 k_∞ 为极大值的弹簧(因弹簧刚度极大，此处相应位移必然趋于零)，该弹簧对应的应变能为 $\frac{1}{2}k_\infty v^2$，对其进行位移变分得 $k_\infty \delta v \cdot v$，根据“对号入座”法则，应将 k_∞ 累加到总体刚度矩阵对应的 $\delta v \cdot v$ 位置。

划行划列法是将给定的支承条件引入结构运动方程，对其进行必要的修正。具体修正方法是在矩阵中除去与已知位移参量(零位移仅为其特例)对应的行和列。为此把结构位移向量 $\boldsymbol{q}$ 分成两组：一组包括所有已知位移分量，以 $\boldsymbol{q}_0$ 表示，其余未知位移向量以 $\boldsymbol{q}_1$ 表示，则

$$\boldsymbol{q} = \begin{Bmatrix} \boldsymbol{q}_0 \\ \boldsymbol{q}_1 \end{Bmatrix} \tag{2-11-27}$$

相应地，结构总体荷载向量重新分成两组

$$\boldsymbol{Q} = \begin{Bmatrix} \boldsymbol{Q}_0 \\ \boldsymbol{Q}_1 \end{Bmatrix} \tag{2-11-28}$$

式中，$\boldsymbol{Q}_0$ 对应于已知位移向量 $\boldsymbol{q}_0$，反映了支承对结构的反作用力。将式(2-11-27)和式(2-11-28)代入结构运动方程，经过修正(即重新排列)的分块形式的结构运动方程为

$$\begin{bmatrix} \boldsymbol{M}_{00} & \boldsymbol{M}_{01} \\ \boldsymbol{M}_{10} & \boldsymbol{M}_{11} \end{bmatrix} \begin{Bmatrix} \ddot{\boldsymbol{q}}_0 \\ \ddot{\boldsymbol{q}}_1 \end{Bmatrix} + \begin{bmatrix} \boldsymbol{C}_{00} & \boldsymbol{C}_{01} \\ \boldsymbol{C}_{10} & \boldsymbol{C}_{11} \end{bmatrix} \begin{Bmatrix} \dot{\boldsymbol{q}}_0 \\ \dot{\boldsymbol{q}}_1 \end{Bmatrix} + \begin{bmatrix} \boldsymbol{K}_{00} & \boldsymbol{K}_{01} \\ \boldsymbol{K}_{10} & \boldsymbol{K}_{11} \end{bmatrix} \begin{Bmatrix} \boldsymbol{q}_0 \\ \boldsymbol{q}_1 \end{Bmatrix} = \begin{Bmatrix} \boldsymbol{Q}_0 \\ \boldsymbol{Q}_1 \end{Bmatrix} \tag{2-11-29}$$

式(2-11-29)可展开为

$$\boldsymbol{M}_{11}\ddot{\boldsymbol{q}}_1 + \boldsymbol{C}_{11}\dot{\boldsymbol{q}}_1 + \boldsymbol{K}_{11}\boldsymbol{q}_1 = \boldsymbol{Q}_1 - \boldsymbol{M}_{10}\ddot{\boldsymbol{q}}_0 - \boldsymbol{C}_{10}\dot{\boldsymbol{q}}_0 - \boldsymbol{K}_{10}\boldsymbol{q}_0 \tag{2-11-30}$$

$$\boldsymbol{M}_{00}\ddot{\boldsymbol{q}}_0 + \boldsymbol{C}_{00}\dot{\boldsymbol{q}}_0 + \boldsymbol{K}_{00}\boldsymbol{q}_0 + \boldsymbol{M}_{01}\ddot{\boldsymbol{q}}_1 + \boldsymbol{C}_{01}\dot{\boldsymbol{q}}_1 + \boldsymbol{K}_{01}\boldsymbol{q}_1 = \boldsymbol{Q}_0 \tag{2-11-31}$$

令 $\boldsymbol{Q}_1 - \boldsymbol{M}_{10}\ddot{\boldsymbol{q}}_0 - \boldsymbol{C}_{10}\dot{\boldsymbol{q}}_0 - \boldsymbol{K}_{10}\boldsymbol{q}_0 = \boldsymbol{Q}_{\text{eff}}$，称 $\boldsymbol{Q}_{\text{eff}}$ 为等效荷载向量。研究已知基础运动引起的系统振动响应时，如地震作用下的结构振动，可采用上述思路建立其运动方程。

当已知支承位移向量 $\boldsymbol{q}_0$、速度向量 $\dot{\boldsymbol{q}}_0$ 以及加速度向量 $\ddot{\boldsymbol{q}}_0$ 均为零时，式(2-11-30)与式(2-11-31)可分别写为

$$\boldsymbol{M}_{11}\ddot{\boldsymbol{q}}_1 + \boldsymbol{C}_{11}\dot{\boldsymbol{q}}_1 + \boldsymbol{K}_{11}\boldsymbol{q}_1 = \boldsymbol{Q}_1 \tag{2-11-32}$$

$$\boldsymbol{M}_{01}\ddot{\boldsymbol{q}}_1 + \boldsymbol{C}_{01}\dot{\boldsymbol{q}}_1 + \boldsymbol{K}_{01}\boldsymbol{q}_1 = \boldsymbol{Q}_0 \tag{2-11-33}$$

称式(2-11-30)与式(2-11-32)为引入支承条件后修正的结构运动方程，用它们可以求解任意初始扰动和任意等效荷载作用下的未知位移向量 $\boldsymbol{q}_1$、速度向量 $\dot{\boldsymbol{q}}_1$ 以及加速度向量 $\ddot{\boldsymbol{q}}_1$。将求得的响应代入式(2-11-31)或式(2-11-33)可以求得结构的全部动反力 $\boldsymbol{Q}_0$，所以也称式(2-11-31)与式(2-11-33)为动反力方程[15]。

对于边界位移为零的情况，上述处理边界条件的方法在程序设计时可描述为划行划列法，从刚度、质量、阻尼、荷载矩阵中划掉已知零位移参量所对应的行与列，同样建立非奇异的系统运动方程式(2-11-32)。

2.11.2 基于编程语言符号运算功能的系统矩阵形成方法

基于弹性系统动力学总势能不变值原理和形成系统矩阵的“对号入座”法则，本书第一作者运用 MATLAB、Python 以及 Mathematica 等语言的符号运算功能编制系统矩阵生成程序，可以快捷地列出系统矩阵(单元矩阵或总体矩阵)。这里采用 MATLAB 语言推导平面梁单元矩阵，以此说明程序的实现思路与使用方法[16,17]。

运用系统矩阵生成程序推导单元矩阵需要的准备工作有：

(1)选定单元节点位移参量，对应的速度与加速度参量随之确定，平面梁单元节点位移参量为 v_i、v_i'、v_j、v_j'，对应的速度参量为 $\dot{v}_i$、$\dot{v}_i'$、$\dot{v}_j$、$\dot{v}_j'$，对应的加速度参量为 $\ddot{v}_i$、$\ddot{v}_i'$、$\ddot{v}_j$、$\ddot{v}_j'$。

(2)确定单元位移、速度及加速度模式,具体如下:

$$v(z,t) = \boldsymbol{N}\boldsymbol{q}_{\mathrm{e}}, \quad \dot{v}(z,t) = \boldsymbol{N}\dot{\boldsymbol{q}}_{\mathrm{e}}, \quad \ddot{v}(z,t) = \boldsymbol{N}\ddot{\boldsymbol{q}}_{\mathrm{e}} \tag{2-11-34}$$

式中,$\boldsymbol{N} = \{N_1 \quad N_2 \quad N_3 \quad N_4\}$;$\boldsymbol{q}_{\mathrm{e}} = \{v_i \quad v'_i \quad v_j \quad v'_j\}^{\mathrm{T}}$;$\dot{\boldsymbol{q}}_{\mathrm{e}} = \{\dot{v}_i \quad \dot{v}'_i \quad \dot{v}_j \quad \dot{v}'_j\}^{\mathrm{T}}$;$\ddot{\boldsymbol{q}}_{\mathrm{e}} = \{\ddot{v}_i \quad \ddot{v}'_i \quad \ddot{v}_j \quad \ddot{v}'_j\}^{\mathrm{T}}$。

(3)用单元位移、速度及加速度模式列出单元总势能表达式(不需要具体展开,求导与积分等展开工作由 MATLAB 程序完成),具体如下:

单元弹性应变能:

$$U_{\mathrm{i}} = \frac{EI_n}{2}\int_0^{l_n}(v'')^2\mathrm{d}z \tag{2-11-35}$$

单元阻尼力势能:

$$V_{\mathrm{c}} = \int_0^{l_n} c\dot{v}(z,t)v(z,t)\mathrm{d}z \tag{2-11-36}$$

单元惯性力势能:

$$V_{\mathrm{m}} = \int_0^{l_n} m\ddot{v}(z,t)v(z,t)\mathrm{d}z \tag{2-11-37}$$

单元总势能:

$$\Pi_{\mathrm{d}} = U_{\mathrm{i}} + V_{\mathrm{c}} + V_{\mathrm{m}} \tag{2-11-38}$$

基于上述准备材料,运用系统矩阵生成程序推导单元矩阵的步骤如下:

(1)列出单元节点位移参量及对应向量 $\boldsymbol{q}_{\mathrm{e}}$、单元节点速度参量及对应向量 $\dot{\boldsymbol{q}}_{\mathrm{e}}$、单元节点加速度参量及对应向量 $\ddot{\boldsymbol{q}}_{\mathrm{e}}$。单元节点位移(速度及加速度)参量在向量中的排序决定了单元刚度(阻尼及质量)元素的对应位置,$\boldsymbol{q}_{\mathrm{e}}$、$\dot{\boldsymbol{q}}_{\mathrm{e}}$ 及 $\ddot{\boldsymbol{q}}_{\mathrm{e}}$ 中各参量应一一对应,如平面梁单元节点位移参量 v_i、速度参量 $\dot{v}_i$ 与加速度参量 $\ddot{v}_i$ 在各自向量中的序号应相同。

(2)分别用单元节点位移、速度及加速度参量表达单元内部各处位移、速度及加速度,即列出单元位移、速度及加速度的表达式,如写出平面梁单元的 $v(z,t)$、$\dot{v}(z,t)$ 及 $\ddot{v}(z,t)$ 的表达式。

(3)基于单元位移、速度及加速度的符号表达式,列出单元总势能 Π_{d}(包括弹性应变能、阻尼力势能及惯性力势能)的表达式。

(4)对单元总势能 Π_{d} 进行位移变分得到单元刚度元素 k_{ij}^{e}、单元阻尼元素 c_{ij}^{e} 及单元质量元素 m_{ij}^{e},具体过程如下:①用单元总势能 Π_{d} 对 $\boldsymbol{q}_{\mathrm{e}}$ 中第 i 个单元节点位移参量求导,得到总势能一阶偏导数 $\Pi_{\mathrm{d},q_{ei}}$ 的表达式;②用 $\Pi_{\mathrm{d},q_{ei}}$ 对 $\boldsymbol{q}_{\mathrm{e}}$ 中第 j 个单元节点位移参量求导,得到单元刚度元素 k_{ij}^{e} 的表达式;③用 $\Pi_{\mathrm{d},q_{ei}}$ 对 $\dot{q}_{\mathrm{e}}$ 中第 j 个单元节点速度参量求导,得到单元阻尼元素 c_{ij}^{e} 的表达式;④用 $\Pi_{\mathrm{d},q_{ei}}$ 对 $\ddot{q}_{\mathrm{e}}$ 中第 j 个单元节点加速度参量求导,得到单元质量元素 m_{ij}^{e} 的表达式;⑤重复上述工作可导出所有的单元刚度、阻尼及质量元素的表达式,从而形成用 MATLAB 字符表达的单元刚度、阻尼及质量矩阵。

运用 MATLAB 程序(见附录 1)生成的平面梁单元刚度矩阵、单元阻尼矩阵及单元质量矩阵如图 2-11-3 所示,所得结果与手工推导完全一致,新生成的矩阵可以直接嵌入 MATLAB 程序之中,为编制动力有限元分析程序提供子模块。

```
[(12*E*In)/ln^3,(6*E*In)/ln^2,-(12*E*In)/ln^3,(6*E*In)/ln^2;
(6*E*In)/ln^2,(4*E*In)/ln,-(6*E*In)/ln^2,(2*E*In)/ln;
-(12*E*In)/ln^3,-(6*E*In)/ln^2,(12*E*In)/ln^3,-(6*E*In)/ln^2;
(6*E*In)/ln^2,(2*E*In)/ln,-(6*E*In)/ln^2,(4*E*In)/ln]
```

a)

```
[(13*c*ln)/35,(11*c*ln^2)/210,(9*c*ln)/70,-(13*c*ln^2)/420;
(11*c*ln^2)/210,(c*ln^3)/105,(13*c*ln^2)/420,-(c*ln^3)/140;
(9*c*ln)/70,(13*c*ln^2)/420,(13*c*ln)/35,-(11*c*ln^2)/210;
-(13*c*ln^2)/420,-(c*ln^3)/140,-(11*c*ln^2)/210,(c*ln^3)/105]
```

b)

```
[(13*ln*m)/35,(11*ln^2*m)/210,(9*ln*m)/70,-(13*ln^2*m)/420;
(11*ln^2*m)/210,(ln^3*m)/105,(13*ln^2*m)/420,-(ln^3*m)/140;
(9*ln*m)/70,(13*ln^2*m)/420,(13*ln*m)/35,-(11*ln^2*m)/210;
-(13*ln^2*m)/420,-(ln^3*m)/140,-(11*ln^2*m)/210,(ln^3*m)/105]
```

c)

图 2-11-3 显式方法自动生成的单元矩阵

a)单元刚度矩阵;b)单元阻尼矩阵;c)单元质量矩阵

以上方法直接形成了单元矩阵的显式表达式,代入相关参数的数值,即可得到对应矩阵的数值,称为显式方法。当单元自由度以及表示单元矩阵的参量较多时,由显式方法形成的矩阵元素表达式规模很大,此时可以采用隐式方法直接给出单元矩阵的数值,可大大缩减程序的规模,具体操作如下:

将形成单元矩阵的程序写成如下函数的形式(主要语句注释见附录 1):

```
%*****************************************
function[ke,ce,me] = KCM(E,In,ln,c,m)
syms vi vi0z vj vj0z;
syms vi0t vi0zt vj0t vj0zt;
syms vi0tt vi0ztt vj0tt vj0ztt;
syms z;
%------推导单元矩阵的准备工作---------------------------
n1 =1 -3 * (z/ln)^2 +2 * z^3/ln^3;
n2 = z -2 * z^2/ln + z^3/(ln^2);
n3 =3 * (z/ln)^2 -2 * (z/ln)^3;
n4 = -z^2/ln + z^3/(ln^2);
nz = [n1,n2,n3,n4];
qe = [vi,vi0z,vj,vj0z];
qe0t = [vi0t,vi0zt,vj0t,vj0zt];
qe0tt = [vi0tt,vi0ztt,vj0tt,vj0ztt];
vz = nz * qe';
```

```
vz0zz = diff( vz,z,2) ;
nqe = size( qe,2) ;
% - - - - - - 确定单元总势能表达式 - - - - - - - - - - - - - - - - - - - - - - - - - - -
ui = int( 1/2 * ( E * In * vz0zz^2) ,z,0,ln) ;
vc = int( c * nz * qe0t' * vz,z,0,ln) ;
vm = int( m * nz * qe0tt' * vz,z,0,ln) ;
ptotal = ui + vc + vm;
% - - - - - - 确定单元矩阵数值 - - - - - - - - - - - - - - - - - - - - - - - - - - -
ke = sym( ( zeros( nqe,nqe) ) ) ;
ce = sym( ( zeros( nqe,nqe) ) ) ;
me = sym( ( zeros( nqe,nqe) ) ) ;
for i = 1 :nqe
      ptotalqei = diff( ptotal,qe( i) ) ;
  for j = 1 :nqe
      ke( i,j) = diff( ptotalqei,qe( j) ) ;
      ce( i,j) = diff( ptotalqei,qe0t( j) ) ;
      me( i,j) = diff( ptotalqei,qe0tt( j) ) ;
  end
end
% * * * * * * * * * * * * * * * * * * * * * * * * * * * * * * * * * * * * * * * * *
```

该函数的工作原理同显式方法,只是不输出显式的单元矩阵表达式,而是将计算单元矩阵数值所需参数的量值传给该函数,经函数计算向主程序输出单元矩阵的数值。因此,实际应用时,只需在 MATLAB 程序中调用上述函数即可。当各单元的属性参数不完全相同时,隐式方法需要针对每一组单元矩阵各进行一次总势能变分计算,而显式方法只做一次变分计算,然后以赋值的方式计算单元矩阵。

以习题2.7中某简支梁为例,具体说明隐式方法形成子程序的调用方式。此弹性模量 $E=3.96\times10^{10}$ Pa,截面惯性矩 $I_n=0.158\,\mathrm{m}^4$,取单元长度 l_n 为1m,黏滞阻尼系数 c 取为零,单位长度质量 $m=2.7285\times10^3\,\mathrm{kg/m}$。调用该函数可得到隐式方法形成的单元刚度、阻尼、质量矩阵的数值结果,具体如下:

```
% * * * * * * * * * * * * * * * * * * * * * * * * * * * * * * * * * * * * * * * * *
E =3.96e10;
In =0.158;
ln =1;
c =0;
m =2.7285e3;
[ ke,ce,me] = KCM( E,In,ln,c,m) ;
% * * * * * * * * * * * * * * * * * * * * * * * * * * * * * * * * * * * * * * * * *
```

简支梁单元的自由度数仅为4个,其单元矩阵为4×4的矩阵,对于此类规模的单元矩阵,手工推导的计算量并不大。当需要推导的单元自由度较多,单元位移模型比较复杂,单元总势能表达式出现高阶导数与多元积分时,手工推导过程非常烦琐,借助上述程序只需写出单元位移模型与单元总势能的表达式,运用上述显式或隐式方法均可快捷、准确地推导出相应单元矩阵(表达式或数值)。当总势能计算式包含结构体系的全部弹性应变能、阻尼力势能及惯性力势能时,用同样方法可以导出相应的系统总体矩阵。

同样,可以运用 Python、Mathematica 语言的符号运算功能编写类似程序,实现系统矩阵的自动生成功能,详见附录 2 与附录 3。

本章习题

2.1 试阐述弹性系统动力学总势能不变值原理与动力学虚位移原理的区别与联系。

2.2 试比较本章所述形成系统矩阵的"对号入座"法则与一般结构力学中介绍的"对号入座"法则。

2.3 试阐述动力学虚位移原理与静力学虚位移原理的区别与联系。

2.4 一总质量为 m_1、长为 L 的均匀刚性直杆在重力作用下摆动,见题 2.4 图。一集中质量块 m_2 沿杆轴滑动并有一刚度为 k_2 的无质量弹簧与摆轴相连,自由长度为 b。设系统无摩擦,并考虑大摆角,广义坐标 φ 和 x 如题 2.4 图所示,试求出系统所有力对应于广义坐标 φ 和 x 的广义力,试用不同方法推导该系统的运动方程。

2.5 一车辆简化为题 2.5 图所示系统,当在不平顺的轨道上行驶时产生上下振动,车辆的行驶速度为 v,不平顺度可用 $y_s = a\sin\omega x$ 表示。试建立该车辆的竖向振动方程。

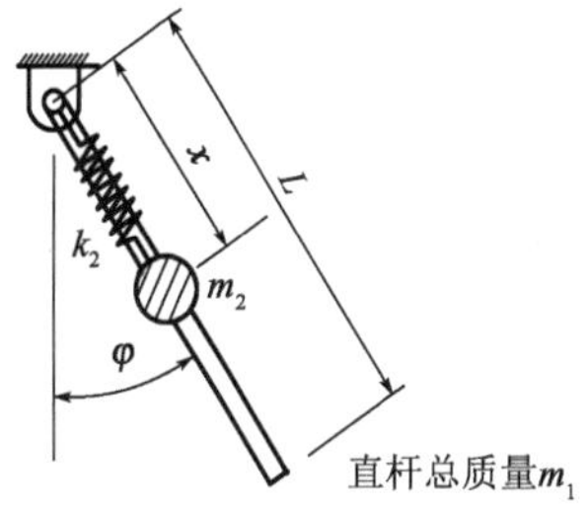

题 2.4 图

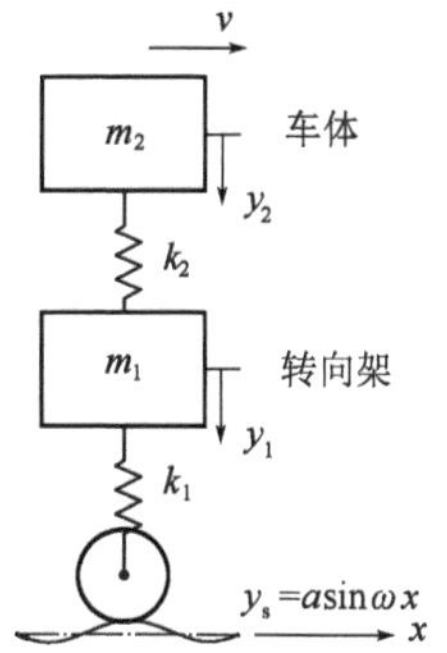

题 2.5 图

2.6 如题 2.6 图 a)所示为温克尔(Winkler)弹性地基梁,采用有限元法计算其竖向平面内的弯曲振动,弹性地基梁划分为若干带弹性支承的平面梁单元[题 2.6 图 b)],设单元长度为 l,抗弯刚度系数为 EI,单位长度质量为 $\overline{m}$,弹性地基单位长度的刚度系数为 k_0,单元节点位移参量见题 2.6 图 c),试利用弹性系统动力学总势能不变值原理和形成系统矩阵的"对号入座"法则推导其单元刚度矩阵、单元质量矩阵。

2.7 某简支梁参数如下:跨长 $L = 22\,\mathrm{m}$,弹性模量 $E = 3.96 \times 10^{10}\,\mathrm{Pa}$,截面惯性矩 $I_n = 0.158\,\mathrm{m}^4$,横截面面积 $A = 1.07\,\mathrm{m}^2$,密度 $\rho = 2550\,\mathrm{kg/m}^3$。为了考察该梁的竖向振动,将其划分为若干单元,见题 2.7 图。荷载作用工况如下:

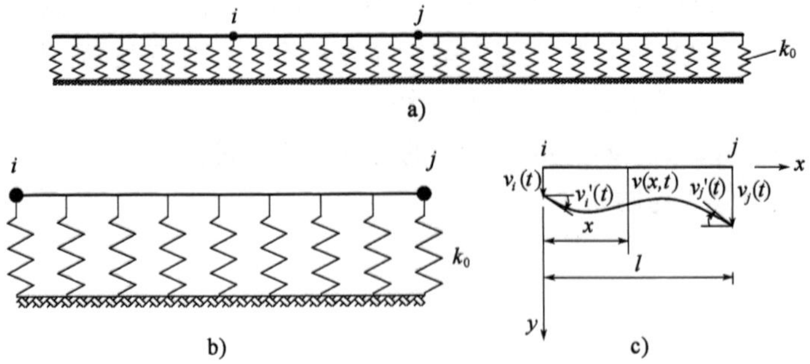

题 2.6 图

a)弹性地基梁;b)弹性地基梁单元;c)单元位移模式

(1)跨中作用一竖向力 $P(t) = P_0\sin\overline{\omega}t$;(2)某荷载 P_0 从梁的左端按一定速度 v_0 移动到右端;(3)某质量块 m_0(取 $m_0 = P_0/g$)从梁的左端按一定速度 v_0 移动到右端(质量块 m_0 紧贴桥面,不发生跳离现象)。针对上述各工况推导系统运动方程,自行设定荷载参数,基于 MATLAB 等程序语言编制相关程序。本习题的理论推导与编程工作是完成后续习题 4.9、习题 6.10、习题 7.8 以及习题 8.5 的基础。

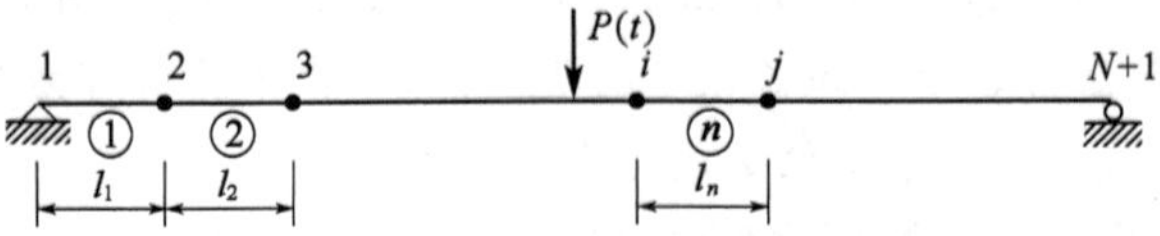

题 2.7 图

第3章

单自由度系统的振动分析

结构振动分析涉及的基本概念往往是由研究单自由度系统振动特性得出的。这些物理概念是振动分析的基础，对于掌握振动基础理论和深入理解结构动力行为等具有重要意义。本章首先讲述单自由度系统的自由振动分析，了解系统的固有振动特性。其次，介绍单自由度系统在各种外部荷载（简谐荷载、基础运动、周期性荷载、冲击荷载及任意荷载）作用下的响应分析方法，并讨论与特有振动现象相关的物理概念。最后，补充介绍常用的阻尼理论和黏滞阻尼比测定方法。

3.1 自由振动分析

3.1.1 无阻尼系统自由振动

设有图3-1-1所示的弹簧-质量系统，不计弹簧质量，其自由振动方程可由建立质量块动力平衡条件得到。质量块在竖向平面内上下运动的任意时刻，弹簧力、质量块的惯性力、质量块的重力应维持平衡，故有

$$m\ddot{v} + k(v + v_{st}) - mg = 0$$

式中，m 为质量块的质量；k 为弹簧刚度系数；g 为重力加速度；v_{st}为静位移；v 为任意 t 时刻的动位移（从静平衡位置计起）。

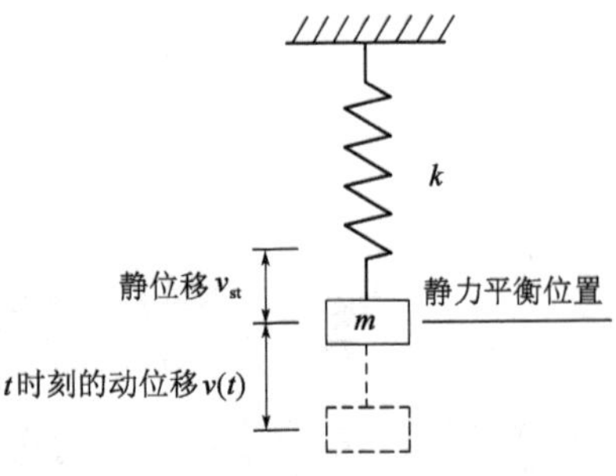

图 3-1-1　无阻尼单自由度系统自由振动

考虑到质量块的初始静力平衡条件 $kv_{st}-mg=0$,上式简化为

$$m\ddot{v}+kv=0 \tag{3-1-1}$$

可见,考虑重力影响的系统运动方程与无重力影响时的运动方程完全一样。因此,在研究结构动力反应时,可以不考虑重力的影响,建立系统运动方程,直接求解动力荷载作用下的运动方程,即可得到系统动力响应。对于线性系统,当需要考虑重力影响时,系统的总位移可表述为静位移与动位移响应的叠加。

方程(3-1-1)的数学定义是二阶常系数齐次线性微分方程,它的解可取为如下复指数形式:

$$v(t)=Ge^{\lambda t} \tag{3-1-2}$$

式中,G 和 λ 是待定复常数。尽管 G 与 $e^{\lambda t}$ 为复数,但两者相乘得到的 $v(t)$ 必须是实数,因为自由振动响应必然是实的。后面的讨论中可以发现,将动力荷载和反应用复数表达非常方便。为此,先简要回顾复数的概念。

任意复常数 G,可在图 3-1-2 所示的复平面内用一个矢量表示。矢量沿正交坐标轴的分量代表复常数的实部和虚部。即

$$G=G_R+iG_I \tag{3-1-3}$$

式中,$i=\sqrt{-1}$;G_R 与 G_I 分别为复数 G 的实部与虚部。也可在极坐标系中用绝对值 $|G|$(矢量长度)和自实轴逆时针转过的角度 θ 表示,即

$$G=|G|e^{i\theta} \tag{3-1-4}$$

另外,由如图 3-1-2 所示的三角关系,显然式(3-1-3)可改写为

$$G=|G|\cos\theta+i|G|\sin\theta \tag{3-1-5}$$

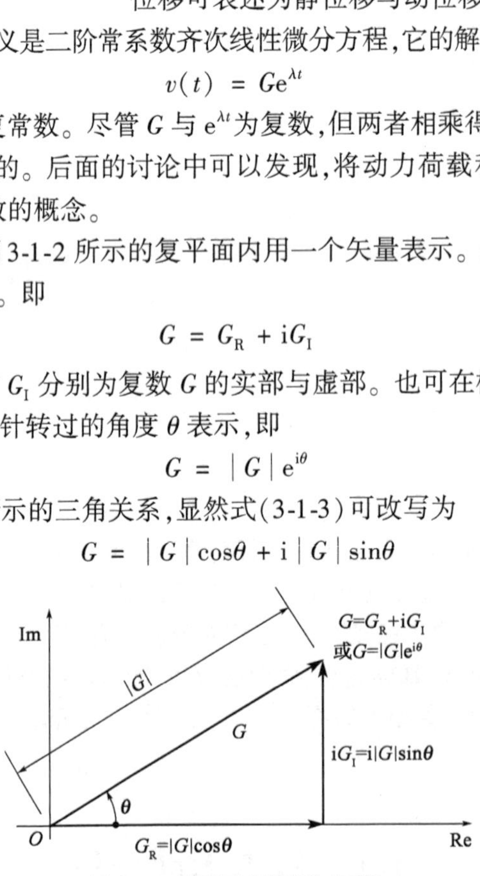

图 3-1-2　复平面中复常数表示法

令式(3-1-5)和式(3-1-4)相等,同时注意到负的虚部分量对应于负的矢量角,可以得到用于三角函数与指数函数变换的欧拉(Euler)对

$$\begin{cases} e^{i\theta}=\cos\theta+i\sin\theta \\ e^{-i\theta}=\cos\theta-i\sin\theta \end{cases} \tag{3-1-6}$$

此外,由式(3-1-6)可得欧拉方程的逆形式

$$\begin{cases} \cos\theta=\dfrac{1}{2}(e^{i\theta}+e^{-i\theta}) \\ \sin\theta=-\dfrac{i}{2}(e^{i\theta}-e^{-i\theta}) \end{cases} \tag{3-1-7}$$

为了确定 G 和 λ，将式(3-1-2)代入式(3-1-1)，则得

$$(m\lambda^2 + k)Ge^{\lambda t} = 0$$

考虑到对任意 t 时刻上式均要满足，并引入如下符号

$$\omega^2 = \frac{k}{m} \tag{3-1-8}$$

可得

$$\lambda^2 + \omega^2 = 0 \tag{3-1-9}$$

方程(3-1-9)的两个根为

$$\lambda_{1,2} = \pm \mathrm{i}\omega$$

根据常微分方程理论，方程(3-1-1)的通解可表示为

$$v(t) = G_1 e^{\mathrm{i}\omega t} + G_2 e^{-\mathrm{i}\omega t} \tag{3-1-10}$$

式中，两个指数项对应于 λ 的两个根，复常数 G_1、G_2 表示相应振动项的幅值。

现在将复数 G_1、G_2 用它们的实、虚部分量表示

$$G_1 = G_{1\mathrm{R}} + \mathrm{i}G_{1\mathrm{I}}, \quad G_2 = G_{2\mathrm{R}} + \mathrm{i}G_{2\mathrm{I}}$$

同时利用式(3-1-6)的三角函数与指数函数的关系，式(3-1-10)可写为

$$v(t) = (G_{1\mathrm{R}} + \mathrm{i}G_{1\mathrm{I}})(\cos\omega t + \mathrm{i}\sin\omega t) + (G_{2\mathrm{R}} + \mathrm{i}G_{2\mathrm{I}})(\cos\omega t - \mathrm{i}\sin\omega t)$$

化简后可得

$$v(t) = [(G_{1\mathrm{R}} + G_{2\mathrm{R}})\cos\omega t - (G_{1\mathrm{I}} - G_{2\mathrm{I}})\sin\omega t] + \mathrm{i}[(G_{1\mathrm{I}} + G_{2\mathrm{I}})\cos\omega t + (G_{1\mathrm{R}} - G_{2\mathrm{R}})\sin\omega t] \tag{3-1-11}$$

考虑到自由振动反应必须是实的，因此虚部项对任意 t 时刻都必须是零，即

$$G_{1\mathrm{I}} = -G_{2\mathrm{I}} \equiv G_{\mathrm{I}}, \quad G_{1\mathrm{R}} = G_{2\mathrm{R}} \equiv G_{\mathrm{R}}$$

由此可见，G_1、G_2 互为共轭复数，即

$$G_1 = G_{\mathrm{R}} + \mathrm{i}G_{\mathrm{I}}, \quad G_2 = G_{\mathrm{R}} - \mathrm{i}G_{\mathrm{I}}$$

至此，式(3-1-10)最终变为

$$v(t) = (G_{\mathrm{R}} + \mathrm{i}G_{\mathrm{I}})e^{\mathrm{i}\omega t} + (G_{\mathrm{R}} - \mathrm{i}G_{\mathrm{I}})e^{-\mathrm{i}\omega t} \tag{3-1-12}$$

将欧拉变换式(3-1-6)应用于式(3-1-12)，可得到方程(3-1-1)的另一形式的通解

$$v(t) = C_1\cos\omega t + C_2\sin\omega t \tag{3-1-13}$$

式中，$C_1 = 2G_{\mathrm{R}}$，$C_2 = -2G_{\mathrm{I}}$，由 $t=0$ 时刻的位移 $v(0)$ 及速度 $\dot{v}(0)$ 确定。显然，$v(0) = C_1$，$\dot{v}(0) = C_2\omega$，得到 $C_1 = v(0)$，$C_2 = \dfrac{\dot{v}(0)}{\omega}$，则

$$v = v(0)\cos\omega t + \frac{\dot{v}(0)}{\omega}\sin\omega t \tag{3-1-14}$$

将式(3-1-14)写成

$$v = \rho\cos(\omega t - \theta) \tag{3-1-15}$$

其中：

$$\rho = \sqrt{[v(0)]^2 + \left[\frac{\dot{v}(0)}{\omega}\right]^2} \tag{3-1-16}$$

$$\theta = \arctan\frac{\dot{v}(0)}{\omega v(0)} \tag{3-1-17}$$

式(3-1-15)描述的振动如图 3-1-3 所示。ρ 为振幅,θ 为相位角,ω 为系统振动的圆频率,其单位为 rad/s。对于给定的振动系统,k 与 m 一定,所以 $\omega = \sqrt{k/m}$ 为常数,称为固有圆频率(也称自振圆频率),对应的系统固有周期 $T = 2\pi/\omega$,固有频率 $f = 1/T$,其单位为次/s,称为赫兹(简称赫),常用 Hz 表示。因为系统的初始静位移 $v_{st} = mg/k$,所以也有如下关系成立:

$$f = \frac{1}{2\pi}\sqrt{\frac{g}{v_{st}}}, \quad \omega = \sqrt{\frac{g}{v_{st}}}, \quad T = 2\pi\sqrt{\frac{v_{st}}{g}}$$

这些式子进一步说明系统自由振动特性完全由其动力参数决定,与初始条件无关。

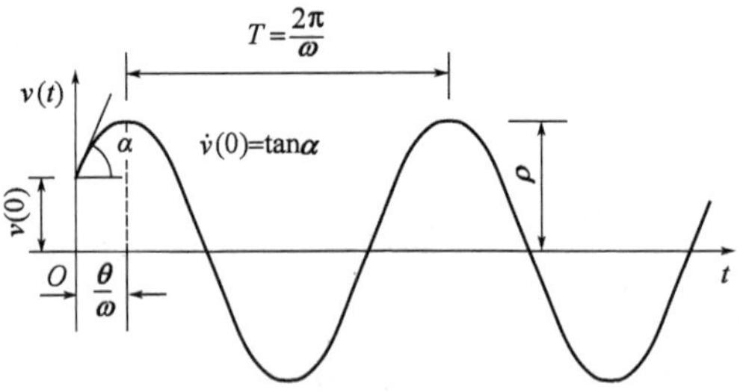

图 3-1-3　无阻尼系统自由振动反应

3.1.2　有阻尼系统自由振动

图 3-1-1 所示的质量-弹簧系统引入黏滞阻尼器后,变成图 3-1-4 所示的质量-弹簧-阻尼单自由度系统。考虑到黏滞阻尼器对运动的质量块施加了黏滞阻尼力 $F_d = c\dot{v}$(阻尼理论详见 3.8 节),方向与质量块的运动方向相反,该系统运动方程为

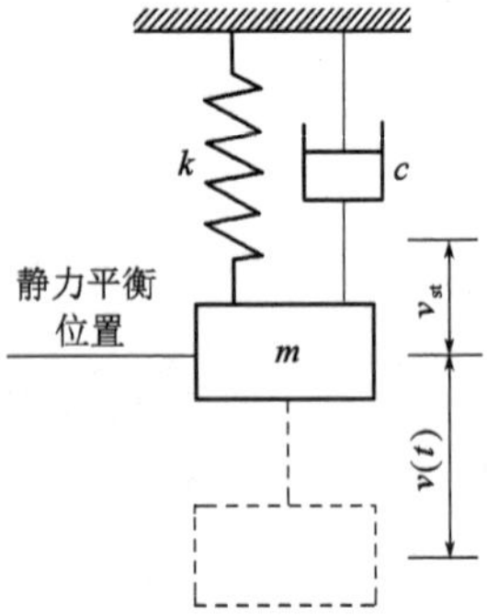

图 3-1-4　有阻尼单自由度系统自由振动

$$m\ddot{v} + c\dot{v} + kv = 0$$

考虑 $\omega = \sqrt{k/m}$,得

$$\ddot{v} + \frac{c}{m}\dot{v} + \omega^2 v = 0 \tag{3-1-18}$$

式中,c 称为黏滞阻尼系数。根据常系数齐次线性微分方程理论,将 $v = Ge^{\lambda t}$ 及其导数式代入式(3-1-18),可得

$$\lambda^2 + \frac{c}{m}\lambda + \omega^2 = 0$$

解得

$$\lambda_{1,2} = -\frac{c}{2m} \pm \sqrt{\left(\frac{c}{2m}\right)^2 - \omega^2}$$

当系统的刚度与质量一定时,上式中根号内式子取值完全取决于阻尼系数 c。当阻尼系数 c 较大时,根号内数值可能大于零,λ_1、λ_2 为两个不同实数,系统不会发生往复振动;当阻尼系数 c 较小时,根号内数值可能小于零,λ_1、λ_2 为两个复数,系统运动为往复振动;当阻尼系数 c 等于某临界阻尼值(称此阻尼值为临界阻尼 c_c)时,根号内数值为零,即 $c = 2m\omega \equiv c_c$,λ_1、λ_2 为两个相同实数,此时的系统运动是上述两种完全不同运动状态的分界线,具体讨论见后。另外,引入参数 $\xi = c/c_c$,称为阻尼比。因为实际结构阻尼系数较难确定,而用阻尼比 ξ 描述结构阻尼特性比确定阻尼系数 c 更方便,所以结构振动分析中多采用阻尼比 ξ。下面分三种情形讨论有阻尼系统自由振动解的特性。

1）低阻尼系统（$\xi<1$）

此时，常数 λ 具有两个共轭的复数根，即 $\lambda_{1,2}=-\xi\omega\pm\omega_D i$，其中 $\omega_D=\omega\sqrt{1-\xi^2}$，称为有阻尼自由振动的圆频率，注意到 $\omega=|\lambda_{1,2}|$、$\xi=-\mathrm{Re}(\lambda_{1,2})/|\lambda_{1,2}|$，其中，$\mathrm{Re}(\cdot)$ 表示括号内复数的实部（4.6 节将用到此特性）。方程（3-1-18）的通解为

$$v=G_1e^{\lambda_1 t}+G_2e^{\lambda_2 t} \tag{3-1-19}$$

将 $\lambda_{1,2}=-\xi\omega\pm\omega_D i$ 代入式（3-1-19），可得

$$v=(G_1e^{i\omega_D t}+G_2e^{-i\omega_D t})e^{-\xi\omega t} \tag{3-1-20}$$

式中，G_1 和 G_2 为待定复常数。应用欧拉公式并考虑到位移响应 v 始终为实数，式（3-1-20）可重写为

$$v=e^{-\xi\omega t}(C_1\cos\omega_D t+C_2\sin\omega_D t) \tag{3-1-21}$$

式中，C_1、C_2 为待定实常数。将系统振动的初始条件 $v(0)$、$\dot{v}(0)$ 代入上式及其导数式确定 C_1 与 C_2，最终得到

$$v=e^{-\xi\omega t}\left[v(0)\cos\omega_D t+\frac{\dot{v}(0)+\xi\omega v(0)}{\omega_D}\sin\omega_D t\right] \tag{3-1-22}$$

将式（3-1-22）写成

$$v=\rho e^{-\xi\omega t}\cos(\omega_D t-\theta_D) \tag{3-1-23}$$

其中：

$$\rho=\sqrt{[v(0)]^2+\left[\frac{\dot{v}(0)+\xi\omega v(0)}{\omega_D}\right]^2} \tag{3-1-24}$$

$$\theta_D=\arctan\frac{\dot{v}(0)+\xi\omega v(0)}{\omega_D v(0)} \tag{3-1-25}$$

式（3-1-23）描述的振动时程示于图 3-1-5。从中可知，质量块前后两次以相同方向达到峰值所经历的时间为 T_D，$T_D=2\pi/\omega_D=2\pi/(\omega\sqrt{1-\xi^2})\approx 2\pi/\omega$，而振动随时间衰减。因为 $v(t+T_D)\neq v(t)$，$\dot{v}(t+T_D)\neq\dot{v}(t)$，故低阻尼系统自由振动可称为等时振动，不能称为周期振动。不过，一般仍旧称 T_D 为低阻尼系统自由振动的周期。

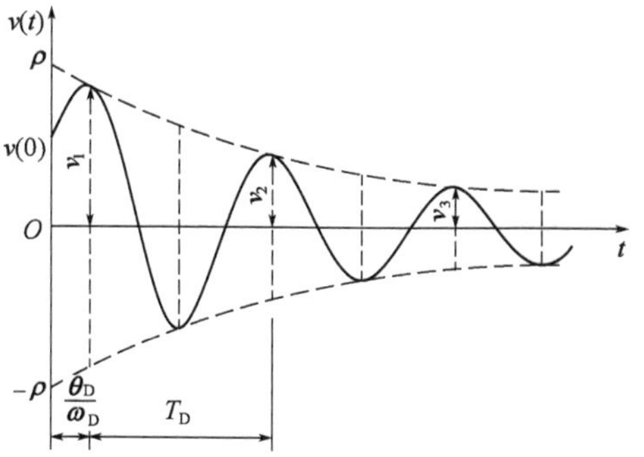

图 3-1-5 低阻尼系统自由振动反应

由式（3-1-23）及图 3-1-5 知，前后相邻振幅之比可近似写为

$$\frac{v_m}{v_{m+1}}\approx e^{\xi\omega T_D}=e^{\xi\omega\frac{2\pi}{\omega_D}} \tag{3-1-26}$$

对（3-1-26）两边取自然对数，得到该自由振动的对数衰减率（亦称对数衰减幅率）δ 为

$$\delta = \ln \frac{v_m}{v_{m+1}} = 2\pi\xi \frac{\omega}{\omega_D} = \frac{2\pi\xi}{\sqrt{1-\xi^2}}$$

对于多数实际结构，$\xi < 0.2$，$\xi^2 \ll 1$，故有

$$\frac{v_m}{v_{m+1}} \approx e^{2\pi\xi} = 1 + 2\pi\xi + \frac{1}{2!}(2\pi\xi)^2 + \cdots$$

取上式级数的前两项，得阻尼比 ξ 的计算式

$$\xi \approx \frac{v_m - v_{m+1}}{2\pi v_{m+1}} \tag{3-1-27}$$

取相隔 s 周的反应波峰值计算阻尼比 ξ，计算精度更高。此时

$$\frac{v_m}{v_{m+s}} = e^{2\pi s\xi\frac{\omega}{\omega_D}} \approx e^{2\pi s\xi} \tag{3-1-28}$$

而

$$\frac{v_m}{v_{m+s}} \approx e^{2\pi s\xi} = 1 + 2\pi s\xi + \frac{1}{2!}(2\pi s\xi)^2 + \cdots$$

同样，取级数的前两项，得

$$\xi \approx \frac{v_m - v_{m+s}}{2\pi s v_{m+s}} \tag{3-1-29}$$

测出结构自由振动衰减波形图后，从图上量出 v_m 及 v_{m+s}，即可由式(3-1-29)算出结构的阻尼比 ξ。

此外，由式(3-1-28)可得

$$s = \frac{1}{2\pi\xi}\ln\left(\frac{v_m}{v_{m+s}}\right)$$

当振幅衰减到50%（即 $v_{m+s} = 50\% v_m$）时，所需的周期数 $s_{50\%}$ 为

$$s_{50\%} = \frac{1}{2\pi\xi}\ln\left(\frac{v_m}{0.5v_m}\right) \approx 0.11/\xi$$

$s_{50\%}$ 与 ξ 的关系见图3-1-6。由此可见，通过观察衰减自由振动试验记录估计阻尼比 ξ，比较方便的方法是计算振幅减少到50%所需的振动周期数，再由图3-1-6得到相应的阻尼比 ξ。

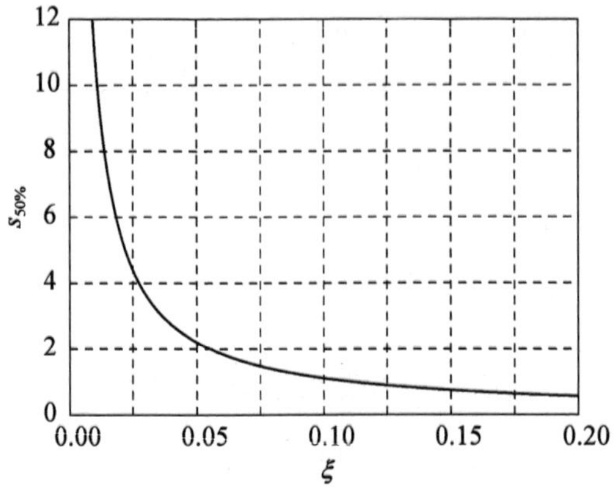

图3-1-6 振幅减少到50%所需周期数 $s_{50\%}$ 与阻尼比 ξ 的关系

2）临界阻尼系统（$\xi=1$）

此时，常数 λ 具有两个相等且为负的实根，即 $\lambda_{1,2}=-\omega$。类似于式（3-1-21）的推导，可得方程（3-1-18）的通解为

$$v=e^{-\omega t}(C_1t+C_2)$$

式中，C_1、C_2 是待定常数。同样由初始条件 $v(0)$、$\dot{v}(0)$ 可得

$$v=e^{-\omega t}[v(0)(1+\omega t)+\dot{v}(0)t] \tag{3-1-30}$$

很显然，式（3-1-30）描述的运动是非振荡的衰减运动，临界阻尼的定义是在自由振动反应中不出现振荡所需的最小阻尼值。对于不同的初始条件，振动变化规律可用图 3-1-7 所示曲线簇表示。

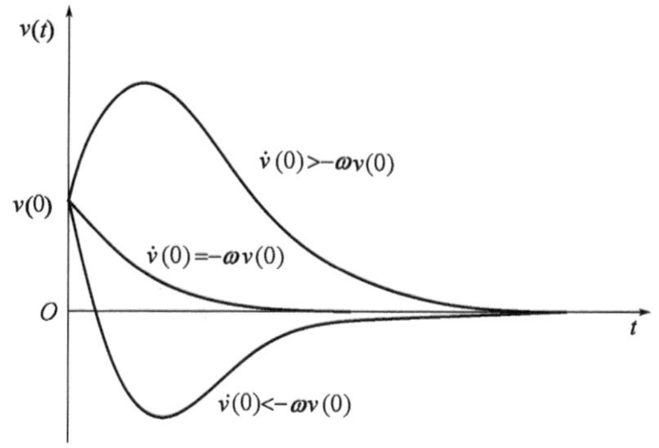

图 3-1-7　临界阻尼系统自由振动反应

3）超阻尼系统（$\xi>1$）

此时，常数 λ 具有两个负实根，即 $\lambda_{1,2}=-\xi\omega\pm\eta$，其中，$\eta=\omega\sqrt{\xi^2-1}$。类似于式（3-1-21）的推导，可得方程（3-1-18）的通解为

$$v=C_1e^{(-\xi\omega+\eta)t}+C_2e^{(-\xi\omega-\eta)t}$$

式中，C_1、C_2 是待定常数。上式可以整理为

$$v=e^{-\xi\omega t}(C_1e^{\eta t}+C_2e^{-\eta t}) \tag{3-1-31}$$

另外，考虑到 $\cosh x=(e^x+e^{-x})/2$，$\sinh x=(e^x-e^{-x})/2$，变换得到 $e^x=\cosh x+\sinh x$，$e^{-x}=\cosh x-\sinh x$。

这样式（3-1-31）可写为

$$v=e^{-\xi\omega t}[(C_1+C_2)\cosh(\eta t)+(C_1-C_2)\sinh(\eta t)]$$

将 C_1+C_2、C_1-C_2 分别记为 D_1、D_2，得到

$$v=e^{-\xi\omega t}[D_1\cosh(\eta t)+D_2\sinh(\eta t)]$$

将初始条件 $v(0)$、$\dot{v}(0)$ 代入上式及其导数式，得

$$D_1=v(0),\quad D_2=\frac{\dot{v}(0)+\xi\omega v(0)}{\eta}$$

于是得到

$$v=e^{-\xi\omega t}\left[v(0)\cosh(\eta t)+\frac{\dot{v}(0)+\xi\omega v(0)}{\eta}\sinh(\eta t)\right] \tag{3-1-32}$$

从式（3-1-32）可知，超阻尼系统自由振动的反应同样是非振荡的衰减运动，和临界阻尼系

统情况相似,但返回零位移位置的速度随着阻尼的增大而减慢。土木工程结构阻尼比一般都是低阻尼,阻尼比一般小于0.1。本书重点关注低阻尼系统的振动。然而,超阻尼与临界阻尼系统的确存在,例如普通自动关门器的回弹装置是超阻尼的;用于测量稳态值的仪器,像测量静载的天平,通常是临界阻尼的;这样的设计可消除往复振荡现象。

【例 3-1-1】 在图 3-1-8 所示单层建筑物的顶部水平放置一液压千斤顶,千斤顶施加 88.90kN 的水平力 P,建筑物产生侧向偏离 v_0 为 5.08×10^{-3}m,然后突然释放,引起该建筑物侧向水平自由振动。释放后往返摆动的最大位移 v_1 为 4.064×10^{-3}m,位移循环的周期为 1.40 s。忽略柱子质量,各计算参数如图 3-1-8 所示,试分析该建筑物的动力特性。

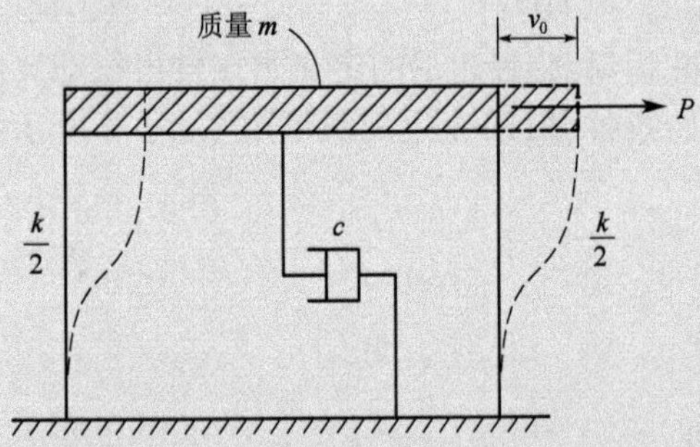

图 3-1-8 单层建筑物的振动试验

【解】 (1)大梁有效质量 m

$$T_D\approx\frac{2\pi}{\omega}=2\pi\sqrt{\frac{m}{k}}$$

$$m\approx\left(\frac{T_D}{2\pi}\right)^2k=\left(\frac{1.40}{2\pi}\right)^2\times\frac{88.90\times10^3}{5.08\times10^{-3}}=8.697\times10^5(\mathrm{kg})$$

(2)有阻尼固有圆频率

$$\omega_D=\frac{2\pi}{T_D}=\frac{2\pi}{1.40}=4.488(\mathrm{rad/s})$$

(3)阻尼特性

对数衰减率

$$\delta=\ln\frac{5.08\times10^{-3}}{4.064\times10^{-3}}=0.223$$

阻尼比

$$\xi\approx\frac{\delta}{2\pi}=0.0355$$

阻尼系数

$$c=\xi c_c=\xi\cdot2m\omega\approx\xi\cdot2m\omega_D=0.0355\times2\times8.697\times10^5\times4.488=2.77\times10^5[\mathrm{N/(m\cdot s)}]$$

(4)6 周后的振幅

$$v_6=\left(\frac{v_1}{v_0}\right)^6v_0=\left(\frac{4.064\times10^{-3}}{5.08\times10^{-3}}\right)^6\times5.08\times10^{-3}=1.33\times10^{-3}(\mathrm{m})$$

3.1.3 运动的稳定性

本节已叙述了单自由度系统(无阻尼和黏性阻尼两种情况)自由振动响应。针对的情况是质量 m 和刚度 k 均为正,阻尼系数 c 大于或等于零。实际工程中也存在另一类单自由度系统动力问题,如桥梁颤振,其运动方程可以写成如下形式[18]

$$\ddot{v}+a\dot{v}+bv=0\tag{3-1-33}$$

式中,系数 a 和 b 不一定为正,方程(3-1-33)是一个常系数线性微分方程,其解的形式如下:

$$v = Ge^{\lambda t} \tag{3-1-34}$$

式中，G、λ 为待定复数。将式(3-1-34)代入式(3-1-33)，得到特征方程

$$\lambda^2 + a\lambda + b = 0 \tag{3-1-35}$$

该特征方程的两个根为

$$\lambda_{1,2} = -\frac{a}{2} \pm \sqrt{\left(\frac{a}{2}\right)^2 - b} \tag{3-1-36}$$

方程(3-1-33)的通解可表示为

$$v = G_1 e^{\lambda_1 t} + G_2 e^{\lambda_2 t} \tag{3-1-37}$$

根据运动稳定性划分，由方程(3-1-33)控制的系统运动可分为：渐近稳定、稳定、不稳定，如图3-1-9所示。运动的稳定性取决于两个特征根 λ_1 和 λ_2，它们可能是纯实数、纯虚数或复数根。设特征根的一般形式为

$$\lambda = \mathrm{Re}(\lambda) + \mathrm{i}\,\mathrm{Im}(\lambda) \tag{3-1-38}$$

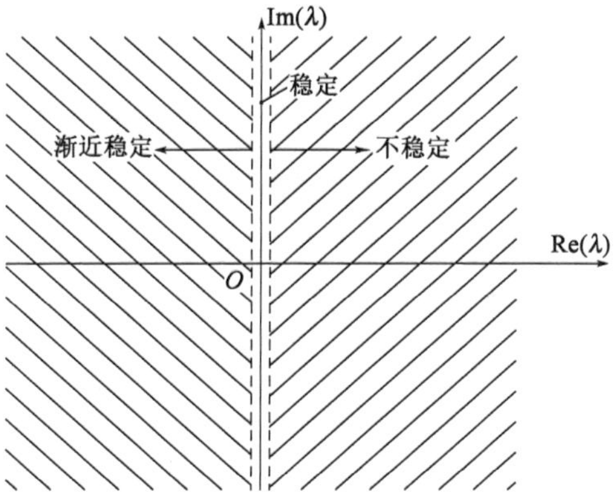

图3-1-9 复平面上的稳定性关系

两个特征根具体可写为 $\lambda_1 = \alpha_1 + \mathrm{i}\beta_1$，$\lambda_2 = \alpha_2 + \mathrm{i}\beta_2$。

因为 $v(t)$ 必须是实数，纯虚根或复数根只能以复数共轭对形式出现，即当 β_1 与 β_2 不等于零时，必有 $\beta_1 = -\beta_2$ 以及 $\alpha_1 = \alpha_2$。

(1)渐近稳定运动。当特征方程的两个根都在复平面左半平面时(即 $\alpha_1 < 0$ 和 $\alpha_2 < 0$)，随着时间的推移，运动将会消失，称此时的系统运动为渐近稳定运动。本节前面所述的低阻尼系统、临界阻尼系统和超阻尼系统的行为均可归为此类。低阻尼系统的响应如图3-1-10a)所示。

(2)稳定运动。当特征方程的两个根都是纯虚数且为共轭复数时(即 $\alpha_1 = \alpha_2 = 0$)，发生等幅简谐振动，此时的系统运动是稳定的。无阻尼单自由度系统的自由振动属于此类，如图3-1-10b)所示。当特征方程的两个根都是零时，对应的系数 a 和 b 均为零，系统处于静止或刚体运动状态(见4.3节)。

(3)不稳定运动。在特征方程的两个根中，只要满足一个根的实部为正(即 $\alpha_1 > 0$ 或 $\alpha_2 > 0$，或者两者都大于0)，随着时间的推移，响应就会越来越大，此时的系统运动不稳定。不稳定运动可细分为如下两类：

①颤振。若两个特征根是位于右半平面上的共轭复数，则该运动具有发散振荡特征，此时的运动称为颤振，如图3-1-10c)所示。避免颤振是大跨度悬索桥、飞机设计过程中必须考虑的一个问题。

②发散。若两个特征根都位于实轴上,并且其中至少有一个为正根,则发生非振荡发散运动,如图 3-1-10d)所示。

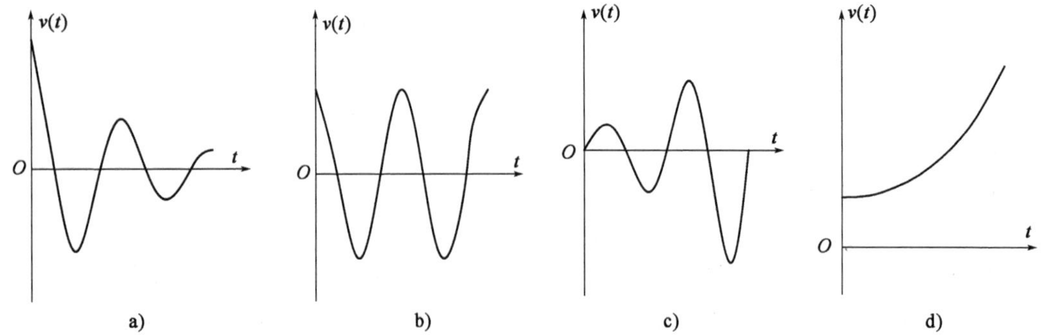

图 3-1-10　四类单自由度系统的响应

a)低阻尼衰减振动(渐近稳定);b)无阻尼简谐振动(稳定);c)颤振(不稳定);d)非振荡发散运动(不稳定)

【例 3-1-2】　如图 3-1-11 所示,倒立摆由一个刚性无质量杆和位于杆上端的质点 m 组成,该杆的下端连接在 A 处的销支撑上。质点 m 受到两个线性弹簧(弹簧常数为 k)的横向支撑。(1)仅考虑系统微振动,即 $\theta \ll 1$,θ 见图 3-1-12,列出该系统的线性化运动方程。(2)已知初始条件为 $\theta(0)=\theta_0$ 和 $\dot{\theta}(0)=0$,求解该系统响应。

【解】　(1)推导小角度微振动的运动方程

首先,画出小变位条件下的倒立摆隔离体,如图 3-1-12 所示。然后,考虑所有作用力对销钉旋转轴的力矩平衡,列出系统运动方程

$$mg(L\sin\theta)-2f_s(L\cos\theta)=mL^2\ddot{\theta} \tag{3-1-39}$$

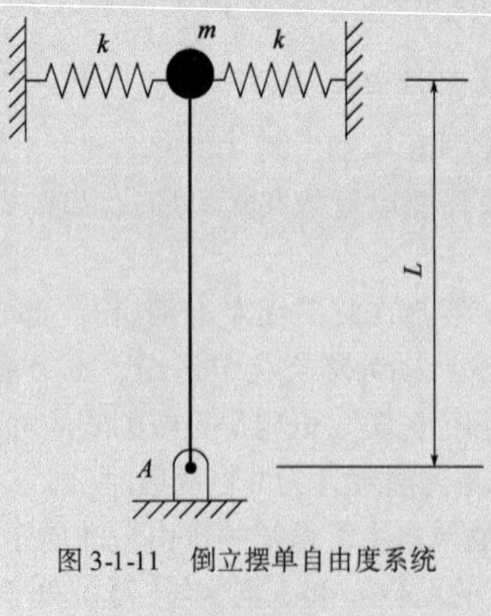

图 3-1-11　倒立摆单自由度系统

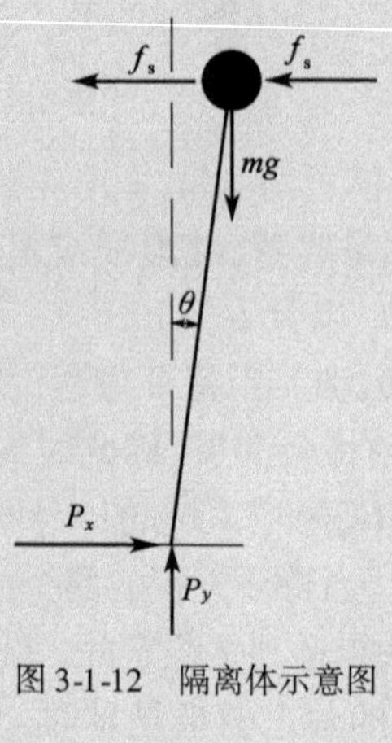

图 3-1-12　隔离体示意图

弹簧弹力为

$$f_s=k(L\sin\theta) \tag{3-1-40}$$

由于 θ 值很小,故 $\sin\theta\approx\theta$,$\cos\theta\approx 1$。将式(3-1-40)代入式(3-1-39)可得

$$\ddot{\theta}+\left(\frac{2k}{m}-\frac{g}{L}\right)\theta=0 \tag{3-1-41}$$

(2)求解一定初始条件下的系统响应

如前所述,方程(3-1-41)的解为

$$\theta = Ge^{\lambda t} \tag{3-1-42}$$

将其代入方程(3-1-41)可得到特征方程

$$\lambda^2 + \left(\frac{2k}{m} - \frac{g}{L}\right) = 0 \tag{3-1-43}$$

显然,特征方程(3-1-43)解的形式取决于括号内表达式的正负性,即有效刚度的正负性,令

$$b = \frac{2k}{m} - \frac{g}{L} \tag{3-1-44}$$

当 b 为正时,系统将按固有圆频率 $\sqrt{2k/m - g/L}$ 发生简谐振动。当 b 为负时,方程(3-1-41)的通解为

$$\theta = G_1 e^{t\sqrt{g/L-2k/m}} + G_2 e^{-t\sqrt{g/L-2k/m}} \tag{3-1-45}$$

考虑初始条件 $\theta(0) = \theta_0$ 和 $\dot{\theta}(0) = 0$,可得方程(3-1-41)的解为

$$\theta = \frac{\theta_0}{2}\left(e^{t\sqrt{g/L-2k/m}} + e^{-t\sqrt{g/L-2k/m}}\right) \tag{3-1-46}$$

显然,式(3-1-46)的第二项会随时间推移而消失,但第一项会随时间推移以非振荡的方式增长,即出现发散现象,如图 3-1-10d)所示。

3.2 简谐荷载作用下单自由度系统的反应分析

随时间按正弦或余弦规律变化的激扰力称为简谐荷载(也称谐振荷载)。如图 3-2-1 所示,旋转机械有一个不平衡质量 m_1,它至转轴的距离为 e,机械顺时针转动的角速度为 $\bar{\omega}$,产生离心力 $P_0 = m_1 e\bar{\omega}^2$,其水平分量和竖向分量均属于简谐荷载,分别为 $P_0\cos\bar{\omega}t$ 及 $P_0\sin\bar{\omega}t$。

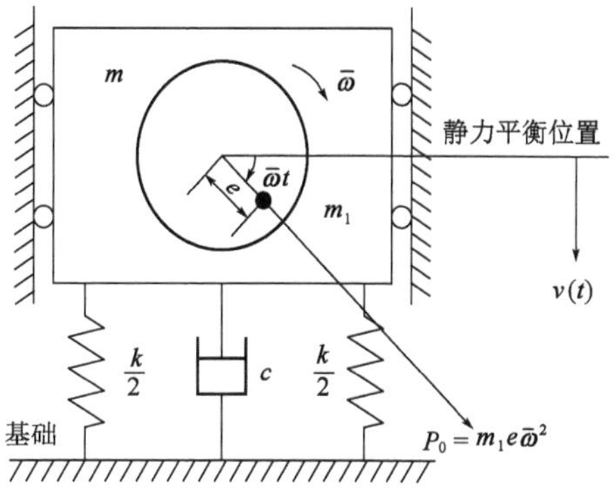

图 3-2-1 旋转机械竖向振动简图

众所周知,任意周期变化荷载可用傅立叶(Fourier)级数表示为若干简谐荷载之和,该周期荷载产生的线性系统响应可通过叠加它的简谐分量引起的响应而得出。分析系统对简谐荷载的响应,不但得出系统振动的许多规律,而且概括出系统对周期性荷载作用的一般特性,因此很有意义。

设图3-2-1旋转机械在水平方向完全固定,不能产生水平方向的振动,竖向受到基础弹性约束(由弹簧表示)及黏滞阻尼器作用。基础弹性刚度系数为k,阻尼系数为c,机械总质量为m,自静力平衡位置算起的机械竖向振动位移为$v(t)$,其竖向运动方程为

$$m\ddot{v} + c\dot{v} + kv = P_0\sin\overline{\omega}t \tag{3-2-1}$$

方程(3-2-1)的通解由对应齐次方程的通解v_c与其特解v_p组成。设阻尼比$\xi<1$,齐次方程的通解v_c见式(3-1-21),方程(3-2-1)的特解v_p可以表示为如下形式

$$v_p = D_1\cos\overline{\omega}t + D_2\sin\overline{\omega}t \tag{3-2-2}$$

式中,D_1、D_2为待定系数。将式(3-2-2)代入式(3-2-1),由方程两边正弦及余弦项系数相等的条件,得到两个代数方程,可解出D_1与D_2,但这样求解比较烦琐。下面用复数法求v_p。设复数方程$m\ddot{Z}+c\dot{Z}+kZ=P_0\mathrm{e}^{\mathrm{i}\overline{\omega}t}$,该方程的荷载为复数形式,实际是分别作用于系统的余弦荷载$P_0\cos\overline{\omega}t$与正弦荷载$P_0\sin\overline{\omega}t$合在一起的紧凑表达方式,对应的响应$Z$也是复数形式。将复数$Z=R_e+\mathrm{i}I_m$($R_e$和$I_m$为时间$t$的实函数)代入上述复数方程得$(m\ddot{R}_e+c\dot{R}_e+kR_e)+\mathrm{i}(m\ddot{I}_m+c\dot{I}_m+kI_m)=P_0\cos\overline{\omega}t+\mathrm{i}P_0\sin\overline{\omega}t$。由方程虚部相等得到$m\ddot{I}_m+c\dot{I}_m+kI_m=P_0\sin\overline{\omega}t$。对比该式与方程(3-2-1)可知:上述复数方程解Z的虚部即为方程(3-2-1)的特解v_p。将上述复数方程解的一般形式$Z=G\mathrm{e}^{\mathrm{i}\overline{\omega}t}$代入该复数方程可得

$$G = \frac{P_0}{k-m\overline{\omega}^2+\mathrm{i}c\overline{\omega}} = \frac{P_0\mathrm{e}^{-\mathrm{i}\theta}}{\sqrt{(k-m\overline{\omega}^2)^2+(c\overline{\omega})^2}}$$

其中

$$\theta = \arctan\frac{c\overline{\omega}}{k-m\overline{\omega}^2} = \arctan\frac{2\xi\beta}{1-\beta^2} \tag{3-2-3}$$

式中,$\beta=\dfrac{\overline{\omega}}{\omega}$,称为频率比。

所以

$$Z = G\mathrm{e}^{\mathrm{i}\overline{\omega}t} = \frac{P_0\mathrm{e}^{\mathrm{i}(\overline{\omega}t-\theta)}}{\sqrt{(k-m\overline{\omega}^2)^2+(c\overline{\omega})^2}}$$

用Z的虚部表示v_p如下:

$$v_p = \frac{P_0\sin(\overline{\omega}t-\theta)}{\sqrt{(k-m\overline{\omega}^2)^2+(c\overline{\omega})^2}} \tag{3-2-4}$$

式(3-2-3)化简为

$$v_p = \rho\sin(\overline{\omega}t-\theta) \tag{3-2-5}$$

式中,ρ为系统稳态反应振幅

$$\rho = \frac{P_0}{\sqrt{(k-m\overline{\omega}^2)^2+(c\overline{\omega})^2}}$$

另外,定义

$$D = \frac{\rho}{P_0/k} = \frac{1}{\sqrt{(1-\beta^2)^2+(2\xi\beta)^2}} \tag{3-2-6}$$

因为P_0/k为系统在静力P_0作用下的位移,所以D为稳态反应的最大动力位移与静位移的比值,称为位移动力系数。

方程(3-2-1)的通解为

$$v = v_c + v_p = e^{-\xi\omega t}(C_1\cos\omega_D t + C_2\sin\omega_D t) + \rho\sin(\overline{\omega}t - \theta) \tag{3-2-7}$$

将初始条件 $v(0)$、$\dot{v}(0)$ 代入式(3-2-7)及其导数式,可得

$$C_1 = v(0) + \rho\sin\theta, \quad C_2 = \frac{\dot{v}(0) + \xi\omega v(0) + \xi\omega\rho\sin\theta - \rho\overline{\omega}\cos\theta}{\omega_D}$$

于是,式(3-2-7)可写为

$$v = e^{-\xi\omega t}\left[v(0)\cos\omega_D t + \frac{\dot{v}(0) + \xi\omega v(0)}{\omega_D}\sin\omega_D t\right] + \rho e^{-\xi\omega t}\left[\sin\theta\cos\omega_D t + \frac{\xi\omega\sin\theta - \overline{\omega}\cos\theta}{\omega_D}\sin\omega_D t\right] + \rho\sin(\overline{\omega}t - \theta) \tag{3-2-8}$$

式(3-2-8)表明,强迫振动初始阶段的响应由三部分组成,具体如下:

第一项是固有频率为 ω_D 的自由振动,它由系统初始条件决定。在零初始条件下[即 $v(0) = 0$,$\dot{v}(0) = 0$],这项振动不会产生。

第二项振动的固有频率也是 ω_D,是振幅与激扰力有关的自由振动。由于与初始条件无关,任何初始条件下它都伴随强迫振动一起发生,故称为伴生自由振动。

从以上两项振动幅值可以发现,阻尼作用导致固有频率为 ω_D 的振动很快衰减,故称之为瞬态振动[图 3-2-2a)]。

第三项振动按激扰力频率 $\overline{\omega}$ 进行,与初始条件无关,振幅 ρ 不随时间改变,故称为稳态振动[图 3-2-2b)]。

瞬态振动与稳态振动合成的振动如图 3-2-2c)所示。可以发现,随着时间的推移,当瞬态振动完全衰减后,系统振动响应由稳态振动控制。

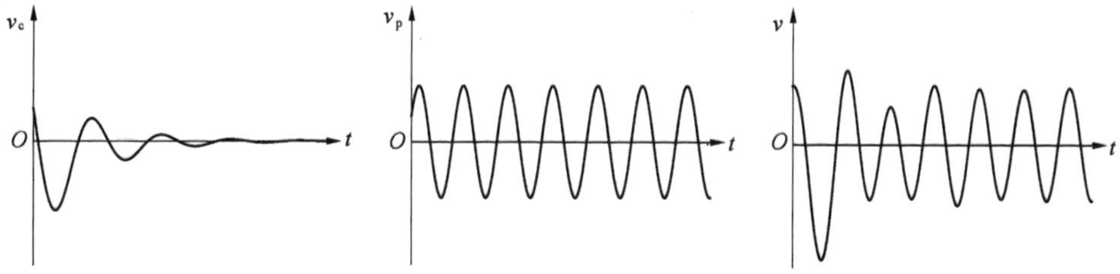

a)　　　b)　　　c)

图 3-2-2　单自由度系统的谐振响应

a)瞬态振动;b)稳态振动;c)合成振动

关于简谐稳态响应的一些重要特征的讨论如下:

(1)D 随 β 和 ξ 的变化规律

D 随 β 和 ξ 的变化规律示于图 3-2-3,称为振动系统的幅频特性曲线。很显然,当 $\beta \to 0$ 时,$D \to 1$,对此现象可以作如下解释:因为激扰力变化很慢,在短暂时间内,它几乎是一个不变的力,近似为静力作用。当 $\beta \gg 1$ 时,D 趋近于零,这是因为 $\overline{\omega}$ 很大,激扰力方向改变很快,振动物体由于惯性来不及跟随,几乎静止不动。从图 3-2-3 可以发现,当出现 $\beta \to 0$ 和 $\beta \gg 1$ 这两种极端情况时,阻尼比对动力系数的影响几乎可以忽略。

当 $\beta = 1$ 时,由式(3-2-6)得

$$D_{\beta=1} = \frac{1}{2\xi}, \quad \rho_{\beta=1} = \frac{P_0}{2k\xi} \tag{3-2-9}$$

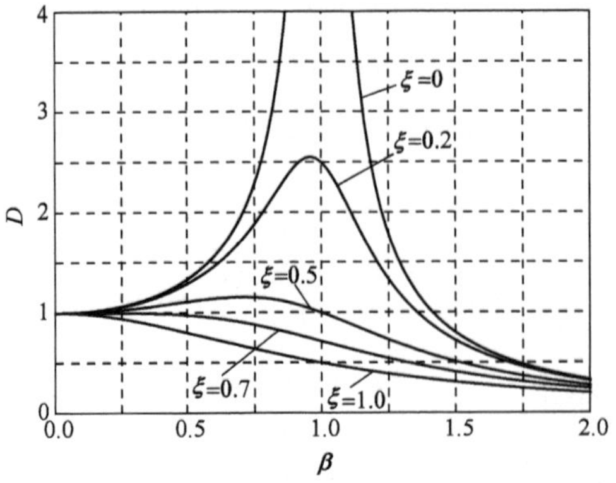

图 3-2-3　动力系数随阻尼比和频率比的变化关系

此时,系统振幅与动力系数很大,但严格来说,它不是最大振幅 ρ_{max} 与最大动力系数 D_{max}。将式(3-2-6)对 β 求导数并令其等于零,得到出现 ρ_{max} 与 D_{max} 的频率比为

$$\beta_m = \sqrt{1 - 2\xi^2} \tag{3-2-10}$$

此式适用于 $\xi \leqslant 1/\sqrt{2}$ 的系统。当阻尼比较小时,动力系数的最大值出现在 $\beta = 1$ 附近,即可取式(3-2-9)近似为动力系数最大值。当 $\xi > 1/\sqrt{2}$ 时,$D < 1$,即系统不发生放大响应。

(2)θ 随 β 和 ξ 的变化规律

图 3-2-1 中系统激扰力与其稳态反应 v_p 的相位关系由 θ 角描述。由于离心力 P_0 按 $\overline{\omega}t$ 改变方向,激扰力按 $\sin\overline{\omega}t$ 变化,稳态响应按 $\sin(\overline{\omega}t - \theta)$ 变化,稳态反应落后于激扰力 θ 角,相应的滞后时间为 $\theta/\overline{\omega}$。例如,当图 3-2-1 中的离心力 P_0 铅垂向下时,质量块 m 仍未达其最低位置,要滞后 $\theta/\overline{\omega}$ 才达到最低位置,当质量块 m 达到最低位置时,离心力 P_0 已转到与铅垂线成 θ 角的方向。相位角 θ 由式(3-2-3)确定,它随阻尼比 ξ 与频率比 β 的变化规律见图 3-2-4,称为相频特性曲线。

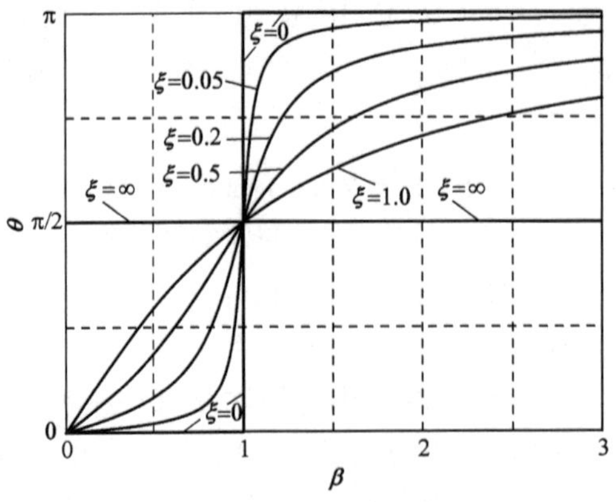

图 3-2-4　相位角随阻尼比和频率比的变化关系

在零阻尼($\xi = 0$)情况下,在 $\beta < 1$ 的范围内,$\theta = 0$,稳态位移响应与激扰力同相;在 $\beta > 1$ 的范围内,$\theta = \pi$,稳态位移响应与激扰力反相;当 $\beta = 1$ 时,由式(3-2-3)知,θ 角不定。

在有阻尼的情况下,相位角 θ 随频率比的增大而连续变化。当 $\beta = 1$ 时,只要存在阻尼,不管阻尼大小,$\theta = \pi/2$,即在共振时,稳态位移响应始终滞后于激扰力 1/4 周,可以利用这一性质测定系统固有频率,该法称为相位共振法。当 $\beta \ll 1$ 时,$\theta \approx 0$,说明激扰力的频率很小时,稳态位移响应与激扰力基本同步,这正是静力荷载作用特性。当 $\beta \gg 1$ 时,$\theta \approx \pi$,稳态位移响应滞后于激扰力 π 角,两者反相。

(3)稳态振动的动力平衡

按照达朗贝尔原理,加上惯性力后,系统处于动力平衡状态。将图 3-2-1 系统的运动方程(3-2-1)写成

$$-m\ddot{v} - c\dot{v} - kv + P_0 \sin\overline{\omega}t = 0$$

此式表示任意 t 时刻作用于系统的惯性力 $-m\ddot{v}$、阻尼力 $-c\dot{v}$、弹性力 $-kv$ 及激扰力$P_0\sin\omega t$构成平衡力系。考虑稳态振动及 $c = 2m\xi\omega$,$\beta = \overline{\omega}/\omega$,$\rho = P_0 D/k$,由式(3-2-5)可得

惯性力:$-m\ddot{v} = m\overline{\omega}^2\rho\sin(\overline{\omega}t - \theta) = P_0 D\beta^2\sin(\overline{\omega}t - \theta)$

阻尼力:$-c\dot{v} = -\rho c\overline{\omega}\cos(\overline{\omega}t - \theta) = -\rho c\overline{\omega}\sin\left(\overline{\omega}t - \theta + \dfrac{\pi}{2}\right)$

$$= P_0 D(2\xi\beta)\sin\left(\overline{\omega}t - \theta - \frac{\pi}{2}\right)$$

弹性力:$-kv = -k\rho\sin(\overline{\omega}t - \theta) = P_0 D\sin(\overline{\omega}t - \theta - \pi)$

激扰力:$P_0\sin\overline{\omega}t$

可见,惯性力、阻尼力、弹性力以及激扰力都是频率为 $\overline{\omega}$、幅值与相位角不等的简谐荷载。其中,惯性力比激扰力滞后相位角 θ,阻尼力滞后于激扰力相位角 $\theta + \pi/2$,弹性力比激扰力滞后相位角 $\theta + \pi$。为了与图 3-2-1 激扰力的方向一致,用诸力幅矢量(矢量大小为各作用力的幅值)在复平面虚轴上的投影表示上述各力(图 3-2-5),从图中也可以直观看出各作用力之间的相位关系。惯性力、阻尼力、弹性力的幅值与相位角都是频率比 β 的函数,当 β 取不同值时,存在如下三种情形:

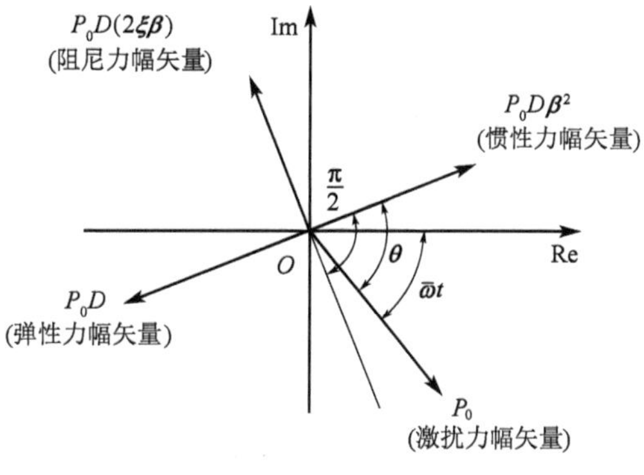

图 3-2-5 稳态反应时力的平衡

①当 $\beta \ll 1$ 时,由于荷载频率很小,系统振动很慢,此时惯性力及阻尼力都很小,相位角 θ 亦很小,稳态位移与激扰力基本同步,激扰力几乎与弹性力平衡。故此时动力系数 $D \approx 1$,阻尼影响很小。

②当 $\beta = 1$ 时,$\theta = \pi/2$,稳态位移落后于激扰力 $\pi/2$,稳态速度响应与激扰力基本同步,惯性力与弹性力平衡,激扰力与阻尼力平衡。故此时阻尼影响很大。另外,此时由于动力系数 D 接近最大,振幅近似达到最大值,系统近似处于最不利状态。

③当 $\beta \gg 1$ 时,$\theta \approx \pi$。另外,由图 3-2-3 知,$D \approx 0$。此时,激扰力频率远高于系统固有频

率,简谐荷载变化很快,物体运动方向随激扰力快速变化,加速度较大,但速度与位移都很小。因此,弹性力与阻尼力都很小,激扰力几乎完全用于平衡惯性力。

(4)共振反应

当激扰频率 $\overline{\omega}$ 等于或接近固有圆频率 ω 时,系统产生大幅度振动的现象,称为共振。将式(3-2-10)代入式(3-2-6),得到共振时的动力系数及稳态反应振幅分别为

$$D_{\max} = \frac{1}{2\xi\sqrt{1-\xi^2}} \tag{3-2-11}$$

$$\rho_{\max} = \frac{P_0 D_{\max}}{k} = \frac{P_0}{2k\xi\sqrt{1-\xi^2}} \tag{3-2-12}$$

因结构阻尼比 $\xi \ll 1$,式(3-2-11)、式(3-2-12)与式(3-2-9)差别很小,故通常说在 $\beta=1$ 时发生共振。

式(3-2-11)、式(3-2-12)未考虑瞬态响应影响,因而不能说明共振时系统反应达最大值的历程。为此,令 $\beta=1$(即 $\overline{\omega}=\omega$)并假定零初始条件(即认为系统从静止开始运动),又注意到此时 $\theta=\pi/2$,$\rho=P_0/(2k\xi)$,由式(3-2-8)可得

$$v_{\beta=1} = \frac{1}{2\xi}\frac{P_0}{k}\left[\mathrm{e}^{-\xi\omega t}\left(\frac{\xi}{\sqrt{1-\xi^2}}\sin\omega_{\mathrm{D}}t + \cos\omega_{\mathrm{D}}t\right) - \cos\overline{\omega}t\right] \tag{3-2-13}$$

$v_{\beta=1}$ 与静力荷载 P_0 作用时产生的位移 $v_{\mathrm{st}}=P_0/k$ 的比值(称为共振反应比,一般 v/v_{st} 称为反应比)为

$$R(t) = \frac{v_{\beta=1}}{v_{\mathrm{st}}} = \frac{1}{2\xi}\left[\mathrm{e}^{-\xi\omega t}\left(\frac{\xi}{\sqrt{1-\xi^2}}\sin\omega_{\mathrm{D}}t + \cos\omega_{\mathrm{D}}t\right) - \cos\overline{\omega}t\right] \tag{3-2-14}$$

当阻尼比 ξ 很小时,式(3-2-14)中 $\frac{\xi}{\sqrt{1-\xi^2}}\sin\omega_{\mathrm{D}}t$ 对反应的影响很小,可以忽略,又因为 $\beta=1$,$\overline{\omega}=\omega_{\mathrm{D}}\approx\omega$,所以

$$R(t) = \frac{1}{2\xi}(\mathrm{e}^{-\xi\omega t} - 1)\cos\omega t \tag{3-2-15}$$

在零阻尼情况下,式(3-2-14)成为不定式。应用洛必达法则,考虑 $\overline{\omega}=\omega_{\mathrm{D}}=\omega$,得到无阻尼系统的共振反应比

$$R(t) = \lim_{\xi\to 0}\frac{\frac{\mathrm{d}}{\mathrm{d}\xi}\left[\mathrm{e}^{-\xi\omega t}\left(\frac{\xi}{\sqrt{1-\xi^2}}\sin\omega_{\mathrm{D}}t + \cos\omega_{\mathrm{D}}t\right) - \cos\overline{\omega}t\right]}{\frac{\mathrm{d}}{\mathrm{d}\xi}(2\xi)}$$

$$= \frac{1}{2}(\sin\omega t - \omega t\cos\omega t) \tag{3-2-16}$$

式(3-2-16)与式(3-2-14)所描述的曲线分别示于图3-2-6,它们表示在共振激扰情况下无阻尼和有阻尼系统的反应是如何增加的。显然,两种情况的反应都是逐渐增加。在无阻尼系统中,反应不断增长,峰值是线性增长的,每个循环增加一个 π 值;除非频率发生变化,否则系统最后必然破坏。在阻尼系统里,阻尼限制共振振幅的发展,使 $R(t)$ 以 $1/(2\xi)$ 为极限。振幅达到最大值所需的振动循环周期数依赖于阻尼比 ξ。

为了研究反应怎么增大到稳定状态,分析振动 j 个循环周期后的反应比峰值 R_j 的变化规

律。将 $t=jT=2\pi j/\omega$ 代入式(3-2-15),可得 R_j 与 j 的近似关系为

$$R_j=\frac{1}{2\xi}(1-e^{-2\pi j\xi}) \tag{3-2-17}$$

这个关系在 ξ 为0.02、0.05、0.1和0.2时的曲线绘于图3-2-7。为了确定趋势,将散点图用虚线连接起来,实际上仅在整数数值 j 才有意义。由图可见,阻尼越小,达到稳态幅值所需周期数越多。例如,当 $\xi=0.1$ 时,约需7周;当 $\xi=0.05$ 时,约需15周。

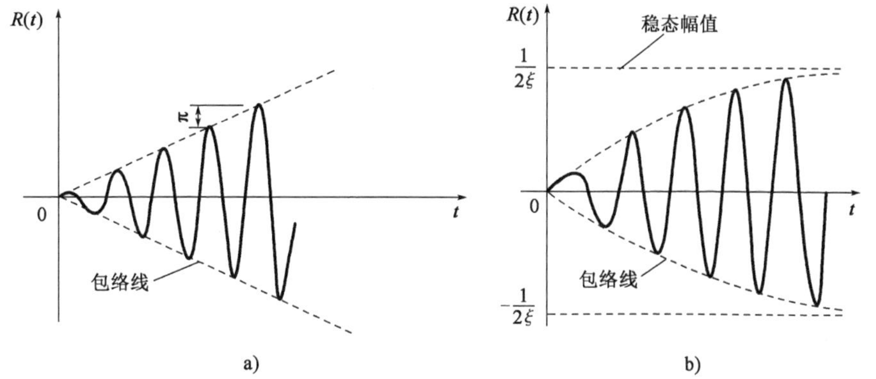

图3-2-6 从静止开始的共振($\beta=1$)反应

a)无阻尼系统;b)阻尼系统

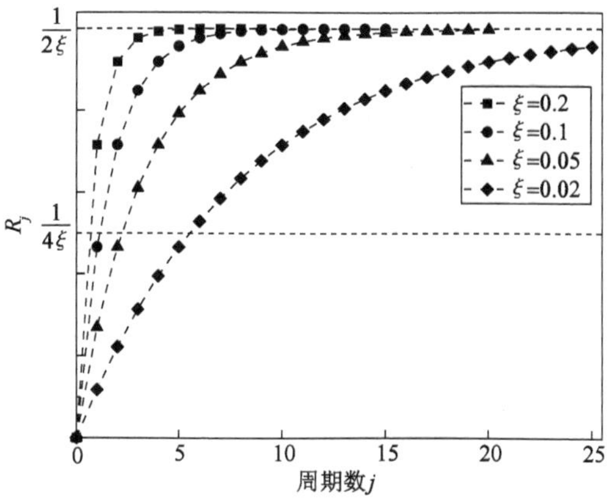

图3-2-7 共振反应比峰值随周期数的变化

应该指出,共振反应比的分析基于线弹性理论,实际系统进入大幅振动阶段往往不是线弹性的,例如出现局部塑性变形,系统动力特性便发生明显变化,线弹性分析已不再适用。无阻尼系统反应的无限增加当然不可能。有阻尼系统的共振反应比 $R(t)$ 是否会达到 $1/(2\xi)$,亦要看其特性是否变化而定。但可以确定的是,在共振或接近共振时,结构的动挠度会很大,不可避免地对结构造成损害,因而要尽量避免共振的发生。通常应使结构避开 $0.75<\beta<1.25$ 的范围,这个区间常称为共振区。

(5)拍振

当激扰力的频率 ϖ 接近系统自振频率 ω 时,会出现拍振现象。无阻尼单自由度系统的强迫振动阐明如下。此时 $\xi=0$,$\omega_D=\omega$,$D=\dfrac{1}{1-\beta^2}$,$\rho=\dfrac{P_0D}{k}=\dfrac{P_0}{k(1-\beta^2)}$,$\theta=0$,考虑零初始条件及 $\omega^2=\dfrac{k}{m}$,则式(3-2-8)变为

$$v=\frac{P_0}{m(\omega^2-\bar{\omega}^2)}\left(\sin\bar{\omega}t-\frac{\bar{\omega}}{\omega}\sin\omega t\right)\approx\frac{P_0}{m(\omega^2-\bar{\omega}^2)}(\sin\bar{\omega}t-\sin\omega t)$$

$$=\frac{P_0}{m(\omega^2-\bar{\omega}^2)}\left[2\cos\left(\frac{\bar{\omega}+\omega}{2}t\right)\sin\left(\frac{\bar{\omega}-\omega}{2}t\right)\right] \tag{3-2-18}$$

因 $\bar{\omega}$ 与 ω 接近,故令 $\omega-\bar{\omega}=2\varepsilon$,$\varepsilon$ 是一个很小的数,所以

$$\begin{cases}\frac{1}{2}(\omega-\bar{\omega})=\varepsilon\\ \frac{1}{2}(\omega+\bar{\omega})=\omega-\varepsilon\end{cases} \tag{3-2-19}$$

将式(3-2-19)代入式(3-2-18),得

$$v=-\frac{P_0}{2m\varepsilon(\omega-\varepsilon)}[\sin\varepsilon t\cos(\omega-\varepsilon)t]\approx-\frac{P_0}{2m\varepsilon\omega}\sin\varepsilon t\cos\omega t \tag{3-2-20}$$

式(3-2-20)代表周期为$\frac{2\pi}{\omega}$,可变振幅等于$\left|\frac{P_0}{2m\varepsilon\omega}\sin\varepsilon t\right|$的简谐振动,它按图 3-2-8 所示的拍振规则循环增大和缩小。因 ε 很小,所以 $\sin\varepsilon t$ 变化很慢,其周期等于 $2\pi/|\varepsilon|$(拍振的周期为 $\pi/|\varepsilon|$),当 $|\varepsilon t|=\pi$ 时,振幅为零。

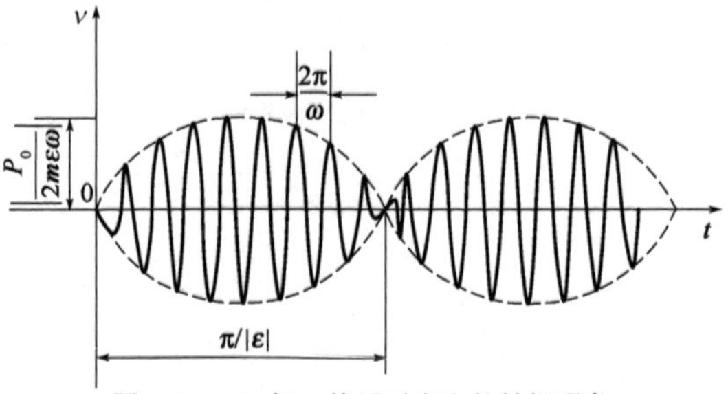

图 3-2-8 $\bar{\omega}$ 与 ω 接近时产生的拍振现象

图 3-2-8 振动波形由式(3-2-18)描述,它是频率相近的强迫振动与伴生自由振动的合成。由此可知,当系统振动是由几种频率相近的振动合成时,就会出现拍振现象。

【例 3-2-1】 可携带的产生谐振荷载的激振器为现场测定结构的动力特性提供了一种有效手段。用此激振器对结构施加两种不同频率的荷载,并分别测出每种荷载所引起的结构反应振幅与相位,利用所得结果可以确定单自由度系统的质量、阻尼和刚度。在一幢单层建筑物上进行这种试验,激振器的工作频率分别为 $\bar{\omega}_1=16\ \text{rad/s}$,$\bar{\omega}_2=25\ \text{rad/s}$,这两种情况下,激振力的幅值均为 2222.64 N,测得的结构反应的振幅、相位角为:$\rho_1=1.83\times10^{-4}\ \text{m}$,$\theta_1=15°$;$\rho_2=3.68\times10^{-4}\ \text{m}$,$\theta_2=55°$。计算此结构的动力特性。

【解】 为便于计算,将稳态反应振幅 ρ 改写为

$$\rho=\frac{P_0D}{k}=\frac{P_0}{k}\left[(1-\beta^2)^2+(2\xi\beta)^2\right]^{-\frac{1}{2}}$$

$$=\frac{P_0}{k}\cdot\frac{1}{1-\beta^2}\left[1+\left(\frac{2\xi\beta}{1-\beta^2}\right)^2\right]^{-\frac{1}{2}}=\frac{P_0}{k}\cdot\frac{1}{1-\beta^2}(1+\tan^2\theta)^{-\frac{1}{2}}$$

$$=\frac{P_0}{k}\cdot\frac{1}{1-\beta^2}(\sec^2\theta)^{-\frac{1}{2}}=\frac{P_0}{k}\cdot\frac{\cos\theta}{1-\beta^2} \tag{3-2-21}$$

考虑 $k(1-\beta^2)=k-\overline{\omega}^2 m$，上式可写为

$$k-\overline{\omega}^2 m=\frac{P_0\cos\theta}{\rho}$$

将两组试验数据代入上式，得到如下矩阵方程

$$\begin{bmatrix}1 & -16^2\\1 & -25^2\end{bmatrix}\begin{Bmatrix}k\\m\end{Bmatrix}=\begin{Bmatrix}2222.64\times0.966/(1.83\times10^{-4})\\2222.64\times0.574/(3.68\times10^{-4})\end{Bmatrix}$$

由此解得 $k=1.75\times10^7\mathrm{N/m}=1.75\times10^4\mathrm{kN/m}$，$m=22.39\times10^3\mathrm{kg}=22.39\mathrm{t}$。

所以建筑物固有圆频率(即自振频率)

$$\omega=\sqrt{\frac{k}{m}}=\sqrt{\frac{1.75\times10^7}{22.39\times10^3}}=27.96(\mathrm{rad/s})$$

由式(3-2-3)可得

$$\xi=\frac{1-\beta^2}{2\beta}\tan\theta \tag{3-2-22}$$

将任一组(这里用第一组)试验数据代入式(3-2-22)，可得

$$\xi=\frac{1-\left(\frac{16}{27.96}\right)^2}{2\times\frac{16}{27.96}}\tan15^\circ=0.157$$

阻尼系数为

$$c=2m\omega\xi=2\times22.39\times10^3\times27.96\times0.157=1.966\times10^5(\mathrm{N\cdot s/m})=196.6(\mathrm{kN\cdot s/m})$$

3.3 基础运动引起的振动及振动隔离

3.3.1 基础运动引起的振动

基础运动作为外部扰动也引起系统振动，例如地震引起建筑物振动，海浪起伏引起船的颠簸等。如图3-3-1所示，质量块 m 被限制在铅垂方向运动。基础发生简谐振动 $v_g=v_{g0}\sin\overline{\omega}t$，引起质量块 m 的竖向振动 v，v_g 与 v 均为地球基础坐标系下的位移，忽略弹簧及阻尼器的质量，则系统运动方程为

$$m\ddot{v}+c(\dot{v}-\dot{v}_g)+k(v-v_g)=0$$

即

$$m\ddot{v}+c\dot{v}+kv=c\dot{v}_g+kv_g \tag{3-3-1}$$

现用复数法求其特解(这里仅讨论稳态反应)v_p，设复数方程

$$m\ddot{Z}+c\dot{Z}+kZ=c\dot{v}_{gc}+kv_{gc} \tag{3-3-2}$$

式中，$v_{gc}=v_{g0}e^{i\overline{\omega}t}$。

根据上一节的分析可知：上述复数方程解 Z 的虚部是方程

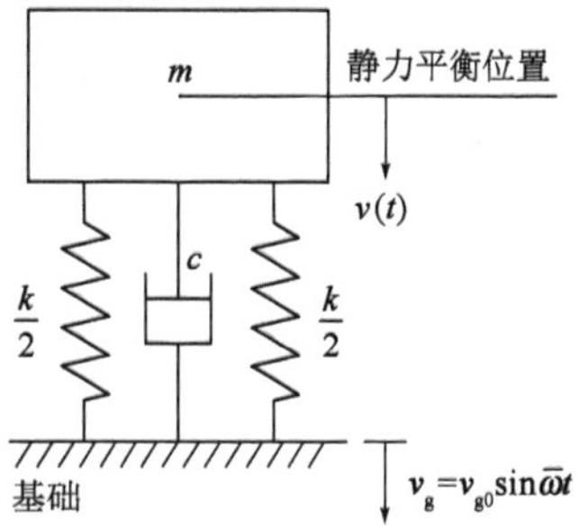

图3-3-1 基础运动引起的质量块竖向振动

(3-3-1)的特解 v_p。将上述复数方程解的一般形式 $Z=Ge^{i\bar{\omega}t}$ 代入式(3-3-2)可得

$$G=\frac{v_{g0}(k+ic\bar{\omega})}{k-m\bar{\omega}^2+ic\bar{\omega}}=\frac{v_{g0}[k^2+(c\bar{\omega})^2]e^{-i\theta}}{\sqrt{[k(k-m\bar{\omega}^2)+(c\bar{\omega})^2]^2+(mc\bar{\omega}^3)^2}} \tag{3-3-3}$$

其中

$$\theta=\arctan\frac{mc\bar{\omega}^3}{k(k-m\bar{\omega}^2)+(c\bar{\omega})^2} \tag{3-3-4}$$

所以

$$Ge^{i\bar{\omega}t}=\frac{v_{g0}[k^2+(c\bar{\omega})^2]e^{i(\bar{\omega}t-\theta)}}{\sqrt{[k(k-m\bar{\omega}^2)+(c\bar{\omega})^2]^2+(mc\bar{\omega}^3)^2}}=\rho\cos(\bar{\omega}t-\theta)+i\rho\sin(\bar{\omega}t-\theta)$$

其中

$$\rho=\frac{v_{g0}[k^2+(c\bar{\omega})^2]}{\sqrt{[k(k-m\bar{\omega}^2)+(c\bar{\omega})^2]^2+(mc\bar{\omega}^3)^2}} \tag{3-3-5}$$

用 $Ge^{i\bar{\omega}t}$ 的虚部表示方程(3-3-1)的特解 v_p 为

$$v_p=\rho\sin(\bar{\omega}t-\theta) \tag{3-3-6}$$

考虑到 $\rho=|Ge^{i\bar{\omega}t}|=|G|$,将式(3-3-3)前面部分代入 $\rho=|G|$ 可得

$$\frac{\rho}{v_{g0}}=\sqrt{\frac{k^2+(c\bar{\omega})^2}{(k-m\bar{\omega}^2)^2+(c\bar{\omega})^2}}=\sqrt{\frac{1+(2\xi\beta)^2}{(1-\beta^2)^2+(2\xi\beta)^2}}=D\sqrt{1+(2\xi\beta)^2} \tag{3-3-7}$$

若 $\xi\to0$,则由式(3-3-7)得

$$\lim_{\xi\to0}\frac{\rho}{v_{g0}}=\frac{1}{|1-\beta^2|} \tag{3-3-8}$$

下面分析稳态响应幅值随频率比 β 与阻尼比 ξ 的变化规律。式(3-3-7)与式(3-3-8)描述的 ρ/v_{g0} 与 β 的关系曲线示于图3-3-2。由图3-3-2可知,当 $\beta>\sqrt{2}$ 时,$\rho/v_{g0}<1$;而且阻尼比越大,振幅就越大,阻尼比在此范围内起不利作用,故阻尼比宜尽量小。当 $\beta\gg1$ 时,$\rho/v_{g0}\to0$,即 $\rho\to0$,这表示此时基础振动不传递到质量块;只要弹簧很软,系统固有频率 ω 就会远远低于基础激扰频率 $\bar{\omega}$,此时不论基础怎样振动,质量块几乎都静止不动。

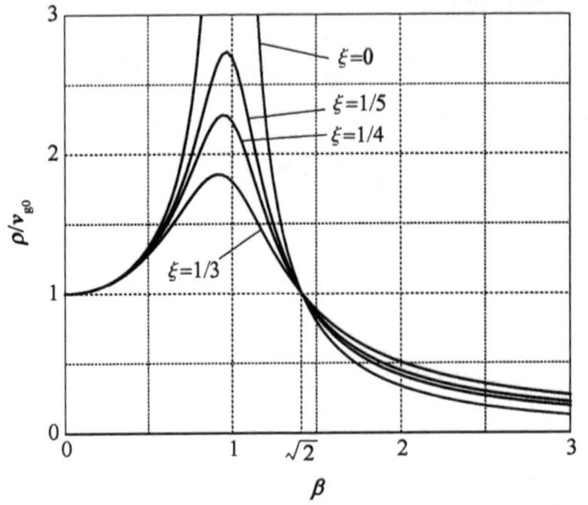

图3-3-2 基础简谐运动引起的振幅随频率比 β 的变化

基础的运动有时用加速度量取,例如地震就是由三向(东西、南北、上下)加速度仪记录的。地震引起的破坏主要是建筑物对地面的相对运动过大引起构件显著变形。因此,工程设

计常常关心系统相对于基础的运动。设图 3-3-1 基础运动的加速度为

$$\ddot{v}_g = \ddot{v}_{g0}\sin\bar{\omega}t \tag{3-3-9}$$

质量块 m 相对基础的位移为

$$v_r = v - v_g \tag{3-3-10}$$

故有

$$\begin{cases} v = v_r + v_g \\ \dot{v} = \dot{v}_r + \dot{v}_g \\ \ddot{v} = \ddot{v}_r + \ddot{v}_g \end{cases} \tag{3-3-11}$$

将式(3-3-11)代入式(3-3-1)得

$$m\ddot{v}_r + c\dot{v}_r + kv_r = -m\ddot{v}_g = -m\ddot{v}_{g0}\sin\bar{\omega}t \tag{3-3-12}$$

式(3-3-12)与式(3-2-1)相似,只要以 $-m\ddot{v}_{g0}$ 代替式(3-2-1)中的 P_0,就可沿用式(3-2-1)的解。故质量块 m 相对运动稳态反应为

$$v_r = -\frac{m\ddot{v}_{g0}}{k}D\sin(\bar{\omega}t - \theta) \tag{3-3-13}$$

式中,$\theta = \arctan\dfrac{2\xi\beta}{1-\beta^2}$。

若不计阻尼,则

$$v_r = -\frac{m\ddot{v}_{g0}}{k\left|1-\beta^2\right|}\sin\bar{\omega}t \tag{3-3-14}$$

【例 3-3-1】 混凝土桥梁因徐变而产生挠度。如果桥梁由一系列等跨度的梁组成,当车辆在桥上匀速行驶时,这些挠度将产生简谐激扰,相当于上述基础的竖向简谐运动。汽车弹簧和冲击减振器的设置,就是使整个汽车成为隔振系统,以限制路面不平顺传给乘客的竖向振动。这种系统的理想化模型示于图 3-3-3,图中车辆质量 1814 kg,弹簧刚度由试验测定。试验结果为加 444.52 N 产生 2.032×10^{-3} m 的挠度。用一个波长为 12.192 m(梁的跨度)、幅值为 3.05×10^{-2} m 的正弦曲线代表桥的纵向竖剖面。当汽车以 72.42 km/h 的速度过桥并假设阻尼比为 0.4,要求预测汽车的稳态竖向运动振幅值。

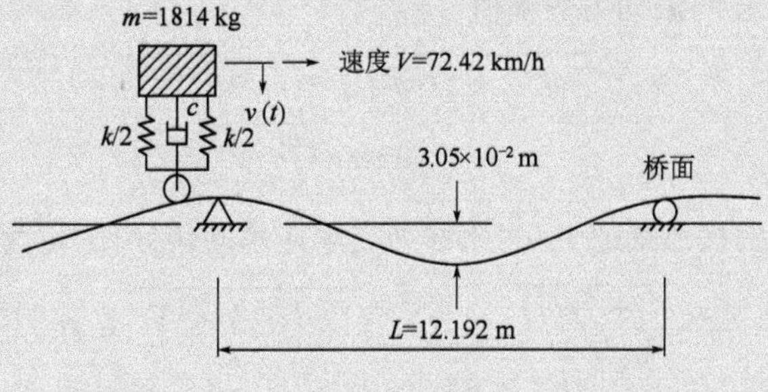

图 3-3-3 在不平桥面上行驶的车辆示意图

【解】 稳态竖向振幅由式(3-3-7)算出,即

$$\rho = v_{g0}D\sqrt{1+(2\xi\beta)^2} = \frac{v_{g0}\sqrt{1+(2\xi\beta)^2}}{\sqrt{(1-\beta^2)^2+(2\xi\beta)^2}}$$

车速 $V=72.42\text{km/h}=20.12\text{m/s}$,桥面对车辆的激扰周期 $T_p=12.192/20.12=0.606(\text{s})$。

车辆竖向振动固有周期

$$T=2\pi\sqrt{\frac{m}{k}}=2\pi\sqrt{\frac{1814}{444.52/(2.032\times10^{-3})}}=0.572(\text{s})$$

因此,频率比

$$\beta=\frac{\overline{\omega}}{\omega}=\frac{T}{T_p}=\frac{0.572}{0.606}=0.944$$

$$\xi=0.4,\quad v_{g0}=3.05\times10^{-2}\text{m}$$

故振幅

$$\rho=\frac{v_{g0}\sqrt{1+(2\xi\beta)^2}}{\sqrt{(1-\beta^2)^2+(2\xi\beta)^2}}=\frac{3.05\times10^{-2}\times\sqrt{1+(2\times0.4\times0.944)^2}}{\sqrt{(1-0.944^2)^2+(2\times0.4\times0.944)^2}}=0.05(\text{m})$$

若车辆没有阻尼($\xi=0$),则

$$\rho=\frac{3.05\times10^{-2}}{\sqrt{(1-0.944^2)^2}}=\frac{3.05\times10^{-2}}{0.11}=0.277(\text{m})$$

当然,这样大的振幅使弹簧早已超过弹性范围,无实际意义,但它说明:在限制由路面不平顺所引起的车辆竖向振动中,冲击减振器起着重要作用。

3.3.2 振动隔离

前面讲述了基础运动引起结构振动的分析方法以及隔振措施。反过来,结构振动也会对基础产生作用力,同样需要考虑隔振设计的问题。如图 3-2-1 所示,具有偏心质量的旋转机械会产生不平衡力。若机械直接装在坚硬基础上,这种不平衡力将全部传给基础,可能使附近的仪器设备及建筑物发生振动,并产生强烈噪声。为减少不平衡力的传递,通常在机械底部加装弹簧、橡皮、软木、毛毡等垫料,这相当于机器底部与基础之间有弹簧或阻尼器隔开。图 3-3-1 中质量块竖向振动时,传给基础的振动力是弹簧力 kv 与阻尼力 $c\dot{v}$ 之和,即

$$kv+c\dot{v}=k\rho\sin(\overline{\omega}t-\theta)+c\overline{\omega}\rho\cos(\overline{\omega}t-\theta)=F_T\sin(\overline{\omega}t-\theta+\alpha)\qquad(3\text{-}3\text{-}15)$$

式中,F_T 为传给基础的振动力的幅值

$$F_T=\sqrt{(k\rho)^2+(c\overline{\omega}\rho)^2}=\rho\sqrt{k^2+(c\overline{\omega})^2}\qquad(3\text{-}3\text{-}16)$$

$$\alpha=\arctan\frac{c\overline{\omega}}{k}\qquad(3\text{-}3\text{-}17)$$

振动力幅值 F_T 与激扰力幅值 P_0 之比称为支承体系的传导比,记为 TR,故

$$\text{TR}=\frac{F_T}{P_0}=\frac{\rho\sqrt{k^2+(c\overline{\omega})^2}}{k\rho/D}=D\sqrt{1+\left(\frac{2m\xi\omega\overline{\omega}}{k}\right)^2}=D\sqrt{1+(2\xi\beta)^2}\qquad(3\text{-}3\text{-}18)$$

对比式(3-3-18)与式(3-3-7)可知:要使不平衡力不传给基础(即要求 $F_T\ll P_0$),或者要使基础的振动不传给其上的物体(即要求 $\rho\ll v_{g0}$),是完全相同的问题,都是振动隔离问题。

为便于进行隔振系统的设计,宜采用隔振效率 IE = 1 − TR 反映隔振效果。根据图 3-3-2,要保持良好隔振效果,应选择 $\beta\gg\sqrt{2}$ 及非常小的阻尼。当 $\beta<\sqrt{2}$ 时,质量块产生的运动将使传

导比 TR > 1,因此,实际隔振系统仅在$\beta>\sqrt{2}$时有效。采用零阻尼的传导比及隔振效率的表达式分别为

$$\mathrm{TR}=\frac{1}{\beta^2-1},\quad \mathrm{IE}=1-\mathrm{TR}=\frac{\beta^2-2}{\beta^2-1} \tag{3-3-19}$$

式中,$\beta\geqslant\sqrt{2}$。当$\beta\to\infty$时,IE = 1,表示振动完全隔离;而当$\beta=\sqrt{2}$时,IE = 0,表示起不到隔振作用。

【例 3-3-2】 一往复式机器重为 9.071×10^3kg,当机器的运转频率为 40Hz 时,产生幅值为 2.22kN 的竖向谐振力。为了限制此机器对所在建筑物的振动,在其矩形底面的四角各用一个弹簧支承。为了使机器传给建筑物的全部谐振力限制在 0.3556kN 以内,所需采用的弹簧刚度应为多少?

【解】 传导比

$$\mathrm{TR}=F_{\mathrm{T}}/P_0=0.3556/2.22=0.16$$

由式(3-3-19)的第一式,得$\beta^2=1/\mathrm{TR}+1=7.25$。

考虑$\beta^2=\overline{\omega}^2/\omega^2=\overline{\omega}^2m/k$,解得总的弹簧刚度

$$k=\frac{\overline{\omega}^2m}{\beta^2}=\frac{(2\pi\overline{f})^2m}{\beta^2}=\frac{(2\pi\times40)^2\times9.071\times10^3}{7.25}=7.90\times10^7(\mathrm{N/m})=7.90\times10^4(\mathrm{kN/m})$$

因此,机器底面每个角的弹簧刚度应低于 $7.90\times10^4/4=1.98\times10^4(\mathrm{kN/m})$。

3.4 周期性荷载作用下单自由度系统的反应分析

往复式机械引起的惯性效应及船尾推进器产生的动压力等都属于周期性荷载,其随时间变化的一般规律可用图 3-4-1 所示曲线表征。由于任意周期性荷载可用傅立叶级数展开为多个简谐荷载之和,因此对于线弹性结构,叠加各简谐荷载的响应,可得出周期性荷载引起的结构总响应。另外,周期性荷载的响应分析对计算非周期性荷载引起的响应亦有启发,详见 3.7 节。

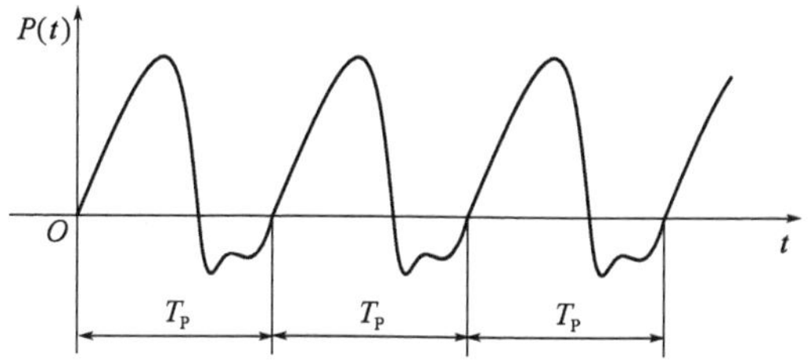

图 3-4-1 任意周期性荷载

任意周期性荷载 $P(t)$ 可以展开成傅立叶级数,即

$$P(t)=\frac{A_0}{2}+\sum_{n=1}^{\infty}(A_n\cos n\overline{\omega}_1t+B_n\sin n\overline{\omega}_1t) \tag{3-4-1}$$

式中,$\overline{\omega}_1=2\pi/T_{\mathrm{P}}$。

$$A_0 = \frac{2}{T_P}\int_0^{T_P} P(t)\,dt$$

$$A_n = \frac{2}{T_P}\int_0^{T_P} P(t)\cos n\overline{\omega}_1 t\,dt \quad (n = 1,2,3,\cdots)$$

$$B_n = \frac{2}{T_P}\int_0^{T_P} P(t)\sin n\overline{\omega}_1 t\,dt \quad (n = 1,2,3,\cdots)$$

其中,T_P 为荷载基准周期,见图 3-4-1。

在周期性荷载 $P(t)$ 作用下,单自由度系统的运动方程为

$$m\ddot{v} + c\dot{v} + kv = \frac{A_0}{2} + \sum_{n=1}^{\infty}(A_n\cos n\overline{\omega}_1 t + B_n\sin n\overline{\omega}_1 t) \tag{3-4-2}$$

由式(3-2-5),得系统的稳态响应

$$v(t) = \frac{A_0}{2k} + \frac{1}{k}\sum_{n=1}^{\infty}[A_nD_n\cos(n\overline{\omega}_1 t - \theta_n) + B_nD_n\sin(n\overline{\omega}_1 t - \theta_n)] \tag{3-4-3}$$

式中,$\frac{A_0}{2k}$为常量荷载 $A_0/2$ 引起的系统静位移。

$$D_n = [(1-\beta_n^2)^2 + (2\xi\beta_n)^2]^{-\frac{1}{2}},\quad \beta_n = \frac{n\overline{\omega}_1}{\omega},\quad \theta_n = \arctan\frac{2\xi\beta_n}{1-\beta_n^2} \tag{3-4-4}$$

【例 3-4-1】 单自由度系统承受某周期性荷载作用,如图 3-4-2 所示。假定荷载基准周期 T_P 为系统固有周期 T 的 4/3,不计系统阻尼。试求其稳态振动反应。

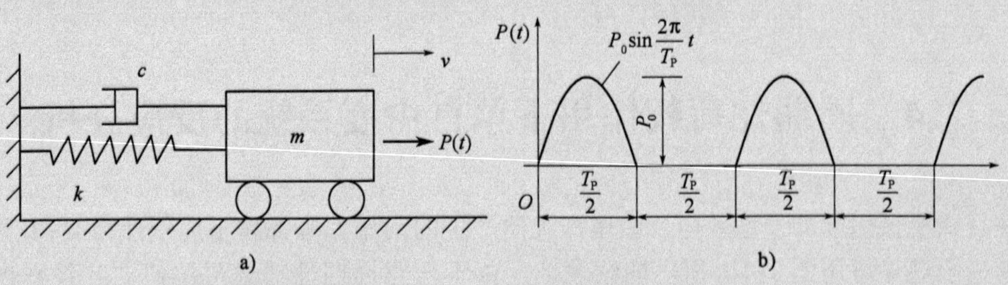

图 3-4-2 单自由度系统及对应荷载

a)单自由度系统;b)周期性荷载

【解】 先将 $P(t)$ 展开为傅立叶级数,其中

$$\overline{\omega}_n = n\overline{\omega}_1 = n\frac{2\pi}{T_P}$$

$$A_0 = \frac{2}{T_P}\int_0^{\frac{T_P}{2}} P_0\sin\frac{2\pi t}{T_P}dt = \frac{2P_0}{\pi}$$

$$A_n = \frac{2}{T_P}\int_0^{\frac{T_P}{2}} P_0\sin\frac{2\pi t}{T_P}\cos\frac{2n\pi t}{T_P}dt = \begin{cases} 0 & (n = 1,3,5,\cdots) \\ \frac{P_0}{\pi}\frac{2}{1-n^2} & (n = 2,4,6,\cdots) \end{cases}$$

$$B_n = \frac{2}{T_P}\int_0^{\frac{T_P}{2}} P_0\sin\frac{2\pi t}{T_P}\sin\frac{2n\pi t}{T_P}dt = \begin{cases} \frac{P_0}{2} & (n = 1) \\ 0 & (n > 1) \end{cases}$$

代入式(3-4-1),得荷载 $P(t)$ 的傅立叶级数表达式

$$P(t)=\frac{P_0}{\pi}\left[1+\frac{\pi}{2}\sin(\overline{\omega}_1 t)-\frac{2}{3}\cos(2\overline{\omega}_1 t)-\frac{2}{15}\cos(4\overline{\omega}_1 t)-\frac{2}{35}\cos(6\overline{\omega}_1 t)+\cdots\right]$$

式中，$\overline{\omega}_1=2\pi/T_{\mathrm{P}}$。因 $T/T_{\mathrm{P}}=3/4$，故 $\beta_1=\overline{\omega}_1/\omega=T/T_{\mathrm{P}}=3/4$，$\beta_2=2\overline{\omega}_1/\omega=3/2$，$\beta_4=4\overline{\omega}_1/\omega=3$，$\beta_6=6\overline{\omega}_1/\omega=9/2$。

又因系统无阻尼，故 $D_n=1/(1-\beta_n^2)$，$\theta_n=0$。所以

$$B_1D_1=\frac{P_0}{2}\frac{1}{1-\beta_1^2}=\frac{P_0}{2}\frac{1}{1-(3/4)^2}=\frac{8P_0}{7}$$

$$A_2D_2=\frac{P_0}{\pi}\frac{2}{1-2^2}\frac{1}{1-\beta_2^2}=-\frac{2P_0}{3\pi}\frac{1}{1-(3/2)^2}=\frac{8P_0}{15\pi}$$

$$A_4D_4=\frac{P_0}{\pi}\frac{2}{1-4^2}\frac{1}{1-\beta_4^2}=-\frac{2P_0}{15\pi}\frac{1}{1-3^2}=\frac{P_0}{60\pi}$$

$$A_6D_6=\frac{P_0}{\pi}\frac{2}{1-6^2}\frac{1}{1-\beta_6^2}=-\frac{2P_0}{35\pi}\frac{1}{1-(9/2)^2}=\frac{8P_0}{2695\pi}\approx\frac{P_0}{337\pi}$$

将上述诸参数代入式(3-4-3)，得系统稳态反应

$$v(t)=\frac{1}{k}\left[\frac{P_0}{\pi}+B_1D_1\sin(\overline{\omega}_1 t)+A_2D_2\cos(2\overline{\omega}_1 t)+A_4D_4\cos(4\overline{\omega}_1 t)+A_6D_6\cos(6\overline{\omega}_1 t)+\cdots\right]$$

$$=\frac{P_0}{k\pi}\left[1+\frac{8\pi}{7}\sin(\overline{\omega}_1 t)+\frac{8}{15}\cos(2\overline{\omega}_1 t)+\frac{1}{60}\cos(4\overline{\omega}_1 t)+\frac{1}{337}\cos(6\overline{\omega}_1 t)+\cdots\right]$$

此结果反映如下重要结论：荷载分量的频率越高，其激起的系统响应越小，高频率荷载分量几乎带不动系统。此结论与图 3-2-3 反映的结论一致。

3.5 冲击荷载作用下单自由度系统的反应分析

原子弹冲击波和炸弹爆炸对建筑物的冲击，钢轨接头、路面凹陷对车辆的冲击等都是典型的冲击荷载，其随时间变化的一般规律可用图 3-5-1 所示曲线表征。在冲击荷载下，结构在很短的时间内达到反应最大值。此时阻尼力还来不及从结构吸收较多的能量，阻尼对控制结构的最大反应影响很小。因此，计算结构在冲击荷载作用下的响应时，一般不考虑阻尼。为了理解结构在冲击荷载作用下的特性，下面介绍三种冲击荷载引起单自由度系统动力反应特征及相关分析方法。

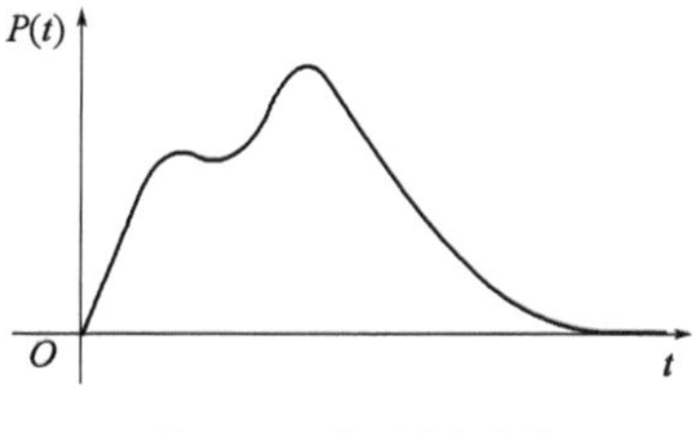

图 3-5-1 典型冲击荷载

3.5.1 半正弦波脉冲荷载

半正弦波脉冲如图 3-5-2 所示。该冲击荷载作用下单自由度系统的反应可分为两个阶段。阶段Ⅰ：荷载作用下发生强迫振动；阶段Ⅱ：无外荷载作用，发生自由振动。

阶段Ⅰ：在这个阶段内（$0\leqslant t\leqslant t_1$），系统承受图 3-5-2 所示的半正弦波荷载。设系统从静止开始运动，即 $v(0)=\dot{v}(0)=0$，不考虑系统阻尼，即 $\xi=0$，$\omega_{\mathrm{D}}=\omega$。将这些条件代入式(3-2-8)，得系统反应的表达式

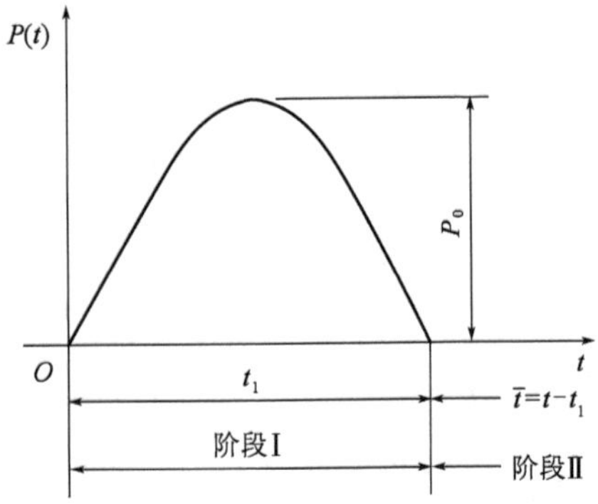

图 3-5-2　半正弦波脉冲荷载

$$v(t)=\frac{P_0}{k(1-\beta^2)}(\sin\overline{\omega}t-\beta\sin\omega t)\quad(0\leqslant t\leqslant t_1)\tag{3-5-1}$$

引入参数 $\alpha=t/t_1$,同时考虑 $\overline{\omega}=2\pi/(2t_1)=\pi/t_1$,得到阶段Ⅰ反应比为

$$R(\alpha)=\frac{1}{1-\beta^2}\left(\sin\pi\alpha-\beta\sin\frac{\pi\alpha}{\beta}\right)\quad(0\leqslant\alpha\leqslant1)\tag{3-5-2}$$

当 $\beta=1$ 时,式(3-5-2)是不确定的,此时应用洛必达法则获得此特殊情况的适用表达式,即

$$R(\alpha)=\frac{1}{2}(\sin\pi\alpha-\pi\alpha\cos\pi\alpha)\quad(\beta=1,0\leqslant\alpha\leqslant1)\tag{3-5-3}$$

阶段Ⅱ:在荷载作用终止之后,即当 $\bar{t}=t-t_1\geqslant0$ 时,系统因荷载终止时($t=t_1$)的位移 $v(t_1)$ 及速度 $\dot{v}(t_1)$ 而作自由振动,按照式(3-1-14),阶段Ⅱ的系统反应为

$$v(t)=v(t_1)\cos\omega(t-t_1)+\frac{\dot{v}(t_1)}{\omega}\sin\omega(t-t_1)\tag{3-5-4}$$

由式(3-5-1)算出 $v(t_1)$ 及 $\dot{v}(t_1)$ 为:

$$v(t_1)=\frac{P_0}{k(1-\beta^2)}(\sin\overline{\omega}t_1-\beta\sin\omega t_1)=-\frac{P_0\beta}{k(1-\beta^2)}\sin\frac{\pi}{\beta}\tag{3-5-5}$$

$$\dot{v}(t_1)=\frac{P_0}{k(1-\beta^2)}(\overline{\omega}\cos\overline{\omega}t_1-\beta\omega\cos\omega t_1)=-\frac{P_0\overline{\omega}}{k(1-\beta^2)}\left(1+\cos\frac{\pi}{\beta}\right)\tag{3-5-6}$$

将 $v(t_1)$ 及 $\dot{v}(t_1)$ 代入式(3-5-4),得到

$$v(t)=-\frac{P_0\beta}{k(1-\beta^2)}\left[\sin\frac{\pi}{\beta}\cos\omega(t-t_1)+\left(1+\cos\frac{\pi}{\beta}\right)\sin\omega(t-t_1)\right]\quad(t\geqslant t_1)\tag{3-5-7}$$

同样,引入参数 $\alpha=t/t_1$,得到阶段Ⅱ反应比为

$$R(\alpha)=-\frac{\beta}{1-\beta^2}\left\{\sin\frac{\pi}{\beta}\cos\left[\frac{\pi}{\beta}(\alpha-1)\right]+\left(1+\cos\frac{\pi}{\beta}\right)\sin\left[\frac{\pi}{\beta}(\alpha-1)\right]\right\}\quad(\alpha\geqslant1)\tag{3-5-8}$$

式(3-5-8)与式(3-5-2)一样,对 $\beta=1$ 是不确定的。再次利用洛必达法则求得

$$R(\alpha)=\frac{\pi}{2}\cos[\pi(\alpha-1)]\quad(\beta=1,\alpha\geqslant1)\tag{3-5-9}$$

在阶段Ⅰ使用式(3-5-2)和式(3-5-3),在阶段Ⅱ使用式(3-5-8)和式(3-5-9),对不同的 β 值可做出图 3-5-3 实线所示的反应比随 α 的变化关系。这里 β 值分别选为 1/10、1/4、1/3、1/2、1 和 3/2,相应的 t_1/T(T 为系统固有周期)分别为 5、2、3/2、1、1/2 和 1/3。为了进行对照,图中用虚线做出了拟静力反应比 $[P(t)/k]/(P_0/k)=P(t)/P_0$,它的峰值等于 1。注意:对 $t_1/T=1/2$(即 $\beta=1$),精确的最大反应 e 点出现在阶段Ⅰ结束的时刻。对任何 $t_1/T<1/2$(即 $\beta>1$)的情况,最大反应出现在阶段Ⅱ;而对任何 $t_1/T>1/2$(即 $\beta<1$),最大反应出现在阶段Ⅰ。显然,反应的最大值依赖于荷载持续时间与系统固有周期的比值 t_1/T。

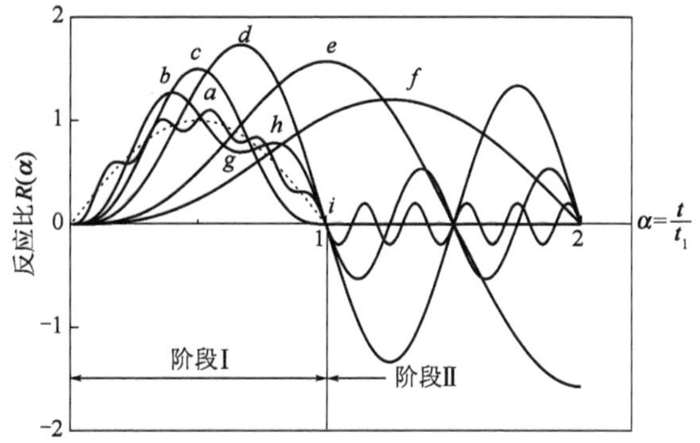

图 3-5-3 半正弦波脉冲荷载引起的反应比

虽然理解图 3-5-3 所示的完整变化过程很重要,但工程技术人员通常仅对 a、b、c、d、e 和 f 点所表示的反应最大值更有兴趣。若最大值出现在阶段Ⅰ,则 α 的值可由式(3-5-2)对 α 求导并令其等于零获得,即

$$\frac{\mathrm{d}R(\alpha)}{\mathrm{d}\alpha} = \left(\frac{\pi}{1-\beta^2}\right)\left(\cos\pi\alpha - \cos\frac{\pi\alpha}{\beta}\right) = 0 \tag{3-5-10}$$

由此可得

$$\cos\pi\alpha = \cos\frac{\pi\alpha}{\beta}$$

为满足上式,需

$$\pi\alpha = \pm\frac{\pi\alpha}{\beta} + 2\pi n \quad (n = 0,\ \pm 1,\ \pm 2,\cdots) \tag{3-5-11}$$

于是可得

$$\alpha = \frac{2\beta n}{\beta \pm 1} \quad (n = 0,\ \pm 1,\ \pm 2,\cdots) \tag{3-5-12}$$

当然,只有 α 值位于阶段Ⅰ(即 $0 \leqslant \alpha \leqslant 1$)时,式(3-5-12)才有意义。如前所述,仅在 $0 \leqslant \beta \leqslant 1$ 时才遇到这一条件。为了满足这两个条件,n 的正负号要和式(3-5-12)分母中的正负号一致。注意:$n=0$ 的情况可以不予考虑,因为与 $\alpha=0$ 对应的零速度初始条件已得到满足。

为了增加对式(3-5-12)的理解,现在考虑图 3-5-3 与表 3-5-1 所示的情况。对 $\beta=1$ 的界限值情况,利用式中正号并且 $n=+1$ 可获得 $\alpha=1$,代入式(3-5-3)得到 $R(1)=\pi/2$,对应图 3-5-3 中 e 点。当 $\beta=1/2$ 时,此时式(3-5-12)仅有一个有效解,即式中(3-5-12)取正号且 $n=+1$,此时 α 的值为 2/3,代入式(3-5-2)得到 $R(2/3)=1.73$,对应图 3-5-3 中 d 点。对于 $\beta=1/3$,式(3-5-12)中取正号分别对应 $n=+1$ 和 $n=+2$ 可得 α 分别为 1/2 和 1,代入式(3-5-2)得到 $R(1/2)=3/2$ 和 $R(1)=0$,分别对应图 3-5-3 中 c 点与 i 点。注意:因为在这种情况下 $\dot{R}(1)$ 是零,因而在阶段Ⅱ没有自由振动。如果 $\beta=1/4$,显然在阶段Ⅰ有两个极大值(点 b 和点 h)和一个极小值(点 g)。点 b 和点 h 分别对应式(3-5-12)中取正号,并取 $n=+1$ 和 $n=+2$,α 分别为 2/5 和 4/5。g 点对应于式(3-5-12)中取负号,并取 $n=-1$,得 $\alpha=2/3$。从以上分析可归纳出,对于极大值,式(3-5-12)中的符号应该取正,且 n 应是正的来得到 α;而对于极小值,式(3-5-12)中的符号应该取负,且 n 应是负的来得到 α。将上述的 α 值代入式(3-5-2),可得 $R(2/5)=1.268$,$R(4/5)=0.784$ 和 $R(2/3)=0.693$,分别对应于点 b,h 和 g。若考虑 β 值进一步减小,

则在阶段Ⅰ极值的数量将继续增加,如 $\beta=1/3$ 时只有 1 次,$\beta=1/4$ 时 3 次,$\beta=1/10$ 时 9 次。极限情况是 $\beta\to0$,反应比曲线将接近图 3-5-3 虚线所示的拟静力反应曲线,即 R_{max} 接近 1。

最后,讨论 $\beta=3/2$ 的情况,其最大反应发生在阶段Ⅱ,如图中 f 点所示。在自由振动的情况下,往往关注的是最大反应比 R_{max},而对最大反应比所对应的 α 值不感兴趣。因而由式(3-5-8)可直接求得

$$R_{max}=-\frac{\beta}{1-\beta^2}\left[\left(1+\cos\frac{\pi}{\beta}\right)^2+\left(\sin\frac{\pi}{\beta}\right)^2\right]^{\frac{1}{2}}=-\frac{\beta}{1-\beta^2}\left[2\left(1+\cos\frac{\pi}{\beta}\right)\right]^{\frac{1}{2}} \tag{3-5-13}$$

最后用三角恒等式 $\left[2\left(1+\cos\frac{\pi}{\beta}\right)\right]^{\frac{1}{2}}=2\cos\frac{\pi}{2\beta}$ 可将式(3-5-13)写为如下简单形式

$$R_{max}=-\frac{2\beta}{1-\beta^2}\cos\frac{\pi}{2\beta} \tag{3-5-14}$$

对上述 $\beta=3/2$ 的情况,$R_{max}=1.2$。

半正弦波脉冲荷载引起的最大反应比计算情况 表 3-5-1

β	1/10	1/4	1/3	1/2	1	3/2
t_1/T	5	2	3/2	1	1/2	1/3
最大值点	a	b	c	d	e	f
最大值点对应的 α	6/11	2/5	1/2	2/3	1	—
式(3-5-12)中 n 取值	3	1	1	1	1	—
式(3-5-12)中“±”选取	+	+	+	+	+	—
R_{max}	1.10	1.27	1.50	1.73	1.57	1.20

3.5.2 矩形脉冲荷载

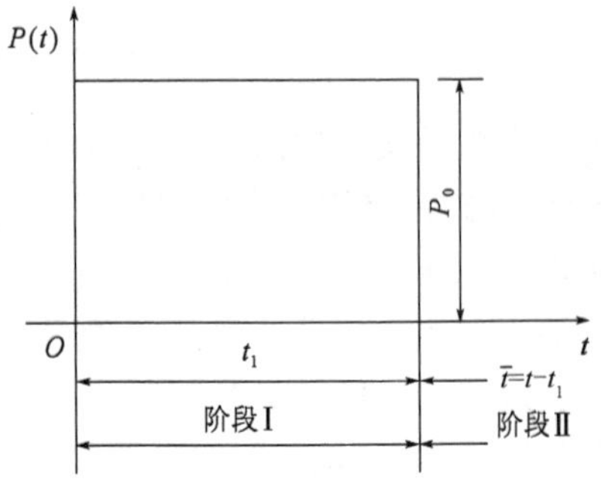

图 3-5-4 矩形脉冲荷载

矩形脉冲荷载如图 3-5-4 所示,单自由度系统的反应同样分为两个阶段:强迫振动阶段与自由振动阶段。

对于阶段Ⅰ(即 $0\leqslant t\leqslant t_1$),系统运动方程为 $m\ddot{v}+kv=P_0$,其特解 $v_p=P_0/k$,对应齐次方程的通解为 $v_c=C_1\cos\omega t+C_2\sin\omega t$,故其通解为

$$v=C_1\cos\omega t+C_2\sin\omega t+\frac{P_0}{k}$$

设系统从静止开始运动,即 $v(0)=\dot{v}(0)=0$,解得 $C_1=-P_0/k, C_2=0$,于是

$$v=\frac{P_0}{k}(1-\cos\omega t)\quad(0\leqslant t\leqslant t_1) \tag{3-5-15}$$

分析 $1-\cos\omega t$ 的函数曲线特征可知,当 $t_1\geqslant T/2$(即 $t_1/T\geqslant1/2$)时,反应的最大值出现在阶段Ⅰ。

当 $t_1\geqslant T/2$ 时,反应出现最大值的时间 t_m 为

$$t_m=\frac{\pi}{\omega}=\frac{T}{2}$$

对应反应的最大值为

$$v_{\max}=\frac{P_0}{k}\left[1-\cos\left(\omega\cdot\frac{\pi}{\omega}\right)\right]=\frac{2P_0}{k}$$

当 $t_1<T/2$ 时,反应最大值出现在阶段Ⅱ,可根据自由振动规律确定最大振幅与动力系数如下:对于阶段Ⅱ(即 $t\geqslant t_1$),系统因 $t=t_1$ 时的位移 $v(t_1)$ 及速度 $\dot{v}(t_1)$ 作用而自由振动,其振幅为

$$\rho=\left\{[v(t_1)]^2+\left[\frac{\dot{v}(t_1)}{\omega}\right]^2\right\}^{\frac{1}{2}} \tag{3-5-16}$$

式中,$v(t_1)=\dfrac{P_0(1-\cos\omega t_1)}{k}$,$\dot{v}(t_1)=\dfrac{P_0\omega\sin\omega t_1}{k}$。

再考虑 $\omega=2\pi/T$,$1-\cos(2\pi t_1/T)=2\sin^2(\pi t_1/T)$,则

$$\begin{aligned}\rho&=\frac{P_0}{k}\left[\left(1-\cos\frac{2\pi t_1}{T}\right)^2+\sin^2\frac{2\pi t_1}{T}\right]^{\frac{1}{2}}\\&=\frac{P_0}{k}\left[2\left(1-\cos\frac{2\pi t_1}{T}\right)\right]^{\frac{1}{2}}=\frac{2P_0}{k}\left|\sin\frac{\pi t_1}{T}\right|\end{aligned} \tag{3-5-17}$$

于是,当 $t_1<T/2$ 时,动力系数为

$$D=2\sin\frac{\pi t_1}{T} \tag{3-5-18}$$

可见,动力系数 D 随 t_1/T 而变化。不同 t_1/T 情况下,矩形脉冲荷载作用下的动力系数 D 见表 3-5-2。

矩形脉冲荷载作用下的动力系数 D 表 3-5-2

t_1/T	0.20	0.30	0.40	0.50	0.75	1.00	1.50	2.00
D	1.18	1.62	1.90	2.00	2.00	2.00	2.00	2.00

3.5.3 三角形脉冲荷载

三角形脉冲荷载如图 3-5-5 所示,忽略阻尼的影响,对于阶段Ⅰ,单自由度系统运动方程为

$$m\ddot{v}+kv=P_0\left(1-\frac{t}{t_1}\right)$$

对于阶段Ⅰ,其通解为

$$v=C_1\cos\omega t+C_2\sin\omega t+\frac{P_0}{k}\left(1-\frac{t}{t_1}\right) \tag{3-5-19}$$

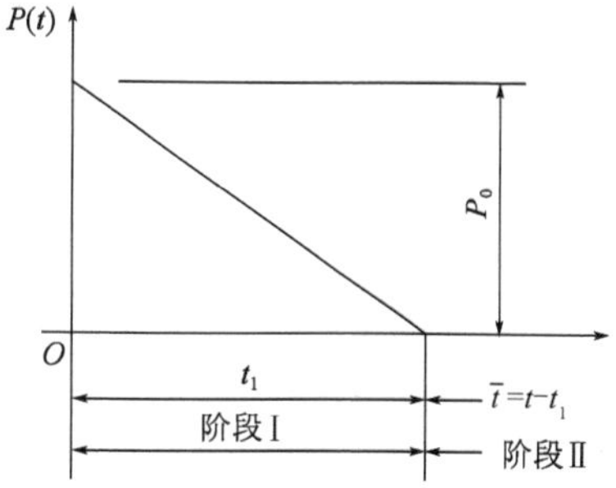

图 3-5-5 三角形脉冲荷载

同样,考虑零初始条件,由 $v(0)=\dot{v}(0)=0$ 解得 $C_1=-P_0/k$,$C_2=P_0/(kt_1\omega)$。故有

$$v=\frac{P_0}{k}\left(\frac{1}{\omega t_1}\sin\omega t-\cos\omega t+1-\frac{t}{t_1}\right)\quad(0\leqslant t\leqslant t_1) \tag{3-5-20}$$

$$\dot{v}=\frac{\mathrm{d}v}{\mathrm{d}t}=\frac{P_0\omega}{k}\left(\frac{\cos\omega t}{\omega t_1}+\sin\omega t-\frac{1}{\omega t_1}\right)\quad(0\leqslant t\leqslant t_1) \tag{3-5-21}$$

令式(3-5-21)等于零,并利用三角函数关系 $\sin2\alpha=2\sin\alpha\cos\alpha$,$\cos2\alpha=1-2\sin^2\alpha$,可以解出最大位移发生的时间 t_m

$$t_m=\frac{2}{\omega}\arctan(\omega t_1)$$

将上式代入式(3-5-20),得到最大位移响应

$$v_{\max}=\frac{2P_0}{k}\left[1-\frac{1}{\omega t_1}\arctan(\omega t_1)\right]$$

相应的动力系数为

$$D=\frac{v_{\max}}{P_0/k}=2\left[1-\frac{1}{\omega t_1}\arctan(\omega t_1)\right]\quad(t_1/T\geqslant 0.371)$$

必须注意,以上两式仅在 $t_m\leqslant t_1$ 时才成立,此时最大位移响应出现在阶段Ⅰ。将 $t_m=2\arctan(\omega t_1)/\omega$ 代入 $t_m\leqslant t_1$,可得 $\omega t_1\leqslant\tan(1/2\omega t_1)$ 或者 $\omega t_1\geqslant 0.742\pi$。即当 $t_1/T\geqslant 0.371$ 时,最大位移响应出现在阶段Ⅰ。

当 $t_1/T<0.371$ 时,最大位移反应发生在冲击结束后的自由振动阶段。自由振动由冲击结束后 $t=t_1$ 时刻位移 $v(t_1)$ 及速度 $\dot{v}(t_1)$ 引起。由式(3-5-20)与式(3-5-21)可知,$t=t_1$ 时刻的位移和速度分别为

$$v(t_1)=\frac{P_0}{k}\left(\frac{\sin\omega t_1}{\omega t_1}-\cos\omega t_1\right)$$

$$\dot{v}(t_1)=\frac{P_0\omega}{k}\left(\frac{\cos\omega t_1}{\omega t_1}+\sin\omega t_1-\frac{1}{\omega t_1}\right)$$

故由式(3-5-16)可得自由振动阶段的振幅(即最大反应值)为

$$\begin{aligned}\rho&=\frac{P_0}{k}\left[\left(\frac{\sin\omega t_1}{\omega t_1}-\cos\omega t_1\right)^2+\left(\frac{\cos\omega t_1}{\omega t_1}+\sin\omega t_1-\frac{1}{\omega t_1}\right)^2\right]^{\frac{1}{2}}\\&=\frac{P_0}{k}\left[1+\frac{2}{(\omega t_1)^2}-\frac{2}{\omega t_1}\left(\frac{\cos\omega t_1}{\omega t_1}+\sin\omega t_1\right)\right]^{\frac{1}{2}}\end{aligned}$$

相应的动力系数为

$$D=\frac{\rho}{P_0/k}=\left[1+\frac{2}{(\omega t_1)^2}-\frac{2}{\omega t_1}\left(\frac{\cos\omega t_1}{\omega t_1}+\sin\omega t_1\right)\right]^{\frac{1}{2}}\quad(t_1/T<0.371)\tag{3-5-22}$$

从上面的计算可知,对于持续时间很短的冲击荷载作用($t_1/T<0.371$),最大响应 $v_{\max}$ 在阶段Ⅱ出现;而持续时间较长的冲击荷载作用($t_1/T\geqslant 0.371$),最大响应 $v_{\max}$ 在阶段Ⅰ内出现。不同荷载持续时间的动力系数 D 示于表3-5-3。

三角形脉冲荷载作用下的动力系数 D 　　表3-5-3

t_1/T	0.20	0.371	0.40	0.50	0.75	1.00	1.50	2.00
D	0.60	1.00	1.05	1.20	1.42	1.55	1.69	1.76

3.5.4 不同冲击荷载作用下的反应比及规律

下面摘录4种冲击荷载作用下单自由度系统的反应比 $R(t)$ 波形示于图3-5-6。从中可以看出:(1)最大反应一般在第一个峰值处;(2)荷载持续时间较长(即 t_1/T 较大)时,最大反应在强迫振动阶段(荷载作用期间)出现;荷载持续时间很短(即 t_1/T 很小)时,最大反应在自由振动阶段发生。

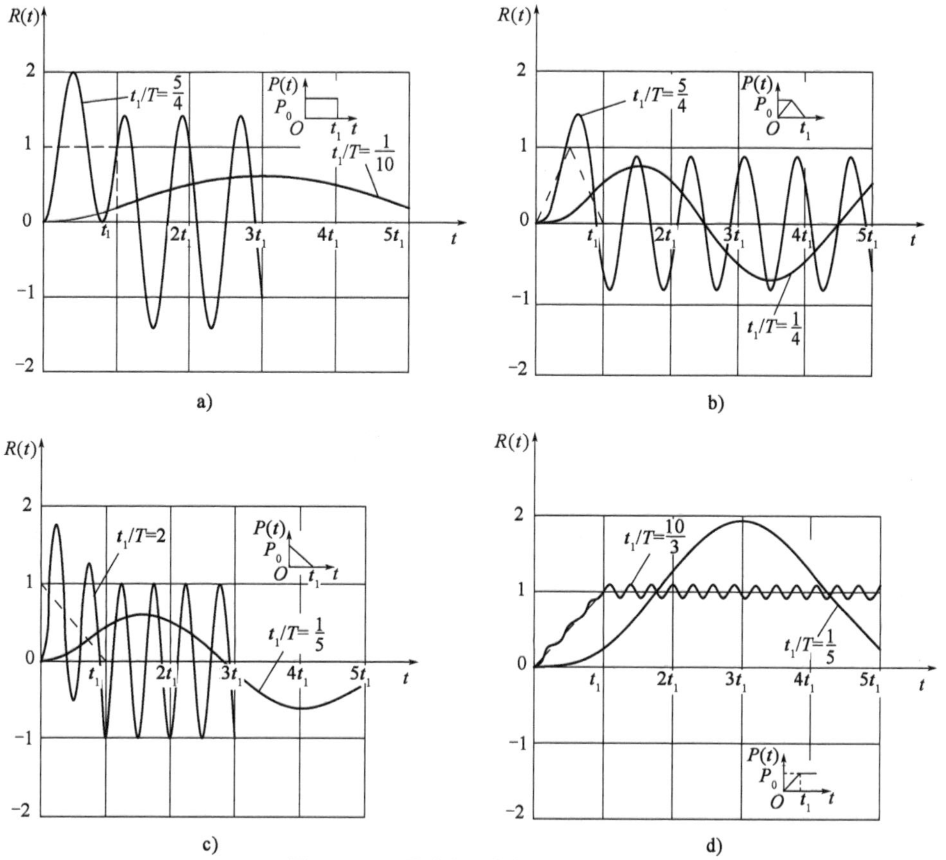

图 3-5-6　不同冲击荷载作用下的反应比

a)矩形脉冲；b)对称三角形脉冲；c)三角形脉冲；d)有限渐增时间的常量力

3.5.5　反应谱

前面的论述表明：在冲击荷载作用下，无阻尼单自由度系统的最大反应仅依赖于脉冲荷载的持续时间与系统固有周期的比值 t_1/T。因此，对各种冲击荷载，可以作出动力系数 D 与 t_1/T 的关系曲线，如图 3-5-7 所示。这些曲线称为各冲击荷载作用下的位移动力系数反应谱。利用这些曲线可在工程设计所需精度内估计给定冲击荷载产生的简单结构的最大响应。同样，可以作出其他响应量随 t_1/T 的变化关系曲线，称之为对应响应的反应谱。

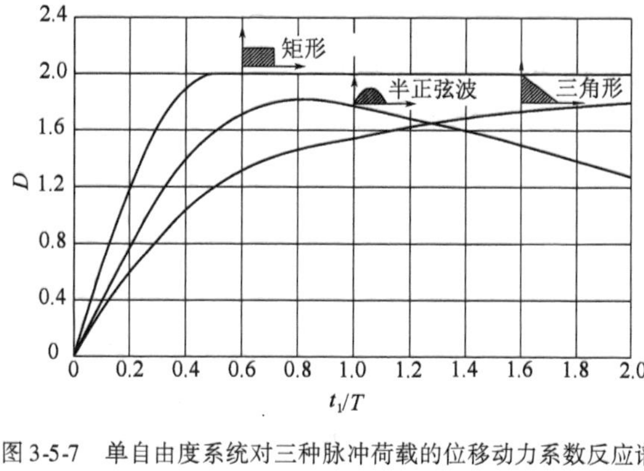

图 3-5-7　单自由度系统对三种脉冲荷载的位移动力系数反应谱

【例 3-5-1】 图 3-5-8 表示承受冲击波荷载的单自由度建筑物及冲击荷载 $P(t)$。试根据图中资料,利用图 3-5-7 反应谱估算此结构的最大侧向位移 v_{max} 及最大弹性抗力 F_{smax}。

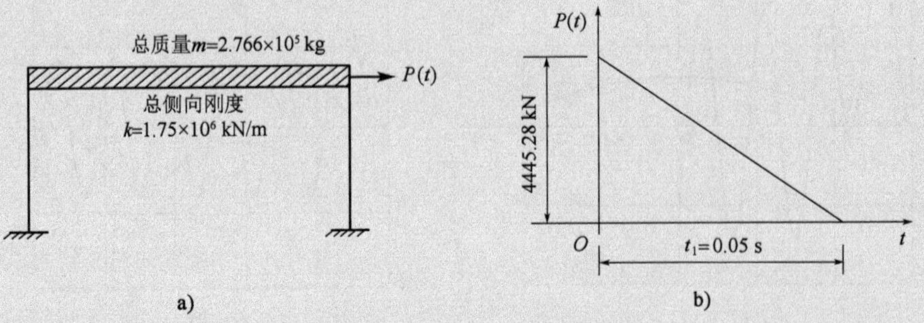

图 3-5-8 承受冲击波荷载作用的单自由度系统

a) 结构示意图;b) 冲击波荷载

【解】 结构固有周期 $T=\frac{2\pi}{\omega}=2\pi\sqrt{\frac{m}{k}}=2\pi\sqrt{\frac{2.766\times10^5}{1.75\times10^9}}=0.079\text{ s}$,脉冲荷载的持续时间与结构固有周期的比值$\frac{t_1}{T}=\frac{0.05}{0.079}=0.63$,查图 3-5-7,得动力系数 $D=1.33$,因此最大侧向位移为

$$v_{max}=\frac{P_0D}{k}=\frac{4445.28\times1.33}{1.75\times10^6}=3.38\times10^{-3}(\text{m})$$

结构最大弹性抗力

$$F_{smax}=kv_{max}=1.75\times10^6\times3.38\times10^{-3}=5.915\times10^3(\text{kN})$$

若冲击波荷载持续时间 t_1 仅为上述持续时间的 1/10(即 $t_1=0.005\text{ s}$),则对应脉冲荷载的持续时间与结构固有周期的比值 $t_1/T=0.005/0.079=0.063$,动力系数 D 仅为 0.2。此时的结构弹性恢复力仅为 889.47 kN。由此可见,持续时间很短的冲击荷载的大部分为结构的惯性力所抵抗,因而它在结构中产生的应力将比长持续时间荷载所产生的应力小很多。

3.5.6 冲击荷载反应的近似分析

冲击荷载作用下系统反应具有如下特点:

(1)观察图 3-5-6 可知,对于长持续时间荷载,例如 $t_1/T>1$,动力系数主要依赖于荷载达到它的最大值的增长速度。具有足够持续时间的矩形脉冲荷载加载后极短时间即达到其最大值,所产生的动力系数为 2;而对于缓慢增长的荷载,动力系数约为 1。

(2)对于持续时间很短的荷载(最大反应发生在自由振动阶段),例如 $t_1/T=0.2$,最大位移幅值 v_{max} 主要依赖于冲量 $I=\int_0^{t_1}P(t)\mathrm{d}t$ 的大小,而脉冲荷载的形式对它的影响不大,基于图 3-5-7,具体分析如下。

对矩形脉冲,$D_a=1.176$,$v_{a,max}=1.176P_0/k$,$I_a=P_0t_1$;对半正弦波脉冲 $D_b=0.763$,$v_{b,max}=0.763P_0/k$,$I_b=0.637P_0t_1$;对三角形脉冲 $D_c=0.60$,$v_{c,max}=0.60P_0/k$,$I_c=0.5P_0t_1$;则有

$$v_{a,max}:v_{b,max}:v_{c,max}=1.176:0.763:0.6=1:0.649:0.510$$

$$I_a:I_b:I_c=1:0.637:0.5\approx v_{a,max}:v_{b,max}:v_{c,max}$$

这一结论与下述冲击荷载反应的近似分析结论一致。以下推导出计算短持续时间冲击荷载下最大反应的近似分析方法。此方法实际上是以上结论(2)的数学表达。由前述冲击荷载下单自由度系统(初始位移与速度均为0)的运动方程 $m\ddot{v}+kv=P(t)$，得出 $m\ddot{v}=P(t)-kv$，从 $t=0$ 至 $t=t_1$ 积分，得

$$m\int_0^{t_1}\ddot{v}\mathrm{d}t=\int_0^{t_1}[P(t)-kv]\mathrm{d}t$$

即

$$m\Delta\dot{v}=\int_0^{t_1}[P(t)-kv]\mathrm{d}t \tag{3-5-23}$$

式中，$\Delta\dot{v}=\int_0^{t_1}\ddot{v}\mathrm{d}t$ 是由荷载引起的质量块 m 速度增量。当时间 t_1 很小时，设0到 t_1 时段平均加速度为 a，此时有

$$\Delta\dot{v}=\dot{v}(t_1)\approx at_1$$

$$\Delta v=v(t_1)\approx\frac{1}{2}at_1^2$$

可见，当 t_1 很小时，在荷载作用期间所引起的位移增量 Δv 为 t_1^2 量级，而速度增量 $\Delta\dot{v}$ 是 t_1 量级。式(3-5-23)中弹性力项 kv 也为 t_1^2 量级，弹性力相对 $P(t)$ 很小，可以忽略(例3-5-1也说明了此特性)，于是式(3-5-23)可近似表示为

$$m\Delta\dot{v}\approx\int_0^{t_1}P(t)\mathrm{d}t \text{ 或 } \Delta\dot{v}=\frac{1}{m}\int_0^{t_1}P(t)\mathrm{d}t \tag{3-5-24}$$

加载结束之后，质量块 m 因 $t=t_1$ 时刻的位移 $v(t_1)$ 及速度 $\dot{v}(t_1)$ 而作自由振动(这里考虑冲击荷载响应，不计阻尼)。

$$v(\bar{t})=v(t_1)\cos\omega\bar{t}+\frac{\dot{v}(t_1)}{\omega}\sin\omega\bar{t}$$

式中，$\bar{t}=t-t_1$，由于 $v(t_1)$ 很小，第一项可以忽略，$\dot{v}(t_1)=\Delta\dot{v}$，因此

$$v(\bar{t})\approx\frac{1}{m\omega}\left[\int_0^{t_1}P(t)\mathrm{d}t\right]\sin\omega\bar{t} \tag{3-5-25}$$

【例3-5-2】 如图3-5-9a)所示，某单自由度系统受到冲击荷载[图3-5-9b)]作用，用本节方法求该系统最大位移响应的近似值。

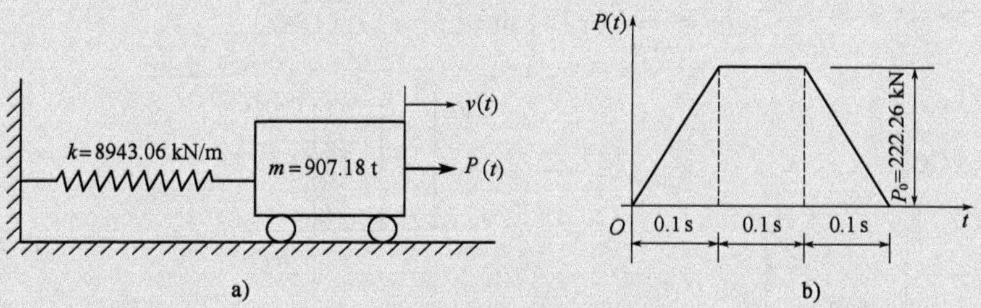

图3-5-9 近似冲击反应分析示例

a)单自由度系统；b)冲击荷载时程

【解】 固有频率 $\omega=\sqrt{\frac{k}{m}}=\sqrt{\frac{8943.06\times10^3}{907.18\times10^3}}=3.14(\mathrm{rad/s})$，固有周期 $T=2\pi/\omega=2\pi/3.14=2(\mathrm{s})$，荷载作用持续时间 $t_1=0.3\mathrm{s}$，$t_1/T=0.3/2=0.15$。

荷载总冲量为

$$\int_0^{t_1} P(t)\mathrm{d}t = 2 \times \frac{1}{2} \times 0.1 \times 222.26 + 0.1 \times 222.26 = 44.45(\mathrm{kN \cdot s})$$

代入式(3-5-25)得系统位移

$$v(\bar{t}) = \frac{44.45}{907.18 \times 3.14}\sin\omega\bar{t}$$

当 $\sin\omega\bar{t} = 1$ 时,最大位移 $v_{max} = 1.56 \times 10^{-2}$m。

弹簧中最大弹性力 $F_{smax} = kv_{max} = 8943.06 \times 1.56 \times 10^{-2} = 139.51(\mathrm{kN})$。

实际上,将该系统运动方程 $m\ddot{v} + kv = P(t)$ 直接积分,求得的最大位移为0.0153 m,与近似分析结果的误差小于2%。可见,对持续时间很短的荷载,近似分析是可靠的。

3.6 任意荷载作用下动力反应的时域分析方法

3.6.1 杜哈美积分方法

在前述振动响应计算中,动力荷载都可用显式解析函数表示,而且可以直接求解系统运动方程得出响应的解析解。当动力荷载解析函数比较复杂时,无法求得响应的解析解。另外,工程中许多荷载,如风载、地震荷载、波浪力、地面或轨道对车辆的激扰力等只能通过试验测出,不能表示为显式解析函数。这些荷载作用下的响应分析常用方法有时域法(杜哈美积分方法)与频域法(傅立叶积分及离散傅立叶变换)。本节介绍杜哈美积分方法。

如图3-6-1所示,$P(t)$的作用过程可视为由许多微量冲量$P(\tau)\mathrm{d}\tau$组成。在极短时间内微量冲量$P(\tau)\mathrm{d}\tau$引起的系统速度增量为$P(\tau)\mathrm{d}\tau/m$,而来不及引起显著的位移增量,故忽略不计(3.5节已作数学说明)。在不计阻尼的情况下,以该速度增量$P(\tau)\mathrm{d}\tau/m$为初始条件形成的自由振动反应为微量冲量$P(\tau)\mathrm{d}\tau$引起后续t时刻的动力反应,即

$$\mathrm{d}v = \frac{1}{m\omega}P(\tau)\mathrm{d}\tau\sin\omega(t-\tau) \quad (t \geqslant \tau)$$

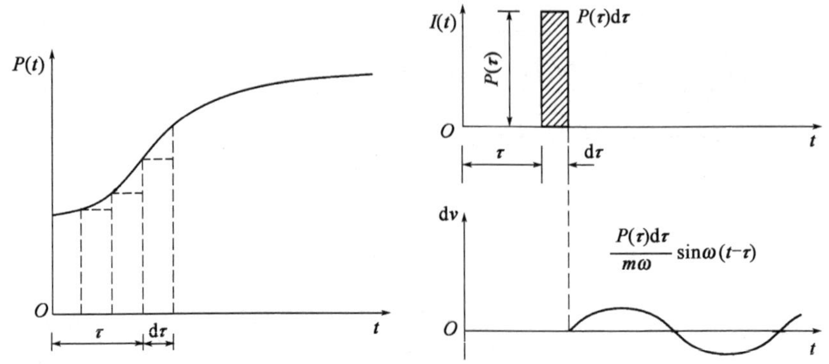

图3-6-1 任意函数荷载的冲量分解及其响应

对加载过程中产生的所有微量位移反应进行叠加，即对上式积分可得到不计阻尼情况下荷载引起的反应为

$$v(t) = \int_0^t \mathrm{d}v = \frac{1}{m\omega}\int_0^t P(\tau)\sin\omega(t-\tau)\mathrm{d}\tau \tag{3-6-1}$$

考虑阻尼的情况，相应的反应为

$$v(t) = \frac{1}{m\omega_{\mathrm{D}}}\int_0^t \mathrm{e}^{-\xi\omega(t-\tau)}P(\tau)\sin\omega_{\mathrm{D}}(t-\tau)\mathrm{d}\tau \tag{3-6-2}$$

杜哈美积分表示的位移纯粹由荷载引起，不管系统受载前的状态如何。故若系统有初始位移 $v(0)$ 及初始速度 $\dot{v}(0)$，应将荷载引起的振动与初始条件引起的振动相加，得到系统的总振动响应。

不计阻尼的情况，总响应为

$$v(t) = v(0)\cos\omega t + \frac{\dot{v}(0)}{\omega}\sin\omega t + \frac{1}{m\omega}\int_0^t P(\tau)\sin\omega(t-\tau)\mathrm{d}\tau \tag{3-6-3}$$

考虑阻尼的情况，总响应为

$$v(t) = \mathrm{e}^{-\xi\omega t}\left[v(0)\cos\omega_{\mathrm{D}}t + \frac{\dot{v}(0)+\xi\omega v(0)}{\omega_{\mathrm{D}}}\sin\omega_{\mathrm{D}}t\right] + \frac{1}{m\omega_{\mathrm{D}}}\int_0^t \mathrm{e}^{-\xi\omega(t-\tau)}P(\tau)\sin\omega_{\mathrm{D}}(t-\tau)\mathrm{d}\tau \tag{3-6-4}$$

杜哈美积分法给出了积分形式的系统响应的解析表达式。当荷载是一个简单函数时，采用杜哈美积分获得系统响应的解析式是可能的；当荷载是复杂函数，或是用离散数据描述时，则求积分需采用数值计算方法，见 3.6.2 节。由于应用了叠加原理，该方法只适用于线性系统；有些系统的特性随振动过程变化，例如强烈地震下发生弹塑性振动的建筑物，其振动反应分析需采用第 8 章的逐步积分法。从实际应用上看，采用杜哈美积分法求解时，其计算效率不高，因为对于任一时间点 t 的响应，积分都要从 0 积到 t，这时采用逐步积分法往往效率更高。当杜哈美积分法无法求得位移响应的解析式时，对应的速度与加速度响应也难以得到，而逐步积分法可以同时求出位移、速度及加速度响应。

【例 3-6-1】 某单自由度系统受到如图 3-5-4 所示的矩形脉冲荷载，初始位移与速度均为零，系统的质量为 m，刚度系数为 k，不计阻尼影响，用杜哈美积分法列出该系统位移响应表达式。

【解】 荷载 $P(t)$ 可以表示为如下分段函数：

$$P(t) = \begin{cases} P_0 & (0 \leqslant t \leqslant t_1) \\ 0 & (t > t_1) \end{cases}$$

阶段Ⅰ$(0 \leqslant t \leqslant t_1)$：系统受突然外力 P_0 作用，在零初始条件下，由杜哈美积分式(3-6-3)得

$$\begin{aligned} v(t) &= \frac{1}{m\omega}\int_0^t P_0\sin\omega(t-\tau)\mathrm{d}\tau \\ &= \left[\frac{P_0}{m\omega^2}\cos\omega(t-\tau)\right]_0^t \\ &= \frac{P_0}{k}(1-\cos\omega t) \quad (0 \leqslant t \leqslant t_1) \end{aligned}$$

阶段Ⅱ($t>t_1$):在脉冲作用完成后,系统不受外力作用而作自由振动。振动位移既可根据阶段Ⅰ结束时的位移 $v(t_1)$ 和速度 $\dot{v}(t_1)$ 求出,也可由杜哈美积分求得。后者计算如下:

$$v(t)=\frac{1}{m\omega}\int_0^{t_1}P_0\sin\omega(t-\tau)\mathrm{d}\tau+\frac{1}{m\omega}\int_{t_1}^{t}0\times\sin\omega(t-\tau)\mathrm{d}\tau=\frac{2P_0}{k}\sin\frac{\omega t_1}{2}\sin\omega\left(t-\frac{t_1}{2}\right)\quad(t>t_1)$$

3.6.2 杜哈美积分的数值计算

本节以有阻尼系统响应计算为例说明杜哈美积分的数值计算方法,对于无阻尼系统,只需取 $\xi=0,\omega_D=\omega$ 即可完成相关计算。

将式(3-6-2)利用三角恒等式展开为

$$v(t)=A(t)\sin\omega_D t-B(t)\cos\omega_D t \tag{3-6-5}$$

其中

$$\begin{cases}A(t)=\dfrac{1}{m\omega_D}\displaystyle\int_0^t P(\tau)\mathrm{e}^{-\xi\omega(t-\tau)}\cos\omega_D\tau\,\mathrm{d}\tau\\B(t)=\dfrac{1}{m\omega_D}\displaystyle\int_0^t P(\tau)\mathrm{e}^{-\xi\omega(t-\tau)}\sin\omega_D\tau\,\mathrm{d}\tau\end{cases} \tag{3-6-6}$$

若用数值积分方法求出式(3-6-6)的两个积分,则按式(3-6-5)即可求得杜哈美积分的数值解。

数值积分的方法有简单求和、梯形法则和辛普森(Simpson)法则。用辛普森法则计算积分 $\int_{x_1}^{x_2}y(x)\mathrm{d}x$ 时,需将积分区间分成若干等长小段,步长为 Δx。在区间($x_i,x_i+\Delta x$)的积分公式为

$$\int_{x_i}^{x_i+\Delta x}y(x)\mathrm{d}x\approx\frac{\Delta x}{6}\left[y(x_i)+4y\left(x_i+\frac{\Delta x}{2}\right)+y(x_i+\Delta x)\right] \tag{3-6-7}$$

下面讨论根据式(3-6-7)计算积分式(3-6-6)。以 $A(t)$ 为例,设 $t=t_i$ 时刻的 $A(t_i)$(记为 A_i)已求出,即

$$A_i=A(t_i)=\frac{1}{m\omega_D}\int_0^{t_i}P(\tau)\mathrm{e}^{-\xi\omega(t_i-\tau)}\cos\omega_D\tau\,\mathrm{d}\tau$$

那么,在 $t=t_{i+1}$ 的 $A(t_{i+1})$(记为 A_{i+1})为

$$\begin{aligned}A_{i+1}&=A(t_{i+1})=\frac{1}{m\omega_D}\int_0^{t_i+\Delta t}P(\tau)\mathrm{e}^{-\xi\omega(t_i+\Delta t-\tau)}\cos\omega_D\tau\,\mathrm{d}\tau\\&=A_i\mathrm{e}^{-\xi\omega\Delta t}+\frac{1}{m\omega_D}\int_{t_i}^{t_i+\Delta t}P(\tau)\mathrm{e}^{-\xi\omega(t_i+\Delta t-\tau)}\cos\omega_D\tau\,\mathrm{d}\tau\\&=A_i\mathrm{e}^{-\xi\omega\Delta t}+\frac{\Delta t}{6m\omega_D}\Big[P(t_i)\mathrm{e}^{-\xi\omega\Delta t}\cos\omega_D t_i+4P(t_i+\Delta t/2)\mathrm{e}^{-\xi\omega\Delta t/2}\cos\omega_D(t_i+\Delta t/2)+\\&\quad P(t_i+\Delta t)\cos\omega_D(t_i+\Delta t)\Big]\end{aligned} \tag{3-6-8}$$

上面的积分可以按照区间依次进行。计算 $B(t)$ 时只要用正弦函数代替式(3-6-8)中的余

弦函数即可。用数值积分法计算式(3-6-5)的步骤如下:

(1)选择 Δt,令 $i=0, A_i=B_i=0$;

(2)按照式(3-6-8)分别计算 A_{i+1} 与 B_{i+1};

(3)计算 $t=t_{i+1}$ 时刻的响应

$$v(t_{i+1})=A_{i+1}\sin\omega_{\mathrm{D}}(t_i+\Delta t)-B_{i+1}\cos\omega_{\mathrm{D}}(t_i+\Delta t)$$

(4)增加一个时间步长,用 $i+1$ 代替 i,转到第(2)步,循环计算下去。

数值计算的精度与时间步长 Δt 的大小有关。一般来说,时间步长应取得足够小,以保持按时间离散后的冲击荷载与原荷载形式接近。对于短时间作用的冲击荷载,一般取 $\Delta t \leqslant T/30$ 就能得到足够的计算精度,其中 T 为冲击荷载持续时间;对于长时间作用的一般荷载,通常取 $\Delta t \leqslant T_{\min}/10$,其中 $T_{\min}$ 为结构的最小固有周期或激振力的最小周期。

3.7 任意荷载作用下动力反应的频域分析方法

时域分析方法可以用于确定任意荷载作用下单自由度线性系统反应,即使是强烈振荡的荷载也适用,但有时候用本节介绍的频域分析方法更加方便。频域分析方法在实验模态分析与随机振动分析中均有重要作用。

在3.4节的周期性荷载分析中,把周期性荷载展开成许多简谐分量,计算每个分量作用于系统的简谐反应,最后叠加各简谐反应得到结构的总反应。当把任何荷载看成周期为无穷大(或是比荷载实际作用时间长很多的有限时间值)的"周期性荷载"时,上述思想可以推广到任意荷载作用下系统反应的频域分析。为了推导方便,首先需要讲述用复数形式表述周期性荷载及系统响应,引入复数型傅立叶级数与复频响应函数概念。

3.7.1 用复数形式表述周期性荷载作用的系统响应

运用欧拉方程,式(3-4-1)可写成如下复数形式:

$$\begin{aligned}P(t)&=\frac{A_0}{2}+\sum_{n=1}^{\infty}(A_n\cos n\overline{\omega}_1 t+B_n\sin n\overline{\omega}_1 t)\\&=\frac{A_0}{2}+\sum_{n=1}^{\infty}\left[\frac{A_n}{2}(\mathrm{e}^{\mathrm{i}n\overline{\omega}_1 t}+\mathrm{e}^{-\mathrm{i}n\overline{\omega}_1 t})-\mathrm{i}\frac{B_n}{2}(\mathrm{e}^{\mathrm{i}n\overline{\omega}_1 t}-\mathrm{e}^{-\mathrm{i}n\overline{\omega}_1 t})\right]\\&=\frac{A_0}{2}+\sum_{n=1}^{\infty}\left[\left(\frac{A_n}{2}-\mathrm{i}\frac{B_n}{2}\right)\mathrm{e}^{\mathrm{i}n\overline{\omega}_1 t}+\left(\frac{A_n}{2}+\mathrm{i}\frac{B_n}{2}\right)\mathrm{e}^{-\mathrm{i}n\overline{\omega}_1 t}\right]\end{aligned}$$

令 $a_0=\frac{A_0}{2}, a_n=\frac{A_n}{2}-\mathrm{i}\frac{B_n}{2}, a_{-n}=\frac{A_n}{2}+\mathrm{i}\frac{B_n}{2}(n=1,2,3,\cdots)$,得到

$$P(t)=a_0+\sum_{n=1}^{\infty}(a_n\mathrm{e}^{\mathrm{i}n\overline{\omega}_1 t}+a_{-n}\mathrm{e}^{-\mathrm{i}n\overline{\omega}_1 t})\equiv\sum_{n=-\infty}^{\infty}a_n\mathrm{e}^{\mathrm{i}n\overline{\omega}_1 t} \tag{3-7-1}$$

在式(3-7-1)中,对于每一个 n 的正值,如 $n=+m$,对应一对互为共轭复数的系数 a_{+m} 与 a_{-m}。a_{+m} 与 a_{-m} 分别按逆时针和顺时针方向旋转角度 $m\overline{\omega}_1 t$ 可得到另一对共轭复数 $a_{+m}\mathrm{e}^{\mathrm{i}m\overline{\omega}_1 t}$ 与 $a_{-m}\mathrm{e}^{-\mathrm{i}m\overline{\omega}_1 t}$,见图3-7-1。$a_{+m}\mathrm{e}^{\mathrm{i}m\overline{\omega}_1 t}$ 与 $a_{-m}\mathrm{e}^{-\mathrm{i}m\overline{\omega}_1 t}$ 的虚部分量相互抵消,得到 $P(t)$ 为实函数。

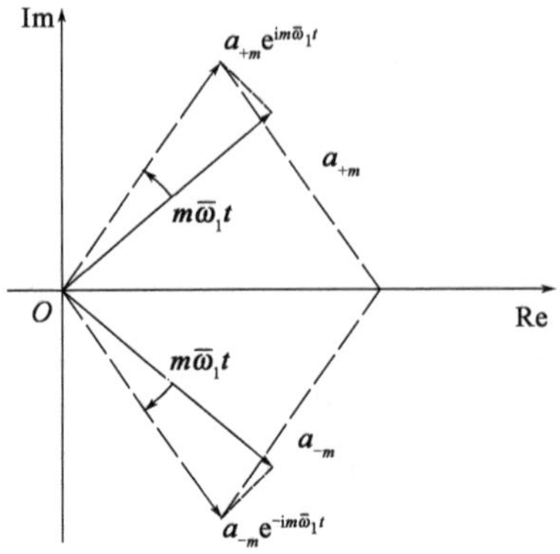

图 3-7-1　指数荷载项的矢量表示法

式(3-7-1)中,a_n(n 为 $-\infty \to \infty$)为待定复系数,其计算式推导如下:

以 $e^{-in\bar{\omega}_1 t}dt$ 乘式(3-7-1)两边并从 0 至 T_P 积分(这里 n 为不变量,故将求和式中 n 改写为 m),得

$$\int_0^{T_P} P(t)e^{-in\bar{\omega}_1 t}dt = \int_0^{T_P}\left(\sum_{m=-\infty}^{\infty} a_m e^{im\bar{\omega}_1 t}\right)e^{-in\bar{\omega}_1 t}dt = \int_0^{T_P}\sum_{m=-\infty}^{\infty} a_m e^{i(m-n)\bar{\omega}_1 t}dt = \sum_{m=-\infty}^{\infty}\int_0^{T_P} a_m e^{i(m-n)\bar{\omega}_1 t}dt$$

当 $m \neq n$ 时,

$$\begin{aligned}\int_0^{T_P} a_m e^{i(m-n)\bar{\omega}_1 t}dt &= \frac{a_m}{i(m-n)\bar{\omega}_1}\int_0^{T_P} e^{i(m-n)\bar{\omega}_1 t}d[i(m-n)\bar{\omega}_1 t] \\ &= \frac{a_m}{i(m-n)\bar{\omega}_1}\left[e^{i(m-n)\bar{\omega}_1 t}\right]_0^{T_P} \\ &= \frac{a_m}{i(m-n)\bar{\omega}_1}\left[e^{i(m-n)\bar{\omega}_1 \frac{2\pi}{\bar{\omega}_1}} - 1\right] \\ &= \frac{a_m}{i(m-n)\bar{\omega}_1}[\cos 2(m-n)\pi + i\sin 2(m-n)\pi - 1] \\ &= 0\end{aligned}$$

故有

$$\int_0^{T_P} P(t)e^{-in\bar{\omega}_1 t}dt = \sum_{m=-\infty}^{\infty}\int_0^{T_P} a_m e^{i(m-n)\bar{\omega}_1 t}dt = \int_0^{T_P} a_n dt = a_n T_P$$

得出

$$a_n = \frac{1}{T_P}\int_0^{T_P} P(t)e^{-in\bar{\omega}_1 t}dt \tag{3-7-2}$$

式(3-7-1)将任意周期性荷载表示成傅立叶级数的复数形式,即很多项 $a_n e^{in\bar{\omega}_1 t}$ 之和,a_n 是与 $P(t)$ 有关的复系数,$e^{in\bar{\omega}_1 t}$ 为复指数形式的作用力。如果能够确定 $e^{in\bar{\omega}_1 t}$ 作用下系统的复反应,就能叠加得到线性系统总反应。

为此,需要引出复频响应函数 $H(\bar{\omega})$ 的概念。这里假定周期性荷载作用时间足够长,可以认为瞬态反应很快就消失了,因而仅讨论稳态反应。设作用于系统的激扰力为单位谐振力 $e^{i\bar{\omega}t}$(单位谐振力 $e^{i\bar{\omega}t}$ 的实部与虚部可以理解为分别作用于系统两个独立的谐振力 $\cos\bar{\omega}t$ 与 $\sin\bar{\omega}t$),对应单自由度系统的运动方程为

$$m\ddot{Z} + c\dot{Z} + kZ = e^{i\bar{\omega}t} \tag{3-7-3}$$

其稳态响应的形式如下：

$$Z(t) = H(\overline{\omega})\mathrm{e}^{\mathrm{i}\overline{\omega}t} \tag{3-7-4}$$

其中，$H(\overline{\omega})$为复常数，后面可看出它是激扰频率 $\overline{\omega}$ 的函数，故称为复频响应函数，也称为频响函数，它是圆频率为 $\overline{\omega}$ 的单位谐振力 $\mathrm{e}^{\mathrm{i}\overline{\omega}t}$作用于系统引起的复反应 $Z(t)$ 与作用力 $\mathrm{e}^{\mathrm{i}\overline{\omega}t}$的比值。因为荷载 $\mathrm{e}^{\mathrm{i}\overline{\omega}t}$为复数，此时得出的反应 $Z(t)$ 也为复数，复反应 $Z(t)$ 的实部与虚部分别对应谐振力 $\cos\overline{\omega}t$ 与 $\sin\overline{\omega}t$ 单独作用下的稳态响应。

将式(3-7-4)代入式(3-7-3)，得

$$H(\overline{\omega}) = \frac{1}{k - \overline{\omega}^2 m + \mathrm{i}\overline{\omega}c} = \frac{1}{k[1 - \beta^2 + \mathrm{i}(2\xi\beta)]} \tag{3-7-5}$$

当 $\overline{\omega} = n\overline{\omega}_1$ 时，则 $\beta = n\beta_1, \beta_1 = \dfrac{\overline{\omega}_1}{\omega}$，

$$H(n\overline{\omega}_1) = \frac{1}{k[1 - n^2\beta_1^2 + \mathrm{i}(2\xi n\beta_1)]} \tag{3-7-6}$$

很显然，当 $\overline{\omega} = -n\overline{\omega}_1$ 时，有

$$H(-n\overline{\omega}_1) = \frac{1}{k[1 - n^2\beta_1^2 - \mathrm{i}(2\xi n\beta_1)]} \tag{3-7-7}$$

故 $H(n\overline{\omega}_1)$ 为 $H(-n\overline{\omega}_1)$ 的共轭复数。

当 $n=0$ 时，$H(0)=1/k$，静荷载 a_n 作用下系统静位移为 $a_nH(0)$。

故当 $P(t) = \sum\limits_{n=-\infty}^{\infty} a_n \mathrm{e}^{\mathrm{i}n\overline{\omega}_1 t}$时，系统稳态反应可表示为

$$v(t) = \sum_{n=-\infty}^{\infty} a_n H(n\overline{\omega}_1)\mathrm{e}^{\mathrm{i}n\overline{\omega}_1 t} \tag{3-7-8}$$

因为按式(3-7-1)确定的荷载 $P(t)$ 虽为复数和的形式，实际仍为实数，此时得出的反应 $v(t)$ 也是实数。

3.7.2 傅立叶积分方法

频域分析法的物理概念与前述对周期性荷载响应的分析相似，都是先将荷载展开成许多简谐分量，计算系统对每个分量的反应，最后叠加各简谐反应而得到结构的总反应。为此，需要把傅立叶级数的概念推广用于非周期性荷载的展开。

周期性荷载 $P(t)$的傅立叶级数展开式(3-4-1)中有两个重要参数：基准周期 T_{P} 及频率 $\overline{\omega}_1$。$P(t)$展开之后就出现离散频率点 $n\overline{\omega}_1$ $(n=1,2,\cdots)$。非周期性荷载的特点主要是其波形永远不重复，故可以认为其周期为无穷大，即 $T_{\mathrm{P}}\to\infty$，对应频率 $\overline{\omega}_1 = 2\pi/T_{\mathrm{P}}$ 为无限小，即 $\overline{\omega}_1 \to \mathrm{d}\overline{\omega}$，$1/T_{\mathrm{P}} \to \mathrm{d}\overline{\omega}/(2\pi)$，离散的频率 $n\overline{\omega}_1$ $(n=-\infty,\cdots,-1,0,1,\cdots,\infty)$ 就变成连续频率。

先将式(3-7-2)改写为

$$a_n = \frac{1}{T_{\mathrm{P}}}\int_{-\frac{T_{\mathrm{P}}}{2}}^{\frac{T_{\mathrm{P}}}{2}} P(t)\mathrm{e}^{-\mathrm{i}n\overline{\omega}_1 t}\mathrm{d}t \quad (n=-\infty,\cdots,-1,0,1,\cdots,\infty) \tag{3-7-9}$$

在 $T_{\mathrm{P}}\to\infty$的条件下，再令 $\overline{\omega} = n\overline{\omega}_1$，$\mathrm{d}\overline{\omega}/(2\pi) = 1/T_{\mathrm{P}}$，这样式(3-7-2)可以进一步改写为

$$a_n = \frac{\mathrm{d}\overline{\omega}}{2\pi}\int_{-\infty}^{\infty} P(t)\mathrm{e}^{-\mathrm{i}\overline{\omega}t}\mathrm{d}t \tag{3-7-10}$$

将式(3-7-10)代入式(3-7-1)，并将式(3-7-1)的求和式改为积分式，可得傅立叶积分为

$$P(t)=\frac{1}{2\pi}\int_{-\infty}^{\infty}\left[\int_{-\infty}^{\infty}P(t)\mathrm{e}^{-\mathrm{i}\overline{\omega}t}\mathrm{d}t\right]\mathrm{e}^{\mathrm{i}\overline{\omega}t}\mathrm{d}\overline{\omega}=\frac{1}{2\pi}\int_{-\infty}^{\infty}\overline{P}(\overline{\omega})\mathrm{e}^{\mathrm{i}\overline{\omega}t}\mathrm{d}\overline{\omega} \tag{3-7-11}$$

式中

$$\overline{P}(\overline{\omega})=\int_{-\infty}^{\infty}P(t)\mathrm{e}^{-\mathrm{i}\overline{\omega}t}\mathrm{d}t \tag{3-7-12}$$

$\overline{P}(\overline{\omega})$ 为 $\overline{\omega}$ 的函数,称式(3-7-12)为 $P(t)$ 的傅立叶变换,式(3-7-11)为其逆变换,两者称为傅立叶变换对。傅立叶变换的必要条件:积分 $\int_{-\infty}^{\infty}|P(t)|\mathrm{d}t$ 为有限值。显然,只要荷载 $P(t)$ 实际作用时间是有限的,此必要条件即可满足。

式(3-7-11)中的 $\overline{P}(\overline{\omega})/(2\pi)$ 表示频率为 $\overline{\omega}$ 处每单位 $\overline{\omega}$ 的复幅值强度,$\overline{P}(\overline{\omega})\mathrm{e}^{\mathrm{i}\overline{\omega}t}\mathrm{d}\overline{\omega}/(2\pi)$ 就是频率 $\overline{\omega}$ 处的一个复荷载,式(3-7-11)表示 $P(t)$ 为无穷个复荷载 $\overline{P}(\overline{\omega})\mathrm{e}^{\mathrm{i}\overline{\omega}t}\mathrm{d}\overline{\omega}/(2\pi)$ 的总和。若系统是线性的,单位荷载 $\mathrm{e}^{\mathrm{i}\overline{\omega}t}$ 激起的系统响应为 $H(\overline{\omega})\mathrm{e}^{\mathrm{i}\overline{\omega}t}$,则应用叠加原理可得出荷载 $P(t)$ 产生的系统稳态响应为

$$v(t)=\frac{1}{2\pi}\int_{-\infty}^{\infty}H(\overline{\omega})\overline{P}(\overline{\omega})\mathrm{e}^{\mathrm{i}\overline{\omega}t}\mathrm{d}\overline{\omega} \tag{3-7-13}$$

式(3-7-13)为利用频域法进行响应分析的基本方程。与杜哈美积分法相同,因为应用了叠加原理,傅立叶积分方法也只适用于线性系统。

【例 3-7-1】 分析图 3-5-4 所示矩形脉冲荷载引起单自由度系统的稳态响应。系统质量为 m,刚度系数为 k,阻尼比为 c,无阻尼固有频率为 ω,有阻尼固有频率为 ω_{D}。当 $0<t<t_1$ 时,$P(t)=P_0$,在其他时间荷载为零。

【解】 作荷载的傅立叶变换

$$\overline{P}(\overline{\omega})=\int_0^{t_1}P_0\mathrm{e}^{-\mathrm{i}\overline{\omega}t}\mathrm{d}t=-\frac{P_0}{\mathrm{i}\overline{\omega}}(\mathrm{e}^{-\mathrm{i}\overline{\omega}t_1}-1)$$

将上式及式(3-7-5)表示的复频响应函数 $H(\overline{\omega})$ 代入式(3-7-13),得系统反应的积分式

$$v(t)=\frac{1}{2\pi}\int_{-\infty}^{\infty}\frac{1}{k[1-\beta^2+\mathrm{i}(2\xi\beta)]}\left[-\frac{P_0}{\mathrm{i}\overline{\omega}}(\mathrm{e}^{-\mathrm{i}\overline{\omega}t_1}-1)\right]\mathrm{e}^{\mathrm{i}\overline{\omega}t}\mathrm{d}\overline{\omega}$$

考虑 $\overline{\omega}=\beta\omega$ 及 $1-\beta^2+\mathrm{i}(2\xi\beta)=-(\beta+\sqrt{1-\xi^2}-\xi\mathrm{i})(\beta-\sqrt{1-\xi^2}-\xi\mathrm{i})$,并以 $\mathrm{i}=\sqrt{-1}$ 乘上式右边的分子和分母,得

$$v(t)=\frac{\mathrm{i}P_0}{2\pi k}\left[\int_{-\infty}^{\infty}-\frac{\mathrm{e}^{-\mathrm{i}\omega\beta(t_1-t)}}{\beta(\beta-\gamma_1)(\beta-\gamma_2)}\mathrm{d}\beta+\int_{-\infty}^{\infty}\frac{\mathrm{e}^{\mathrm{i}\omega\beta t}}{\beta(\beta-\gamma_1)(\beta-\gamma_2)}\mathrm{d}\beta\right]$$

式中,$\gamma_1=\xi\mathrm{i}+\sqrt{1-\xi^2}$,$\gamma_2=\xi\mathrm{i}-\sqrt{1-\xi^2}$。

上式中两个无穷积分可用复平面内的围道积分确定,从而在 $0<\xi<1$ 的情况下得

$v(t)=0\quad(t\leqslant 0)$

$$v(t)=\frac{P_0}{k}\left[1-\mathrm{e}^{-\xi\omega t}\left(\cos\omega_{\mathrm{D}}t+\frac{\xi}{\sqrt{1-\xi^2}}\sin\omega_{\mathrm{D}}t\right)\right]\quad(0<t\leqslant t_1)$$

$$v(t)=\frac{P_0}{k}\mathrm{e}^{-\xi\omega(t-t_1)}\left\{\left[\mathrm{e}^{-\xi\omega t_1}\left(\sin\omega_{\mathrm{D}}t_1-\frac{\xi}{\sqrt{1-\xi^2}}\cos\omega_{\mathrm{D}}t_1\right)+\frac{\xi}{\sqrt{1-\xi^2}}\right]\times\sin\omega_{\mathrm{D}}(t-t_1)+\right.$$
$$\left.\left[1-\mathrm{e}^{-\xi\omega t_1}\left(\cos\omega_{\mathrm{D}}t_1+\frac{\xi}{\sqrt{1-\xi^2}}\sin\omega_{\mathrm{D}}t_1\right)\right]\times\cos\omega_{\mathrm{D}}(t-t_1)\right\}\quad(t>t_1)$$

令上式中的 $\xi=0$,即得到与前面时域分析一致的结果。

本例荷载的傅立叶积分变换很简单,而计算最后响应的积分却很麻烦,需要作复平面内的围道积分;若荷载复杂,积分变换会很烦琐,甚至无法变换为解析式,最后响应积分计算更不可能得出解析式。因此,在工程实践中求解此类问题的解析解几乎是不可行的,通常要寻求数值计算方法,包括离散傅立叶变换(Discrete Fourier Transform,DFT)与快速傅立叶变换(Fast Fourier Transform,FFT)等,详见相关专著。

3.8 阻尼理论简介

工程实践表明,系统自由振动逐渐衰减,最终停止。强迫振动必须不断地施加外力,才能维持系统的稳态振动。这些说明振动过程中系统的能量不断耗散。从微观上看,结构振动时材料分子间相对运动产生的热效应是不可逆的。同时,材料的不均匀性也将产生局部非弹性变形。这些都会导致在结构振动过程中材料消耗能量。结构连接处往往由于相对运动产生摩擦而消耗能量(例如钢结构螺栓连接处的摩擦,混凝土裂缝的张开与闭合)。结构周围的介质阻止结构振动(例如飞机受到大气的阻力、潜艇受到海水的阻力等),也将耗散能量。再者,结构振动能量传递到地基,地基土壤等介质的内摩擦也会耗散能量。引起系统能量耗散的作用通常称为阻尼,它将以阻尼力的形式作用在振动物体上。

实际问题中,往往多个影响因素同时存在,找出准确的阻尼力模型通常很难。如果只有一种形式的阻尼占优势,可以根据不同的耗散机理提出不同的阻尼理论及阻尼力模型,如黏滞阻尼力模型、滞变阻尼力模型、摩擦阻尼力模型,从而找到一种较合理的模型。下面简单介绍三种常用的阻尼理论与阻尼力模型。

3.8.1 黏滞阻尼理论

1)黏滞阻尼力模型

黏滞阻尼也称为黏性阻尼,当系统在黏滞性液体中以不大的速度运动时,它所受的阻尼力大小与速度大小成正比,其方向与速度方向相反,即

$$F_{\mathrm{vd}} = c\dot{v} \tag{3-8-1}$$

式中,F_{vd}为黏滞阻尼力;c为黏滞阻尼系数;$\dot{v}$为速度。阻尼力的方向恒与速度$\dot{v}$的方向相反。黏滞阻尼假设使系统微分方程保持为线性,根据这一理论建立的运动方程易于求解,所以目前动力分析中广泛采用这样的阻尼假定。

2)黏滞阻尼存在的问题

实验表明,黏滞阻尼假设并不完全符合实际结构的能量耗散规律。为分析黏滞阻尼存在的问题,首先考察黏滞阻尼的耗能机理。

在荷载 $P(t)=P_0\sin\overline{\omega}t$ 作用下,单自由度系统的稳态位移响应为 $v(t)=\rho\sin(\overline{\omega}t-\theta)$,相应的速度为

$$\dot{v}(t) = \rho\overline{\omega}\cos(\overline{\omega}t-\theta) = \pm\rho\overline{\omega}\sqrt{1-\sin^2(\overline{\omega}t-\theta)} = \pm\rho\overline{\omega}\sqrt{1-\left(\frac{v}{\rho}\right)^2}$$

式中,"±"表示根据不同情况取"+"或取"-",后同。

阻尼力(为了与其他章节保持一致,这里将黏滞阻尼力写为 F_d)为

$$F_d = c\dot{v} = \pm c\rho\overline{\omega}\sqrt{1-\left(\frac{v}{\rho}\right)^2}$$

此式亦可写成

$$\left(\frac{F_d}{c\overline{\omega}\rho}\right)^2 + \left(\frac{v}{\rho}\right)^2 = 1 \tag{3-8-2}$$

这表示阻尼力 F_d 和位移 v 之间的关系是一个椭圆方程,如图 3-8-1a)所示。此曲线称为滞回曲线或滞变环,它表示黏滞阻尼系统在稳态谐振中的滞回特性。

考察一个振动周期内阻尼力 F_d 在位移 v 上所做的功,阻尼力 F_d 和位移 v 都随时间而变化,F_d 在一个周期 T 内所做的功(实际上为负功,下式仅计算做功大小)为

$$W_d = \int_T F_d \mathrm{d}v = \int_0^T c\dot{v}\dot{v}\mathrm{d}t = c\int_0^T \dot{v}^2 \mathrm{d}t = c\rho^2\overline{\omega}^2\int_0^T \cos^2(\overline{\omega}t-\theta)\mathrm{d}t = \pi c\rho^2\overline{\omega}$$

式中,下标 T 表示在一个振动周期内积分,后同。

容易证明,这个量值就等于图 3-8-1a)所示椭圆所包围的面积。通常用 U_{vd} 表示黏滞阻尼振动一个周期消耗的能量,称之为耗能

$$U_{vd} = \pi c\rho^2\overline{\omega} \tag{3-8-3}$$

式(3-8-3)说明,由黏滞阻尼假设推导出的耗能与荷载频率成正比,即振动越快,每周消耗的能量越大。但是,实验证明,许多结构振动一个周期的耗能与振动频率无关,也就是说,耗能和振动的快慢无关。因此,这就需要对黏滞阻尼假设给予符合实际情况的修正,或者另行考虑其他的阻尼假设。

3)等效黏滞阻尼

实验表明,阻尼对结构振动的影响程度主要取决于耗能的多少,而与耗能的具体过程关系不大。基于这一点,人们建立了等效黏滞阻尼的概念。尽管实际结构并非黏滞阻尼系统,但为了能利用黏滞阻尼简化计算的优点,可以假定系统为等效黏滞阻尼系统。等效黏滞阻尼假设系统在一个周期内消耗的能量和实际结构在一个周期内所消耗的能量相等,并且二者具有相等的位移幅值。据此假设图 3-8-1b)中实线表示的实际结构滞回曲线包围的面积和虚线所表示的椭圆面积相等,即 U_{ed},并具有相等的位移幅值 ρ。故有

$$U_{ed} = \pi c_{eq}\rho^2\overline{\omega} \tag{3-8-4}$$

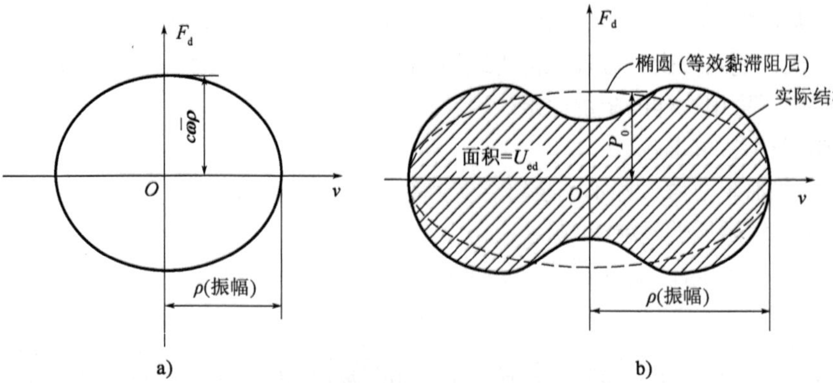

图 3-8-1 黏滞阻尼与等效黏滞阻尼的滞回曲线

a)黏滞阻尼;b)等效黏滞阻尼

可以求出等效黏滞阻尼系数 c_{eq} 和等效黏滞阻尼比 ξ_{eq}

$$c_{eq}=\frac{U_{ed}}{\pi\rho^2\overline{\omega}},\quad \xi_{eq}=\frac{c_{eq}}{2m\omega} \tag{3-8-5}$$

实际结构一个周期的耗能 U_{ed} 可由系统的共振实验测定。从3.2节分析可知,共振时($\overline{\omega}=\omega$)阻尼力 F_d 与激扰力 $P(t)$ 等值且反向,所以只要测出外荷载值也就得到了阻尼力的值,同时测量相应的位移值,这样便可作出实际结构的滞回曲线,此曲线包围的面积为 U_{ed}。考虑刚度系数 $k=m\omega^2$,共振时($\overline{\omega}=\omega,\rho=\rho_{\beta=1}$)的等效黏滞阻尼系数和等效黏滞阻尼比可以写成

$$c_{eq}=\frac{U_{ed}}{\pi\rho_{\beta=1}^2\omega},\quad \xi_{eq}=\frac{c_{eq}}{2m\omega}=\frac{U_{ed}}{2\pi m\rho_{\beta=1}^2\omega^2}=\frac{U_{ed}}{2\pi k\rho_{\beta=1}^2} \tag{3-8-6}$$

等效黏滞阻尼比一旦求得,便可把过去得到的黏滞阻尼系统的公式推广应用,只要将原来公式中的阻尼比 ξ 用等效黏滞阻尼比 ξ_{eq} 代替即可,具体的测试方法见3.9节。

3.8.2 滞变阻尼理论

虽然黏滞阻尼力模型使得运动方程的形式很简便,但试验结果很少与这种类型的能量损失特性相符。在很多试验中,用每周能量损失定义的等效黏滞阻尼概念可以使理论接近试验结果。但是,如上所述黏滞阻尼机理依赖于频率的情况与大量试验结果不符,大部分试验结果表明,阻尼力和试验频率几乎是无关的。

滞变阻尼理论提供的数学模型便具有与频率无关的特性,这种阻尼可定义为一种与速度同相而与位移成正比的阻尼力。滞变阻尼力-位移关系可用下式表达

$$F_{hd}=\zeta k|v| \tag{3-8-7}$$

式中,F_{hd} 为滞变阻尼力;k 为弹性刚度系数;$|v|$ 为位移的绝对值;ζ 为滞变阻尼系数,它是阻尼力与弹性力大小的比值。滞变阻尼力与速度 $\dot{v}$ 同相。一次简谐位移循环中的滞变阻尼力-位移关系见图3-8-2。可以看出,在位移量增大时,阻尼抗力和线性弹性力相似;当位移量减小时,阻尼力的指向与其相反,由这种机理给出的每周滞变能量损失为

$$U_{hd}=2\zeta k\rho^2 \tag{3-8-8}$$

与式(3-8-4)不同,滞变阻尼理论给出的每周滞变能量损失与试验荷载作用频率无关。

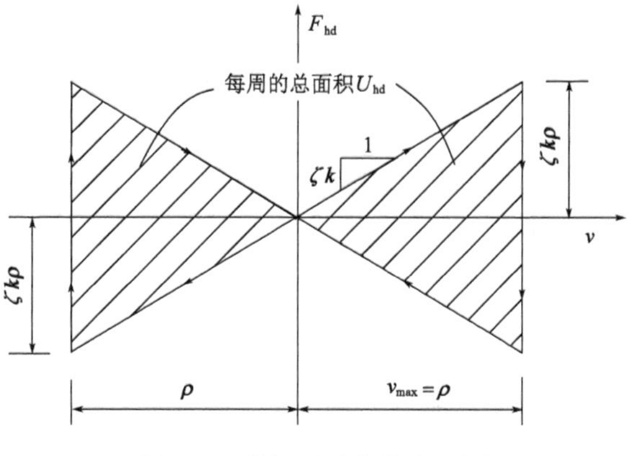

图3-8-2 滞变阻尼力与位移的关系

3.8.3 摩擦阻尼理论

系统各构件间作相对运动的摩擦以及系统与支承面的摩擦,例如桥梁梁体与支座的摩擦、图3-8-3中质量块 M 与支承面的摩擦等,称为干摩擦或库仑摩擦力。假设摩擦力 F_{fd} 与支承面的法向压力 N 成正比,其方向与速度方向相反,即

$$F_{fd}=\mu N \tag{3-8-9}$$

式中,F_{fd} 为摩擦阻尼力;μ 为摩擦系数;N 为摩擦接触面间的法向压力。阻尼力的方向与速度方向相反。实验证明,低速运动过程中,μ 几乎为常数(小于静摩擦系数)。当 μ 为常数时,摩擦力为常数,与速度无关,这种阻尼称为库仑阻尼。考虑库仑阻尼的系统运动方程的求解比较复杂。

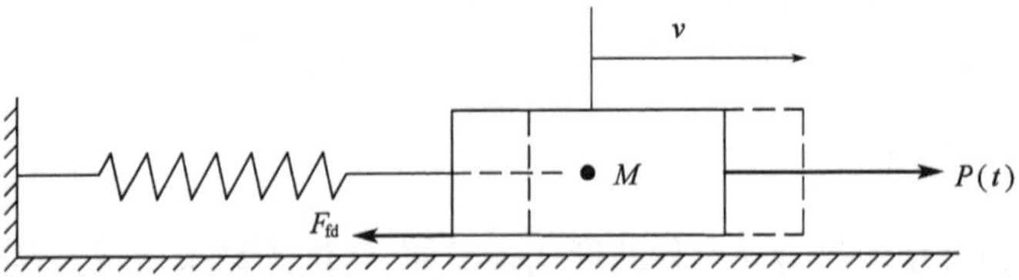

图3-8-3 库仑摩擦

3.9 用试验方法确定系统的黏滞阻尼比

分析单自由度结构的振动反应,需要确定系统的质量、刚度和阻尼等物理参数。大多数情况下,系统的质量与刚度系数比较容易用简单的物理方法计算。然而,目前还很难充分了解实际结构的阻尼机理,实际结构的阻尼能量损失机理要比单自由度运动方程列式时所假定的黏滞阻尼能量损失机理复杂得多。但是,通过试验确定一个适当的等效黏滞阻尼参数是可行的。下面介绍用实测结果计算黏滞阻尼比的主要方法。

3.9.1 自由振动衰减法

根据式(3-1-27),可得

$$\xi=\frac{\delta_s}{2\pi s\omega/\omega_D}\approx\frac{\delta_s}{2\pi s} \tag{3-9-1}$$

式中,$\delta_s=\ln(v_m/v_{m+s})$ 为 s 周后的对数衰减率。因此,用任意手段使系统产生自由振动后,分别量取第 m 周及第 $m+s$ 周的振幅,即可由式(3-9-1)算出阻尼比 ξ。因为第一阶振型反应占系统总反应的绝大部分,这样求出的阻尼比实际上是系统第一阶振型阻尼比 ξ_1,测试高阶振型阻尼比往往比较困难。此法所需仪器、设备最少,可用任何简便方法起振,因而是最简单和最常用的方法。

3.9.2 共振放大法

由式(3-2-6)可知,整个频率反应曲线(图3-9-1)的形态由系统阻尼值控制。因此,可从该曲线的许多不同特性求得阻尼比,如共振放大法、半功率法。

由式(3-2-9)得

$$\xi = \frac{P_0}{2k\rho_{\beta=1}} = \frac{v_{st}}{2\rho_{\beta=1}} \tag{3-9-2}$$

式中,$v_{st} = P_0/k$ 是激扰力幅值 P_0 引起的静位移;$\rho_{\beta=1}$ 是系统稳态反应的共振振幅。实践中,按精确的共振频率施加动荷载很困难,而根据系统的频率反应曲线确定最大反应幅值 ρ_{max} 比较方便,它发生于激扰频率 $\overline{\omega}$ 稍小于固有频率 ω(即 β 稍小于1)时,此时 ξ 由式(3-2-12)计算,即

$$\xi = \frac{P_0}{2k\rho_{max}\sqrt{1-\xi^2}} \approx \frac{v_{st}}{2\rho_{max}} \tag{3-9-3}$$

因为要在 β 稍小于1时从图3-9-1上确定 ρ_{max},故此法要用仪器对结构施加各种频率的简谐激扰力并量测对应的振幅,作出结构的频率反应曲线,如图3-9-1所示。此法问题在于激扰力产生的静位移 v_{st} 很难确定,因为实现动力加载和测量动力信号的仪器设备不能在零频率工作。

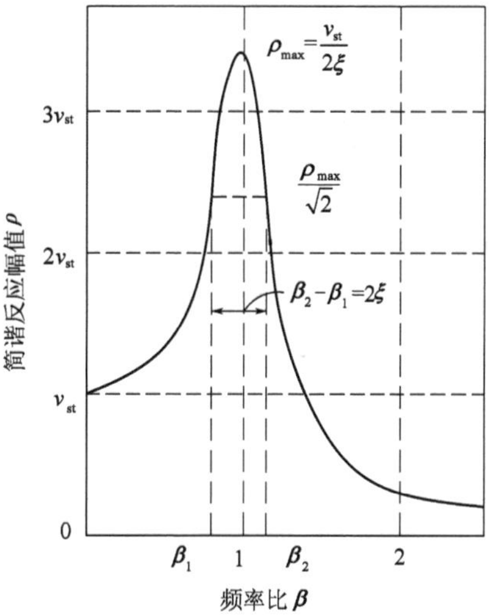

图3-9-1 频率反应曲线

3.9.3 半功率法

半功率法根据振幅等于 $\rho_{max}/\sqrt{2}$ 时的激扰频率确定阻尼比,在此频率下输入功率近似为共振时的输入功率的一半,半功率法因此而得名。

由式(3-2-6)可得振幅 $\rho = P_0 D/k = v_{st}[(1-\beta^2)^2+(2\xi\beta)^2]^{-\frac{1}{2}}$,将式(3-2-10)代入,得 $\rho_{max} = P_0/(2k\xi\sqrt{1-\xi^2}) = v_{st}/(2\xi\sqrt{1-\xi^2})$,则由振幅 $\rho = \rho_{max}/\sqrt{2}$ 得

$$\frac{1}{\sqrt{2}}\frac{v_{st}}{2\xi\sqrt{1-\xi^2}} = \frac{v_{st}}{\sqrt{(1-\beta^2)^2+(2\xi\beta)^2}}$$

解得频率比的平方为

$$\beta_{1,2}^2 = 1-2\xi^2 \pm 2\xi\sqrt{1-\xi^2}$$

一般工程结构 ξ 很小,忽略上式中的 ξ^2 项,得

$$\beta_{1,2} = \sqrt{1\pm 2\xi}$$

用泰勒级数展开上式,并略去二阶及二阶以上的高阶小量,得到两个半功率频率比,分别为

$$\beta_1 = \sqrt{1-2\xi} \approx 1-\xi,\quad \beta_2 = \sqrt{1+2\xi} \approx 1+\xi \tag{3-9-4}$$

由 β_2 减 β_1,得

$$\beta_2 - \beta_1 = 2\xi$$

可得

$$\xi = \frac{1}{2}(\beta_2-\beta_1) = \frac{1}{2}\left(\frac{\overline{\omega}_2}{\omega}-\frac{\overline{\omega}_1}{\omega}\right) = \frac{1}{2}\left(\frac{\overline{f_2}-\overline{f_1}}{f}\right) \tag{3-9-5}$$

式中,$\overline{f_1} = \overline{\omega}_1/(2\pi)$;$\overline{f_2} = \overline{\omega}_2/(2\pi)$;$f = \omega/(2\pi)$。

由 β_2 加 β_1,得

$$\beta_2 + \beta_1 = 2$$

可得

$$f=\frac{1}{2}(\overline{f_2}+\overline{f_1}) \tag{3-9-6}$$

式(3-9-5)表示阻尼比等于两个半功率频率比差值的一半,式中频率比差值$\beta_2-\beta_1$须在频率反应曲线上定出,即在$\rho_{max}/\sqrt{2}$处作一条水平线(图3-9-1),它与曲线相交的两频率比之间的差值,即为阻尼比的2倍。显然,此法可避免测定静位移v_{st}。然而,必须精确地作出半功率范围及共振时的反应曲线。此方法不但能用于单自由度系统,也可用于多自由度系统的阻尼比测试。对于后者,要求共振频率稀疏分布,即多个自振频率相隔较远,保证在确定相应于某一阶自振频率的半功率点时不受相邻自振频率的影响。关于用试验方法确定系统动力特性(包括阻尼比、自振频率与振型等)的详细论述,需进一步学习试验模态分析方法,本书不再介绍。

关于半功率法名称来由,详细说明如下。单自由度系统在$P(t)=P_0\sin\overline{\omega}t$正弦荷载作用下,其稳态反应为$v(t)=\rho\sin(\overline{\omega}t-\theta)$。对于稳态振动,在一个振动循环过程中由作用力$P(t)$输入系统的能量[即外力$P(t)$所做的功]等于黏滞阻尼所消耗的能量(即阻尼力$F_d$所做的功),可以根据两者之一计算出系统的平均输入功率。稳态反应一个周期内作用力$P(t)=P_0\sin\overline{\omega}t$输入系统的能量为

$$W_p=\int_T P(t)\mathrm{d}v=\int_0^{\frac{2\pi}{\overline{\omega}}}P(t)\dot{v}\mathrm{d}t=P_0\rho\overline{\omega}\int_0^{\frac{2\pi}{\overline{\omega}}}\sin\overline{\omega}t\cos(\overline{\omega}t-\theta)\mathrm{d}t=P_0\rho\pi\sin\theta \tag{3-9-7}$$

式中,下标T表示在一个振动周期内积分,后同。

由式(3-2-6)与式(3-2-3)可得

$$\sin\theta=\frac{2\xi\beta}{\sqrt{(1-\beta^2)^2+(2\xi\beta)^2}}=\frac{2\rho\xi\beta}{P_0/k}$$

代入式(3-9-7)得

$$W_p=2\pi\xi k\beta\rho^2 \tag{3-9-8}$$

相应的平均输入功率为

$$P_{p,avg}=\frac{W_p}{T}=\frac{W_p}{2\pi/\overline{\omega}}=\xi m\omega^3(\beta\rho)^2 \tag{3-9-9}$$

另外,一个周期内黏滞阻尼耗散的能量(即阻尼力所做的功的大小)为

$$W_d=\int_T F_d\mathrm{d}v=\int_0^{\frac{2\pi}{\overline{\omega}}}c\dot{v}\dot{v}\mathrm{d}t=c\rho^2\overline{\omega}^2\int_0^{\frac{2\pi}{\overline{\omega}}}\cos^2(\overline{\omega}t-\theta)\mathrm{d}t=\pi c\overline{\omega}\rho^2$$

相应的平均能量耗散功率为

$$P_{d,avg}=\frac{W_d}{T}=\frac{W_d}{2\pi/\overline{\omega}}=\frac{1}{2}c\overline{\omega}^2\rho^2=\xi m\omega^3(\beta\rho)^2 \tag{3-9-10}$$

对比式(3-9-9)与式(3-9-10)可知,稳态振动中作用力$P(t)$平均输入功率等于系统阻尼平均能量耗散功率。由式(3-9-9)知,平均输入功率与$(\beta\rho)^2$成正比。当$\beta=\beta_m$,即发生共振时,振幅ρ达到最大值ρ_{max},对应的平均输入功率为$P_{p,m}$。当$\rho_1=\rho_2=\rho_{max}/\sqrt{2}$时,$\rho_1$与$\rho_2$对应的$\beta_1$与$\beta_2$处的平均输入功率为

$$P_{\beta_1}=\left(\frac{\beta_1\rho_1}{\beta_m\rho_{max}}\right)^2P_{p,m}=\left(\frac{\beta_1}{\beta_m}\right)^2\frac{P_{p,m}}{2}$$

$$P_{\beta_2}=\left(\frac{\beta_2\rho_2}{\beta_m\rho_{max}}\right)^2 P_{p,m}=\left(\frac{\beta_2}{\beta_m}\right)^2\frac{P_{p,m}}{2}$$

在 β_1 处，平均输入功率 P_{β_1} 略小于峰值 β_m 处平均输入功率的一半，在 β_2 处平均输入功率 P_{β_2} 稍大于峰值 β_m 处平均输入功率的一半。而这两个平均输入功率的平均值很接近峰值 β_m 处平均输入功率的一半，故本节方法称为半功率法。

【例 3-9-1】 单自由度系统频率反应试验曲线及有关计算数据示于图 3-9-2，求系统的阻尼比。

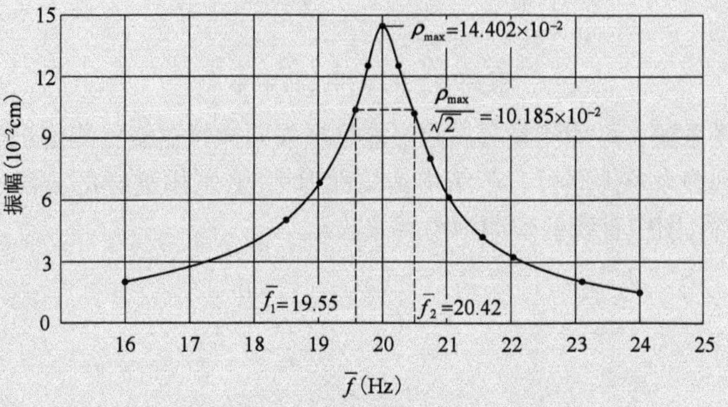

图 3-9-2 由试验确定的频率反应曲线

【解】 (1)确定峰值反应 $\rho_{max}=14.402\times10^{-2}$cm。

(2)在 $\rho_{max}/\sqrt{2}$ 处作一条水平直线。

(3)确定上述水平直线与反应曲线相交处的两个频率：

$$\bar{f}_1=19.55\text{Hz},\quad \bar{f}_2=20.42\text{Hz}$$

(4)根据式(3-9-5)与式(3-9-6)计算阻尼比

$$\xi=\frac{1}{2}\left[\frac{\bar{f}_2-\bar{f}_1}{(\bar{f}_1+\bar{f}_2)/2}\right]=\frac{\bar{f}_2-\bar{f}_1}{\bar{f}_2+\bar{f}_1}=\frac{20.42-19.55}{20.42+19.55}=\frac{0.87}{39.97}=0.0218$$

3.9.4 每周共振能量损失法

根据 3.8 节的分析得到，共振时($\bar{\omega}=\omega,\rho=\rho_{\beta=1}$)等效黏滞阻尼比可用一个周期内的能量消耗 U_{ed} 表示为

$$\xi_{eq}=\frac{U_{ed}}{2\pi k\rho_{\beta=1}^2}\tag{3-9-11}$$

若能够测到共振时一个周期内的能量消耗 U_{ed}、共振时的振幅值 $\rho_{\beta=1}$ 与结构刚度系数 k，则可由式(3-9-11)确定共振时的等效黏滞阻尼比。

由于共振时激扰力 $P(t)$ 与阻尼力 F_d 平衡(此概念在 3.2 节已阐述)，此时一次加载循环中荷载-位移关系曲线可视为阻尼力-位移图。若结构具有线性黏滞阻尼，则根据式(3-8-2)上述曲线为一椭圆(其面积为 $\pi\rho_{\beta=1}P_0$，P_0 为共振激扰力的幅值)，如图 3-9-3 中的虚线所示。如果不是线性黏滞阻尼，上述曲线不是椭圆，设为图 3-9-3 中的实线，其所包围的面积为 U_{ed}，最大振幅 v_{max} 为共振时的 $\rho_{\beta=1}$。

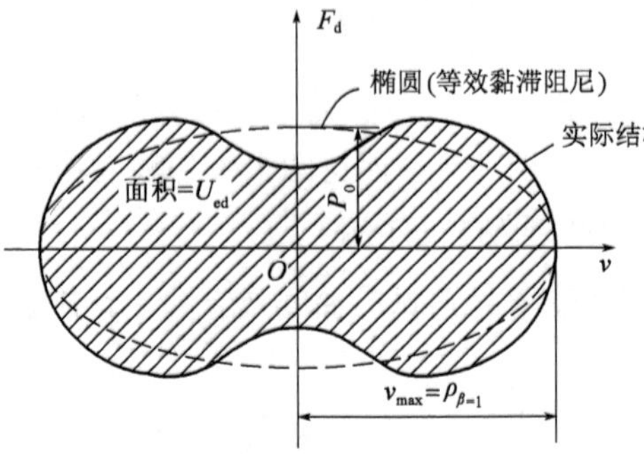

图 3-9-3　共振时阻尼力-位移图

此外,结构刚度系数 k 可用测量每周阻尼能量损失同样仪器装置测定,只要使装置运转得很缓慢,使之基本达到静力条件即可。若结构是线性弹性的,则用这样的方法所获得的静力-位移图可用图 3-9-4 表示,图中直线斜率即为刚度系数 k。

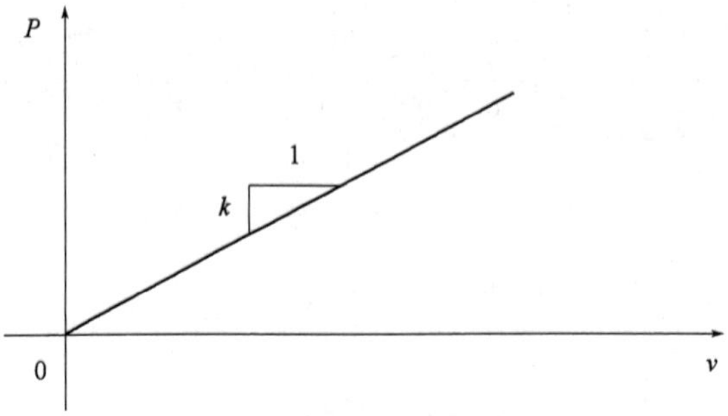

图 3-9-4　静力条件下激扰力-位移图

本节由每周共振能量损失法确定的等效阻尼比是在 $\overline{\omega}=\omega$ 条件下得到的,对于其他频率可能不完全准确,但提供了一个满意的近似值。工程中这种等效的方法广泛应用,对多自由度系统同样适用。

本章习题

3.1　为什么说固有周期是结构的固有性质?它和结构的哪些固有量有关?

3.2　何为临界阻尼与阻尼比?怎么测量系统振动过程中的阻尼比?

3.3　分析共振过程中外力做功、能量耗散与系统响应的关系。

3.4　结合本章反应谱概念,简述地震反应谱形成过程。如何运用反应谱进行工程设计?

3.5　简述杜哈美积分方法的主要思想与适用条件。弹塑性系统能用杜哈美积分计算其动位移吗?

3.6　如题 3.6 图所示,梁端重物的质量为 m,梁和弹簧的重量不计,$l=150\,\mathrm{cm}$,$m=897.96\,\mathrm{kg}$,$EI=2.93\times10^9\ \mathrm{N\cdot cm^2}$,$k=3570\,\mathrm{N/cm}$,初始位移 $u_0=1.3\,\mathrm{cm}$,初始速度 $\dot{u}_0=25\,\mathrm{cm/s}$。试求梁的固有频率以及 $t=1\,\mathrm{s}$ 时梁段重物的位移和速度。

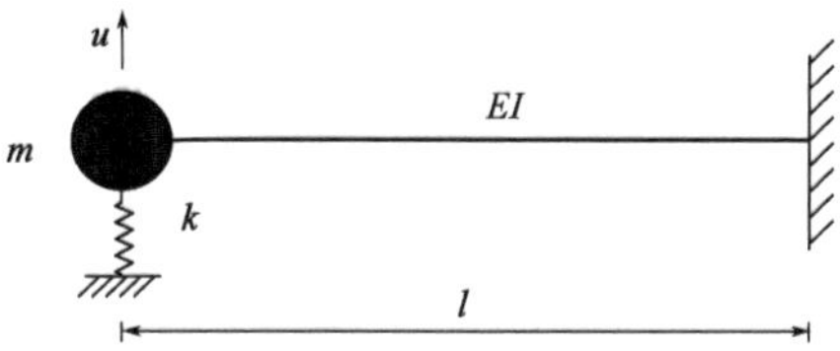

题3.6图

3.7 如题3.7图所示,一装有精密仪器的工作台,总质量 $m=300\,\text{kg}$,用弹簧与基础相连,基础以10 Hz的频率作竖向简谐振动,振幅为1 cm,试确定使工作台的竖向振动的振幅(相对于静平衡位置)控制在0.2 cm以下所需支撑弹簧的总刚度 k。

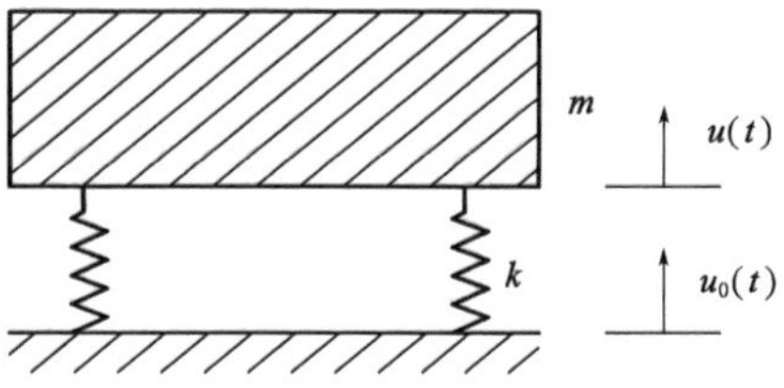

题3.7图

3.8 某单自由度系统受到如图3-5-5所示的三角形脉冲荷载作用,初始位移与速度均为零,系统的质量为 m,刚度系数为 k,不计阻尼影响,用杜哈美积分法列出该系统位移响应表达式。

第 4 章

多自由度系统振动分析的振型叠加法

本章主要讲述离散多自由度系统振动分析的振型叠加法。介绍系统固有频率与振型的计算方法以及振型正交性,同时引出主振动概念。分析了多自由度系统运动方程的耦联特性,运用振型叠加法将耦联的多自由度系统运动方程解耦为一系列关于振型坐标的单自由度系统运动方程,从而将耦联的多自由度问题转化为单自由度问题进行分析。用实例详细展示了振型叠加法的应用,结合实例讨论了多自由度系统振动响应规律。运用上述解耦的方法求解系统响应,只适用于无阻尼或引入经典阻尼假定的系统。针对非经典阻尼的情况,本章还简要介绍了复振型分析方法。

4.1 系统固有动力特性分析

4.1.1 系统固有频率、振型与主振动

结构强迫振动的动力反应与其动力特性有密切关系,为此首先通过自由振动分析找出系统的固有频率与振型。由于阻尼对自由振动频率影响很小,振型叠加法计算动力响应时也是用无阻尼时的频率与振型,故本节首先讨论无阻尼线性系统振动特性。

根据第 2 章已建立的系统运动方程,忽略阻尼项与外荷载项,即可得到无阻尼线性系统自由振动方程

$$\boldsymbol{M}\ddot{\boldsymbol{q}}+\boldsymbol{K}\boldsymbol{q}=\boldsymbol{0} \tag{4-1-1}$$

方程(4-1-1)特解的形式如下(各位移坐标按同一频率作简谐振动)

$$\boldsymbol{q}=\boldsymbol{A}_i\sin(\omega_i t+\theta_i) \tag{4-1-2}$$

式中,$\boldsymbol{A}_i$ 为位移幅值向量;ω_i、θ_i 分别为频率与相位角。将式(4-1-2)代入式(4-1-1),消去公因子 $\sin(\omega_i t+\theta_i)$,并令 $\lambda_i=\omega_i^2$,得到

$$(\boldsymbol{K}-\lambda_i\boldsymbol{M})\boldsymbol{A}_i=\boldsymbol{0} \tag{4-1-3}$$

式(4-1-3)是关于位移幅值向量 $\boldsymbol{A}_i$ 的齐次方程。零解使方程(4-1-3)自然满足,但零解意味着系统无振动,故无实际意义。为了得到该方程的非零解,应使其系数行列式为零,即

$$|\boldsymbol{K}-\lambda_i\boldsymbol{M}|=0 \tag{4-1-4}$$

式(4-1-4)称为系统的频率方程或特征方程。将行列式展开,可得到一个关于特征值 λ_i 的 n 次代数方程(n 为系统自由度数)。质量连续分布的稳定结构具有实的、对称的、正定的质量矩阵 $\boldsymbol{M}$ 和刚度矩阵 $\boldsymbol{K}$,可求出 n 个从小到大顺序排列的正实根 $\lambda_i(i=1,2,\cdots,n)$,即可得到系统的 n 个固有频率(也称自振频率)$\omega_i(i=1,2,\cdots,n)$,其中最小的频率称为基本频率或第一频率。

在求解上述特征值问题时有几种特殊情况需要补充说明:①由于结构的对称性或其他原因,可能出现重特征根(详见 4. 1. 3 节);②当系统无外部约束时,存在整体运动模式(即刚体运动模式),如飞行器结构的运动,这样的系统属于半正定系统,其刚度矩阵是奇异的,必然存在零特征值,与之对应的振型称为刚体振型,此类问题在例 4-3-1 中有简单介绍;③因为采用集中质量理想化模型或忽略某些惯性力,部分描述结构振动位形的位移参量不会产生惯性力,此时质量矩阵 $\boldsymbol{M}$ 是奇异的、半正定的,无法直接求解式(4-1-4)与式(4-1-3)得出 n 阶特征值及对应振型,相应解法见例 7-2-1。

依次将求出的 λ_i 代入式(4-1-3)可以求出与 λ_i 对应的向量 $\boldsymbol{A}_i$,$\boldsymbol{A}_i=\{A_{1i}\quad A_{2i}\quad\cdots\quad A_{ni}\}^{\mathrm{T}}$,称 $\boldsymbol{A}_i$ 为与 ω_i 对应的第 i 阶振型向量,称 ω_i 与 $\boldsymbol{A}_i$ 的集合为第 i 阶模态,有时也直接称振型为模态。求解方程(4-1-3)不能得到唯一确定的振型向量 $\boldsymbol{A}_i$,只能得到各坐标振幅之间的比例关系,故 $C\boldsymbol{A}_i$(C 为任意非零常数)也是方程(4-1-3)的非零解,也是系统的第 i 阶振型向量。本节计算得到的无阻尼系统的振型也称为经典振型,该振型为实振型。

另外,可利用 MATLAB 函数[$\boldsymbol{V},\boldsymbol{W}$] = eig($\boldsymbol{K},\boldsymbol{M}$)直接得出结果,其中矩阵 $\boldsymbol{V}$ 的各列为特征向量(即振型向量),矩阵 $\boldsymbol{W}$ 的对角元素为对应的特征值。注意 eig 函数并不总是返回已排序的特征值与特征向量,还需要采用 sort 函数将特征值按升序排列,并对特征向量作相应的排序处理,见附录 6。

基于已求出的系统频率与振型,根据线性微分方程理论可以写出无阻尼线性系统自由振动的通解为

$$\boldsymbol{q}=\sum_{i=1}^{n}c_i\boldsymbol{A}_i\sin(\omega_i t+\theta_i) \tag{4-1-5}$$

式(4-1-5)也可以写成

$$\boldsymbol{q}=\sum_{i=1}^{n}(a_i\boldsymbol{A}_i\sin\omega_i t+b_i\boldsymbol{A}_i\cos\omega_i t) \tag{4-1-6}$$

式(4-1-5)中包含 $2n$ 个待定参数 c_i 与 θ_i,式(4-1-6)中包含 $2n$ 个待定参数 a_i 与 b_i,$i=1,2,\cdots,$

n。这些参数可以由各坐标的初始位移与初始速度确定,但对于自由度较多的系统,需要采用计算机编程计算,上述计算方法并不方便,按4.3节振型叠加方法计算自由振动响应要简便一些。

系统在特定的初始条件下使得某一待定参数 c_i 不等于零,其余均为零,这样由式(4-1-5)表示的自由振动的通解仅保留一项,具有以下特殊形式

$$\begin{cases} q_1 = c_i A_{1i} \sin(\omega_i t + \theta_i) \\ q_2 = c_i A_{2i} \sin(\omega_i t + \theta_i) \\ \quad\vdots \\ q_n = c_i A_{ni} \sin(\omega_i t + \theta_i) \end{cases} \tag{4-1-7}$$

此时每个坐标均按第 i 阶固有频率 ω_i 及同一相位角 θ_i 作简谐振动,在振动过程中各振动体同时经过静力平衡位置,也同时达到最大偏离值,各坐标在任一瞬间(除经过静力平衡位置时刻)保持固定不变的比例关系,即恒有

$$q_1 : q_2 : \cdots : q_n = A_{1i} : A_{2i} : \cdots : A_{ni} \tag{4-1-8}$$

式(4-1-7)描述的系统自由振动称为系统第 i 阶主振动(也称为固有振动),即系统按第 i 阶固有频率所作的自由振动。对于无阻尼系统,主振动是简谐振动;对于经典阻尼系统,主振动是按固有频率发生的衰减振动;对于非经典阻尼系统,主振动不会出现(见例4-6-2)。主振动各坐标幅值与相位角由系统初始条件决定。系统主振动的形态由振型向量 $\boldsymbol{A}_i = \{A_{1i} \quad A_{2i} \quad \cdots \quad A_{ni}\}^{\mathrm{T}}$ 各坐标幅值的比值完全确定,故振型也称为主振型,主振动频率即为系统的固有频率,二者只取决于系统自身动力特性(弹性特性、质量分布等),而与系统振动的初始条件无关。

4.1.2 振型的正交性

设系统第 i、j 阶振型向量分别为 $\boldsymbol{A}_i$、$\boldsymbol{A}_j$,对应的特征值为 λ_i、λ_j,将特征对(λ_i、$\boldsymbol{A}_i$),(λ_j、$\boldsymbol{A}_j$)分别代入式(4-1-3),得

$$\boldsymbol{KA}_i = \lambda_i \boldsymbol{MA}_i \tag{4-1-9}$$

$$\boldsymbol{KA}_j = \lambda_j \boldsymbol{MA}_j \tag{4-1-10}$$

以 $\boldsymbol{A}_j^{\mathrm{T}}$ 左乘式(4-1-9),得

$$\boldsymbol{A}_j^{\mathrm{T}} \boldsymbol{KA}_i = \lambda_i \boldsymbol{A}_j^{\mathrm{T}} \boldsymbol{MA}_i \tag{4-1-11}$$

以 $\boldsymbol{A}_i^{\mathrm{T}}$ 左乘式(4-1-10),得

$$\boldsymbol{A}_i^{\mathrm{T}} \boldsymbol{KA}_j = \lambda_j \boldsymbol{A}_i^{\mathrm{T}} \boldsymbol{MA}_j \tag{4-1-12}$$

由于 $\boldsymbol{K}$ 与 $\boldsymbol{M}$ 都是对称矩阵,故 $\boldsymbol{A}_j^{\mathrm{T}} \boldsymbol{KA}_i = \boldsymbol{A}_i^{\mathrm{T}} \boldsymbol{KA}_j$,$\boldsymbol{A}_j^{\mathrm{T}} \boldsymbol{MA}_i = \boldsymbol{A}_i^{\mathrm{T}} \boldsymbol{MA}_j$,代入式(4-1-11),得

$$\boldsymbol{A}_i^{\mathrm{T}} \boldsymbol{KA}_j = \lambda_i \boldsymbol{A}_i^{\mathrm{T}} \boldsymbol{MA}_j \tag{4-1-13}$$

式(4-1-13)与式(4-1-12)相减得

$$(\lambda_i - \lambda_j) \boldsymbol{A}_i^{\mathrm{T}} \boldsymbol{MA}_j = 0 \tag{4-1-14}$$

当 $\lambda_i \neq \lambda_j$ 时,必然有

$$\boldsymbol{A}_i^{\mathrm{T}} \boldsymbol{MA}_j = 0 \tag{4-1-15}$$

$$\boldsymbol{A}_i^{\mathrm{T}} \boldsymbol{KA}_j = 0 \tag{4-1-16}$$

式(4-1-15)、式(4-1-16)表示系统各阶振型关于 $\boldsymbol{M}$ 与 $\boldsymbol{K}$ 存在正交性。若 $\lambda_i = \lambda_j$,此时振型正交条件不一定满足。当 $i=j$ 时,由式(4-1-13)得

$$\lambda_i = \frac{\boldsymbol{A}_i^{\mathrm{T}} \boldsymbol{K} \boldsymbol{A}_i}{\boldsymbol{A}_i^{\mathrm{T}} \boldsymbol{M} \boldsymbol{A}_i} = \frac{K_i}{M_i} \tag{4-1-17}$$

式中，$M_i = \boldsymbol{A}_i^{\mathrm{T}} \boldsymbol{M} \boldsymbol{A}_i$；$K_i = \boldsymbol{A}_i^{\mathrm{T}} \boldsymbol{K} \boldsymbol{A}_i$ 分别称为与 $\boldsymbol{A}_i$ 对应的第 i 阶广义质量及广义刚度。

对于 n 个自由度系统，可以将其所有振型向量依次排成如下矩阵

$$\boldsymbol{A} = [\boldsymbol{A}_1 \quad \boldsymbol{A}_2 \quad \cdots \quad \boldsymbol{A}_n] = \begin{bmatrix} A_{11} & A_{12} & \cdots & A_{1n} \\ A_{21} & A_{22} & \cdots & A_{2n} \\ \vdots & \vdots & & \vdots \\ A_{n1} & A_{n2} & \cdots & A_{nn} \end{bmatrix}$$

称矩阵 $\boldsymbol{A}$ 为振型矩阵或主振型矩阵。将各振型向量 $\boldsymbol{A}_i(i=1,2,\cdots,n)$ 除以相应的广义质量 M_i 的平方根 $\sqrt{M_i}$，得到新的振型向量 $\overline{\boldsymbol{A}}_i = \boldsymbol{A}_i / \sqrt{M_i}$，称为正则振型向量，对应的正则振型矩阵记为 $\overline{\boldsymbol{A}}$。于是可得

$$\overline{\boldsymbol{A}}_i^{\mathrm{T}} \boldsymbol{M} \overline{\boldsymbol{A}}_i = \overline{M}_i \tag{4-1-18}$$

$$\overline{\boldsymbol{A}}_i^{\mathrm{T}} \boldsymbol{K} \overline{\boldsymbol{A}}_i = \overline{K}_i \tag{4-1-19}$$

以上两式中，$\overline{M}_i$ 与 $\overline{K}_i$ 分别为与 $\overline{\boldsymbol{A}}_i$ 对应的第 i 阶广义质量与广义刚度，容易得到 $\overline{M}_i = 1$，$\overline{K}_i = \lambda_i = \omega_i^2$。

以上确定正则振型的过程即为质量归一化，是振型标准化的方法之一。振型标准化还包括特定坐标归一化方法（指定振型向量中的某一坐标值为 1，其他元素值按比例确定，当实际振型向量中出现指定坐标为零时，该方法不可行），以及最大位移值归一化方法（将振型向量中绝对值最大的元素取为 1）等。

【例 4-1-1】 图 4-1-1 所示系统沿水平方向作自由振动，计算资料如图所示，$m_1 = m_2 = m_3 = m$，$k_1 = k_2 = k_3 = k$，求该系统的固有频率及相应的振型。

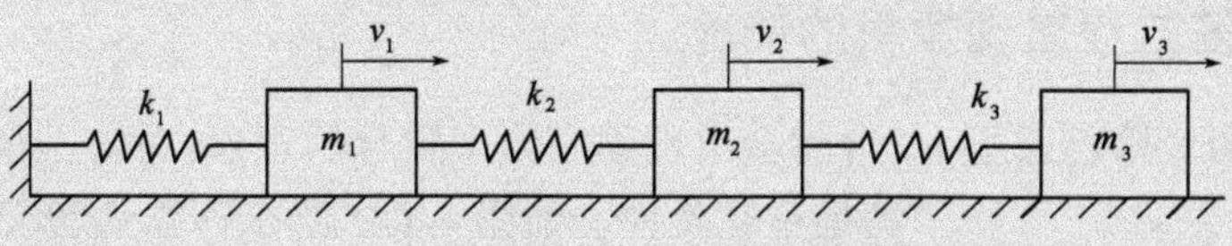

图 4-1-1　多质量-弹簧系统示意图

【解】 系统自由振动方程为

$$\boldsymbol{M}\ddot{\boldsymbol{q}} + \boldsymbol{K}\boldsymbol{q} = \boldsymbol{0}$$

式中，$\ddot{\boldsymbol{q}} = \{\ddot{v}_1 \quad \ddot{v}_2 \quad \ddot{v}_3\}^{\mathrm{T}}$；$\boldsymbol{q} = \{v_1 \quad v_2 \quad v_3\}^{\mathrm{T}}$。

$$\boldsymbol{M} = \begin{bmatrix} m & 0 & 0 \\ 0 & m & 0 \\ 0 & 0 & m \end{bmatrix}, \boldsymbol{K} = \begin{bmatrix} 2k & -k & 0 \\ -k & 2k & -k \\ 0 & -k & k \end{bmatrix}$$

$$\boldsymbol{K}-\lambda_i\boldsymbol{M}=\begin{bmatrix}2k-\lambda_i m & -k & 0\\ -k & 2k-\lambda_i m & -k\\ 0 & -k & k-\lambda_i m\end{bmatrix}$$

由 $|\boldsymbol{K}-\lambda_i\boldsymbol{M}|=0$ 解得

$$\lambda_1=\frac{0.198k}{m},\quad \lambda_2=\frac{1.555k}{m},\quad \lambda_3=\frac{3.247k}{m}$$

对应的频率为 $\omega_1=0.445\sqrt{\frac{k}{m}}$,$\omega_2=1.247\sqrt{\frac{k}{m}}$,$\omega_3=1.802\sqrt{\frac{k}{m}}$。

分别将不同的 λ_i 代入方程 $(\boldsymbol{K}-\lambda_i\boldsymbol{M})\boldsymbol{A}_i=\boldsymbol{0}$,解出 λ_i 对应的第 i 阶振型向量 $\boldsymbol{A}_i$

$$\boldsymbol{A}_1=\{1.000\quad 1.802\quad 2.247\}^{\mathrm{T}}$$

$$\boldsymbol{A}_2=\{1.000\quad 0.445\quad -0.802\}^{\mathrm{T}}$$

$$\boldsymbol{A}_3=\{1.000\quad -1.247\quad 0.555\}^{\mathrm{T}}$$

由 $M_i=\boldsymbol{A}_i^{\mathrm{T}}\boldsymbol{M}\boldsymbol{A}_i$ 求得各阶广义质量为

$$M_1=9.296m,\quad M_2=1.841m,\quad M_3=2.863m$$

正则振型向量 $\overline{\boldsymbol{A}}_i=\boldsymbol{A}_i/\sqrt{M_i}$,则对应的正则振型向量分别为

$$\overline{\boldsymbol{A}}_1=\frac{1}{\sqrt{m}}\{0.328\quad 0.591\quad 0.737\}^{\mathrm{T}}$$

$$\overline{\boldsymbol{A}}_2=\frac{1}{\sqrt{m}}\{0.737\quad 0.328\quad -0.591\}^{\mathrm{T}}$$

$$\overline{\boldsymbol{A}}_3=\frac{1}{\sqrt{m}}\{0.591\quad -0.737\quad 0.328\}^{\mathrm{T}}$$

当系统自由度非常庞大时,按上述思路直接解方程(4-1-4)与方程(4-1-3)得到系统全部固有频率与振型比较费时,实际工程分析中往往只需要求出前面若干阶频率与振型,为此发展了很多种求解部分频率与振型的近似分析方法,见第6章。

4.1.3 特征方程出现重根的情况

计算结构固有频率与振型时,有时会出现固有频率重合的现象,对应振型向量之间不一定满足正交条件。如图4-1-2所示两自由度系统,质点 m 由水平与竖向两个弹簧支撑,弹簧刚度均为 k,在其平衡位置附近作自由微振动,不考虑重力的影响。取质点 m 水平与竖向位移 u 与 v 为广义坐标,其运动方程为

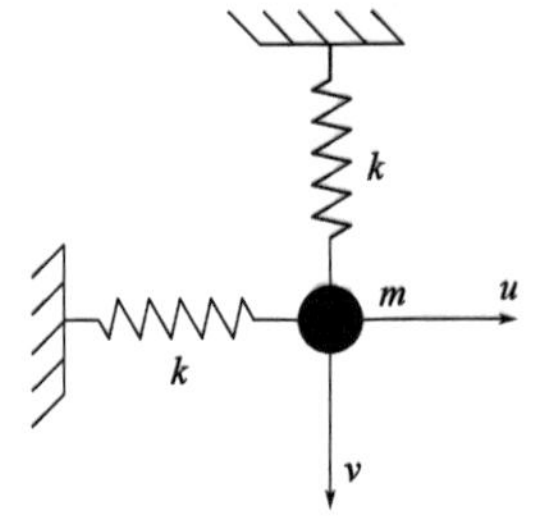

图4-1-2 质量-弹簧系统示意图

$$\begin{bmatrix}m & 0\\ 0 & m\end{bmatrix}\begin{Bmatrix}\ddot{u}\\ \ddot{v}\end{Bmatrix}+\begin{bmatrix}k & 0\\ 0 & k\end{bmatrix}\begin{Bmatrix}u\\ v\end{Bmatrix}=\begin{Bmatrix}0\\ 0\end{Bmatrix}$$

将其质量矩阵与刚度矩阵代入式(4-1-4),有

$$\begin{vmatrix}k-\lambda_i m & 0\\ 0 & k-\lambda_i m\end{vmatrix}=0$$

计算可得 $\lambda_1=\lambda_2=k/m$,对应系统固有频率为 $\omega_1=\omega_2=\sqrt{k/m}$。

将 $\lambda_1=\lambda_2=k/m$ 代入式(4-1-3),有

$$\begin{bmatrix}0 & 0\\0 & 0\end{bmatrix}\begin{Bmatrix}A_{1i}\\A_{2i}\end{Bmatrix}=\begin{Bmatrix}0\\0\end{Bmatrix}$$

上式的系数矩阵的秩为零,故任意非零向量均可满足上式,可作为该系统的振型向量。任意两个线性无关的向量均可作为重频率 $\omega_1=\omega_2$ 对应的振型向量,不失一般性可取 $\boldsymbol{A}_1=\{1\quad 1\}^{\mathrm{T}}$,$\boldsymbol{A}_2=\{2\quad 1\}^{\mathrm{T}}$。此两阶振型向量的任意线性组合也可作为其振型向量,关于其振型的求解可参考文献[19]。

本例中出现固有频率重合现象,而且所取的两阶振型向量关于 $\boldsymbol{M}$、$\boldsymbol{K}$ 并不正交。若振型向量组不满足正交关系,则在后续振型叠加法中无法实现方程解耦。

这里需要指出,n 个自由度系统具有 n 阶固有频率,不管固有频率是否有重合现象,都存在 n 个正交化固有振型,它们之间关于 $\boldsymbol{M}$、$\boldsymbol{K}$ 正交。当出现相同固有频率时,需要找出一组相互正交的振型,为振型叠加法做准备,具体正交化方法如下:

(1)当 $\lambda_i=\lambda_j$ 时,任意选取振型向量 $\boldsymbol{A}_i$、$\boldsymbol{A}_j$。

(2)设 $\boldsymbol{A}_j^*=\boldsymbol{A}_i+c\boldsymbol{A}_j$,求得适当的 c 使 $\boldsymbol{A}_i$ 与 $\boldsymbol{A}_j^*$ 满足正交条件。

(3)要使 $\boldsymbol{A}_i$ 与 $\boldsymbol{A}_j^*$ 满足正交条件,必须有

$$\boldsymbol{A}_i^{\mathrm{T}}\boldsymbol{M}\boldsymbol{A}_j^*=\boldsymbol{A}_i^{\mathrm{T}}\boldsymbol{M}(\boldsymbol{A}_i+c\boldsymbol{A}_j)=\boldsymbol{A}_i^{\mathrm{T}}\boldsymbol{M}\boldsymbol{A}_i+c\boldsymbol{A}_i^{\mathrm{T}}\boldsymbol{M}\boldsymbol{A}_j=0$$

故有 $c=-\dfrac{\boldsymbol{A}_i^{\mathrm{T}}\boldsymbol{M}\boldsymbol{A}_i}{\boldsymbol{A}_i^{\mathrm{T}}\boldsymbol{M}\boldsymbol{A}_j}$。

(4)保持 $\boldsymbol{A}_i$ 不变,用 $\boldsymbol{A}_j^*$ 代替原来的振型向量 $\boldsymbol{A}_j$(为了表述方便仍记为 $\boldsymbol{A}_j$),此时得到的系统振型向量是相互正交的。

上述过程可以推广到若干个相同频率的情况,建议读者自行推导,同样可以得到 n 个相互正交的振型向量 $\boldsymbol{A}_1,\boldsymbol{A}_2,\cdots,\boldsymbol{A}_n$,现证明它们是线性无关的:

设有常数 $C_i(i=1,2,\cdots,n)$,使得

$$\sum_{i=1}^{n}C_i\boldsymbol{A}_i=\boldsymbol{0}\tag{4-1-20}$$

式(4-1-20)两侧同时乘 $\boldsymbol{A}_j^{\mathrm{T}}\boldsymbol{M}$,有

$$\sum_{i=1}^{n}C_i\boldsymbol{A}_j^{\mathrm{T}}\boldsymbol{M}\boldsymbol{A}_i=0\tag{4-1-21}$$

根据振型正交关系,有 $C_j=0$,令 $j=1,2,\cdots,n$,便得到 $C_1=C_2=\cdots=C_n=0$,从而证明了振型向量组 $\boldsymbol{A}_1,\boldsymbol{A}_2,\cdots,\boldsymbol{A}_n$ 线性无关。因此,相互正交的振型向量组 $\boldsymbol{A}_1,\boldsymbol{A}_2,\cdots,\boldsymbol{A}_n$ 构成 n 维空间的完备基。经上述处理的振型向量组满足了振型叠加法中线性组合所需要的线性无关条件,以及方程解耦所需要的关于 $\boldsymbol{M}$、$\boldsymbol{K}$ 正交的条件。在本书后续讨论中,默认振型向量组已满足正交条件。

4.2 多自由度系统运动方程的耦联特性与方程解耦

4.2.1 多自由度系统运动方程的耦联特性

一般情况下,两自由度或以上振动系统的运动方程都会出现耦联项。必须求解 n 个联立

方程才能得到系统响应,耦联使方程组求解复杂化。如果以矩阵形式表示,那么耦联项体现在非对角元素上。若质量矩阵不是对角矩阵,则运动方程通过质量项耦联,称为惯性耦联或动力耦联;若刚度矩阵不是对角矩阵,则运动方程通过刚度项耦联,称为弹性耦联或静力耦联。关于阻尼耦联特性及处理方法在4.5节讲述。

系统运动方程是否耦联与广义坐标选取有关。为了说明此性质,以两自由度系统为例,选取三组不同的广义坐标进行讨论。如图4-2-1所示的系统,质量为 m 的刚性杆,由刚度为 k_1 和 k_2 的弹簧分别支于 A 点和 D 点。A 点支座的约束只允许刚性杆在 $x-y$ 平面内运动,并限制沿 x 轴方向的平动。C 点为刚性杆的质心,J_C 表示刚性杆绕通过 C 点的 z 轴(垂直于纸面,未示出)的转动惯量。图中 B 点是满足关系 $k_1 l_4 = k_2 l_5$ 的特殊点,如果在 B 点作用有沿 y 轴方向的力,系统产生平动而无转动;如果在 B 点作用有力矩,系统只产生转动而无平动。因外荷载的作用位置与类型只影响荷载向量,而不影响系统方程的耦联特性,下面仅列出选取不同广义坐标下的自由振动方程。

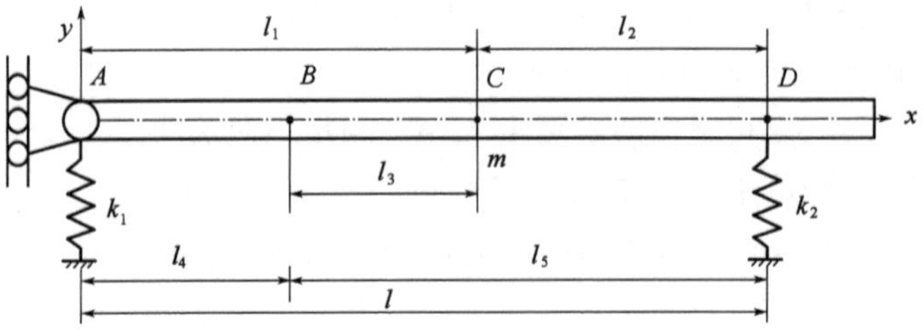

图4-2-1　无阻尼两自由度系统

以 A 点平动 y_A 与刚性杆绕 A 点的转动角 θ_A(逆时针转动为正,下同)为系统广义坐标,可建立其运动方程如下:

$$\begin{bmatrix} m & ml_1 \\ ml_1 & ml_1^2 + J_C \end{bmatrix} \begin{Bmatrix} \ddot{y}_A \\ \ddot{\theta}_A \end{Bmatrix} + \begin{bmatrix} k_1 + k_2 & k_2 l \\ k_2 l & k_2 l^2 \end{bmatrix} \begin{Bmatrix} y_A \\ \theta_A \end{Bmatrix} = \begin{Bmatrix} 0 \\ 0 \end{Bmatrix} \tag{4-2-1}$$

在方程(4-2-1)中,质量矩阵和刚度矩阵的非对角元素都不为零,既出现惯性耦联,又出现弹性耦联。前者表明两个加速度彼此并非独立,就是说系统方程存在惯性耦联。后者则说明一个位移不仅引起对应于自身的反力,而且引起对应其他位移的力,系统方程存在弹性耦联。

以 B 点平动 y_B 与刚性杆绕 B 点的转动角 θ_B 为系统广义坐标,其运动方程为

$$\begin{bmatrix} m & ml_3 \\ ml_3 & ml_3^2 + J_C \end{bmatrix} \begin{Bmatrix} \ddot{y}_B \\ \ddot{\theta}_B \end{Bmatrix} + \begin{bmatrix} k_1 + k_2 & 0 \\ 0 & k_1 l_4^2 + k_2 l_5^2 \end{bmatrix} \begin{Bmatrix} y_B \\ \theta_B \end{Bmatrix} = \begin{Bmatrix} 0 \\ 0 \end{Bmatrix} \tag{4-2-2}$$

方程(4-2-2)中,刚度矩阵为对角矩阵,只有惯性耦联而无弹性耦联。

以 C 点平动 y_C 与刚性杆绕 C 点的转动角 θ_C 为系统广义坐标,其运动方程为

$$\begin{bmatrix} m & 0 \\ 0 & J_C \end{bmatrix} \begin{Bmatrix} \ddot{y}_C \\ \ddot{\theta}_C \end{Bmatrix} + \begin{bmatrix} k_1 + k_2 & k_2 l_2 - k_1 l_1 \\ k_2 l_2 - k_1 l_1 & k_1 l_1^2 + k_2 l_2^2 \end{bmatrix} \begin{Bmatrix} y_C \\ \theta_C \end{Bmatrix} = \begin{Bmatrix} 0 \\ 0 \end{Bmatrix} \tag{4-2-3}$$

方程(4-2-3)中,质量矩阵为对角阵,只有弹性耦联而无惯性耦联。

由上述三种情况可以清楚地看到,运动方程的耦联特性取决于所选用的广义坐标,而不是取决于系统本身。理论上讲,只要广义坐标选取适当,总可以使系统方程既无惯性耦联又无弹

性耦联,各振动方程彼此独立。但直接找出一组互不耦联的物理含义明确的广义坐标(称为物理坐标)非常困难,而借助振型矩阵作物理坐标与振型坐标之间的线性变换,可以实现方程解耦的目标。

4.2.2 无阻尼多自由度系统运动方程的解耦

从上述实例分析可知,只要广义坐标选择合适,系统可以实现弹性解耦或惯性解耦(关于阻尼解耦见4.5节),使得系统运动方程既无弹性耦联又无惯性耦联的广义坐标称为主坐标(也称为振型坐标或模态坐标),记为 $T_1,T_2,\cdots,T_n$。而利用正交化的振型矩阵 $\boldsymbol{A}$,可以实现原始物理坐标 $q_1,q_2,\cdots,q_n$ 与主坐标 $T_1,T_2,\cdots,T_n$ 之间的变换,称为主坐标变换,即

$$\boldsymbol{q}=\boldsymbol{A}\boldsymbol{T} \tag{4-2-4}$$

式中

$$\boldsymbol{q}=\{q_1 \quad q_2 \quad \cdots \quad q_n\}^{\mathrm{T}}$$

$$\boldsymbol{A}=[\boldsymbol{A}_1 \quad \boldsymbol{A}_2 \quad \cdots \quad \boldsymbol{A}_n]$$

$$\boldsymbol{A}_i=\{A_{1i} \quad A_{2i} \quad \cdots \quad A_{ni}\}^{\mathrm{T}} \quad (i=1,2,\cdots,n)$$

$$\boldsymbol{T}=\{T_1 \quad T_2 \quad \cdots \quad T_n\}^{\mathrm{T}}$$

式(4-2-4)表示具有 n 个自由度系统的任意位移均可表示为 n 个正交化振型的线性组合。具有 n 个自由度无阻尼系统的线性振动方程为

$$\boldsymbol{M}\ddot{\boldsymbol{q}}+\boldsymbol{K}\boldsymbol{q}=\boldsymbol{Q} \tag{4-2-5}$$

式中,$\boldsymbol{Q}$ 是与广义坐标 $\boldsymbol{q}$ 对应的广义力向量。当 $\boldsymbol{Q}=\boldsymbol{0}$ 时,就回到自由振动的情形。

将式(4-2-4)代入式(4-2-5),则有

$$\boldsymbol{M}\boldsymbol{A}\ddot{\boldsymbol{T}}+\boldsymbol{K}\boldsymbol{A}\boldsymbol{T}=\boldsymbol{Q} \tag{4-2-6}$$

用 $\boldsymbol{A}^{\mathrm{T}}$ 左乘式(4-2-6),有

$$\boldsymbol{A}^{\mathrm{T}}\boldsymbol{M}\boldsymbol{A}\ddot{\boldsymbol{T}}+\boldsymbol{A}^{\mathrm{T}}\boldsymbol{K}\boldsymbol{A}\boldsymbol{T}=\boldsymbol{A}^{\mathrm{T}}\boldsymbol{Q} \tag{4-2-7}$$

根据振型正交性[式(4-1-15)与式(4-1-16)],式(4-2-7)可改写为:

$$\boldsymbol{M}^*\ddot{\boldsymbol{T}}+\boldsymbol{K}^*\boldsymbol{T}=\boldsymbol{P}^* \tag{4-2-8}$$

式中,$\boldsymbol{M}^*=\mathrm{diag}(M_1,M_2,\cdots,M_n)$,称为广义质量矩阵;$\boldsymbol{K}^*=\mathrm{diag}(K_1,K_2,\cdots,K_n)$,称为广义刚度矩阵;$\boldsymbol{P}^*=\boldsymbol{A}^{\mathrm{T}}\boldsymbol{Q}=\{P_1 \quad P_2 \quad \cdots \quad P_n\}^{\mathrm{T}}$,称为广义荷载向量;$M_i=\boldsymbol{A}_i^{\mathrm{T}}\boldsymbol{M}\boldsymbol{A}_i$;$K_i=\boldsymbol{A}_i^{\mathrm{T}}\boldsymbol{K}\boldsymbol{A}_i$;$P_i=\boldsymbol{A}_i^{\mathrm{T}}\boldsymbol{Q}$;$i=1,2,\cdots,n$。

式(4-2-8) 可写成分量的形式

$$M_i\ddot{T}_i+K_iT_i=P_i \quad (i=1,2,\cdots,n) \tag{4-2-9}$$

从以上过程可见,经过式(4-2-4)的坐标变换,系统运动方程(4-2-5)可以变换为 n 个相互独立的方程。

若式(4-2-4)的坐标变换采用正交化的正则振型矩阵 $\overline{\boldsymbol{A}}$,则有

$$\boldsymbol{q}=\overline{\boldsymbol{A}}\,\overline{\boldsymbol{T}} \tag{4-2-10}$$

式中

$$\boldsymbol{q}=\{q_1\quad q_2\quad \cdots\quad q_n\}^{\mathrm{T}}$$

$$\overline{\boldsymbol{A}}=[\overline{\boldsymbol{A}}_1\quad \overline{\boldsymbol{A}}_2\quad \cdots\quad \overline{\boldsymbol{A}}_n]$$

$$\overline{\boldsymbol{A}}_i=\{\overline{A}_{1i}\quad \overline{A}_{2i}\quad \cdots\quad \overline{A}_{ni}\}^{\mathrm{T}}\quad (i=1,2,\cdots,n)$$

$$\overline{\boldsymbol{T}}=\{\overline{T}_1\quad \overline{T}_2\quad \cdots\quad \overline{T}_n\}^{\mathrm{T}}$$

将式(4-2-10)代入式(4-2-5),则有

$$\boldsymbol{M}\overline{\boldsymbol{A}}\ddot{\overline{\boldsymbol{T}}}+\boldsymbol{K}\overline{\boldsymbol{A}}\overline{\boldsymbol{T}}=\boldsymbol{Q} \tag{4-2-11}$$

用 $\overline{\boldsymbol{A}}^{\mathrm{T}}$ 左乘式(4-2-11),有

$$\overline{\boldsymbol{A}}^{\mathrm{T}}\boldsymbol{M}\overline{\boldsymbol{A}}\ddot{\overline{\boldsymbol{T}}}+\overline{\boldsymbol{A}}^{\mathrm{T}}\boldsymbol{K}\overline{\boldsymbol{A}}\overline{\boldsymbol{T}}=\overline{\boldsymbol{A}}^{\mathrm{T}}\boldsymbol{Q} \tag{4-2-12}$$

根据振型的正交性以及正则振型特点,式(4-2-12)可写成

$$\ddot{\overline{\boldsymbol{T}}}+\boldsymbol{\lambda}\overline{\boldsymbol{T}}=\overline{\boldsymbol{P}} \tag{4-2-13}$$

式中,$\overline{\boldsymbol{P}}=\overline{\boldsymbol{A}}^{\mathrm{T}}\boldsymbol{Q}=\{\overline{P}_1\quad \overline{P}_2\quad \cdots\quad \overline{P}_n\}^{\mathrm{T}}$;$\overline{P}_i=\overline{\boldsymbol{A}}_i^{\mathrm{T}}\boldsymbol{Q}\ (i=1,2,\cdots,n)$;$\boldsymbol{\lambda}=\mathrm{diag}(\lambda_1,\lambda_2,\cdots,\lambda_n)$,$\lambda_i$ 见式(4-1-4)。将式(4-2-13)写成分量形式为

$$\ddot{\overline{T}}_i+\lambda_i\overline{T}_i=\overline{P}_i\quad (i=1,2,\cdots,n) \tag{4-2-14}$$

式(4-2-14)与式(4-2-9)本质上是一致的,只是坐标变换采用的矩阵形式不同。称式(4-2-10)为正则坐标变换,$\overline{T}_1,\overline{T}_2,\cdots,\overline{T}_n$ 为正则坐标。由以上分析可知,正则振型是主振型的一种特殊形式,相应的正则坐标也是主坐标的一种特殊形式。

以上是用全部 n 阶振型表示系统的振动位移。研究证明,对于大多数荷载类型,通常低阶振型的贡献较大,而高阶振型的贡献趋于减少(4.5 节中例4-5-1 直观反映了此特性)。因此在振型叠加过程中将所有的高阶振型的振动都包含进来是不必要的。当已经得到所需要精度的反应时,就可以截断级数。此外,在预测振动的高阶振型时,任何复杂结构的数学抽象往往是不可靠的,基于此原因,在动力反应分析时也要限制振型参与的数目。例如,对于具有 4 万个自由度的超高层结构的地震反应分析,仅取前 30 阶振型就可以达到所需的精度。《建筑抗震设计标准(2024 年版)》(GB/T 50011—2010)规定,一般情况下,仅保证在一个振动方向上有前三阶振型就可以[20]。因此,n 个自由度系统的振动反应可近似取前 $N(N<n)$ 阶振型表示,故式(4-2-4)与式(4-2-10)可分别写为

$$\boldsymbol{q}\approx\boldsymbol{A}_{n\times N}\boldsymbol{T}_N \tag{4-2-15}$$

$$\boldsymbol{q}\approx\overline{\boldsymbol{A}}_{n\times N}\overline{\boldsymbol{T}}_N \tag{4-2-16}$$

式中

$$\boldsymbol{A}_{n\times N}=[\boldsymbol{A}_1\quad \boldsymbol{A}_2\quad \cdots\quad \boldsymbol{A}_N]$$

$$\boldsymbol{T}_N=\{T_1\quad T_2\quad \cdots\quad T_N\}^{\mathrm{T}}$$

$$\overline{\boldsymbol{A}}_{n\times N}=[\overline{\boldsymbol{A}}_1\quad \overline{\boldsymbol{A}}_2\quad \cdots\quad \overline{\boldsymbol{A}}_N]$$

$$\overline{\boldsymbol{T}}_N = \{\overline{T}_1 \quad \overline{T}_2 \quad \cdots \quad \overline{T}_N\}^{\mathrm{T}}$$

将式(4-2-15)与式(4-2-16)分别代入式(4-2-5),经同样处理可得到

$$M_i\ddot{T}_i + K_iT_i = P_i \quad (i=1,2,\cdots,N) \tag{4-2-17}$$

$$\ddot{\overline{T}}_i + \lambda_i\overline{T}_i = \overline{P}_i \quad (i=1,2,\cdots,N) \tag{4-2-18}$$

综上所述,由线性变换将 n 个耦联的多自由度运动方程转化为 n 个(或 N 个)独立的单自由度方程。接下来的任务是运用求解单自由度运动方程的方法(在第 3 章已经介绍)求解 n 个(或 N 个)独立方程的解,再由这些解经过坐标变换得到物理坐标表述的系统反应,具体见本章后面三节。上述方法称为系统振动响应分析的振型叠加法。

4.3 无阻尼系统自由振动反应分析

根据 4.2 节论述,可以通过正则坐标的变换将具有 n 个自由度系统振动方程进行解耦,转化为 n 个独立的正则化方程。对应自由振动方程为

$$\ddot{\overline{T}}_i(t) + \omega_i^2\overline{T}_i(t) = 0 \quad (i=1,2,\cdots,n) \tag{4-3-1}$$

若对第 i 个正则坐标施加初始条件 $\overline{T}_i(0)$、$\dot{\overline{T}}_i(0)$,则可算出第 i 个正则坐标的自由振动反应为

$$\overline{T}_i(t) = \overline{T}_i(0)\cos\omega_i t + \frac{\dot{\overline{T}}_i(0)}{\omega_i}\sin\omega_i t \quad (i=1,2,\cdots,n) \tag{4-3-2}$$

将式(4-2-10)左乘$\overline{\boldsymbol{A}}^{\mathrm{T}}\boldsymbol{M}$ 且考虑振型正交性,令 $t=0$,可得

$$\overline{\boldsymbol{T}}(0) = \overline{\boldsymbol{A}}^{\mathrm{T}}\boldsymbol{M}\boldsymbol{q}_0 \tag{4-3-3}$$

另外,由式(4-2-10)知$\dot{\boldsymbol{q}} = \overline{\boldsymbol{A}}\,\dot{\overline{\boldsymbol{T}}}$,类似可得

$$\dot{\overline{\boldsymbol{T}}}(0) = \overline{\boldsymbol{A}}^{\mathrm{T}}\boldsymbol{M}\dot{\boldsymbol{q}}_0 \tag{4-3-4}$$

式中,$\boldsymbol{q}_0 = \{q_{01} \quad q_{02} \quad \cdots \quad q_{0n}\}^{\mathrm{T}}$ 与$\dot{\boldsymbol{q}}_0 = \{\dot{q}_{01} \quad \dot{q}_{02} \quad \cdots \quad \dot{q}_{0n}\}^{\mathrm{T}}$ 为用物理坐标表述的系统初始条件;$\overline{\boldsymbol{T}}(0) = \{\overline{T}_1(0) \quad \overline{T}_2(0) \quad \cdots \quad \overline{T}_n(0)\}^{\mathrm{T}}$ 与$\dot{\overline{\boldsymbol{T}}}(0) = \{\dot{\overline{T}}_1(0) \quad \dot{\overline{T}}_2(0) \quad \cdots \quad \dot{\overline{T}}_n(0)\}^{\mathrm{T}}$ 为用正则坐标表述的系统初始条件。

当系统有刚体振型时,对应的频率 $\omega_i=0$,式(4-3-1)变为

$$\ddot{\overline{T}}_i(t) = 0 \tag{4-3-5}$$

将此式对时间 t 积分两次并考虑初始条件,得

$$\overline{T}_i(t) = \overline{T}_i(0) + \dot{\overline{T}}_i(0)t \tag{4-3-6}$$

用正则坐标表示的刚体振型反应可由式(4-3-6)算出。

根据已求出的正则坐标响应 $\overline{T}_i(i=1,2,\cdots,n)$,可由式(4-2-10)算出用物理坐标表述的系统自由振动反应。

【例 4-3-1】 重新考虑例 4-1-1 所给系统,但假定 $k_1=0$,分析其自由振动反应。

【解】 根据例 4-1-1 分析,考虑 $k_1=0$,得到系统自由振动方程为

$$\boldsymbol{M}\ddot{\boldsymbol{q}}+\boldsymbol{K}\boldsymbol{q}=\boldsymbol{0}$$

式中

$$\ddot{\boldsymbol{q}}=\{\ddot{v}_1\quad \ddot{v}_2\quad \ddot{v}_3\}^{\mathrm{T}},\quad \boldsymbol{q}=\{v_1\quad v_2\quad v_3\}^{\mathrm{T}}$$

$$\boldsymbol{M}=\begin{bmatrix} m & 0 & 0\\ 0 & m & 0\\ 0 & 0 & m\end{bmatrix},\quad \boldsymbol{K}=\begin{bmatrix} k & -k & 0\\ -k & 2k & -k\\ 0 & -k & k\end{bmatrix}$$

显然 $|\boldsymbol{K}|=0$,即刚度矩阵是奇异的。

$$\boldsymbol{K}-\lambda_i\boldsymbol{M}=\begin{bmatrix} k-\lambda_i m & -k & 0\\ -k & 2k-\lambda_i m & -k\\ 0 & -k & k-\lambda_i m\end{bmatrix}$$

由 $|\boldsymbol{K}-\lambda_i\boldsymbol{M}|=0$ 解得

$$\lambda_1=0,\quad \lambda_2=\frac{k}{m},\quad \lambda_3=\frac{3k}{m}$$

对应的频率为 $\omega_1=0,\omega_2=\sqrt{k/m},\omega_3=1.732\sqrt{k/m}$。

分别将解出的特征根 λ_i 代入方程 $(\boldsymbol{K}-\lambda_i\boldsymbol{M})\boldsymbol{A}_i=\boldsymbol{0}$,解出系统三阶振型如下:

$$\boldsymbol{A}_1=\{1\quad 1\quad 1\}^{\mathrm{T}}\quad (\text{刚体振型,对应 }\omega_1=0)$$

$$\boldsymbol{A}_2=\{1\quad 0\quad -1\}^{\mathrm{T}}$$

$$\boldsymbol{A}_3=\{1\quad -2\quad 1\}^{\mathrm{T}}$$

设该系统在静止状态下,质量块 m_1 突然受到冲击获得初始速度 $\dot{v}_{01}$,试确定系统由此冲击所引起的反应。

系统各广义质量为

$$M_1=\boldsymbol{A}_1^{\mathrm{T}}\boldsymbol{M}\boldsymbol{A}_1=m(1^2+1^2+1^2)=3m$$

$$M_2=\boldsymbol{A}_2^{\mathrm{T}}\boldsymbol{M}\boldsymbol{A}_2=m(1^2+1^2)=2m$$

$$M_3=\boldsymbol{A}_3^{\mathrm{T}}\boldsymbol{M}\boldsymbol{A}_3=m(1^2+2^2+1^2)=6m$$

于是,正则振型矩阵

$$\overline{\boldsymbol{A}}=\begin{bmatrix}\dfrac{\boldsymbol{A}_1}{\sqrt{M_1}} & \dfrac{\boldsymbol{A}_2}{\sqrt{M_2}} & \dfrac{\boldsymbol{A}_3}{\sqrt{M_3}}\end{bmatrix}=\frac{1}{\sqrt{6m}}\begin{bmatrix}\sqrt{2} & \sqrt{3} & 1\\ \sqrt{2} & 0 & -2\\ \sqrt{2} & -\sqrt{3} & 1\end{bmatrix}$$

可得

$$\bar{A}^{\mathrm{T}}M=\frac{1}{\sqrt{6m}}\begin{bmatrix}\sqrt{2} & \sqrt{2} & \sqrt{2}\\ \sqrt{3} & 0 & -\sqrt{3}\\ 1 & -2 & 1\end{bmatrix}\begin{bmatrix}m & 0 & 0\\ 0 & m & 0\\ 0 & 0 & m\end{bmatrix}=\sqrt{\frac{m}{6}}\begin{bmatrix}\sqrt{2} & \sqrt{2} & \sqrt{2}\\ \sqrt{3} & 0 & -\sqrt{3}\\ 1 & -2 & 1\end{bmatrix}$$

用物理坐标表示的系统初始条件向量为

$$\boldsymbol{q}_0=\begin{Bmatrix}0\\0\\0\end{Bmatrix},\quad \dot{\boldsymbol{q}}_0=\begin{Bmatrix}\dot{v}_{01}\\0\\0\end{Bmatrix}\tag{4-3-7}$$

将式(4-3-7)转换到正则坐标形式

$$\bar{\boldsymbol{T}}(0)=\bar{\boldsymbol{A}}^{\mathrm{T}}\boldsymbol{M}\boldsymbol{q}_0=\begin{Bmatrix}0\\0\\0\end{Bmatrix}\tag{4-3-8}$$

$$\dot{\bar{\boldsymbol{T}}}(0)=\bar{\boldsymbol{A}}^{\mathrm{T}}\boldsymbol{M}\dot{\boldsymbol{q}}_0=\sqrt{\frac{m}{6}}\begin{bmatrix}\sqrt{2} & \sqrt{2} & \sqrt{2}\\ \sqrt{3} & 0 & -\sqrt{3}\\ 1 & -2 & 1\end{bmatrix}\begin{Bmatrix}\dot{v}_{01}\\0\\0\end{Bmatrix}=\dot{v}_{01}\sqrt{\frac{m}{6}}\begin{Bmatrix}\sqrt{2}\\\sqrt{3}\\1\end{Bmatrix}\tag{4-3-9}$$

将矩阵式(4-3-8)与矩阵式(4-3-9)中的第一行代入式(4-3-6),第二、三行依次代入式(4-3-2)得

$$\bar{\boldsymbol{T}}(t)=\dot{v}_{01}\sqrt{\frac{m}{6}}\begin{Bmatrix}\sqrt{2}t\\(\sqrt{3}\sin\omega_2 t)/\omega_2\\(\sin\omega_3 t)/\omega_3\end{Bmatrix}\tag{4-3-10}$$

将 $\bar{\boldsymbol{T}}(t)$ 变换到物理坐标,得出

$$\begin{aligned}\boldsymbol{q}=\bar{\boldsymbol{A}}\,\bar{\boldsymbol{T}}(t)&=\frac{1}{\sqrt{6m}}\begin{bmatrix}\sqrt{2} & \sqrt{3} & 1\\ \sqrt{2} & 0 & -2\\ \sqrt{2} & -\sqrt{3} & 1\end{bmatrix}\times\dot{v}_{01}\sqrt{\frac{m}{6}}\begin{Bmatrix}\sqrt{2}t\\(\sqrt{3}\sin\omega_2 t)/\omega_2\\(\sin\omega_3 t)/\omega_3\end{Bmatrix}\\&=\frac{\dot{v}_{01}}{6}\begin{Bmatrix}2t+(3\sin\omega_2 t)/\omega_2+(\sin\omega_3 t)/\omega_3\\2t-(2\sin\omega_3 t)/\omega_3\\2t-(3\sin\omega_2 t)/\omega_2+(\sin\omega_3 t)/\omega_3\end{Bmatrix}\end{aligned}\tag{4-3-11}$$

式(4-3-11)中每一反应的刚体位移分量都等于 $\dot{v}_{01}t/3$。

若系统所有质量块具有相同的初始速度 $\dot{v}_0$,则初始速度向量为 $\dot{\boldsymbol{q}}_0=\{\dot{v}_0\quad \dot{v}_0\quad \dot{v}_0\}^{\mathrm{T}}$;式(4-3-8)~式(4-3-11)分别变为

$$\bar{\boldsymbol{T}}(0)=\begin{Bmatrix}0\\0\\0\end{Bmatrix},\quad \dot{\bar{\boldsymbol{T}}}(0)=\dot{v}_0\sqrt{3m}\begin{Bmatrix}1\\0\\0\end{Bmatrix},\quad \bar{\boldsymbol{T}}(t)=\dot{v}_0 t\sqrt{3m}\begin{Bmatrix}1\\0\\0\end{Bmatrix},\quad \boldsymbol{q}=\dot{v}_0 t\begin{Bmatrix}1\\1\\1\end{Bmatrix}\tag{4-3-12}$$

可见,系统仅发生刚体平动,没有发生振动。

若系统质量块 m_1、m_2 与 m_3 的初始速度分别为 $\dot{v}_0$、0 与 $-\dot{v}_0$,初始位移全为零,则初始速度向量为 $\dot{\boldsymbol{q}}_0=\{\dot{v}_0\quad 0\quad -\dot{v}_0\}^{\mathrm{T}}$;式(4-3-8)~式(4-3-11)分别变为

$$\overline{\boldsymbol{T}}(0)=\begin{Bmatrix}0\\0\\0\end{Bmatrix},\quad \dot{\overline{\boldsymbol{T}}}(0)=\dot{v}_0\sqrt{2m}\begin{Bmatrix}0\\1\\0\end{Bmatrix},\quad \overline{\boldsymbol{T}}(t)=\frac{\sqrt{2m}\,\dot{v}_0\sin\omega_2 t}{\omega_2}\begin{Bmatrix}0\\1\\0\end{Bmatrix},\quad \boldsymbol{q}=\frac{\dot{v}_0\sin\omega_2 t}{\omega_2}\begin{Bmatrix}1\\0\\-1\end{Bmatrix} \tag{4-3-13}$$

此时,初始条件仅激发系统第二阶主振动,可见只要具备合适的初始条件,系统就能独立地发生某一阶主振动,而且是按简谐规律振动。该特性与 4.1 节理论分析结论一致,在连续系统振型正交性与自由振动分析等处均会用到这一主振动特性。

4.4 任意动力荷载作用下无阻尼系统反应分析

无阻尼系统经由正则坐标解耦的正则化方程由式(4-2-14)给出,现直接引用如下

$$\ddot{\overline{T}}_i(t)+\lambda_i\overline{T}_i(t)=\overline{P}_i\quad(i=1,2,\cdots,n) \tag{4-4-1}$$

式中,$\lambda_i=\omega_i^2$。考虑初始条件,由杜哈美积分得式(4-4-1)的解

$$\overline{T}_i(t)=\overline{T}_i(0)\cos\omega_i t+\frac{\dot{\overline{T}}_i(0)}{\omega_i}\sin\omega_i t+\frac{1}{\omega_i}\int_0^t\overline{P}_i(\tau)\sin\omega_i(t-\tau)\mathrm{d}\tau \tag{4-4-2}$$

式(4-4-2)中初始条件 $\overline{T}_i(0)$、$\dot{\overline{T}}_i(0)$ 由式(4-3-3)与式(4-3-4)确定。

当系统第 i 阶振型为刚体振型时,$\lambda_i=0$,相应的运动方程为

$$\ddot{\overline{T}}_i(t)=\overline{P}_i \tag{4-4-3}$$

对 t 积分两次,得

$$\overline{T}_i(t)=\int_0^t\left(\int_0^t\overline{P}_i\mathrm{d}t\right)\mathrm{d}t+C_1t+C_2 \tag{4-4-4}$$

式中,积分常数 C_1、C_2 由刚体运动的初始条件决定。因此,当存在刚体振型时,用式(4-4-4)代替式(4-4-2)计算广义坐标响应。

当广义外荷载 $\overline{P}_i$ 为简谐荷载时,例如 $\overline{P}_i=P_{i0}\sin\overline{\omega}t$,则由式(4-4-2)得

$$\overline{T}_i(t)=\overline{T}_i(0)\cos\omega_i t+\frac{\dot{\overline{T}}_i(0)}{\omega_i}\sin\omega_i t-\frac{P_{i0}\overline{\omega}}{\omega_i(\omega_i^2-\overline{\omega}^2)}\sin\omega_i t+\frac{P_{i0}}{\omega_i^2-\overline{\omega}^2}\sin\overline{\omega}t \tag{4-4-5}$$

式(4-4-5)中前三项都按固有频率 ω_i 振动。其中,第一项与第二项称为自由振动,由初始条件决定;第三项称为伴生自由振动,其振幅与激扰力有关。实际工程中,阻尼将使前三项逐渐消失,从 4.5 节中式(4-5-9)容易看出此特性。最后一项按简谐荷载频率 $\overline{\omega}$ 振动,随荷载作用而继续下去,属于稳态反应。

【例 4-4-1】 如图 4-4-1 所示的三自由度系统,已知,$m_1=m_2=m_3=m$,$k_1=k_2=k_3=k$,质量块 m_2 上作用有简谐激振力 $P_2=P_0\sin\overline{\omega}t$,试计算系统的稳态反应。

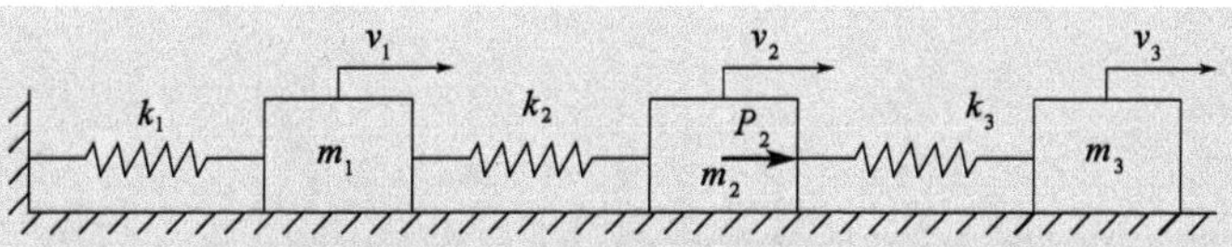

图 4-4-1　三自由度质量-弹簧系统

【解】 根据已知条件可建立系统运动方程

$$\boldsymbol{M}\ddot{\boldsymbol{q}} + \boldsymbol{K}\boldsymbol{q} = \boldsymbol{Q}$$

式中

$$\ddot{\boldsymbol{q}} = \{\ddot{v}_1 \quad \ddot{v}_2 \quad \ddot{v}_3\}^{\mathrm{T}}, \quad \boldsymbol{q} = \{v_1 \quad v_2 \quad v_3\}^{\mathrm{T}}, \quad \boldsymbol{Q} = \{0 \quad P_2 \quad 0\}^{\mathrm{T}}$$

$$\boldsymbol{M} = \begin{bmatrix} m & 0 & 0 \\ 0 & m & 0 \\ 0 & 0 & m \end{bmatrix}, \quad \boldsymbol{K} = \begin{bmatrix} 2k & -k & 0 \\ -k & 2k & -k \\ 0 & -k & k \end{bmatrix}$$

根据例 4-1-1 的计算结果,系统固有频率为

$$\omega_1 = 0.445\sqrt{\frac{k}{m}}, \quad \omega_2 = 1.247\sqrt{\frac{k}{m}}, \quad \omega_3 = 1.802\sqrt{\frac{k}{m}}$$

正则振型矩阵为

$$\overline{\boldsymbol{A}} = \frac{1}{\sqrt{m}}\begin{bmatrix} 0.328 & 0.737 & 0.591 \\ 0.591 & 0.328 & -0.737 \\ 0.737 & -0.591 & 0.328 \end{bmatrix}$$

故有

$$\overline{\boldsymbol{P}} = \overline{\boldsymbol{A}}^{\mathrm{T}}\boldsymbol{Q} = \frac{1}{\sqrt{m}}\begin{bmatrix} 0.328 & 0.591 & 0.737 \\ 0.737 & 0.328 & -0.591 \\ 0.591 & -0.737 & 0.328 \end{bmatrix}\begin{Bmatrix} 0 \\ P_2 \\ 0 \end{Bmatrix} = \frac{P_0\sin\overline{\omega}t}{\sqrt{m}}\begin{Bmatrix} 0.591 \\ 0.328 \\ -0.737 \end{Bmatrix}$$

由杜哈美积分算出正则坐标稳态反应

$$\overline{\boldsymbol{T}}(t) = \begin{Bmatrix} \overline{T_1}(t) \\ \overline{T_2}(t) \\ \overline{T_3}(t) \end{Bmatrix} = \frac{P_0\sin\overline{\omega}t}{\sqrt{m}}\begin{Bmatrix} \dfrac{0.591D_1}{\omega_1^2} \\ \dfrac{0.328D_2}{\omega_2^2} \\ -\dfrac{0.737D_3}{\omega_3^2} \end{Bmatrix}$$

其中,$D_i = \dfrac{1}{1 - \overline{\omega}^2/\omega_i^2}$　$(i = 1,2,3)$。

代入固有频率可得

$$\overline{\boldsymbol{T}}(t)=\frac{P_0\sin\overline{\omega}t\sqrt{m}}{k}\begin{Bmatrix}2.9845D_1\\0.2109D_2\\-0.2270D_3\end{Bmatrix}$$

由正则坐标变换得

$$\boldsymbol{q}=\begin{Bmatrix}v_1\\v_2\\v_3\end{Bmatrix}=\overline{\boldsymbol{A}}\,\overline{\boldsymbol{T}}(t)=\frac{P_0\sin\overline{\omega}t}{k}\begin{Bmatrix}0.9789D_1+0.1554D_2-0.1342D_3\\1.7638D_1+0.0692D_2+0.1673D_3\\2.1996D_1-0.1246D_2-0.0745D_3\end{Bmatrix}$$

由上式可知,当简谐荷载频率 $\overline{\omega}$ 接近或等于系统任意固有频率 ω_i 时,对应的 D_i 很大,系统均发生共振。

4.5 任意动力荷载作用下阻尼系统反应分析

实际结构都有阻尼,但不是所有情况都要考虑它。单自由度系统振动分析表明,当激扰力为冲击荷载时,由于作用时间很短,可略去阻尼作用。对作用于线弹性系统的周期荷载,常用傅立叶级数展开,再按每个简谐分量分别计算。此时对于激扰力频率与自振频率(特别是低阶频率)接近的情形,必须考虑阻尼的作用,本节例4-5-1说明了这种情况。对持续时间较长的一般动荷载,应计入阻尼作用。

前已得出 n 个自由度的阻尼系统强迫振动方程,为了叙述方便,重写如下:

$$\boldsymbol{M}\ddot{\boldsymbol{q}}+\boldsymbol{C}\dot{\boldsymbol{q}}+\boldsymbol{K}\boldsymbol{q}=\boldsymbol{Q} \tag{4-5-1}$$

将正则坐标变换 $\boldsymbol{q}=\overline{\boldsymbol{A}}\,\overline{\boldsymbol{T}}$ 代入式(4-5-1),并前乘 $\overline{\boldsymbol{A}}^{\mathrm{T}}$ 得

$$\overline{\boldsymbol{A}}^{\mathrm{T}}\boldsymbol{M}\overline{\boldsymbol{A}}\,\ddot{\overline{\boldsymbol{T}}}+\overline{\boldsymbol{A}}^{\mathrm{T}}\boldsymbol{C}\overline{\boldsymbol{A}}\,\dot{\overline{\boldsymbol{T}}}+\overline{\boldsymbol{A}}^{\mathrm{T}}\boldsymbol{K}\overline{\boldsymbol{A}}\,\overline{\boldsymbol{T}}=\overline{\boldsymbol{A}}^{\mathrm{T}}\boldsymbol{Q} \tag{4-5-2}$$

由4.1节论述可知,系统各振型关于质量矩阵 $\boldsymbol{M}$ 和刚度矩阵 $\boldsymbol{K}$ 存在正交性,而关于阻尼矩阵 $\boldsymbol{C}$ 不存在正交性,即 $\overline{\boldsymbol{A}}^{\mathrm{T}}\boldsymbol{M}\overline{\boldsymbol{A}}$ 与 $\overline{\boldsymbol{A}}^{\mathrm{T}}\boldsymbol{K}\overline{\boldsymbol{A}}$ 均为对角矩阵,而 $\overline{\boldsymbol{A}}^{\mathrm{T}}\boldsymbol{C}\overline{\boldsymbol{A}}$ 一般为非对角矩阵。故式(4-5-2)仍然存在阻尼耦联,得不出非耦联运动方程。当采用式(4-2-16)给出的坐标变换时,尽管方程(4-5-2)是耦联的,但它的阶数 N 比系统自由度数 n 往往小很多,可用后面介绍的逐步积分法求解此降阶的耦联方程组,实现方程降阶(即自由度缩减)是振型叠加法的优点之一。

对于未经人工设置局部阻尼的弱阻尼结构,可以采用瑞利(Rayleigh)或者考伊(Caughey)阻尼假定,使得阻尼矩阵满足正交性条件,从而实现运动方程的解耦,称这样的阻尼为经典阻尼,对应的系统称为经典阻尼系统。关于考伊阻尼假定可参考文献[21]、[22],本节仅介绍瑞利阻尼假定。

瑞利阻尼假定

$$\boldsymbol{C} = a_0\boldsymbol{M} + a_1\boldsymbol{K} \tag{4-5-3}$$

式中，a_0、a_1 为待定系数。式(4-5-3)将 $\boldsymbol{C}$ 表示为 $\boldsymbol{M}$ 与 $\boldsymbol{K}$ 的线性组合，故也称之为比例阻尼。引入比例阻尼后，可得

$$\overline{\boldsymbol{A}}^{\mathrm{T}}\boldsymbol{C}\overline{\boldsymbol{A}} = \mathrm{diag}(\overline{C}_1, \overline{C}_2, \cdots, \overline{C}_n)$$

式中，$\overline{C}_i(i=1,2,\cdots,n)$为第 i 阶正则振型对应的广义阻尼，且 $\overline{C}_i = a_0\overline{M}_i + a_1\overline{K}_i$。因 $\overline{M}_i = 1$，$\overline{K}_i = \omega_i^2$，故有

$$\overline{C}_i = a_0 + a_1\omega_i^2 \tag{4-5-4}$$

将式(4-5-3)代入式(4-5-2)，并考虑 $\overline{M}_i = 1$ 与 $\overline{K}_i = \omega_i^2$，可得

$$\ddot{\overline{T}}_i(t) + \overline{C}_i\dot{\overline{T}}_i(t) + \omega_i^2\overline{T}_i(t) = \overline{P}_i \quad (i=1,2,\cdots,n) \tag{4-5-5}$$

令 ξ_i 为第 i 阶振型阻尼比，采用与单自由度系统类似的方法定义 $\xi_i = \overline{C}_i/(2\overline{M}_i\omega_i) = \overline{C}_i/(2\omega_i)$，于是有

$$\overline{C}_i = 2\xi_i\omega_i \tag{4-5-6}$$

将式(4-5-6)代入式(4-5-5)得

$$\ddot{\overline{T}}_i(t) + 2\xi_i\omega_i\dot{\overline{T}}_i(t) + \omega_i^2\overline{T}_i(t) = \overline{P}_i \quad (i=1,2,\cdots,n) \tag{4-5-7}$$

方程(4-5-7)解为

$$\begin{aligned}\overline{T}_i(t) = {} & \mathrm{e}^{-\xi_i\omega_i t}\left[\overline{T}_i(0)\cos\omega_{\mathrm{D}i}t + \frac{\dot{\overline{T}}_i(0) + \overline{T}_i(0)\xi_i\omega_i}{\omega_{\mathrm{D}i}}\sin\omega_{\mathrm{D}i}t\right] + \\ & \frac{1}{\omega_{\mathrm{D}i}}\int_0^t \overline{P}_i(\tau)\mathrm{e}^{-\xi_i\omega_i(t-\tau)}\sin\omega_{\mathrm{D}i}(t-\tau)\mathrm{d}\tau\end{aligned} \tag{4-5-8}$$

式(4-5-8)中初始条件 $\overline{T}_i(0)$、$\dot{\overline{T}}_i(0)$ 分别由式(4-3-3)与式(4-3-4)确定。

当 $\overline{P}_i(t) = P_{i0}\sin\overline{\omega}t$ 时，不必用杜哈美积分方法，根据式(3-2-8)可直接得出方程(4-5-7)的解

$$\begin{aligned}\overline{T}_i(t) = {} & \mathrm{e}^{-\xi_i\omega_i t}\left[\overline{T}_i(0)\cos\omega_{\mathrm{D}i}t + \frac{\dot{\overline{T}}_i(0) + \overline{T}_i(0)\xi_i\omega_i}{\omega_{\mathrm{D}i}}\sin\omega_{\mathrm{D}i}t\right] + \\ & \rho_i\mathrm{e}^{-\xi_i\omega_i t}\left[\sin\theta_i\cos\omega_{\mathrm{D}i}t + \frac{\xi_i\omega_i\sin\theta_i - \overline{\omega}\cos\theta_i}{\omega_{\mathrm{D}i}}\sin\omega_{\mathrm{D}i}t\right] + \\ & \rho_i\sin(\overline{\omega}t - \theta_i)\end{aligned} \tag{4-5-9}$$

式中

$$\theta_i = \arctan\left(\frac{2\xi_i\overline{\omega}/\omega_i}{1 - \overline{\omega}^2/\omega_i^2}\right) \tag{4-5-10}$$

$$\rho_i = \frac{P_{i0} D_i}{\overline{K}_i} \tag{4-5-11}$$

其中

$$D_i = \frac{1}{\sqrt{\left(1 - \frac{\overline{\omega}^2}{\omega_i^2}\right)^2 + \left(\frac{2\xi_i \overline{\omega}}{\omega_i}\right)^2}} \tag{4-5-12}$$

正则坐标反应 $\overline{\boldsymbol{T}}(t)$ 求出后，就可由式(4-2-10)求出用物理坐标表述的反应 $\boldsymbol{q}(t)$，这就是前述的振型叠加法。计算证明，对于线性微振动，第一阶振型贡献往往最大，有的算例证明，它占总反应的90%以上，其次是第2,3,…阶振型的贡献，更高阶振型几乎无影响。因此，实际应用振型叠加法时，通常只考虑前 N 阶低阶振型的贡献[见式(4-2-15)与式(4-2-16)]。究竟取多少阶振型计算比较合适，要作比较计算，先计算前 N 阶振型的贡献，再计算前 $N+1$ 阶振型的贡献，若它与前 N 阶振型的贡献相差很小，则可认为前 N 阶振型已近似满足要求。另外，在确保同等计算精度的前提下，还可以采用静力修正法(或振型加速度法，两者是等效的)进一步减少参与振动计算所需的振型阶数，详见文献[20]、[22]。

上面根据瑞利阻尼假定，得出阻尼系统的非耦联运动方程[式(4-5-7)]，其中阻尼比 ξ_i 有待确定，为此首先需要确定系数 a_0 与 a_1。综合式(4-5-4)与式(4-5-6)得到

$$a_0 + a_1 \omega_i^2 = 2\xi_i \omega_i \tag{4-5-13}$$

如果给定某两阶振型阻尼比 ξ_j 与 ξ_k(自振频率是已知的)，可分别代入式(4-5-13)得到关于 a_0、a_1 的联立方程组，求解可得

$$a_0 = \frac{2\omega_j \omega_k (\xi_j \omega_k - \xi_k \omega_j)}{\omega_k^2 - \omega_j^2}, \quad a_1 = \frac{2\xi_k \omega_k - 2\xi_j \omega_j}{\omega_k^2 - \omega_j^2} \tag{4-5-14}$$

实际计算中，常常根据经验或实测值假定两阶振型具有相同的阻尼比 ξ(根据试验数据，这个假设是合理的[22])，于是有

$$a_0 = \frac{2\omega_j \omega_k \xi}{\omega_j + \omega_k}, \quad a_1 = \frac{2\xi}{\omega_j + \omega_k} \tag{4-5-15}$$

文献[22]给出了常见结构的阻尼比建议值。另外，我国《公路桥梁抗风设计规范》(JTG/T 3360-01—2018)与《建筑抗震设计标准(2024年版)》(GB/T 50011—2010)也给出了常见结构阻尼比的建议值，可结合实际情况选用。

确定 a_0、a_1 后，可由式(4-5-3)确定近似的瑞利阻尼矩阵用于第7章的数值计算，也可用下式求出所需阻尼比用于本节的振型叠加法计算。

$$\xi_i = \frac{a_0}{2\omega_i} + \frac{a_1 \omega_i}{2} \tag{4-5-16}$$

为了保证构造的阻尼矩阵合理可靠，在选择阻尼比 ξ_j 与 ξ_k 确定常数 a_0、a_1 时，必须遵循一定的原则，否则构造的阻尼矩阵可能导致计算结果严重失真。为此，下面分析瑞利阻尼的特点。

将瑞利阻尼矩阵分成两项，一项与质量矩阵成正比，一项与刚度矩阵成正比，即

$$\boldsymbol{C} = \boldsymbol{C}_{\mathrm{M}} + \boldsymbol{C}_{\mathrm{K}} \tag{4-5-17}$$

式中，$\boldsymbol{C}_{\mathrm{M}}=a_0\boldsymbol{M}$；$\boldsymbol{C}_{\mathrm{K}}=a_1\boldsymbol{K}$。

相应地，阻尼比也分成两项，与质量成正比项 $\xi_{i\mathrm{M}}$ 和与刚度成正比项 $\xi_{i\mathrm{K}}$，即

$$\xi_i=\xi_{i\mathrm{M}}+\xi_{i\mathrm{K}} \tag{4-5-18}$$

式中，$\xi_{i\mathrm{M}}=\dfrac{a_0}{2\omega_i}$；$\xi_{i\mathrm{K}}=\dfrac{a_1\omega_i}{2}$。

当常数 a_0 和 a_1 确定后，$\xi_{i\mathrm{M}}$ 和 $\xi_{i\mathrm{K}}$ 仅与 ω_i 有关，图 4-5-1 给出了振型阻尼比随固有频率 ω_i 的变化规律曲线。

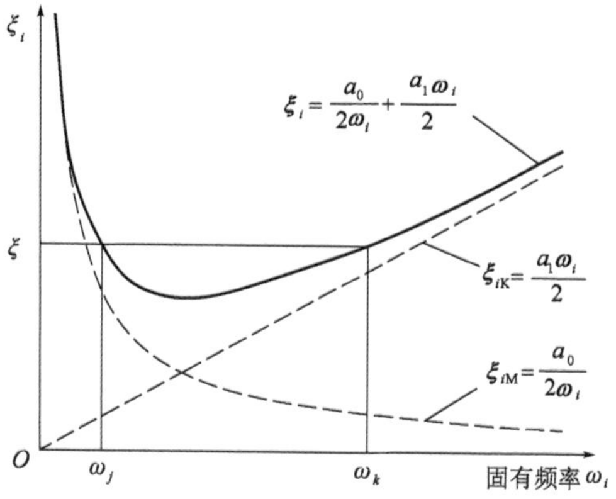

图 4-5-1 振型阻尼比与固有频率关系

由图 4-5-1 可见，当频率趋于零时，$\xi_{i\mathrm{M}}$ 变得无穷大，随着固有频率的增加，$\xi_{i\mathrm{M}}$ 迅速变小；$\xi_{i\mathrm{K}}$ 随固有频率的增加而线性增加。如果单纯采取质量比例阻尼或刚度比例阻尼，上述振型阻尼比随固有频率的变化规律与试验数据不一致，因为试验数据表明，结构的各阶振型大体上具有相同的阻尼比。故常采用质量与刚度线性组合的阻尼比较合适。

瑞利阻尼比 ξ_i 在两个自振频率 ω_j 和 ω_k（用于确定瑞利阻尼常数的振型阻尼比对应的自振频率）点处等于给定的阻尼比 ξ_j 和 ξ_k。若确定阻尼系数 a_0 和 a_1 所用的阻尼比 ξ_j 和 ξ_k 相等（这是工程中常采用的，一般各振型阻尼比取为相同，比如取为 ξ，这一假定是合理的，见图 4-5-1），则当振动固有频率 ω_i 在区间 $[\omega_j,\omega_k]$ 时，阻尼比将小于或等于给定阻尼比，而当固有频率在这一区间之外时，其阻尼比均大于给定阻尼比，而且距离区间越远，阻尼比越大。

因此，确定瑞利阻尼的原则是：选择两个用于确定系数 a_0 和 a_1 的频率点 ω_j 和 ω_k 应覆盖结构分析中感兴趣频率（频段）。感兴趣频率（频段）的确定要根据作用于结构上的外荷载的频率成分和结构的动力特性综合考虑。一般情况下，感兴趣频率（频段）应包含或覆盖对结构动力反应有重要影响的频率（频段）。

在频段 $[\omega_j,\omega_k]$ 内，阻尼比略小于给定的阻尼比 ξ（在 j、k 点有 $\xi=\xi_j=\xi_k$）。这样，在该频段内由于计算的阻尼略小于实际阻尼，结构的反应将略大于实际的反应，这样的计算结果对工程设计而言是安全的。若 ω_j 和 ω_k 选择得好，则可以保证这种增大程度较小。在频段 $[\omega_j,\omega_k]$ 以外，其阻尼比将迅速增大，这些频率成分的振动反应会被抑制，其计算值将远远小于实际值，但这一部分反应通常是不需要考虑的，或可以忽略的。

【例 4-5-1】 图 4-5-2 中各质量块承受简谐荷载 $P_1(t)=P_2(t)=P_3(t)=P_0\sin\overline{\omega}t$ 作用，$\overline{\omega}=1.25\sqrt{k/m}$，阻尼满足瑞利阻尼假定，$m_1=m_2=m_3=m$，$k_1=k_2=k_3=k$。系统各阶阻尼比均取为 0.01。求此系统的稳态反应。

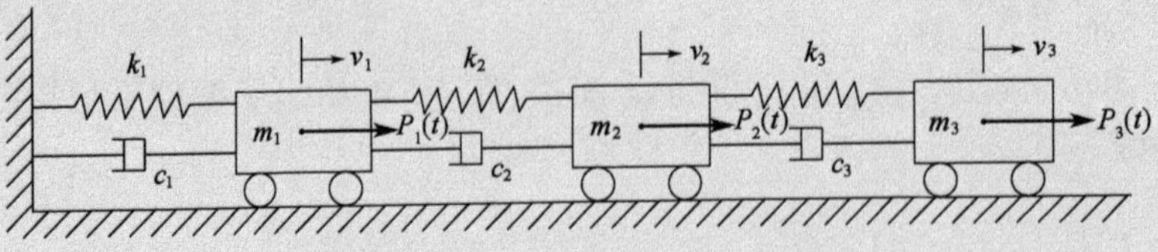

图 4-5-2 多质量-弹簧-阻尼系统示意图

【解】 在例 4-1-1 基础上，本例动力系统增加了阻尼与外荷载，外荷载向量 $\boldsymbol{Q}=P_0\sin\overline{\omega}t\begin{Bmatrix}1\\1\\1\end{Bmatrix}$。

例 4-1-1 已得正则振型矩阵

$$\overline{\boldsymbol{A}}=\frac{1}{\sqrt{m}}\begin{bmatrix}0.328 & 0.737 & 0.591\\0.591 & 0.328 & -0.737\\0.737 & -0.591 & 0.328\end{bmatrix}$$

则

$$\overline{\boldsymbol{P}}=\overline{\boldsymbol{A}}^{\mathrm{T}}\boldsymbol{Q}=\frac{1}{\sqrt{m}}\begin{bmatrix}0.328 & 0.591 & 0.737\\0.737 & 0.328 & -0.591\\0.591 & -0.737 & 0.328\end{bmatrix}\times P_0\sin\overline{\omega}t\begin{Bmatrix}1\\1\\1\end{Bmatrix}=\frac{P_0\sin\overline{\omega}t}{\sqrt{m}}\begin{Bmatrix}1.656\\0.474\\0.182\end{Bmatrix}$$

例 4-1-1 中已求出系统自振圆频率

$$\omega_1=0.445\sqrt{k/m},\quad \omega_2=1.247\sqrt{k/m},\quad \omega_3=1.802\sqrt{k/m}$$

故有

$$\overline{K}_1=\omega_1^2=0.198k/m,\quad \overline{K}_2=\omega_2^2=1.555k/m,\quad \overline{K}_3=\omega_3^2=3.247k/m$$

取 $\xi_1=\xi_3=0.01$，将 $\omega_1=0.445\sqrt{k/m}$ 与 $\omega_3=1.802\sqrt{k/m}$ 一并代入式(4-5-15)求得 $a_0=0.007137\sqrt{k/m}$，$a_1=0.008901\sqrt{m/k}$。进而由式(4-5-16)确定 $\xi_2=0.0084$。

$$D_1=\frac{1}{\sqrt{\left(1-\frac{\overline{\omega}^2}{\omega_1^2}\right)^2+\left(\frac{2\xi_1\overline{\omega}}{\omega_1}\right)^2}}=\frac{1}{\sqrt{\left(1-\frac{1.5625}{0.198}\right)^2+\left(2\times0.01\times\frac{1.25}{0.445}\right)^2}}=0.1451$$

$$D_2=\frac{1}{\sqrt{\left(1-\frac{\overline{\omega}^2}{\omega_2^2}\right)^2+\left(\frac{2\xi_2\overline{\omega}}{\omega_2}\right)^2}}=\frac{1}{\sqrt{\left(1-\frac{1.5625}{1.555}\right)^2+\left(2\times0.0084\times\frac{1.25}{1.247}\right)^2}}=57.086$$

$$D_3=\frac{1}{\sqrt{\left(1-\frac{\overline{\omega}^2}{\omega_3^2}\right)^2+\left(\frac{2\xi_3\overline{\omega}}{\omega_3}\right)^2}}=\frac{1}{\sqrt{\left(1-\frac{1.5625}{3.247}\right)^2+\left(2\times0.01\times\frac{1.25}{1.802}\right)^2}}=1.9269$$

$$\theta_1 = \arctan\left(\frac{2\xi_1\overline{\omega}/\omega_1}{1-\overline{\omega}^2/\omega_1^2}\right) = \arctan\left(\frac{2\times 0.01\times\frac{1.25}{0.445}}{1-\frac{1.5625}{0.198}}\right) = \arctan\left(-0.008152\right) = -0.0081\ (\mathrm{rad})$$

$$\theta_2 = \arctan\left(\frac{2\xi_2\overline{\omega}/\omega_2}{1-\overline{\omega}^2/\omega_2^2}\right) = \arctan\left(\frac{2\times 0.0084\times\frac{1.25}{1.247}}{1-\frac{1.5625}{1.555}}\right) = \arctan\left(-3.49158\right) = -1.2919\ (\mathrm{rad})$$

$$\theta_3 = \arctan\left(\frac{2\xi_3\overline{\omega}/\omega_3}{1-\overline{\omega}^2/\omega_3^2}\right) = \arctan\left(\frac{2\times 0.01\times\frac{1.25}{1.802}}{1-\frac{1.5625}{3.247}}\right) = \arctan\left(0.02674\right) = 0.0267\ (\mathrm{rad})$$

由式(4-5-9)的第三项计算用正则坐标表示的稳态响应如下：

$$\overline{T}_1(t) = \frac{P_{10}D_1}{\overline{K}_1}\sin(\overline{\omega}t-\theta_1) = \frac{1.656\times 0.1451}{0.198k/m}\frac{P_0}{\sqrt{m}}\sin(\overline{\omega}t-\theta_1) = 1.214P_0\sqrt{m}\sin(\overline{\omega}t-\theta_1)/k$$

$$\overline{T}_2(t) = \frac{P_{20}D_2}{\overline{K}_2}\sin(\overline{\omega}t-\theta_2) = \frac{0.474\times 57.086}{1.555k/m}\frac{P_0}{\sqrt{m}}\sin(\overline{\omega}t-\theta_2) = 17.401P_0\sqrt{m}\sin(\overline{\omega}t-\theta_2)/k$$

$$\overline{T}_3(t) = \frac{P_{30}D_3}{\overline{K}_3}\sin(\overline{\omega}t-\theta_3) = \frac{0.182\times 1.9269}{3.247k/m}\frac{P_0}{\sqrt{m}}\sin(\overline{\omega}t-\theta_3) = 0.108P_0\sqrt{m}\sin(\overline{\omega}t-\theta_3)/k$$

则用原始物理坐标表示的系统稳态反应为

$$\boldsymbol{q} = \begin{Bmatrix} v_1 \\ v_2 \\ v_3 \end{Bmatrix} = \overline{\boldsymbol{A}}\,\overline{\boldsymbol{T}} = \frac{1}{\sqrt{m}}\begin{bmatrix} 0.328 & 0.737 & 0.591 \\ 0.591 & 0.328 & -0.737 \\ 0.737 & -0.591 & 0.328 \end{bmatrix}\begin{Bmatrix} 1.214P_0\sqrt{m}\sin(\overline{\omega}t-\theta_1)/k \\ 17.401P_0\sqrt{m}\sin(\overline{\omega}t-\theta_2)/k \\ 0.108P_0\sqrt{m}\sin(\overline{\omega}t-\theta_3)/k \end{Bmatrix}$$

$$= \frac{P_0}{k}\begin{Bmatrix} 0.398\sin(\overline{\omega}t-\theta_1) + 12.825\sin(\overline{\omega}t-\theta_2) + 0.064\sin(\overline{\omega}t-\theta_3) \\ 0.717\sin(\overline{\omega}t-\theta_1) + 5.708\sin(\overline{\omega}t-\theta_2) - 0.080\sin(\overline{\omega}t-\theta_3) \\ 0.895\sin(\overline{\omega}t-\theta_1) - 10.284\sin(\overline{\omega}t-\theta_2) + 0.035\sin(\overline{\omega}t-\theta_3) \end{Bmatrix}$$

本例中系统受简谐外荷载作用，$\overline{T}_i(t)$为简谐量，其频率为外荷载频率，幅值为$P_{i0}D_i/\overline{K}_i$，幅值大小影响着该振型对总响应的贡献程度。D_i为动力系数，当系统某阶固有频率ω_i接近外荷载频率时，对应D_i非常大，发生共振现象；当系统某阶固有频率ω_i超过并远大于外荷载频率时，对应D_i趋近1。P_{i0}为广义外荷载幅值，由原始外荷载幅值及其空间分布确定（由原始外荷载向量与振型矩阵共同决定），该值不会随着振型阶次增大而持续增长，而广义刚度$\overline{K}_i$随着振型阶次增大而不断变大，故广义静位移项$P_{i0}/\overline{K}_i$总体来说是随着振型阶次增大而减小。因此，当系统某阶固有频率ω_i超过并远大于外荷载频率时，$\overline{T}_i(t)$的幅值$P_{i0}D_i/\overline{K}_i$总体来说是越来越小，该阶振型对总响应的贡献也越来越低。本例中第二阶振型对反应的贡献最大，第三阶振型贡献最小，这是因为激扰力作用频率$\overline{\omega}=1.25\sqrt{k/m}$与$\omega_2=1.247\sqrt{k/m}$接近。

此外，若不计阻尼，则

$$D_1=\frac{1}{\sqrt{\left(1-\frac{\overline{\omega}^2}{\omega_1^2}\right)^2}}=\frac{1}{\sqrt{\left(1-\frac{1.5625}{0.198}\right)^2}}=0.145$$

$$D_2=\frac{1}{\sqrt{\left(1-\frac{\overline{\omega}^2}{\omega_2^2}\right)^2}}=\frac{1}{\sqrt{\left(1-\frac{1.5625}{1.555}\right)^2}}=207.33$$

$$D_3=\frac{1}{\sqrt{\left(1-\frac{\overline{\omega}^2}{\omega_3^2}\right)^2}}=\frac{1}{\sqrt{\left(1-\frac{1.5625}{3.247}\right)^2}}=1.928$$

可见,忽略阻尼,D_1 与 D_3 变化不大,而 D_2 明显增大;阻尼对共振区反应的影响很大,对远离共振区的反应影响很小。

本例仅讨论单一频率简谐荷载作用于多自由度结构的振动规律。对于任意动荷载,根据 3.7 节频域分析思想可以将任意动荷载近似看成周期很大的周期性荷载,从而将其展开为许多简谐荷载分量项。每个简谐荷载分量的作用效果与本例的讨论特性一致。本节从实例分析出发,说明对于大多数荷载,通常低阶振型对反应贡献较大,而高阶振型的贡献趋于减少,实际分析时可根据计算精度需求试算出所需振型阶数,一般取感兴趣最高频率的 2 倍作为截断振型的频率。

通过本章论述可知,振型叠加法仅需考虑部分振型的响应贡献,因而具有计算效率高的优点。但其也存在其局限性,主要表现在:①由于采用了叠加原理,因此原则上仅适用于分析线弹性系统的动力问题;②由于只有在阻尼正交的条件下才能实现方程的解耦,对实际工程中存在的大量不满足阻尼正交条件的问题,只能采用额外的近似处理方法,如本节假定瑞利阻尼,或采用复振型分析方法(即状态空间法)。

4.6 复振型分析方法

在实际工程中,有许多结构为非经典阻尼系统,如土-结构相互作用系统、流体-结构相互作用系统、由阻尼截然不同的材料组成的结构(如钢-混凝土结构)以及设置耗能装置的减振控制系统等,采用可以实现阻尼解耦的经典阻尼模型并不能恰当地反映这些结构的实际阻尼特性。复振型分析方法(也称为复模态分析方法)为解决非经典阻尼系统的解耦问题提供了一条有效途径。

4.6.1 系统的状态方程

在描述系统运动的所有变量中,必定可以找到数目最小的一组变量,它们足以描述系统的全部运动,这组变量称为系统的状态变量。对于一般的线性动力系统,其任一时刻的状态都可以用该时刻的位移和速度表示。例如,对于单摆的振动,已知位移可确定某时刻单摆的位置,但该时刻存在两种可能的运动方向(上摆或者下摆),只有进一步给出速度才能完全确定单摆在该时刻的运动状态,这与系统运动初始条件包含初始位移与速度是同一道理。因此,位移和速度就构成了该系统的状态变量。由状态变量组成的空间称为状态空间。对于 n 个自由度的二阶系统(其运动方程为二阶微分方程,故称为二阶系统),当采用 n 个位移和 n 个速度状态变量描述其运动状态时,该系统可转换为由 $2n$ 个状态变量描述的一阶系统。系统某一时刻的状态由一个 $2n$ 维状态向量表述,全部状态向量构成了一个 $2n$ 维的状态空间。也就是说,系统的任意时刻的状态可以用状态空间中的一个点表示。

一个具有非经典阻尼的 n 个自由度系统运动方程为

$$\boldsymbol{M}\ddot{\boldsymbol{q}}+\boldsymbol{C}\dot{\boldsymbol{q}}+\boldsymbol{K}\boldsymbol{q}=\boldsymbol{Q} \tag{4-6-1}$$

该系统的状态向量为

$$\boldsymbol{s}=\begin{Bmatrix}\boldsymbol{q}\\ \dot{\boldsymbol{q}}\end{Bmatrix} \tag{4-6-2}$$

则有

$$\dot{\boldsymbol{s}}=\begin{Bmatrix}\dot{\boldsymbol{q}}\\ \ddot{\boldsymbol{q}}\end{Bmatrix} \tag{4-6-3}$$

补充恒等式 $\boldsymbol{M}\dot{\boldsymbol{q}}-\boldsymbol{M}\dot{\boldsymbol{q}}=\boldsymbol{0}$,式(4-6-1)可写成关于状态向量 $\boldsymbol{s}$ 的一阶微分方程

$$\boldsymbol{M}_{\mathrm{e}}\dot{\boldsymbol{s}}+\boldsymbol{K}_{\mathrm{e}}\boldsymbol{s}=\boldsymbol{Q}_{\mathrm{e}} \tag{4-6-4}$$

式中,$\boldsymbol{M}_{\mathrm{e}}=\begin{bmatrix}\boldsymbol{C} & \boldsymbol{M}\\ \boldsymbol{M} & \boldsymbol{0}\end{bmatrix}$,$\boldsymbol{K}_{\mathrm{e}}=\begin{bmatrix}\boldsymbol{K} & \boldsymbol{0}\\ \boldsymbol{0} & -\boldsymbol{M}\end{bmatrix}$,$\boldsymbol{Q}_{\mathrm{e}}=\begin{Bmatrix}\boldsymbol{Q}\\ \boldsymbol{0}\end{Bmatrix}$。式(4-6-4)称为系统振动的状态方程。

4.6.2 复特征值与复特征向量

在式(4-6-4)中,令 $\boldsymbol{Q}_{\mathrm{e}}=\boldsymbol{0}$,即可得到系统自由振动方程

$$\boldsymbol{M}_{\mathrm{e}}\dot{\boldsymbol{s}}+\boldsymbol{K}_{\mathrm{e}}\boldsymbol{s}=\boldsymbol{0} \tag{4-6-5}$$

设方程(4-6-5)的解为

$$\boldsymbol{s}=\begin{Bmatrix}\boldsymbol{q}\\ \dot{\boldsymbol{q}}\end{Bmatrix}=\begin{Bmatrix}\boldsymbol{\phi}\\ \lambda\,\boldsymbol{\phi}\end{Bmatrix}\mathrm{e}^{\lambda t}=\boldsymbol{A}\mathrm{e}^{\lambda t} \tag{4-6-6}$$

式中,$\boldsymbol{A}=\begin{Bmatrix}\boldsymbol{\phi}\\ \lambda\boldsymbol{\phi}\end{Bmatrix}$。

将式(4-6-6)代入式(4-6-5),可得

$$(\boldsymbol{K}_{\mathrm{e}}+\lambda\boldsymbol{M}_{\mathrm{e}})\boldsymbol{A}=\boldsymbol{0} \tag{4-6-7}$$

式(4-6-7)表述了矩阵 $\boldsymbol{M}_{\mathrm{e}}$、$\boldsymbol{K}_{\mathrm{e}}$ 的广义特征值问题。这是一个实系数的 $2n$ 阶复特征值问题。由于矩阵 $\boldsymbol{M}$、$\boldsymbol{C}$ 与 $\boldsymbol{K}$ 均为 n 阶对称阵,故 $\boldsymbol{M}_{\mathrm{e}}$ 与 $\boldsymbol{K}_{\mathrm{e}}$ 必定是 $2n$ 阶对称阵。

对于低阻尼系统(经典阻尼或非经典阻尼系统),求解特征方程 $|\boldsymbol{K}_{\mathrm{e}}+\lambda\boldsymbol{M}_{\mathrm{e}}|=0$,可得 n 对($2n$ 个)共轭的复数特征值,即

$$\lambda_i=\alpha_i+\mathrm{i}\beta_i,\quad \overline{\lambda}_i=\alpha_i-\mathrm{i}\beta_i\quad (i=1,2,\cdots,n) \tag{4-6-8}$$

式中,$\mathrm{i}=\sqrt{-1}$;α_i、β_i 分别为 λ_i 的实部与虚部,α_i 和 $-\beta_i$ 分别为 $\overline{\lambda}_i$ 的实部与虚部。对于低阻尼系统,α_i 为负值。对照3.1节低阻尼系统特征值,可令 $\alpha_i=-\xi_i\omega_i$,$\beta_i=\omega_i\sqrt{1-\xi_i^2}$,从而将式(4-6-8)改写为

$$\lambda_i = -\xi_i\omega_i + \mathrm{i}\omega_i\sqrt{1-\xi_i^2},\quad \overline{\lambda}_i = -\xi_i\omega_i - \mathrm{i}\omega_i\sqrt{1-\xi_i^2}\quad (i=1,2,\cdots,n) \tag{4-6-9}$$

式中,ω_i 称为第 i 阶虚拟无阻尼系统固有圆频率;令 $\omega_{\mathrm{D}i}=\omega_i\sqrt{1-\xi_i^2}$,称之为有阻尼系统固有圆频率;$\xi_i$ 为第 i 阶振型阻尼比。这里加“虚拟”二字,是因为对于非经典阻尼系统,ω_i 是系统阻尼大小的函数,与相应的无阻尼系统固有频率是有区别的,具体对比见例 4-6-1;对于经典阻尼系统,ω_i 才等于无阻尼固有频率。

由式(4-6-8)与式(4-6-9)可得

$$\omega_i = \sqrt{\alpha_i^2+\beta_i^2},\quad \xi_i = -\frac{\alpha_i}{\sqrt{\alpha_i^2+\beta_i^2}} \tag{4-6-10}$$

对于超阻尼系统,不管是经典阻尼还是非经典阻尼系统,复特征值出现负值(例如单自由度超阻尼系统的特征值就是负的,见 3.1 节),对应的复特征向量为实向量,具体见例 4-6-1。

与 λ_i 和 $\overline{\lambda}_i$ 对应的复特征向量分别为

$$\boldsymbol{A}_i = \begin{Bmatrix}\boldsymbol{\phi}_i\\ \lambda_i\boldsymbol{\phi}_i\end{Bmatrix},\quad \overline{\boldsymbol{A}}_i = \begin{Bmatrix}\overline{\boldsymbol{\phi}}_i\\ \overline{\lambda}_i\overline{\boldsymbol{\phi}}_i\end{Bmatrix} \tag{4-6-11}$$

式中,$\overline{\boldsymbol{\phi}}_i$为 $\boldsymbol{\phi}_i$的共轭向量。

记

$$\boldsymbol{\lambda}_{\mathrm{e}} = \mathrm{diag}(\lambda_1,\ \overline{\lambda}_1,\ \cdots,\ \lambda_n,\ \overline{\lambda}_n) \tag{4-6-12}$$

称之为复特征值矩阵,式(4-6-12)中的 n 对复特征值按各自对应的 ω_i 从小到大排列,与之对应的状态空间复振型矩阵记为

$$\boldsymbol{A}_{\mathrm{e}} = [\boldsymbol{A}_1\ \ \overline{\boldsymbol{A}}_1\ \ \cdots\ \ \boldsymbol{A}_n\ \ \overline{\boldsymbol{A}}_n] \tag{4-6-13}$$

为了后面表述方便,将 $\boldsymbol{\lambda}_{\mathrm{e}}$ 的第 i 个对角元素记为 $\lambda_{\mathrm{e}i}$,将 $\boldsymbol{A}_{\mathrm{e}}$ 的第 i 个列向量记为 $\boldsymbol{A}_{\mathrm{e}i}$,($\lambda_{\mathrm{e}i}$,$\boldsymbol{A}_{\mathrm{e}i}$)构成了一个复特征对。

【例 4-6-1】 如图 4-6-1 所示,某三自由度的多刚体系统,质量与弹簧参数为 $m_1=m_2=m_3=m$,$k_1=k_2=k_3=k$,三个阻尼器的阻尼系数 $c_i=\eta_i\sqrt{km}$($i=1,2,3$)。分别考虑不同的阻尼取值,确定该系统的复特征值与复特征向量。

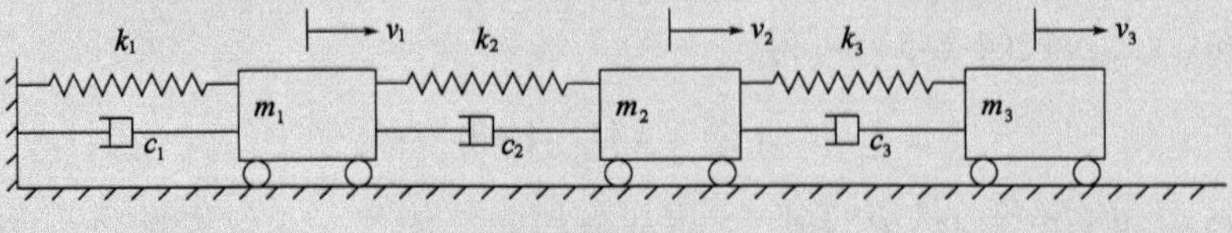

图 4-6-1 三自由度弹簧-质量-阻尼系统

【解】 系统质量、刚度、阻尼矩阵分别为

$$\boldsymbol{M}=\begin{bmatrix}m&0&0\\0&m&0\\0&0&m\end{bmatrix},\quad \boldsymbol{K}=\begin{bmatrix}2k&-k&0\\-k&2k&-k\\0&-k&k\end{bmatrix},\quad \boldsymbol{C}=\begin{bmatrix}c_1+c_2&-c_2&0\\-c_2&c_2+c_3&-c_3\\0&-c_3&c_3\end{bmatrix}$$

令 $\boldsymbol{s}=\{v_1\ \ v_2\ \ v_3\ \ \dot{v}_1\ \ \dot{v}_2\ \ \dot{v}_3\}^{\mathrm{T}}$,则 $\dot{\boldsymbol{s}}=\{\dot{v}_1\ \ \dot{v}_2\ \ \dot{v}_3\ \ \ddot{v}_1\ \ \ddot{v}_2\ \ \ddot{v}_3\}^{\mathrm{T}}$,可得到系统自由振动的状态方程[式(4-6-5)],其中

$$
\boldsymbol{M}_{\mathrm{e}}=\begin{bmatrix} c_1+c_2 & -c_2 & 0 & m & 0 & 0 \\ -c_2 & c_2+c_3 & -c_3 & 0 & m & 0 \\ 0 & -c_3 & c_3 & 0 & 0 & m \\ m & 0 & 0 & 0 & 0 & 0 \\ 0 & m & 0 & 0 & 0 & 0 \\ 0 & 0 & m & 0 & 0 & 0 \end{bmatrix},\quad \boldsymbol{K}_{\mathrm{e}}=\begin{bmatrix} 2k & -k & 0 & 0 & 0 & 0 \\ -k & 2k & -k & 0 & 0 & 0 \\ 0 & -k & k & 0 & 0 & 0 \\ 0 & 0 & 0 & -m & 0 & 0 \\ 0 & 0 & 0 & 0 & -m & 0 \\ 0 & 0 & 0 & 0 & 0 & -m \end{bmatrix}
$$

为了考察非经典低阻尼系统的复特征值问题，取 $c_1=0.5\sqrt{km}$，$c_2=0.5\sqrt{km}$，$c_3=\sqrt{km}$。此时，阻尼矩阵 $\boldsymbol{C}$ 不能表示为 $\boldsymbol{M}$ 与 $\boldsymbol{K}$ 的线性组合，故为非经典阻尼系统。求解 $|\boldsymbol{K}_{\mathrm{e}}+\lambda\boldsymbol{M}_{\mathrm{e}}|=0$ 可得复特征值如下：

$$
\lambda_1=(-0.0546+0.4428\mathrm{i})\sqrt{k/m},\quad \bar{\lambda}_1=(-0.0546-0.4428\mathrm{i})\sqrt{k/m}
$$

$$
\lambda_2=(-0.5905+1.2210\mathrm{i})\sqrt{k/m},\quad \bar{\lambda}_2=(-0.5905-1.2210\mathrm{i})\sqrt{k/m}
$$

$$
\lambda_3=(-1.1049+1.2290\mathrm{i})\sqrt{k/m},\quad \bar{\lambda}_3=(-1.1049-1.2290\mathrm{i})\sqrt{k/m}
$$

根据式(4-6-10)可求得 $\omega_1=0.4461\sqrt{k/m}$，$\omega_2=1.3563\sqrt{k/m}$，$\omega_3=1.6526\sqrt{k/m}$；$\xi_1=0.1224$，$\xi_2=0.4354$，$\xi_3=0.6686$。从而得到 $\omega_{\mathrm{D1}}=0.4428\sqrt{k/m}$，$\omega_{\mathrm{D2}}=1.2210\sqrt{k/m}$，$\omega_{\mathrm{D3}}=1.2290\sqrt{k/m}$。

相应的复特征向量为

$$
\boldsymbol{A}_1=\begin{Bmatrix} 1 \\ 1.8005-0.0043\mathrm{i} \\ 2.2104-0.1045\mathrm{i} \\ (-0.0546+0.4428\mathrm{i})\sqrt{k/m} \\ (-0.0964+0.7975\mathrm{i})\sqrt{k/m} \\ (-0.0745+0.9844\mathrm{i})\sqrt{k/m} \end{Bmatrix},\quad \bar{\boldsymbol{A}}_1=\begin{Bmatrix} 1 \\ 1.8005+0.0043\mathrm{i} \\ 2.2104+0.1045\mathrm{i} \\ (-0.0546-0.4428\mathrm{i})\sqrt{k/m} \\ (-0.0964-0.7975\mathrm{i})\sqrt{k/m} \\ (-0.0745-0.9844\mathrm{i})\sqrt{k/m} \end{Bmatrix}
$$

$$
\boldsymbol{A}_2=\begin{Bmatrix} 1 \\ 0.0614-0.3669\mathrm{i} \\ -0.5634+0.2726\mathrm{i} \\ (-0.5905+1.2210\mathrm{i})\sqrt{k/m} \\ (0.4117+0.2916\mathrm{i})\sqrt{k/m} \\ (-0.0002-0.8489\mathrm{i})\sqrt{k/m} \end{Bmatrix},\quad \bar{\boldsymbol{A}}_2=\begin{Bmatrix} 1 \\ 0.0614+0.3669\mathrm{i} \\ -0.5634-0.2726\mathrm{i} \\ (-0.5905-1.2210\mathrm{i})\sqrt{k/m} \\ (0.4117-0.2916\mathrm{i})\sqrt{k/m} \\ (-0.0002+0.8489\mathrm{i})\sqrt{k/m} \end{Bmatrix}
$$

$$
A_3=\begin{Bmatrix} 1 \\ -1.1120-1.7951\mathrm{i} \\ 0.3531+1.6561\mathrm{i} \\ (-1.1049+1.2290\mathrm{i})\sqrt{k/m} \\ (3.4348+0.6168\mathrm{i})\sqrt{k/m} \\ (-2.4254-1.3958\mathrm{i})\sqrt{k/m} \end{Bmatrix},\quad \bar{\boldsymbol{A}}_3=\begin{Bmatrix} 1 \\ -1.1120+1.7951\mathrm{i} \\ 0.3531-1.6561\mathrm{i} \\ (-1.1049-1.2290\mathrm{i})\sqrt{k/m} \\ (3.4348-0.6168\mathrm{i})\sqrt{k/m} \\ (-2.4254+1.3958\mathrm{i})\sqrt{k/m} \end{Bmatrix}
$$

同理,选取不同的阻尼参数,可得到无阻尼系统(阻尼系数 c_i 全取为零)、经典低阻尼系统(参考例 4-5-1,将瑞利阻尼矩阵取为 $\boldsymbol{C}=0.007137\sqrt{k/m}\boldsymbol{M}+0.008901\sqrt{m/k}\boldsymbol{K}$),并求解对应复特征值与复特征向量,见表 4-6-1。

复特征值与复特征向量计算结果 表 4-6-1

无阻尼系统	经典低阻尼系统	非经典低阻尼系统
$\lambda_1=(0+0.4450\mathrm{i})\sqrt{k/m}$	$\lambda_1=(-0.0044+0.4450\mathrm{i})\sqrt{k/m}$	$\lambda_1=(-0.0546+0.4428\mathrm{i})\sqrt{k/m}$
$\omega_1=0.4450\sqrt{k/m}$	$\omega_1=0.4450\sqrt{k/m}$	$\omega_1=0.4461\sqrt{k/m}$
$\omega_{\mathrm{D1}}=0.4450\sqrt{k/m}$	$\omega_{\mathrm{D1}}=0.4450\sqrt{k/m}$	$\omega_{\mathrm{D1}}=0.4428\sqrt{k/m}$
$\xi_1=0$	$\xi_1=0.0100$	$\xi_1=0.1224$
$\boldsymbol{\phi}_1=\{1\quad 1.8019\quad 2.2470\}^{\mathrm{T}}$	$\boldsymbol{\phi}_1=\{1\quad 1.8019\quad 2.2470\}^{\mathrm{T}}$	$\boldsymbol{\phi}_1=\{1\quad 1.8005-0.0043\mathrm{i}\quad 2.2104-0.1045\mathrm{i}\}^{\mathrm{T}}$
$\lambda_2=(0+1.2470\mathrm{i})\sqrt{k/m}$	$\lambda_2=(-0.0105+1.2469\mathrm{i})\sqrt{k/m}$	$\lambda_2=(-0.5905+1.2210\mathrm{i})\sqrt{k/m}$
$\omega_2=1.2470\sqrt{k/m}$	$\omega_2=1.2470\sqrt{k/m}$	$\omega_2=1.3563\sqrt{k/m}$
$\omega_{\mathrm{D2}}=1.2470\sqrt{k/m}$	$\omega_{\mathrm{D2}}=1.2469\sqrt{k/m}$	$\omega_{\mathrm{D2}}=1.2210\sqrt{k/m}$
$\xi_2=0$	$\xi_2=0.0084$	$\xi_2=0.4354$
$\boldsymbol{\phi}_2=\{1\quad 0.4450\quad -0.8019\}^{\mathrm{T}}$	$\boldsymbol{\phi}_2=\{1\quad 0.4450\quad -0.8019\}^{\mathrm{T}}$	$\boldsymbol{\phi}_2=\{1\quad 0.0614-0.3669\mathrm{i}\quad -0.5634+0.2726\mathrm{i}\}^{\mathrm{T}}$
$\lambda_3=(0+1.8019\mathrm{i})\sqrt{k/m}$	$\lambda_3=(-0.0180+1.8018\mathrm{i})\sqrt{k/m}$	$\lambda_3=(-1.1049+1.2290\mathrm{i})\sqrt{k/m}$
$\omega_3=1.8019\sqrt{k/m}$	$\omega_3=1.8019\sqrt{k/m}$	$\omega_3=1.6526\sqrt{k/m}$
$\omega_{\mathrm{D3}}=1.8019\sqrt{k/m}$	$\omega_{\mathrm{D3}}=1.8018\sqrt{k/m}$	$\omega_{\mathrm{D3}}=1.2290\sqrt{k/m}$
$\xi_3=0$	$\xi_3=0.0100$	$\xi_3=0.6686$
$\boldsymbol{\phi}_3=\{1\quad -1.2470\quad 0.5550\}^{\mathrm{T}}$	$\boldsymbol{\phi}_3=\{1\quad -1.2470\quad 0.5550\}^{\mathrm{T}}$	$\boldsymbol{\phi}_3=\{1\quad -1.1120-1.7951\mathrm{i}\quad 0.3531+1.6561\mathrm{i}\}^{\mathrm{T}}$

注:表中仅列出了 λ_i 与 $\boldsymbol{\phi}_i$,与之共轭的 $\overline{\lambda}_i$ 与 $\overline{\boldsymbol{\phi}}_i$ 未列出。

从计算结果可以看出:(1)低阻尼或无阻尼系统的复特征值与复特征向量均成对出现,λ_i 与 $\overline{\lambda}_i$ 互为共轭,$\boldsymbol{A}_i$ 与 $\overline{\boldsymbol{A}}_i$ 互为共轭。(2)对于无阻尼系统,复特征值均为纯虚数,ω_i、$\boldsymbol{\phi}_i$ 与例 4-1-1 计算结果一致。(3)对于经典低阻尼系统,每一对复特征值的模都等于相应的无阻尼系统固有圆频率 ω_i,有阻尼系统固有圆频率 $\omega_{\mathrm{D}i}$ 总是小于对应的 ω_i,$\boldsymbol{\phi}_i$ 为实向量,且与无阻尼系统的相应向量相同。故在经典低阻尼系统振型叠加法中使用无阻尼系统的固有频率与特征向量。(4)对于非经典低阻尼系统,虚拟无阻尼系统固有频率与相应无阻尼系统固有圆频率不相等,虚拟固有频率与系统阻尼大小有关。

为了保持理论分析的完整性,继续讨论超阻尼系统的复特征值与复特征向量。当三个黏滞阻尼器阻尼系数相同时,阻尼矩阵与刚度矩阵成正比,系统阻尼为经典阻尼。同时,计算表明当 $\eta_i \geqslant 1.11$ 时,该系统的复特征值与复特征向量的特点发生“突变”,此时系统为经典超阻尼系统。这里取 $\eta_1=\eta_2=\eta_3=1.5$,计算该系统的复特征值与复特征向量,具体结果如下:

$$\boldsymbol{\lambda}_e=\sqrt{\frac{k}{m}}\begin{bmatrix}-0.1485+0.4195i & 0 & 0 & 0 & 0 & 0\\ 0 & -0.1485-0.4195i & 0 & 0 & 0 & 0\\ 0 & 0 & -1.1662+0.4415i & 0 & 0 & 0\\ 0 & 0 & 0 & -1.1662-0.4415i & 0 & 0\\ 0 & 0 & 0 & 0 & -4.0733 & 0\\ 0 & 0 & 0 & 0 & 0 & -0.7971\end{bmatrix}$$

$$\boldsymbol{A}_e=\begin{bmatrix}1 & 1 & 1 & 1 & 1 & 1\\ 1.8019 & 1.8019 & 0.4450 & 0.4450 & -1.2470 & -1.2470\\ 2.2470 & 2.2470 & -0.8019 & -0.8019 & 0.5550 & 0.5550\\ (-0.1485+0.4195i)\sqrt{k/m} & (-0.1485-0.4195i)\sqrt{k/m} & (-1.1662+0.4415i)\sqrt{k/m} & (-1.1662-0.4415i)\sqrt{k/m} & -4.0733\sqrt{k/m} & -0.7971\sqrt{k/m}\\ (-0.2677+0.7559i)\sqrt{k/m} & (-0.2677-0.7559i)\sqrt{k/m} & (-0.5190+0.1965i)\sqrt{k/m} & (-0.5190-0.1965i)\sqrt{k/m} & 5.0794\sqrt{k/m} & 0.9940\sqrt{k/m}\\ (-0.3338+0.9427i)\sqrt{k/m} & (-0.3338-0.9427i)\sqrt{k/m} & (0.9352-0.3540i)\sqrt{k/m} & (0.9352+0.3540i)\sqrt{k/m} & -2.2605\sqrt{k/m} & -0.4424\sqrt{k/m}\end{bmatrix}$$

当阻尼系数按 $c_1=\eta\sqrt{km}$、$c_2=\eta\sqrt{km}$、$c_3=2\eta\sqrt{km}$ 比例选取时,阻尼矩阵不符合经典阻尼特点。计算表明:当系数 $\eta\geqslant0.7021$ 时,系统为超阻尼。取 $c_1=0.75\sqrt{km}$、$c_2=0.75\sqrt{km}$、$c_3=1.5\sqrt{km}$,计算复特征值与复特征向量如下:

$$\boldsymbol{\lambda}_e=\sqrt{\frac{k}{m}}\begin{bmatrix}-0.0816+0.4398i & 0 & 0 & 0 & 0 & 0\\ 0 & -0.0816-0.4398i & 0 & 0 & 0 & 0\\ 0 & 0 & -0.8173+1.1311i & 0 & 0 & 0\\ 0 & 0 & 0 & -0.8173-1.1311i & 0 & 0\\ 0 & 0 & 0 & 0 & -2.3683 & 0\\ 0 & 0 & 0 & 0 & 0 & -1.0839\end{bmatrix}$$

$$\boldsymbol{A}_e=\begin{bmatrix}1 & 1 & 1 & 1 & 1 & 1\\ 1.7990-0.0058i & 1.7990+0.0058i & -0.0761-0.2266i & -0.0761+0.2266i & -5.2258 & 8.2800\\ 2.1729-0.1387i & 2.1729+0.1387i & -0.4479+0.1746i & -0.4479-0.1746i & 4.3642 & -9.4393\\ (-0.0816+0.4398i)\sqrt{k/m} & (-0.0816-0.4398i)\sqrt{k/m} & (-0.8173+1.1311i)\sqrt{k/m} & (-0.8173-1.1311i)\sqrt{k/m} & -2.3683\sqrt{k/m} & -1.0839\sqrt{k/m}\\ (-0.1442+0.7916i)\sqrt{k/m} & (-0.1442-0.7916i)\sqrt{k/m} & (0.3185+0.0990i)\sqrt{k/m} & (0.3185-0.0990i)\sqrt{k/m} & 12.3762\sqrt{k/m} & -8.9747\sqrt{k/m}\\ (-0.1163+0.9669i)\sqrt{k/m} & (-0.1163-0.9669i)\sqrt{k/m} & (0.1685-0.6493i)\sqrt{k/m} & (0.1685+0.6493i)\sqrt{k/m} & -10.3357\sqrt{k/m} & 10.2312\sqrt{k/m}\end{bmatrix}$$

由计算结果可见:不管是经典阻尼系统还是非经典阻尼系统,在超阻尼的情况下,系统的复特征值与复特征向量不同于低阻尼;超阻尼系统复特征值会出现负实数,所对应的复特征向量为实向量,复特征值与复特征向量并不以共轭形式成对出现;无法根据式(4-6-10)确定与该复特征值对应的自振频率与阻尼比。

4.6.3 复特征向量的正交性

任意两个复特征对(λ_{ei},$\boldsymbol{A}_{ei}$)与(λ_{ej},$\boldsymbol{A}_{ej}$)均需满足式(4-6-7),即有

$$(\boldsymbol{K}_e+\lambda_{ei}\boldsymbol{M}_e)\boldsymbol{A}_{ei}=\boldsymbol{0} \tag{4-6-14}$$

$$(\boldsymbol{K}_e+\lambda_{ej}\boldsymbol{M}_e)\boldsymbol{A}_{ej}=\boldsymbol{0} \tag{4-6-15}$$

用 $\boldsymbol{A}_{ej}^{\mathrm{T}}$ 左乘式(4-6-14)得

$$\boldsymbol{A}_{ej}^{\mathrm{T}}(\boldsymbol{K}_e+\lambda_{ei}\boldsymbol{M}_e)\boldsymbol{A}_{ei}=0 \tag{4-6-16}$$

用 $\boldsymbol{A}_{ei}^{\mathrm{T}}$ 左乘式(4-6-15)得

$$\boldsymbol{A}_{ei}^{\mathrm{T}}(\boldsymbol{K}_{e}+\lambda_{ej}\boldsymbol{M}_{e})\boldsymbol{A}_{ej}=0 \tag{4-6-17}$$

式(4-6-16)转置后减去式(4-6-17),并利用 $\boldsymbol{M}_e$ 和 $\boldsymbol{K}_e$ 的对称性,可得

$$(\lambda_{ei}-\lambda_{ej})\boldsymbol{A}_{ei}^{\mathrm{T}}\boldsymbol{M}_{e}\boldsymbol{A}_{ej}=0 \tag{4-6-18}$$

当 $i\neq j$ 且 $\lambda_{ei}\neq\lambda_{ej}$时,必有

$$\boldsymbol{A}_{ei}^{\mathrm{T}}\boldsymbol{M}_{e}\boldsymbol{A}_{ej}=0 \tag{4-6-19}$$

将式(4-6-19)代入式(4-6-17),可得到

$$\boldsymbol{A}_{ei}^{\mathrm{T}}\boldsymbol{K}_{e}\boldsymbol{A}_{ej}=0 \tag{4-6-20}$$

当 $i=j$ 时,有

$$\boldsymbol{A}_{ei}^{\mathrm{T}}\boldsymbol{M}_{e}\boldsymbol{A}_{ei}=M_{ei}^{*} \tag{4-6-21}$$

$$\boldsymbol{A}_{ei}^{\mathrm{T}}\boldsymbol{K}_{e}\boldsymbol{A}_{ei}=K_{ei}^{*} \tag{4-6-22}$$

由式(4-6-7)可知,$\boldsymbol{K}_e\boldsymbol{A}_{ei}=-\lambda_{ei}\boldsymbol{M}_e\boldsymbol{A}_{ei}$,在其两边同时左乘 $\boldsymbol{A}_{ei}^{\mathrm{T}}$,并考虑式(4-6-21)与式(4-6-22)可得到

$$\lambda_{ei}=-\frac{K_{ei}^{*}}{M_{ei}^{*}}$$

假设 $2n$ 个复特征值互不相等,根据上述特性,可得

$$\boldsymbol{A}_{e}^{\mathrm{T}}\boldsymbol{M}_{e}\boldsymbol{A}_{e}=\boldsymbol{M}_{e}^{*},\quad \boldsymbol{A}_{e}^{\mathrm{T}}\boldsymbol{K}_{e}\boldsymbol{A}_{e}=\boldsymbol{K}_{e}^{*} \tag{4-6-23}$$

式中,$\boldsymbol{M}_e^{*}=\mathrm{diag}(M_{e1}^{*},\ M_{e2}^{*},\ \cdots,\ M_{e2n}^{*})$,$\boldsymbol{K}_e^{*}=\mathrm{diag}(K_{e1}^{*},\ K_{e2}^{*},\ \cdots,\ K_{e2n}^{*})$。

式(4-6-23)表明,系统复特征向量具有关于矩阵 $\boldsymbol{M}_e$ 和 $\boldsymbol{K}_e$ 的加权正交特性。由于这一特性,系统复特征向量具备了构成复状态空间完备基的条件。

若将 $n\times 2n$ 阶矩阵$[\boldsymbol{\phi}_1\quad \overline{\boldsymbol{\phi}}_1\quad \cdots\quad \boldsymbol{\phi}_n\quad \overline{\boldsymbol{\phi}}_n]$记为 $\boldsymbol{\Phi}$,则复振型矩阵还可以表示为

$$\boldsymbol{A}_{e}=\begin{bmatrix}\boldsymbol{\Phi}\\ \boldsymbol{\Phi}\boldsymbol{\lambda}_{e}\end{bmatrix} \tag{4-6-24}$$

为了后面表述方便,将 $\boldsymbol{\Phi}$ 的第 i 个列向量记为 $\boldsymbol{\phi}_{ei}$。

4.6.4 复广义坐标变换与方程求解

将状态向量 $\boldsymbol{s}$ 表示为复特征向量的线性组合,即

$$\boldsymbol{s}=\sum_{i=1}^{2n}\boldsymbol{A}_{ei}T_{i}=\boldsymbol{A}_{e}\boldsymbol{T} \tag{4-6-25}$$

式中,T_i 为对应第 i 阶复振型的广义坐标;$\boldsymbol{T}=\{T_1\quad T_2\quad \cdots\quad T_{2n}\}^{\mathrm{T}}$。对于自由度数较大的大型结构,通常成对地取前若干阶振型参与线性组合,近似表述状态向量 $\boldsymbol{s}$,可以很大程度地降低计算量[23,24]。

先分析自由振动响应,令 $\boldsymbol{Q}_e=\boldsymbol{0}$,将式(4-6-25)代入式(4-6-4)得到

$$\boldsymbol{M}_{e}\boldsymbol{A}_{e}\dot{\boldsymbol{T}}+\boldsymbol{K}_{e}\boldsymbol{A}_{e}\boldsymbol{T}=\boldsymbol{0} \tag{4-6-26}$$

方程(4-6-26)两边同时左乘矩阵 $\boldsymbol{A}_e^{\mathrm{T}}$,得到用广义坐标表述的状态方程

$$\boldsymbol{A}_{e}^{\mathrm{T}}\boldsymbol{M}_{e}\boldsymbol{A}_{e}\dot{\boldsymbol{T}}+\boldsymbol{A}_{e}^{\mathrm{T}}\boldsymbol{K}_{e}\boldsymbol{A}_{e}\boldsymbol{T}=\boldsymbol{0} \tag{4-6-27}$$

利用正交性关系,可得复模态空间内的运动方程

$$M_{ei}^{*}\dot{T}_{i}+K_{ei}^{*}T_{i}=0\quad (i=1,2,\cdots,2n) \tag{4-6-28}$$

或写成

$$\dot{T}_i - \lambda_{ei} T_i = 0 \tag{4-6-29}$$

求解式(4-6-29),得到

$$T_i(t) = T_i(0)\mathrm{e}^{\lambda_{ei}t} \tag{4-6-30}$$

可根据系统的初始条件 $\boldsymbol{q}(0)$ 与 $\dot{\boldsymbol{q}}(0)$ 确定状态变量的初始条件 $\boldsymbol{T}(0)$。设系统的初始条件为

$$\boldsymbol{q}(0) = \boldsymbol{q}_0, \quad \dot{\boldsymbol{q}}(0) = \dot{\boldsymbol{q}}_0 \tag{4-6-31}$$

于是,有

$$\boldsymbol{s}(0) = \begin{Bmatrix} \boldsymbol{q}(0) \\ \dot{\boldsymbol{q}}(0) \end{Bmatrix} = \begin{Bmatrix} \boldsymbol{q}_0 \\ \dot{\boldsymbol{q}}_0 \end{Bmatrix}$$

由式(4-6-23)的第一式可知

$$\boldsymbol{A}_\mathrm{e}^{-1} = \boldsymbol{M}_\mathrm{e}^{*\ -1} \boldsymbol{A}_\mathrm{e}^\mathrm{T} \boldsymbol{M}_\mathrm{e} \tag{4-6-32}$$

于是,由(4-6-25)可得

$$\boldsymbol{T}(0) = \boldsymbol{A}_\mathrm{e}^{-1}\boldsymbol{s}(0) = \boldsymbol{M}_\mathrm{e}^{*\ -1} \boldsymbol{A}_\mathrm{e}^\mathrm{T} \boldsymbol{M}_\mathrm{e} \boldsymbol{s}(0) \tag{4-6-33}$$

其中,第 i 个分量为

$$\begin{aligned} T_i(0) &= \frac{1}{M_{ei}^*} \boldsymbol{A}_{ei}^\mathrm{T} \boldsymbol{M}_\mathrm{e} \boldsymbol{s}(0) = \frac{1}{M_{ei}^*} [\boldsymbol{\phi}_{ei}^\mathrm{T} \quad \lambda_{ei}\boldsymbol{\phi}_{ei}^\mathrm{T}] \begin{bmatrix} \boldsymbol{C} & \boldsymbol{M} \\ \boldsymbol{M} & \boldsymbol{0} \end{bmatrix} \begin{Bmatrix} \boldsymbol{q}_0 \\ \dot{\boldsymbol{q}}_0 \end{Bmatrix} \\ &= \frac{1}{M_{ei}^*} \boldsymbol{\phi}_{ei}^\mathrm{T} (\lambda_{ei} \boldsymbol{M}\boldsymbol{q}_0 + \boldsymbol{M}\dot{\boldsymbol{q}}_0 + \boldsymbol{C}\boldsymbol{q}_0) \end{aligned} \tag{4-6-34}$$

由式(4-6-24)与式(4-6-25)可知

$$\boldsymbol{s} = \boldsymbol{A}_\mathrm{e}\boldsymbol{T} = \begin{bmatrix} \boldsymbol{\Phi} \\ \boldsymbol{\Phi}\boldsymbol{\lambda}_\mathrm{e} \end{bmatrix} \boldsymbol{T}$$

考虑式(4-6-2)可得

$$\boldsymbol{q} = \boldsymbol{\Phi}\boldsymbol{T} \tag{4-6-35}$$

$$\dot{\boldsymbol{q}} = \boldsymbol{\Phi}\boldsymbol{\lambda}_\mathrm{e}\boldsymbol{T} \tag{4-6-36}$$

将式(4-6-30)与式(4-6-34)代入式(4-6-35)可得自由振动响应

$$\boldsymbol{q}(t) = \boldsymbol{\Phi}\boldsymbol{T} = \sum_{i=1}^{2n} \boldsymbol{\phi}_{ei} T_i(t) = \sum_{i=1}^{2n} \frac{\mathrm{e}^{\lambda_{ei}t}}{M_{ei}^*} \boldsymbol{\phi}_{ei} \boldsymbol{\phi}_{ei}^\mathrm{T} (\lambda_{ei}\boldsymbol{M}\boldsymbol{q}_0 + \boldsymbol{M}\dot{\boldsymbol{q}}_0 + \boldsymbol{C}\boldsymbol{q}_0) \tag{4-6-37}$$

类似于上述齐次方程求解,对于非齐次的强迫振动方程(4-6-4),利用正交关系式可得复模态空间的运动方程

$$M_{ei}^* \dot{T}_i + K_{ei}^* T_i = \boldsymbol{A}_{ei}^\mathrm{T} \boldsymbol{Q}_\mathrm{e} \quad (i = 1, 2, \cdots, 2n) \tag{4-6-38}$$

也可写成

$$\dot{T}_i - \lambda_{ei} T_i = \frac{\boldsymbol{A}_{ei}^\mathrm{T} \boldsymbol{Q}_\mathrm{e}}{M_{ei}^*} \tag{4-6-39}$$

根据一阶线性微分方程理论,求解方程(4-6-39)可得

$$T_i(t) = T_i(0)\mathrm{e}^{\lambda_{ei}t} + \frac{\boldsymbol{A}_{ei}^\mathrm{T}}{M_{ei}^*} \int_0^t \boldsymbol{Q}_\mathrm{e}(\tau) \mathrm{e}^{\lambda_{ei}(t-\tau)} \mathrm{d}\tau \tag{4-6-40}$$

将式(4-6-40)与式(4-6-34)代入式(4-6-35),可得强迫振动响应

$$
\boldsymbol{q}(t)=\boldsymbol{\Phi T}=\sum_{i=1}^{2n}\boldsymbol{\phi}_{\mathrm{e}i}T_i(t)=\sum_{i=1}^{2n}\frac{\mathrm{e}^{\lambda_{\mathrm{e}i}t}}{M_{\mathrm{e}i}^{*}}\boldsymbol{\phi}_{\mathrm{e}i}\boldsymbol{\phi}_{\mathrm{e}i}^{\mathrm{T}}(\lambda_{\mathrm{e}i}\boldsymbol{M}\boldsymbol{q}_0+\boldsymbol{M}\dot{\boldsymbol{q}}_0+\boldsymbol{C}\boldsymbol{q}_0)+
$$

$$
\sum_{i=1}^{2n}\frac{1}{M_{\mathrm{e}i}^{*}}\boldsymbol{\phi}_{\mathrm{e}i}\boldsymbol{A}_{\mathrm{e}i}^{\mathrm{T}}\int_0^t\boldsymbol{Q}_{\mathrm{e}}(\tau)\mathrm{e}^{\lambda_{\mathrm{e}i}(t-\tau)}\mathrm{d}\tau \tag{4-6-41}
$$

式(4-6-37)与式(4-6-41)是用复数形式表示系统响应,由于真实系统只有实数解,故两式的虚部必然为零,其实部即为系统响应。

复振型分析方法利用状态空间理论,将非经典阻尼系统的运动方程转化成状态方程,从而解决了这类系统运动方程不能解耦的问题。但是,复模态分析使问题的维数扩大了1倍。由于在实际工程中存在大量的非经典阻尼系统,因此,以复模态理论为基础的分析方法有着重要的理论意义与实际应用价值。以上是运用复振型分析方法求解系统状态方程的过程,对于线性定常系统还可用状态方程的通用求解方法与拉普拉斯变换求解法得到系统响应,详见文献[25]、[26]。

【例4-6-2】 如图4-6-2所示,某三自由度的多刚体系统,质量与弹簧参数分别为 $m_1=m_2=m_3=m$,$k_1=k_2=k_3=k$,三个阻尼器的阻尼系数分别取为 $c_1=0.5\sqrt{km}$,$c_2=0.5\sqrt{km}$,$c_3=\sqrt{km}$,该系统为非经典低阻尼系统。(1)设该系统在静止状态下,质量块 m_1 突然受到冲击得到速度 $\dot{v}_{01}$,求该系统的自由振动响应。(2)设该系统各质量块承受 $P_1(t)=P_2(t)=P_3(t)=P\sin\overline{\omega}t$ 作用,其中 $\overline{\omega}=0.6\sqrt{k/m}$,求零初始条件下系统的强迫振动响应。

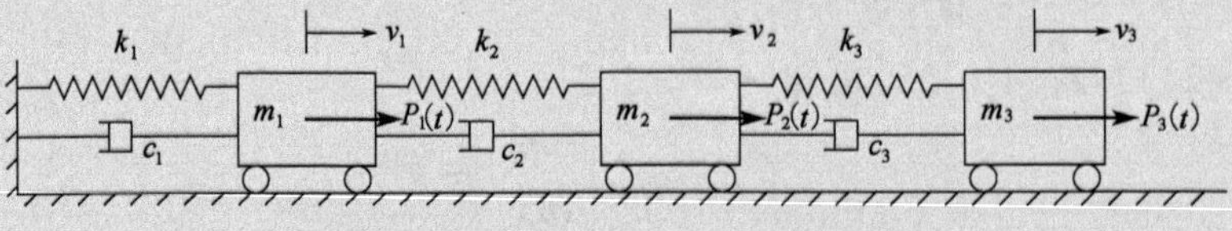

图4-6-2 三自由度质量-弹簧-阻尼系统

【解】 (1)自由振动响应分析

例4-6-1中已求得系统的复特征值与复特征向量,故

$$
\boldsymbol{A}_{\mathrm{e}}=
$$

$$
\begin{bmatrix}
1 & 1 & 1 & 1 & 1 & 1\\
1.8005-0.0043\mathrm{i} & 1.8005+0.0043\mathrm{i} & 0.0614-0.3669\mathrm{i} & 0.0614+0.3669\mathrm{i} & -1.1120-1.7951\mathrm{i} & -1.1120+1.7951\mathrm{i}\\
2.2104-0.1045\mathrm{i} & 2.2104+0.1045\mathrm{i} & -0.5634+0.2726\mathrm{i} & -0.5634-0.2726\mathrm{i} & 0.3531+1.6561\mathrm{i} & 0.3531-1.6561\mathrm{i}\\
(-0.0546+0.4428\mathrm{i})\sqrt{k/m} & (-0.0546-0.4428\mathrm{i})\sqrt{k/m} & (-0.5905+1.2210\mathrm{i})\sqrt{k/m} & (-0.5905-1.2210\mathrm{i})\sqrt{k/m} & (-1.1049+1.2290\mathrm{i})\sqrt{k/m} & (-1.1049-1.2290\mathrm{i})\sqrt{k/m}\\
(-0.0964+0.7975\mathrm{i})\sqrt{k/m} & (-0.0964-0.7975\mathrm{i})\sqrt{k/m} & (0.4117+0.2946\mathrm{i})\sqrt{k/m} & (0.4117-0.2946\mathrm{i})\sqrt{k/m} & (3.4348+0.6168\mathrm{i})\sqrt{k/m} & (3.4348-0.6168\mathrm{i})\sqrt{k/m}\\
(-0.0745+0.9844\mathrm{i})\sqrt{k/m} & (-0.0745-0.9844\mathrm{i})\sqrt{k/m} & (-0.0002-0.8489\mathrm{i})\sqrt{k/m} & (-0.0002+0.8489\mathrm{i})\sqrt{k/m} & (-2.4254-1.3958\mathrm{i})\sqrt{k/m} & (-2.4254+1.3958\mathrm{i})\sqrt{k/m}
\end{bmatrix}
$$

根据复特征向量的正交性,由式(4-6-23)可求得

$$
\boldsymbol{M}_{\mathrm{e}}^{*}=\boldsymbol{A}_{\mathrm{e}}^{\mathrm{T}}\boldsymbol{M}_{\mathrm{e}}\boldsymbol{A}_{\mathrm{e}}=\sqrt{km}\times
$$

$$
\begin{bmatrix}
0.4053+8.0398\mathrm{i} & 0 & 0 & 0 & 0 & 0\\
0 & 0.4053-8.0398\mathrm{i} & 0 & 0 & 0 & 0\\
0 & 0 & 0.4013+2.6776\mathrm{i} & 0 & 0 & 0\\
0 & 0 & 0 & 0.4013-2.6776\mathrm{i} & 0 & 0\\
0 & 0 & 0 & 0 & -13.3690-6.3608\mathrm{i} & 0\\
0 & 0 & 0 & 0 & 0 & -13.3690+6.3608\mathrm{i}
\end{bmatrix}
$$

$$\boldsymbol{K}_{\mathrm{e}}^{*}=\boldsymbol{A}_{\mathrm{e}}^{\mathrm{T}}\boldsymbol{K}_{\mathrm{e}}\boldsymbol{A}_{\mathrm{e}}=k\times$$

$$\begin{bmatrix} 3.5819+0.2597\mathrm{i} & 0 & 0 & 0 & 0 & 0 \\ 0 & 3.5819-0.2597\mathrm{i} & 0 & 0 & 0 & 0 \\ 0 & 0 & 3.5064+1.0912\mathrm{i} & 0 & 0 & 0 \\ 0 & 0 & 0 & 3.5064-1.0912\mathrm{i} & 0 & 0 \\ 0 & 0 & 0 & 0 & -22.5883+9.4027\mathrm{i} & 0 \\ 0 & 0 & 0 & 0 & 0 & -22.5883-9.4027\mathrm{i} \end{bmatrix}$$

该系统在静止状态下，其质量块 m_1 突然受到冲击得到速度 $\dot{v}_{01}$，用物理坐标表示的初始条件向量为 $\boldsymbol{q}(0)=\{0\quad 0\quad 0\}^{\mathrm{T}}$，$\dot{\boldsymbol{q}}(0)=\{\dot{v}_{01}\quad 0\quad 0\}^{\mathrm{T}}$，故

$$\boldsymbol{s}(0)=\begin{Bmatrix}\boldsymbol{q}(0)\\ \dot{\boldsymbol{q}}(0)\end{Bmatrix}=\{0\quad 0\quad 0\quad \dot{v}_{01}\quad 0\quad 0\}^{\mathrm{T}}$$

根据式(4-6-33)可算得

$$\boldsymbol{T}(0)=\sqrt{\frac{m}{k}}\dot{v}_{01}\begin{Bmatrix}0.0063-0.1241\mathrm{i}\\ 0.0063+0.1241\mathrm{i}\\ 0.0547-0.3653\mathrm{i}\\ 0.0547+0.3653\mathrm{i}\\ -0.0610+0.0290\mathrm{i}\\ -0.0610-0.0290\mathrm{i}\end{Bmatrix}$$

进一步求得

$$\boldsymbol{s}(t)=\begin{Bmatrix}\boldsymbol{q}(t)\\ \dot{\boldsymbol{q}}(t)\end{Bmatrix}=\sum_{i=1}^{6}\boldsymbol{A}_{\mathrm{e}i}T_i(0)\mathrm{e}^{\lambda_i t}=\dot{v}_{01}\left\{\mathrm{e}^{\lambda_1 t}\begin{Bmatrix}(0.0063-0.1241\mathrm{i})\sqrt{m/k}\\ (0.0107-0.2234\mathrm{i})\sqrt{m/k}\\ (0.0009-0.2749\mathrm{i})\sqrt{m/k}\\ 0.0546+0.0095\mathrm{i}\\ 0.0983+0.0170\mathrm{i}\\ 0.1217+0.0154\mathrm{i}\end{Bmatrix}+\right.$$

$$\mathrm{e}^{\bar{\lambda}_1 t}\begin{Bmatrix}(0.0063+0.1241\mathrm{i})\sqrt{m/k}\\ (0.0107+0.2234\mathrm{i})\sqrt{m/k}\\ (0.0009+0.2749\mathrm{i})\sqrt{m/k}\\ 0.0546-0.0095\mathrm{i}\\ 0.0983-0.0170\mathrm{i}\\ 0.1217-0.0154\mathrm{i}\end{Bmatrix}+\mathrm{e}^{\lambda_2 t}\begin{Bmatrix}(0.0547-0.3653\mathrm{i})\sqrt{m/k}\\ (-0.1306-0.0425\mathrm{i})\sqrt{m/k}\\ (0.0687+0.2207\mathrm{i})\sqrt{m/k}\\ 0.4137+0.2825\mathrm{i}\\ 0.1291-0.1344\mathrm{i}\\ -0.3101-0.0464\mathrm{i}\end{Bmatrix}+$$

$$\mathrm{e}^{\bar{\lambda}_2 t}\begin{Bmatrix}(0.0547+0.3653\mathrm{i})\sqrt{m/k}\\ (-0.1306+0.0425\mathrm{i})\sqrt{m/k}\\ (0.0687-0.2207\mathrm{i})\sqrt{m/k}\\ 0.4137-0.2825\mathrm{i}\\ 0.1291+0.1344\mathrm{i}\\ -0.3101+0.0464\mathrm{i}\end{Bmatrix}+\mathrm{e}^{\lambda_3 t}\begin{Bmatrix}(-0.0610+0.0290\mathrm{i})\sqrt{m/k}\\ (0.1199+0.0772\mathrm{i})\sqrt{m/k}\\ (-0.0696-0.0908\mathrm{i})\sqrt{m/k}\\ 0.0317-0.1070\mathrm{i}\\ -0.2274+0.0621\mathrm{i}\\ 0.1884+0.0148\mathrm{i}\end{Bmatrix}+$$

$$e^{\bar{\lambda}_3 t}\begin{Bmatrix} (-0.0610-0.0290i)\sqrt{m/k} \\ (0.1199-0.0772i)\sqrt{m/k} \\ (-0.0696+0.0908i)\sqrt{m/k} \\ 0.0317+0.1070i \\ -0.2274-0.0621i \\ 0.1884-0.0148i \end{Bmatrix}\Bigg\}$$

其中,位移响应可表示为

$$\boldsymbol{q}(t)=\sqrt{\frac{m}{k}}\dot{v}_{01}\left\{\begin{aligned} & e^{-\xi_1\omega_1 t}\left[\cos\omega_{D1}t\begin{Bmatrix}0.0125\\0.0214\\0.0017\end{Bmatrix}-\sin\omega_{D1}t\begin{Bmatrix}-0.2481\\-0.4468\\-0.5498\end{Bmatrix}\right]+ \\ & e^{-\xi_2\omega_2 t}\left[\cos\omega_{D2}t\begin{Bmatrix}0.1095\\-0.2613\\0.1375\end{Bmatrix}-\sin\omega_{D2}t\begin{Bmatrix}-0.7305\\-0.0850\\0.4414\end{Bmatrix}\right]+ \\ & e^{-\xi_3\omega_3 t}\left[\cos\omega_{D3}t\begin{Bmatrix}-0.1220\\0.2398\\-0.1392\end{Bmatrix}-\sin\omega_{D3}t\begin{Bmatrix}0.0580\\0.1544\\-0.1815\end{Bmatrix}\right] \end{aligned}\right\}$$

其中,λ_i、ξ_i、ω_i 与 ω_{Di} 均在例 4-6-1 中已求出。

为了将复振型分析方法与数值积分方法(见第 8 章)的结果进行对比,取 $k=1000$ N/m,$m=10$ kg,$c_1=c_2=0.5\sqrt{km}=50$ N·s/m,$c_3=\sqrt{km}=100$ N·s/m,$\dot{v}_{01}=1$ m/s。将复振型分析结果与纽马克积分方法($\delta=1/2$,$\alpha=1/4$,$\Delta t=0.005$s)的结果进行比较,见图 4-6-3,两者非常接近。

(2)简谐激励下的强迫振动响应分析

在上述参数取值的基础上,取 $P=10$ N,根据式(4-6-4),得到状态方程中的荷载向量

$$\boldsymbol{Q}_e(t)=\{10\sin 6t \quad 10\sin 6t \quad 10\sin 6t \quad 0 \quad 0 \quad 0\}^T$$

根据式(4-6-41),分别考虑全部振型对响应的贡献(即非截断)与前四阶振型参与振动(即截断),求得相应位移响应。同时,采用纽马克法($\delta=1/2$,$\alpha=1/4$,$\Delta t=0.005$s)计算该系统响应。三种方法的计算结果见图 4-6-4。可见,三种方法的计算响应非常接近,而且纽马克法与复振型法(非截断)的响应曲线几乎重合;适当地进行振型截断同样可以取得很好的计算精度,有效地减少计算量。

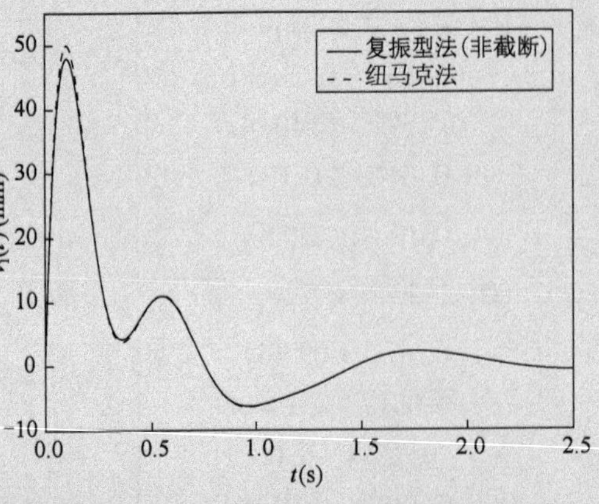

图 4-6-3 复振型法与纽马克法计算结果对比(自由振动)

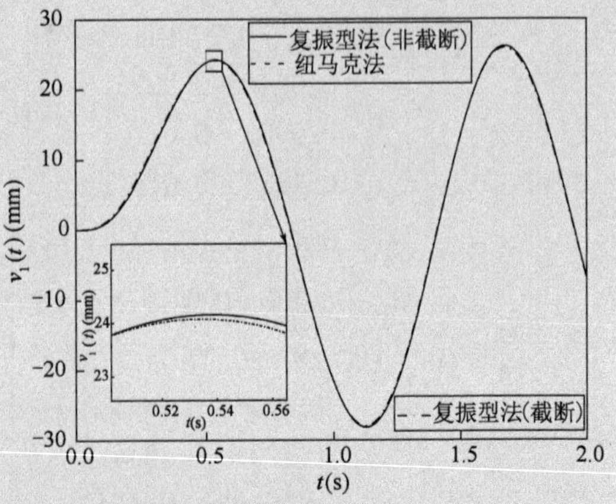

图 4-6-4 复振型法与纽马克法计算结果对比(强迫振动)

本章习题

4.1　主振动与振型的概念有何区别？在什么情况下多自由度系统只按某个特定的主振型振动？

4.2　运用振型叠加法做多自由度系统或连续系统振动响应分析时，常常取系统前面若干阶振型表示系统的振动位移，试解释其理由。

4.3　振型叠加法用到了叠加原理，在结构动力计算中，什么情况下能用此方法？什么情况下不宜用此方法？

4.4　振型叠加法能否用于静力计算？若能，简述计算思路。

4.5　n 个自由度系统发生共振有多少种可能性？为什么？

4.6　试用功的互等定理证明振型正交性关系式(4-1-15)。

4.7　试求题4.7图所示两层刚架的固有频率和振型并验证振型的正交性。设楼面质量分别为 $m_1=120\,\mathrm{t}$ 和 $m_2=100\,\mathrm{t}$，柱的质量已集中于楼面，柱的抗弯刚度均为 $EI=80\,\mathrm{MN\cdot m^2}$，柱的高度均为 $h=4\,\mathrm{m}$，横梁刚度为无限大。

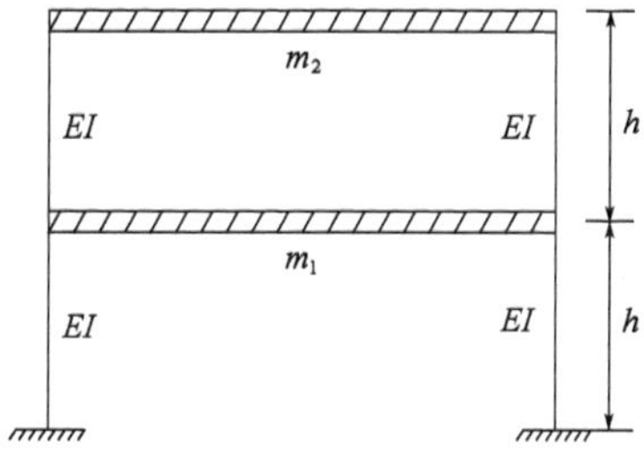

题4.7图

4.8　题4.7图中系统分别受到两种水平作用于楼面 m_2 的冲击荷载作用：工况1，三角形脉冲荷载，作用时间为 $2t_1$；工况2，矩形脉冲荷载，作用时间为 t_1。两种荷载最大值均为 P_0，故两种荷载作用的总冲量相等。用振型叠加法求解其动力响应并比较两者的最大位移响应。

4.9　在习题2.7的结构参数基础上，采用瑞利阻尼考虑结构的耗能因素，阻尼比 $\xi=0.01$。基于习题2.7推导的系统运动方程，首先，计算该结构的固有频率与振型；其次，采用振型叠加法计算三种荷载工况下的系统动力响应。针对工况1讨论荷载作用频率对响应的影响；针对工况2与工况3分析不同荷载移动速度对响应的影响，比较计算结果并分析惯性效应对振动响应的影响。

第5章 连续系统(直梁)的振动分析

前面所描述离散坐标系统为任意结构动力反应分析提供了一种方便而实用的方法。然而,实际结构本质上都是具有分布质量的体系,即分布参数系统,也称为连续系统,例如:由板、梁、杆组成的桥梁结构等。要描述连续系统任意瞬间的空间位置,严格来说,需要无限多个广义坐标,这样的系统也称为无限自由度系统。由有限数目的位移坐标描述系统的运动,得到的只能是真实动力行为的近似解。分析中增加自由度可以使结果的精度达到要求。但是,对于具有连续分布特性的真实结构,原则上要取无限多个坐标才可以收敛于精确解,因此要用有限自由度的分析方法获得分布参数系统的精确解显然是不可能的。

要严格描述无限自由度系统的振动,需要建立关于空间位置坐标和时间两类独立变量的连续位移函数。因此,描述无限自由度系统的运动方程为偏微分方程。然而复杂系统运动方程一般只能用数值方法求解,并且在大多数情况下,处理复杂系统动力问题采用离散坐标列式比连续坐标列式更方便。因此目前的处理对象仅限于简单系统。本章仅考察直梁弯曲振动问题,阐明建立与求解连续系统偏微分方程的基本思路。

5.1 无阻尼直梁弯曲振动微分方程

考虑如图 5-1-1a)所示的变截面直梁。此梁的主要物理性质为抗弯刚度 $EI(x)$ 和单位长度的质量 $m(x)$,假定它们可以沿跨度 L 随位置 x 任意变化,忽略剪切变形与微段绕质心的转动惯量，称之为欧拉-伯努利梁，暂不考虑阻尼的影响（有阻尼情况见 5.5 节）。假定横向荷载 $p(x,t)$ 随位置和时间任意变化，横向位移 $v(x,t)$ 也是这些变量的函数。为了举例说明，图 5-1-1a）画的梁是两端简支的，但梁端的支承条件可以是任意的。第 2 章分别运用哈密尔顿原理与弹性系统动力学总势能不变值原理推导了无阻尼直梁弯曲振动微分方程，本节采用动力直接平衡法重新推导该方程。

考虑图 5-1-1b）所示微梁段的动力平衡，能轻松地导出这一简单系统的动力平衡条件。求全部竖向作用力之和，可导出第一个动力平衡关系式

$$V(x,t)+p(x,t)\mathrm{d}x-\left[V(x,t)+\frac{\partial V(x,t)}{\partial x}\mathrm{d}x\right]-f_{\mathrm{I}}(x,t)\mathrm{d}x=0 \tag{5-1-1}$$

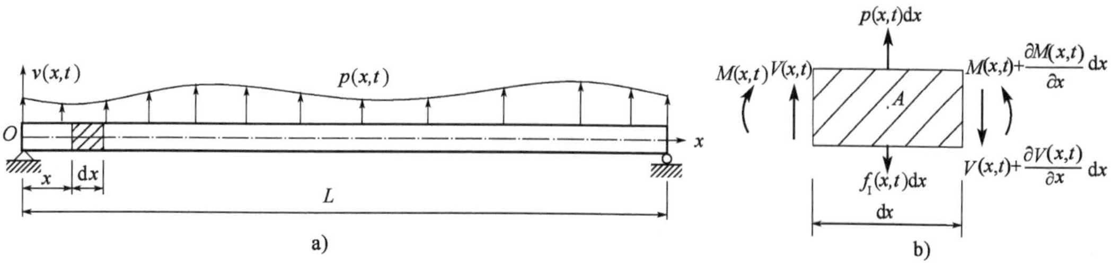

图 5-1-1　承受动力荷载的简支梁

a）具有任意荷载作用的分布参数梁；b）微梁段的动力平衡

式中，$V(x,t)$ 是作用于梁截面上的竖向力；$f_{\mathrm{I}}(x,t)\mathrm{d}x$ 是微梁段上横向惯性力的合力，它等于微梁段质量和横向加速度的乘积，即

$$f_{\mathrm{I}}(x,t)\mathrm{d}x=m(x)\frac{\partial^2 v(x,t)}{\partial t^2}\mathrm{d}x \tag{5-1-2}$$

将式（5-1-2）代入方程（5-1-1）得到

$$\frac{\partial V(x,t)}{\partial x}=p(x,t)-m(x)\frac{\partial^2 v(x,t)}{\partial t^2} \tag{5-1-3}$$

此方程类似于剪力和横向荷载之间标准的静力学关系式，但现在的横向荷载可理解为外荷载和惯性力的合力。

对弹性轴上点 A 的力矩求和可得第二个平衡关系式。在忽略与惯性力以及外荷载相关的二阶矩后，得到

$$M(x,t)+V(x,t)\mathrm{d}x-\left[M(x,t)+\frac{\partial M(x,t)}{\partial x}\mathrm{d}x\right]=0 \tag{5-1-4}$$

因为忽略了转动惯量，所以式（5-1-4）直接简化成剪力和弯矩之间标准的静力学关系式

$$\frac{\partial M(x,t)}{\partial x}=V(x,t) \tag{5-1-5}$$

将式（5-1-5）对 x 求导，并代入方程（5-1-3），得出

$$\frac{\partial^2 M(x,t)}{\partial x^2}+m(x)\frac{\partial^2 v(x,t)}{\partial t^2}=p(x,t) \tag{5-1-6}$$

引入梁的弯矩和曲率之间的基本关系式 $M=EI\dfrac{\partial^2 v}{\partial x^2}$，方程（5-1-6）变成

$$\frac{\partial^2}{\partial x^2}\left[EI(x)\frac{\partial^2 v(x,t)}{\partial x^2}\right]+m(x)\frac{\partial^2 v(x,t)}{\partial t^2}=p(x,t) \tag{5-1-7}$$

式(5-1-7)是梁在任意分布荷载作用下发生线性微振动的动力平衡方程。为避免处理性质可变的系统在数学上的复杂性,后面的讨论大多局限于沿长度性质不变的梁,即 $EI(x)=EI$ 和 $m(x)=\overline{m}$(EI 与 $\overline{m}$ 为常数)。这不是必需的限制,只是对于非均匀梁,利用离散参数建模(如有限单元法)处理其动力问题更加有效。

5.2 直梁线性微振动的振型展开及振型正交性

与多自由度系统的振型叠加分析完全相当,连续(分布参数)系统的线性微振动分析也可将振型反应分量的幅值作为系统的广义坐标。因为分布参数系统本质上是具有无限个自由度的振动系统,有无限多个振型,也有无限多个广义坐标。类似于多自由度系统振型叠加方法[式(4-2-4)],连续系统线性微振动位移可表示为

$$v(x,t)=\sum_{i=1}^{\infty}\varphi_i(x)T_i(t) \tag{5-2-1}$$

与式(4-2-4)采用的物理量相对应,这里 $\varphi_i(x)$ 代表连续系统第 i 阶振型,是位置坐标 x 的连续函数;$T_i(t)$ 表示系统第 i 个广义坐标,也称为振型(模态)坐标。

具有分布特性梁的振型同样具有正交关系,它与前面对多自由度系统定义的振型正交关系等价,运用贝蒂(Betti)定理,即功的互等定理,就能证明这一点。考虑图 5-2-1 所示简支梁的自由线性微振动,简支梁可以有沿长度任意变化的刚度和质量。图中画出了梁的第 m 阶和第 n 阶主振动。对于每一阶主振动,位移与相应的惯性力都示于图中。

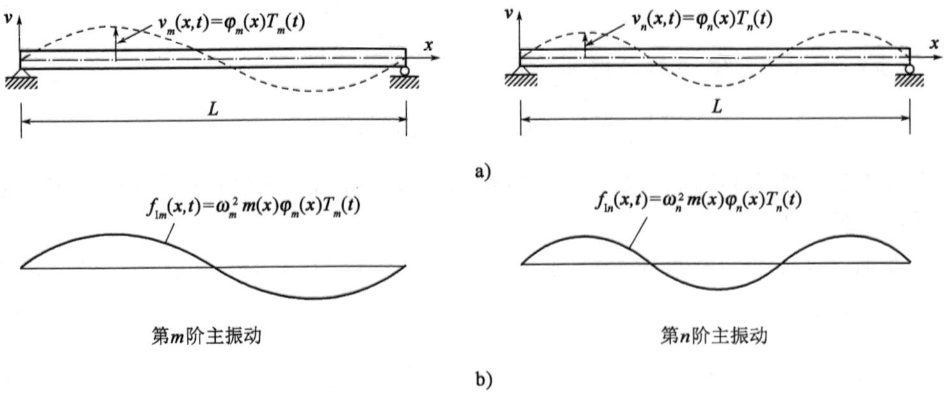

图 5-2-1　简支梁任意两阶主振动

a)主振动对应的位移;b)主振动对应的惯性力

根据式(5-1-7),不考虑横向荷载 $p(x,t)$ 的作用,可得直梁自由振动方程

$$\frac{\partial^2}{\partial x^2}\left[EI(x)\frac{\partial^2 v(x,t)}{\partial x^2}\right]=-m(x)\frac{\partial^2 v(x,t)}{\partial t^2} \tag{5-2-2}$$

参考直梁静力平衡微分方程可知,式(5-2-2)可以理解为惯性力作用下的直梁"静"平衡微分方程,$v(x,t)$ 为惯性力作用下的"静"位移。

对这两阶主振动应用贝蒂定理,即产生第 n 阶主振动的惯性力在第 m 阶主振动位移上做的功等于产生第 m 阶主振动的惯性力在第 n 阶主振动位移上做的功,即

$$\int_0^L v_m(x,t) f_{\mathrm{I}n}(x,t)\,\mathrm{d}x = \int_0^L v_n(x,t) f_{\mathrm{I}m}(x,t)\,\mathrm{d}x \tag{5-2-3}$$

另外,主振动存在以下关系:

$$\begin{cases} v_m(x,t) = \varphi_m(x) T_m(t) \\ v_n(x,t) = \varphi_n(x) T_n(t) \\ f_{\mathrm{I}m}(x,t) = -m(x)\ddot{v}_m(x,t) = m(x)\omega_m^2 T_m(t)\varphi_m(x) \\ f_{\mathrm{I}n}(x,t) = -m(x)\ddot{v}_n(x,t) = m(x)\omega_n^2 T_n(t)\varphi_n(x) \end{cases} \tag{5-2-4}$$

式(5-2-4)后两式成立的原因是:$v_m(x,t)$与$v_n(x,t)$分别为连续系统第m阶与第n阶主振动,与式(4-1-7)同理,两个主振动均为简谐振动,对应的振动频率分别为ω_m与ω_n(5.3节有详细说明)。将式(5-2-4)代入式(5-2-3),有

$$T_m(t)T_n(t)\omega_n^2 \int_0^L \varphi_m(x) m(x) \varphi_n(x)\,\mathrm{d}x = T_m(t)T_n(t)\omega_m^2 \int_0^L \varphi_n(x) m(x) \varphi_m(x)\,\mathrm{d}x \tag{5-2-5}$$

式(5-2-5)可以改写成

$$(\omega_n^2 - \omega_m^2) T_m(t) T_n(t) \int_0^L \varphi_m(x) m(x) \varphi_n(x)\,\mathrm{d}x = 0 \tag{5-2-6}$$

当这两阶主振动频率不相等时,两阶振型必须满足如下正交性条件,即

$$\int_0^L \varphi_m(x) m(x) \varphi_n(x)\,\mathrm{d}x = 0 \quad (\omega_m \neq \omega_n) \tag{5-2-7}$$

式(5-2-7)即为分布参数梁以质量为加权参数的正交条件。显然,连续系统振型的正交性条件和多自由度离散系统振型的正交性条件式(4-1-15)是相当的。如果两阶主振动具有相等的频率,正交性条件不一定满足。

此外,和前面多自由度离散系统一样,正交性条件除了用质量作为加权参数,也可用刚度作为加权参数,导出连续系统的第二个正交性条件。

当直梁仅发生第m阶主振动,即$v(x,t) = v_m(x,t)$时,考虑式(5-2-2)可以将式(5-2-4)中的惯性力写为

$$f_{\mathrm{I}m}(x,t) = -m(x)\frac{\partial^2 v_m(x,t)}{\partial t^2} = \frac{\partial^2}{\partial x^2}\left[EI(x)\frac{\partial^2 v_m(x,t)}{\partial x^2}\right] \tag{5-2-8}$$

综合式(5-2-4)和式(5-2-8),可得到

$$\frac{\partial^2}{\partial x^2}\left[EI(x)\frac{\partial^2 v_m(x,t)}{\partial x^2}\right] = m(x)\omega_m^2 v_m(x,t) \tag{5-2-9}$$

将式(5-2-4)第一式代入式(5-2-9)可得

$$m(x)\varphi_m(x) = \frac{1}{\omega_m^2}\cdot\frac{\mathrm{d}^2}{\mathrm{d}x^2}\left[EI(x)\frac{\mathrm{d}^2\varphi_m(x)}{\mathrm{d}x^2}\right] \tag{5-2-10}$$

将式(5-2-10)代入式(5-2-7),可得

$$\int_0^L \varphi_n(x)\frac{\mathrm{d}^2}{\mathrm{d}x^2}\left[EI(x)\frac{\mathrm{d}^2\varphi_m(x)}{\mathrm{d}x^2}\right]\mathrm{d}x = 0 \quad (\omega_m \neq \omega_n) \tag{5-2-11}$$

式(5-2-11)就是分布参数梁以刚度为加权参数的正交性条件,与离散系统正交性条件式(4-1-16)相当。对式(5-2-11)分部积分两次,得出振型正交性关系的一种应用更方便的

形式

$$[\varphi_n(x)\bar{V}_m(x)]_0^L - [\varphi_n'(x)\bar{M}_m(x)]_0^L + \int_0^L \varphi_m''(x)\varphi_n''(x)EI(x)\mathrm{d}x = 0 \quad (\omega_m \neq \omega_n) \tag{5-2-12}$$

式中

$$\bar{V}_m(x) = \frac{\mathrm{d}}{\mathrm{d}x}\left[EI(x)\frac{\mathrm{d}^2\varphi_m(x)}{\mathrm{d}x^2}\right],\quad \bar{M}_m(x) = EI(x)\frac{\mathrm{d}^2\varphi_m(x)}{\mathrm{d}x^2}$$

式(5-2-12)就是一般边界条件下以刚度作为加权系数的正交性条件。在式(5-2-12)两边同时乘 $T_m(t)T_n(t)$ 得到

$$\begin{gathered}[\varphi_n(x)\bar{V}_m(x)]_0^L T_m(t)T_n(t) - [\varphi_n'(x)\bar{M}_m(x)]_0^L T_m(t)T_n(t) + \\ \int_0^L \varphi_m''(x)T_m(t)\varphi_n''(x)T_n(t)EI(x)\mathrm{d}x = 0 \quad (\omega_m \neq \omega_n)\end{gathered} \tag{5-2-13}$$

考虑 $v_n(x,t)=\varphi_n(x)T_n(t)$，$v_m(x,t)=\varphi_m(x)T_m(t)$，有 $v_n'(x,t)=\varphi_n'(x)T_n(t)$，$v_m'(x,t)=\varphi_m'(x)T_m(t)$，$v_n''(x,t)=\varphi_n''(x)T_n(t)$，$v_m''(x,t)=\varphi_m''(x)T_m(t)$，进而有

$$M_m(x,t) = EI(x)\frac{\mathrm{d}^2 v_m(x,t)}{\mathrm{d}x^2} = EI(x)\frac{\mathrm{d}^2\varphi_m(x)}{\mathrm{d}x^2}T_m(t) = \bar{M}_m(x)T_m(t)$$

$$V_m(x,t) = \frac{\mathrm{d}M_m(x,t)}{\mathrm{d}x} = \frac{\mathrm{d}}{\mathrm{d}x}\left[EI(x)\frac{\mathrm{d}^2\varphi_m(x)}{\mathrm{d}x^2}T_m(t)\right] = \bar{V}_m(x)T_m(t)$$

于是，式(5-2-13)可写成

$$[v_n(x,t)V_m(x,t)]_0^L - [v_n'(x,t)M_m(x,t)]_0^L + \int_0^L v_m''(x,t)v_n''(x,t)EI(x)\mathrm{d}x = 0 \quad (\omega_m \neq \omega_n) \tag{5-2-14}$$

式(5-2-14)前两项分别表示第 m 阶主振动的边界竖向力在第 n 阶主振动的端部位移上做的功和第 m 阶主振动的端部弯矩在第 n 阶主振动的相应转角上做的功。对于标准的固定端、铰支端或自由端条件，要么作用力为零，要么位移为零，故所做的功为零。此时以刚度作为加权系数的正交性条件可进一步简化为

$$\int_0^L \varphi_m''(x)\varphi_n''(x)EI(x)\mathrm{d}x = 0 \quad (\omega_m \neq \omega_n) \tag{5-2-15}$$

然而，当梁端部具有弹性支撑或有集中质量时，上述做功并不为零，读者可根据边界条件推导相应的正交性条件关系式。

5.3 无阻尼直梁弯曲自由振动分析

仅考虑沿长度性质不变的直梁弯曲情况，令 $EI(x)=EI$ 和 $m(x)=\bar{m}$，由方程(5-1-7)可得该系统无阻尼自由振动运动方程

$$EI\frac{\partial^4 v(x,t)}{\partial x^4} + \bar{m}\frac{\partial^2 v(x,t)}{\partial t^2} = 0 \tag{5-3-1}$$

考虑梁的第 i 阶主振动，即 $v(x,t)=\varphi_i(x)T_i(t)$，将其代入方程(5-3-1)得到

$$EI\frac{\mathrm{d}^4\varphi_i(x)}{\mathrm{d}x^4}T_i(t)+\overline{m}\frac{\mathrm{d}^2T_i(t)}{\mathrm{d}t^2}\varphi_i(x)=0 \tag{5-3-2}$$

将式(5-3-2)进一步改写成如下形式

$$\frac{\varphi_i^{\mathrm{IV}}(x)}{\varphi_i(x)}=-\frac{\overline{m}}{EI}\frac{\ddot{T}_i(t)}{T_i(t)} \tag{5-3-3}$$

式中，上标Ⅳ表示对位置变量 x 求四阶导数。因为式(5-3-3)的左侧项仅是 x 的函数，右侧项仅是 t 的函数，所以只有当每一项都等于某常数时，对于任意的 x 和 t 方程才能满足。令该常数为 c，由方程(5-3-3)可得到两个常微分方程

$$\varphi_i^{\mathrm{IV}}(x)-c\varphi_i(x)=0 \tag{5-3-4}$$

$$\ddot{T}_i(t)+\frac{cEI}{\overline{m}}T_i(t)=0 \tag{5-3-5}$$

当 c 为负值时，方程(5-3-5)的解是发散的（详见3.1.3节），对于稳定的运动，常数 c 必须具有非负性[27]。同时，为了后续数学表述的方便，将该常数写为 a^4，式(5-3-4)与式(5-3-5)可分别表述为

$$\varphi_i^{\mathrm{IV}}(x)-a^4\varphi_i(x)=0 \tag{5-3-6}$$

$$\ddot{T}_i(t)+\omega_i^2T_i(t)=0 \tag{5-3-7}$$

式中

$$\omega_i^2=\frac{a^4EI}{\overline{m}} \tag{5-3-8}$$

先求方程(5-3-6)的解，其解的形式为

$$\varphi_i(x)=G\mathrm{e}^{\lambda x} \tag{5-3-9}$$

式中，G、λ 为待定复常数。将式(5-3-9)代入方程(5-3-6)得到

$$\lambda^4-a^4=0 \tag{5-3-10}$$

由此得到

$$\lambda_{1,2}=\pm\mathrm{i}a,\quad \lambda_{3,4}=\pm a \tag{5-3-11}$$

将每一个根分别代入式(5-3-9)，并把得到的四项相加，得到方程(5-3-6)的通解

$$\varphi_i(x)=G_1\mathrm{e}^{\mathrm{i}ax}+G_2\mathrm{e}^{-\mathrm{i}ax}+G_3\mathrm{e}^{ax}+G_4\mathrm{e}^{-ax} \tag{5-3-12}$$

式中，G_1、G_2、G_3 和 G_4 为复常数。用三角函数和双曲函数等价替换指数函数，考虑 $\varphi_i(x)$ 必须是实函数，故令式子右边的虚部为零，推导出

$$\varphi_i(x)=A_1\cos(ax)+A_2\sin(ax)+A_3\cosh(ax)+A_4\sinh(ax) \tag{5-3-13}$$

式中，A_1、A_2、A_3 和 A_4 是实常数，它们可以用 G_1、G_2、G_3 和 G_4 表示。

这4个实常数由梁端已知的边界条件（位移、转角、弯矩或剪力）确定。由边界条件与式(5-3-13)可以得到包含4个未知实常数的齐次代数方程组。当该方程组的解为零解时，意味着系统根本就没有振动，故零解没有实际意义。根据该方程组存在非零解的条件，由其系数行列式为零得到关于 a 的表达式，进一步得到关于 ω_i 的方程，称此方程为频率方程。用它可以计算频率参数 a。在确定 a 后，再利用齐次方程组确定4个实常数之间的相对关系，得到振

型函数 $\varphi_i(x)$。

再对式(5-3-7)进行分析,式(5-3-7)为无阻尼单自由度系统自由振动方程,它有如下形式的解

$$T_i(t)=C_{1i}\sin\omega_i t+C_{2i}\cos\omega_i t \tag{5-3-14}$$

式中,系数 C_{1i} 和 C_{2i} 可以根据初始位移 $T_i(0)$ 和初始速度 $\dot{T}_i(0)$ 确定,即

$$T_i(t)=T_i(0)\cos\omega_i t+\frac{\dot{T}_i(0)}{\omega_i}\sin\omega_i t \tag{5-3-15}$$

当梁在给定初始条件[给定 $v(x,0)$ 和 $\dot{v}(x,0)$ 的值]下发生自由线性微振动时,根据振型展开定理初始条件可表示为

$$v(x,0)=\sum_{i=1}^{\infty}\varphi_i(x)T_i(0),\quad \dot{v}(x,0)=\sum_{i=1}^{\infty}\varphi_i(x)\dot{T}_i(0) \tag{5-3-16}$$

式(5-3-16)两边乘 $\varphi_i(x)$ 并积分,考虑振型正交性条件,得到用振型坐标表示的初始条件

$$T_i(0)=\frac{\int_0^L\varphi_i(x)v(x,0)\mathrm{d}x}{\int_0^L\varphi_i^2(x)\mathrm{d}x},\quad \dot{T}_i(0)=\frac{\int_0^L\varphi_i(x)\dot{v}(x,0)\mathrm{d}x}{\int_0^L\varphi_i^2(x)\mathrm{d}x} \tag{5-3-17}$$

前已说明振型函数 $\varphi_i(x)$ 不是唯一确定的,故振型坐标表示的初始条件与 $\varphi_i(x)$ 的取值密切相关。

将式(5-3-15)代入式(5-2-1),可得

$$v(x,t)=\sum_{i=1}^{\infty}\left\{\varphi_i(x)\cdot\left[T_i(0)\cos\omega_i t+\frac{\dot{T}_i(0)}{\omega_i}\sin\omega_i t\right]\right\} \tag{5-3-18}$$

可见,确定梁的各阶振型函数 $\varphi_i(x)$ 后,就可由式(5-3-7)求解振型坐标响应 $T_i(t)$,进而由式(5-2-1)得出梁自由振动响应。从式(5-3-18)可以看出,只要初始条件合适,自由振动中包含的各阶主振动可以独立发生,而且是简谐振动,这一概念是 5.2 节证明振型正交性的基础。

【例 5-3-1】 某等截面简支梁及其基本参数如图 5-3-1a)所示,求该简支梁的自振频率与振型。

【解】 该梁的 4 个边界条件为:

$$v(0,t)=0,\quad M(0,t)=EIv''(0,t)=0,\quad v(L,t)=0,\quad M(L,t)=EIv''(L,t)=0$$

考虑在特定的初始条件下系统可以独立发生某一阶主振动,即 $v(x,t)=\varphi_i(x)T_i(t)$,此时同样要满足边界条件。将该式代入上述边界条件可得

$$\varphi_i(0)=0,\quad \varphi_i''(0)=0 \tag{5-3-19}$$

$$\varphi_i(L)=0,\quad \varphi_i''(L)=0 \tag{5-3-20}$$

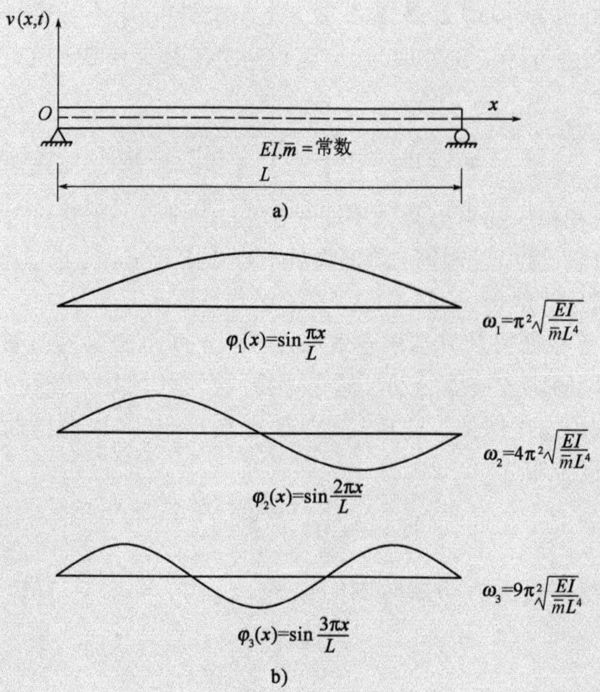

图 5-3-1　简支梁振型与频率分析

a）简支梁的基本特性；b）简支梁前三阶振型及其频率

将式(5-3-19)与式(5-3-20)代入式(5-3-13)及其二阶导数式，化简可得到如下矩阵形式的齐次方程

$$\begin{bmatrix} 1 & 0 & 1 & 0 \\ -1 & 0 & 1 & 0 \\ \cos aL & \sin aL & \cosh aL & \sinh aL \\ -\cos aL & -\sin aL & \cosh aL & \sinh aL \end{bmatrix} \begin{Bmatrix} A_1 \\ A_2 \\ A_3 \\ A_4 \end{Bmatrix} = \mathbf{0} \tag{5-3-21}$$

因为 A_1、A_2、A_3 与 A_4 不能同时为零，否则梁将处于静止状态，故上述齐次方程有非零解，其系数行列式必须等于零，由此可导出

$$\sin aL \cdot \sinh aL = 0$$

因为 $\sinh aL \neq 0$，所以必须有

$$\sin aL = 0 \tag{5-3-22}$$

式(5-3-22)即为系统的频率方程，由此可解得

$$a = i\pi/L \quad (i = 1, 2, \cdots) \tag{5-3-23}$$

将式(5-3-23)代入式(5-3-8)得到频率的表达式为

$$\omega_i = i^2\pi^2\sqrt{\frac{EI}{\overline{m}L^4}} \quad (i = 1, 2, \cdots)$$

将 $a = i\pi/L$ 代入式(5-3-21)容易得到 $A_1 = A_3 = A_4 = 0$,A_2 不能唯一确定。将它们代入式(5-3-13),并对振型进行标准化处理(振型函数绝对值最大值取为1),得到简支梁振型函数为

$$\varphi_i(x) = \sin\frac{i\pi x}{L} \quad (i = 1,2,\cdots)$$

前三阶振型曲线和相应的自振圆频率如图5-3-1b)所示。在振型图中,振型曲线穿过静平衡位置的点称为节点,可以发现第 i 阶振型的节点数等于 $i-1$,此特性称为节点定理。离散系统的振型同样满足此定理,见例4-1-1。

【例5-3-2】 某等截面梁及其基本参数如图5-3-2所示。梁右端被提离滚动支座然后自由落下,使之绕左端固定铰支座转动。假定梁像一个刚体那样转动而落到右支座上,并假定在碰撞以后梁的右端始终保持与支座接触,即 $v(L,t) = 0$。以碰撞时梁的状态作为其初始条件,碰撞时的速度分布为

$$\dot{v}(x,0) = \frac{x}{L}\dot{v}_t \tag{5-3-24}$$

式中,$\dot{v}_t$ 代表右端的速度。初始时刻的位移 $v(x,0) = 0$。求解该简支梁的自由振动响应。

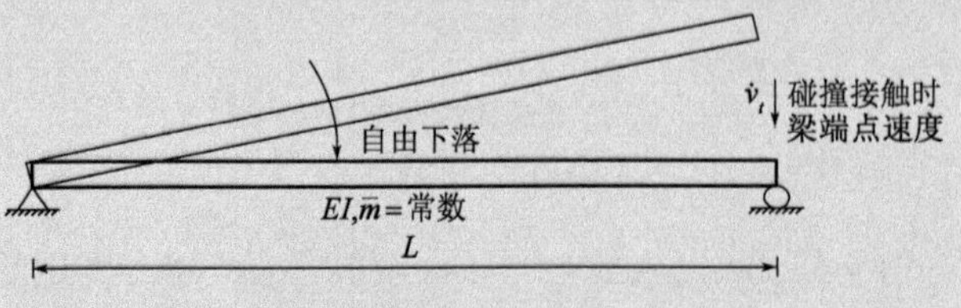

图5-3-2 简支梁自由振动实例

【解】 例5-3-1已给出此简支梁的第 i 阶振型为

$$\varphi_i(x) = \sin\frac{i\pi x}{L} \tag{5-3-25}$$

将初始条件 $v(x,0)$ 与 $\dot{v}(x,0)$ 代入式(5-3-17)可得

$$T_i(0) = 0,\quad \dot{T}_i(0) = \begin{cases} \dfrac{2\dot{v}_t}{i\pi} & (\text{当}\ i\ \text{为奇数}) \\ -\dfrac{2\dot{v}_t}{i\pi} & (\text{当}\ i\ \text{为偶数}) \end{cases} \tag{5-3-26}$$

由式(5-3-15)可得振型坐标响应为

$$T_i(t) = \begin{cases} \dfrac{2\dot{v}_t}{i\pi\omega_i}\sin\omega_i t & (\text{当}\ i\ \text{为奇数}) \\ -\dfrac{2\dot{v}_t}{i\pi\omega_i}\sin\omega_i t & (\text{当}\ i\ \text{为偶数}) \end{cases} \tag{5-3-27}$$

将式(5-3-25)与式(5-3-27)代入式(5-2-1),得到

$$v(x,t) = \frac{2\dot{v}_t}{\pi}\left(\frac{1}{\omega_1}\sin\frac{\pi x}{L}\sin\omega_1 t - \frac{1}{2\omega_2}\sin\frac{2\pi x}{L}\sin\omega_2 t + \cdots\right) \tag{5-3-28}$$

5.4 无阻尼直梁弯曲强迫振动分析

与离散多自由度系统振动分析方法一样,两个正交性条件[式(5-2-7)和式(5-2-11)]也为分布参数系统运动方程的解耦提供了工具。将式(5-2-1)代入系统运动方程

$$\frac{\partial^2}{\partial x^2}\left[EI(x)\frac{\partial^2 v(x,t)}{\partial x^2}\right]+m(x)\frac{\partial^2 v(x,t)}{\partial t^2}=p(x,t) \tag{5-4-1}$$

可得

$$\sum_{j=1}^{\infty}m(x)\varphi_j(x)\ddot{T}_j(t)+\sum_{j=1}^{\infty}\frac{\mathrm{d}^2}{\mathrm{d}x^2}\left[EI(x)\frac{\mathrm{d}^2\varphi_j(x)}{\mathrm{d}x^2}\right]T_j(t)=p(x,t) \tag{5-4-2}$$

注意:为了表述方便,求和式中下标已用 j 代替 i。

式(5-4-2)两边同时乘 $\varphi_i(x)$ 并积分,得出

$$\sum_{j=1}^{\infty}\ddot{T}_j(t)\int_0^L m(x)\varphi_j(x)\varphi_i(x)\,\mathrm{d}x+\sum_{j=1}^{\infty}T_j(t)\int_0^L\varphi_i(x)\frac{\mathrm{d}^2}{\mathrm{d}x^2}\left[EI(x)\frac{\mathrm{d}^2\varphi_j(x)}{\mathrm{d}x^2}\right]\mathrm{d}x$$

$$=\int_0^L\varphi_i(x)p(x,t)\,\mathrm{d}x \tag{5-4-3}$$

对前两项应用正交性条件,显而易见,级数展开式中除了第 i 项外其余各项都等于零,于是

$$\ddot{T}_i(t)\int_0^L m(x)\varphi_i^2(x)\,\mathrm{d}x+T_i(t)\int_0^L\varphi_i(x)\frac{\mathrm{d}^2}{\mathrm{d}x^2}\left[EI(x)\frac{\mathrm{d}^2\varphi_i(x)}{\mathrm{d}x^2}\right]\mathrm{d}x$$

$$=\int_0^L\varphi_i(x)p(x,t)\,\mathrm{d}x \tag{5-4-4}$$

将式(5-2-10)中的下标 m 替换为 i,两边同时乘 $\varphi_i(x)$ 并积分,其结果为

$$\int_0^L\varphi_i(x)\frac{\mathrm{d}^2}{\mathrm{d}x^2}\left[EI(x)\frac{\mathrm{d}^2\varphi_i(x)}{\mathrm{d}x^2}\right]\mathrm{d}x=\omega_i^2\int_0^L\varphi_i^2(x)m(x)\,\mathrm{d}x \tag{5-4-5}$$

该式右边的积分是第 i 阶振型的广义质量,即

$$M_i=\int_0^L\varphi_i^2(x)m(x)\,\mathrm{d}x \tag{5-4-6}$$

考虑式(5-4-5)与式(5-4-6),方程(5-4-4)可写成下列形式

$$M_i\ddot{T}_i(t)+\omega_i^2M_iT_i(t)=P_i(t) \tag{5-4-7}$$

式中,$P_i(t)$ 是对应于振型坐标 $T_i(t)$ 的广义荷载

$$P_i(t)=\int_0^L\varphi_i(x)p(x,t)\,\mathrm{d}x \tag{5-4-8}$$

用式(5-4-6)和式(5-4-8)分别算出相应的广义质量和广义荷载后,即可对结构的每一阶振型建立一个形如方程(5-4-7)的方程,即无阻尼直梁振动的正则化方程。求解方程(5-4-7)可以得到各个振型坐标稳态响应,也可以由初始条件得到各个振型坐标的瞬态响应。然后由式(5-2-1)可以得到系统振动位移响应。

【例5-4-1】 如图5-4-1所示,等截面简支梁跨中承受一个阶跃函数荷载,运用振型叠加法求该简支梁的稳态响应。

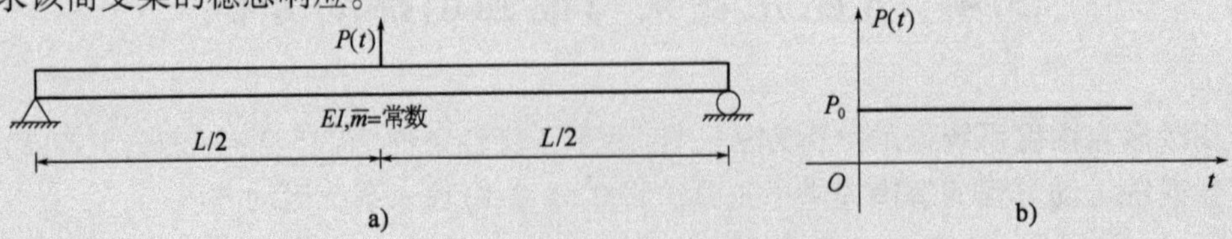

图5-4-1 无阻尼直梁动力反应分析实例

a)简支梁及荷载情况;b)阶跃函数荷载

【解】 例5-3-1计算出简支梁的振型与固有频率如下:

$$\varphi_i(x)=\sin\frac{i\pi x}{L}\quad(i=1,2,\cdots)\tag{5-4-9}$$

$$\omega_i=i^2\pi^2\sqrt{\frac{EI}{\overline{m}L^4}}\quad(i=1,2,\cdots)\tag{5-4-10}$$

由式(5-4-6)和式(5-4-8)分别计算广义质量和广义荷载,得到

$$M_i=\int_0^L\varphi_i^2(x)m(x)\mathrm{d}x=\overline{m}\int_0^L\sin^2\left(\frac{i\pi x}{L}\right)\mathrm{d}x=\frac{\overline{m}L}{2}\tag{5-4-11}$$

$$P_i(t)=\int_0^L\varphi_i(x)p(x,t)\mathrm{d}x=P_0\varphi_i\left(\frac{L}{2}\right)=\alpha_iP_0\tag{5-4-12}$$

式中

$$\alpha_i=\begin{cases}1 & (i=1,5,9,\cdots)\\ -1 & (i=3,7,11,\cdots)\\ 0 & (i\text{为偶数})\end{cases}$$

用杜哈美积分解方程(5-4-7),得到

$$\begin{aligned}T_i(t)&=\frac{1}{M_i\omega_i}\int_0^tP_i(\tau)\sin\omega_i(t-\tau)\mathrm{d}\tau\\&=\frac{2\alpha_iP_0}{\overline{m}L\omega_i}\int_0^t\sin\omega_i(t-\tau)\mathrm{d}\tau=\frac{2\alpha_iP_0}{\overline{m}L\omega_i^2}(1-\cos\omega_it)\end{aligned}\tag{5-4-13}$$

把式(5-4-9)与式(5-4-13)代入式(5-2-1),并考虑$\omega_i^2=i^4\pi^4EI/(\overline{m}L^4)$,得到系统稳态响应为

$$v(x,t)=\sum_{i=1}^{\infty}\varphi_i(x)T_i(t)=\frac{2P_0L^3}{\pi^4EI}\sum_{i=1}^{\infty}\frac{\alpha_i}{i^4}(1-\cos\omega_it)\sin\frac{i\pi x}{L}\tag{5-4-14}$$

可以进一步求出直梁的弯矩和剪力反应

$$M(x,t)=EI\frac{\partial^2v(x,t)}{\partial x^2}=-\frac{2P_0L}{\pi^2}\sum_{i=1}^{\infty}\frac{\alpha_i}{i^2}(1-\cos\omega_it)\sin\frac{i\pi x}{L}\tag{5-4-15}$$

$$V(x,t)=EI\frac{\partial^3v(x,t)}{\partial x^3}=-\frac{2P_0}{\pi}\sum_{i=1}^{\infty}\frac{\alpha_i}{i}(1-\cos\omega_it)\cos\frac{i\pi x}{L}\tag{5-4-16}$$

在式(5-4-14)中,i^4为各项系数的分母,故高阶振型对位移的贡献不显著。然而,高阶振型对弯矩反应的贡献大一些,并且对剪力的贡献会更大些。换句话说,式(5-4-15)中的级数随振型数i收敛比式(5-4-14)中的级数慢很多,式(5-4-16)中的级数又比式(5-4-15)中的级数收敛慢很多。可见,确定计算反应所需的振型数与所要求的反应量有关。

5.5 有阻尼直梁弯曲强迫振动分析

如图 5-5-1 所示，梁在振动过程中受到两种阻尼的作用：一种是外界介质如水、空气、土等对梁体运动的阻抗，称为外阻尼；另一种是由于结构截面上的纤维反复变形，沿截面产生的分布阻尼应力，称为内阻尼。假定这两种阻尼都是黏滞阻尼，前者阻尼力是梁竖向振动速度的比例函数，后者与材料的应变速度成比例。

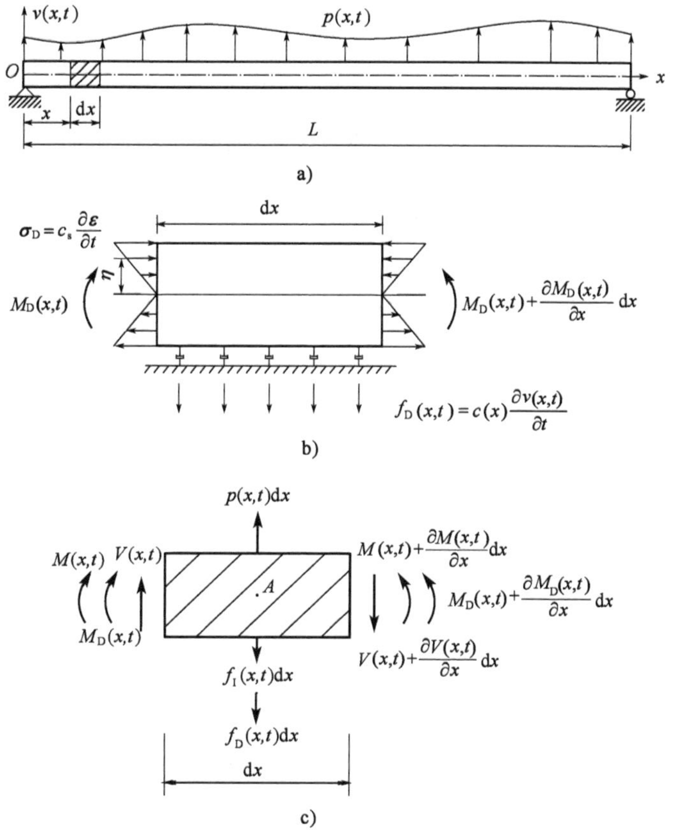

图 5-5-1 有阻尼简支梁

a）具有任意荷载作用的分布参数梁；b）微元体阻尼力模型；c）微元体的动力平衡

对于图 5-5-1b）所示的微段隔离体，外阻尼产生的单位长度阻尼力为

$$f_D(x) = c(x)\frac{\partial v(x,t)}{\partial t} \tag{5-5-1}$$

式中，$c(x)$为外阻尼系数。

内阻尼产生的阻尼应力为

$$\sigma_D(x,\eta,t) = c_s\frac{\partial \varepsilon(x,\eta,t)}{\partial t} \tag{5-5-2}$$

式中，$\sigma_D(x,\eta,t)$为应变阻尼应力；c_s 为应变阻尼系数；$\varepsilon(x,\eta,t)$为梁截面上距中性轴 η 处的应变。这些阻尼应力产生阻尼弯矩为

$$M_{\mathrm{D}}(x,t)=\int_A\sigma_{\mathrm{D}}(x,\eta,t)\eta\mathrm{d}A=\int_A c_{\mathrm{s}}\eta\frac{\partial\varepsilon(x,\eta,t)}{\partial t}\mathrm{d}A=\int_A c_{\mathrm{s}}\eta^2\frac{\partial}{\partial t}\left[\frac{M(x,t)}{EI(x)}\right]\mathrm{d}A$$

(5-5-3)

式中,η 为横截面上任一点到中性轴的距离;A 为横截面的面积。

引入梁的弯矩和曲率之间的基本关系式 $M=EI\partial^2v/\partial x^2$,方程(5-5-3)变成

$$M_{\mathrm{D}}(x,t)=c_{\mathrm{s}}I(x)\frac{\partial^3v(x,t)}{\partial x^2\partial t}\tag{5-5-4}$$

式中,$I(x)=\int_A\eta^2\mathrm{d}A$。

考虑图 5-5-1c)所示梁微段的动力平衡,同样可以导出有阻尼直梁弯曲振动平衡条件。求全部竖向作用力之和,可导出第一个动力平衡关系式

$$V(x,t)+p(x,t)\mathrm{d}x-\left[V(x,t)+\frac{\partial V(x,t)}{\partial x}\mathrm{d}x\right]-m(x)\frac{\partial^2v(x,t)}{\partial t^2}\mathrm{d}x-c(x)\frac{\partial v(x,t)}{\partial t}\mathrm{d}x=0$$

(5-5-5)

化简式(5-5-5)得到

$$\frac{\partial V(x,t)}{\partial x}=p(x,t)-m(x)\frac{\partial^2v(x,t)}{\partial t^2}-c(x)\frac{\partial v(x,t)}{\partial t}\tag{5-5-6}$$

对弹性轴上点 A 的力矩求和可得第二个平衡关系式。在忽略与惯性力、外阻尼力以及外荷载相关的二阶矩后,得到

$$M(x,t)+M_{\mathrm{D}}(x,t)+V(x,t)\mathrm{d}x-\left[M(x,t)+\frac{\partial M(x,t)}{\partial x}\mathrm{d}x+M_{\mathrm{D}}(x,t)+\frac{\partial M_{\mathrm{D}}(x,t)}{\partial x}\mathrm{d}x\right]=0$$

(5-5-7)

化简式(5-5-7)得到

$$\frac{\partial M(x,t)}{\partial x}+\frac{\partial M_{\mathrm{D}}(x,t)}{\partial x}=V(x,t)\tag{5-5-8}$$

将式(5-5-8)对 x 求导,并代入方程(5-5-6),可得

$$\frac{\partial^2}{\partial x^2}[M(x,t)+M_{\mathrm{D}}(x,t)]+m(x)\frac{\partial^2v(x,t)}{\partial t^2}+c(x)\frac{\partial v(x,t)}{\partial t}=p(x,t)\tag{5-5-9}$$

引入 $M=EI\partial^2v/\partial x^2$ 与式(5-5-4),由方程(5-5-9)得到考虑内、外阻尼的分布参数梁的运动方程

$$\frac{\partial^2}{\partial x^2}\left[EI(x)\frac{\partial^2v(x,t)}{\partial x^2}+c_{\mathrm{s}}I(x)\frac{\partial^3v(x,t)}{\partial x^2\partial t}\right]+m(x)\frac{\partial^2v(x,t)}{\partial t^2}+c(x)\frac{\partial v(x,t)}{\partial t}=p(x,t)$$

(5-5-10)

将式(5-2-1)代入式(5-5-10)

$$\sum_{j=1}^{\infty}m(x)\varphi_j(x)\ddot{T}_j(t)+\sum_{j=1}^{\infty}c(x)\varphi_j(x)\dot{T}_j(t)+\sum_{j=1}^{\infty}\frac{\mathrm{d}^2}{\mathrm{d}x^2}\left[c_{\mathrm{s}}I(x)\frac{\mathrm{d}^2\varphi_j(x)}{\mathrm{d}x^2}\right]\dot{T}_j(t)+\sum_{j=1}^{\infty}\frac{\mathrm{d}^2}{\mathrm{d}x^2}\left[EI(x)\frac{\mathrm{d}^2\varphi_j(x)}{\mathrm{d}x^2}\right]T_j(t)$$

$$=p(x,t)\tag{5-5-11}$$

注意:为了表述方便,求和式中下标已用 j 代替 i。将式(5-5-11)的每一项乘 $\varphi_i(x)$,积分

并利用振型正交性关系式(5-2-7)和式(5-2-11),得

$$M_i\dot{T}_i(t)+\sum_{j=1}^{\infty}\dot{T}_j(t)\int_0^L\varphi_i(x)\left\{c(x)\varphi_j(x)+\frac{\mathrm{d}^2}{\mathrm{d}x^2}\left[c_sI(x)\frac{\mathrm{d}^2\varphi_j(x)}{\mathrm{d}x^2}\right]\right\}\mathrm{d}x+\omega_i^2M_iT_i(t)$$

$$=P_i(t) \tag{5-5-12}$$

式中,M_i 与 $P_i(t)$ 的含义与表达式同 5.4 节。

显然,在一般情况下,式(5-5-12)中与阻尼相关的项相互耦联,因此需要联立方程组求解。如果假定 $c(x)=a_0m(x)$ 与 $c_s=a_1E$,可以利用振型正交性关系实现式(5-5-12)中阻尼相关项解耦,可得到

$$M_i\ddot{T}_i(t)+(a_0M_i+a_1\omega_i^2M_i)\dot{T}_i(t)+\omega_i^2M_iT_i(t)=P_i(t) \tag{5-5-13}$$

令 $C_i=a_0M_i+a_1\omega_i^2M_i$,引入第 i 阶振型阻尼比 ξ_i,即

$$\xi_i=\frac{C_i}{2M_i\omega_i}=\frac{a_0}{2\omega_i}+\frac{a_1\omega_i}{2}$$

于是简化式(5-5-13)可得

$$\ddot{T}_i(t)+2\xi_i\omega_i\dot{T}_i(t)+\omega_i^2T_i(t)=P_i(t)/M_i\quad(i=1,2,\cdots) \tag{5-5-14}$$

从以上分析可以看出:对于分布参数系统,通过振型坐标变换可以将偏微分运动方程转换为无限多个独立的关于振型坐标的方程,每个方程包含有一个振型坐标。

以上假定阻尼与刚度或质量成正比,即为经典瑞利阻尼假定。如同离散参数系统,利用瑞利阻尼假定可实现分布参数系统的方程解耦。同样可以根据阻尼比与相应固有频率确定参数 a_0 与 a_1。

理论上讲,系统的总反应等于各阶振型贡献的叠加。与离散多自由度系统相同,对于大多数类型的荷载,分布参数系统各阶振型所起的作用一般是频率最低的振型贡献最大,高阶振型贡献则趋向减小(见例 5-4-1)。因而在叠加过程中通常不需要包含所有的高阶振型,当动力反应达到精度要求时,可舍弃级数的其余各项,将无限自由度的连续系统转化为有限自由度的离散系统,从而可大大减少计算工作量。此外,对于复杂结构,其高阶振型的数学建模的可靠性相对较小,在动力反应分析时限定要考虑的振型阶数也是很必要的。

因此,在计算动力反应时,可按照单自由度系统的解法,求解方程(5-5-14)可以得到所需要的振型坐标稳态响应,由初始条件得到相应振型坐标的瞬态响应,然后按照式(5-2-1)叠加即可得出用原始坐标表示的总反应。

本章习题

5.1 试从运动方程、正交关系、展开公式、响应分析等方面对离散系统与连续系统的振动分析方法进行比较。

5.2 图 5-1-1 所示简支梁受轴向力作用,请建立该简支梁自由振动微分方程,求解其振型与自振频率,分析轴向力对自振频率与振型的影响。

5.3 分析两端铰支弹性地基梁的频率与振型。

5.4 参照第 4 章的振型正交性证明过程,从主振动平衡出发证明振型正交性关系

式(5-2-7)。

5.5 某悬臂梁如题5.5图所示,EI、$\overline{m}$为常数,梁端有一集中质量$m=2\overline{m}L$。分析该悬臂梁的前三阶频率和振型。

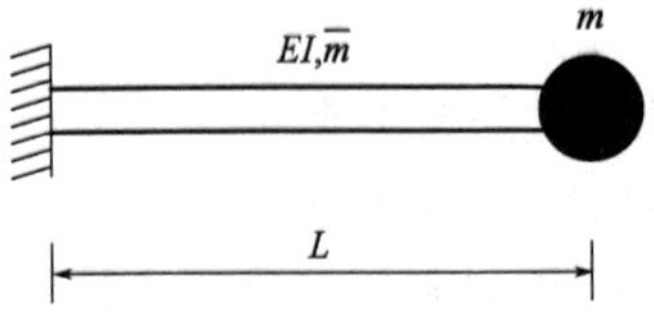

题5.5图

5.6 两端简支的等截面梁,在跨中作用竖向集中力P,试求荷载突然移去后梁的自由振动。

5.7 假定题5.7图的梁在1/4跨处承受一个简谐荷载:$P(t)=P_0\sin\overline{\omega}t$,$\overline{\omega}=5\omega_1/4$,其中$\omega_1$为该简支梁的基频。分别针对以下两种阻尼情况考虑前三阶振型,计算梁跨中稳态位移反应。(1)不计阻尼;(2)各阶振型阻尼比均取为0.1。

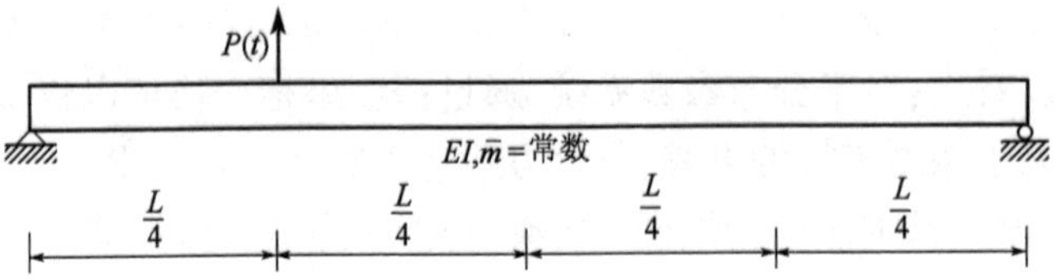

题5.7图

第6章
固有频率和振型的近似计算

利用振型叠加法求线性系统振动响应的前提在于求出系统的固有频率和振型。前已指出，一般结构反应主要由前若干阶振型提供，高阶振型贡献不大，可以不予考虑。此外，对于复杂结构，计算的高阶频率与振型往往与实际结构的固有特性相距较大。故求出结构全部的固有频率和振型并无实际意义。于是，实践中发展了一些计算前若干阶固有频率和振型的实用近似方法，如瑞利能量法、瑞利-里兹法、矩阵迭代法、子空间迭代法等。本章依次介绍这四种方法。运用这些方法，一般需要编制相应的计算机程序才能计算出结构的固有频率和振型。

6.1 瑞利能量法

瑞利能量法是计算振动系统基频最有效、最简便的方法之一。频率计算式可以根据机械能守恒定律或动力平衡方程建立。

由第4章论述可知，若选择合适的初始条件，系统只产生某阶主振动，即按某阶频率作自由振动。根据机械能守恒定律，当保守系统按某阶频率作自由振动时，没有能量的输入和损耗，机械能 E 保持为一恒量，即

$$E = T + V = E_0 \tag{6-1-1}$$

式中，T 为系统按某阶频率作自由振动在某一时刻的动能；V 为对应时刻的势能；E_0 为常数。

当振动系统位移幅值达到最大值时，动能为零，而势能达到最大值 $V_{\max}$；当系统经过静力平衡位置的瞬时，动能达到最大值 $T_{\max}$，而势能为零。根据机械能守恒定律，这两个特定时刻的能量存在如下关系：

$$T_{\max} = V_{\max} \tag{6-1-2}$$

利用这一等式可得到确定频率的方程，具体的过程如下。

不计阻尼的 n 个自由度系统（即系统没有能量耗散，机械能守恒）运动方程为

$$\boldsymbol{M}\ddot{\boldsymbol{q}} + \boldsymbol{K}\boldsymbol{q} = \boldsymbol{0} \tag{6-1-3}$$

设系统第 i 阶主振动响应为

$$\boldsymbol{q}_i = c_i\boldsymbol{A}_i\sin(\omega_i t + \theta_i) \tag{6-1-4}$$

系统微振动的动能为 $T = \frac{1}{2}\dot{\boldsymbol{q}}_i^{\mathrm{T}}\boldsymbol{M}\dot{\boldsymbol{q}}_i = \frac{1}{2}c_i^2\boldsymbol{A}_i^{\mathrm{T}}\boldsymbol{M}\boldsymbol{A}_i\omega_i^2\cos^2(\omega_i t + \theta_i)$。当 $\cos^2(\omega_i t + \theta_i) = 1$ 时，最大动能 $T_{\max} = \frac{1}{2}c_i^2\omega_i^2\boldsymbol{A}_i^{\mathrm{T}}\boldsymbol{M}\boldsymbol{A}_i$。系统微振动势能 $V = \frac{1}{2}\boldsymbol{q}_i^{\mathrm{T}}\boldsymbol{K}\boldsymbol{q}_i = \frac{1}{2}c_i^2\boldsymbol{A}_i^{\mathrm{T}}\boldsymbol{K}\boldsymbol{A}_i\sin^2(\omega_i t + \theta_i)$，故最大势能为 $V_{\max} = \frac{1}{2}c_i^2\boldsymbol{A}_i^{\mathrm{T}}\boldsymbol{K}\boldsymbol{A}_i$。

将 $T_{\max}$ 与 $V_{\max}$ 代入式(6-1-2)，可得

$$\omega_i^2 = \frac{\boldsymbol{A}_i^{\mathrm{T}}\boldsymbol{K}\boldsymbol{A}_i}{\boldsymbol{A}_i^{\mathrm{T}}\boldsymbol{M}\boldsymbol{A}_i} \equiv R_{\mathrm{I}}(\boldsymbol{A}_i) \tag{6-1-5}$$

式(6-1-5)即为瑞利能量法的频率计算式，其中 $R_{\mathrm{I}}(\boldsymbol{A}_i)$ 称为第 I 瑞利商。此外，也可以直接从动力平衡方程推导出式(6-1-5)，具体如下：

将系统第 i 阶主振动响应 $\boldsymbol{q}_i = c_i\boldsymbol{A}_i\sin(\omega_i t + \theta_i)$ 代入式(6-1-3)，得

$$\boldsymbol{K}\boldsymbol{A}_i = \omega_i^2\boldsymbol{M}\boldsymbol{A}_i$$

以 $\boldsymbol{A}_i^{\mathrm{T}}$ 左乘上式，得

$$\boldsymbol{A}_i^{\mathrm{T}}\boldsymbol{K}\boldsymbol{A}_i = \omega_i^2\boldsymbol{A}_i^{\mathrm{T}}\boldsymbol{M}\boldsymbol{A}_i \tag{6-1-6}$$

整理同样可得到式(6-1-5)。

另外，还可以基于柔度矩阵 $\boldsymbol{R}$ 和质量矩阵 $\boldsymbol{M}$ 导出频率计算式，具体如下：

系统按第 i 阶主振动作自由振动时，作用于系统的惯性力可表述为

$$\boldsymbol{f}_{\mathrm{I}} = -\boldsymbol{M}\ddot{\boldsymbol{q}}_i$$

因为 $\boldsymbol{q}_i = c_i\boldsymbol{A}_i\sin(\omega_i t + \theta_i)$，$\dot{\boldsymbol{q}}_i = c_i\omega_i\boldsymbol{A}_i\cos(\omega_i t + \theta_i)$，$\ddot{\boldsymbol{q}}_i = -c_i\omega_i^2\boldsymbol{A}_i\sin(\omega_i t + \theta_i) = -\omega_i^2\boldsymbol{q}_i$，故惯性力 $\boldsymbol{f}_{\mathrm{I}}$ 可写为

$$\boldsymbol{f}_{\mathrm{I}} = \omega_i^2\boldsymbol{M}\boldsymbol{q}_i$$

由惯性力 $\boldsymbol{f}_{\mathrm{I}}$ 引起的系统位移为

$$\bar{\boldsymbol{q}}_i = \boldsymbol{R}\boldsymbol{f}_{\mathrm{I}} = \omega_i^2\boldsymbol{R}\boldsymbol{M}\boldsymbol{q}_i$$

惯性力 $\boldsymbol{f}_{\mathrm{I}}$ 做功转化为系统的变形势能（也可将上式代入 $V = \frac{1}{2}\boldsymbol{q}_i^{\mathrm{T}}\boldsymbol{K}\boldsymbol{q}_i$ 求得）

$$V = \frac{1}{2}\boldsymbol{f}_{\mathrm{I}}^{\mathrm{T}}\bar{\boldsymbol{q}}_i = \frac{1}{2}\omega_i^4\boldsymbol{q}_i^{\mathrm{T}}\boldsymbol{M}\boldsymbol{R}\boldsymbol{M}\boldsymbol{q}_i \quad \text{（考虑 } \boldsymbol{M} \text{ 为对称矩阵）}$$

因而系统最大势能 $V_{\max} = \frac{1}{2}c_i^2\omega_i^4\boldsymbol{A}_i^{\mathrm{T}}\boldsymbol{M}\boldsymbol{R}\boldsymbol{M}\boldsymbol{A}_i$。系统最大动能仍取为 $T_{\max} = \frac{1}{2}c_i^2\omega_i^2\boldsymbol{A}_i^{\mathrm{T}}\boldsymbol{M}\boldsymbol{A}_i$。同样，将 $T_{\max}$ 与 $V_{\max}$ 代入式(6-1-2)，可得

$$\omega_i^2 = \frac{\boldsymbol{A}_i^{\mathrm{T}}\boldsymbol{M}\boldsymbol{A}_i}{\boldsymbol{A}_i^{\mathrm{T}}\boldsymbol{M}\boldsymbol{R}\boldsymbol{M}\boldsymbol{A}_i} \equiv R_{\mathrm{II}}(\boldsymbol{A}_i) \tag{6-1-7}$$

式(6-1-7)同样是瑞利能量法的频率计算式，其中，$R_{\mathrm{II}}(\boldsymbol{A}_i)$称为第Ⅱ瑞利商。同样，也可以直接从动力平衡方程推导出式(6-1-7)，具体如下：

由式(6-1-3)得

$$\boldsymbol{q} = -\boldsymbol{R}\boldsymbol{M}\ddot{\boldsymbol{q}} \tag{6-1-8}$$

将 $\boldsymbol{q}_i = c_i\boldsymbol{A}_i\sin(\omega_i t + \theta_i)$代入式(6-1-8)，得

$$\boldsymbol{A}_i = \omega_i^2\boldsymbol{R}\boldsymbol{M}\boldsymbol{A}_i$$

以 $\boldsymbol{A}_i^{\mathrm{T}}\boldsymbol{M}$ 左乘上式，得

$$\boldsymbol{A}_i^{\mathrm{T}}\boldsymbol{M}\boldsymbol{A}_i = \omega_i^2\boldsymbol{A}_i^{\mathrm{T}}\boldsymbol{M}\boldsymbol{R}\boldsymbol{M}\boldsymbol{A}_i \tag{6-1-9}$$

整理同样可得到式(6-1-7)。

可见，根据式(6-1-5)或式(6-1-7)计算结构频率的基本思想是机械能守恒，只是能量表达形式不同而已。

瑞利商具有以下特性[22,28]：(1)当 $\boldsymbol{A}_i$ 是某阶准确振型时，瑞利商等于 ω_i^2 的精确值；(2)当 $\boldsymbol{A}_i$ 是某阶振型近似时，瑞利商是对应 ω_i^2 精确值的近似(当前者具有一阶无穷小误差时，后者具有二阶无穷小误差)，瑞利商在精确值的邻域内取驻值；(3)瑞利商在最小值 ω_1^2 和最大值 ω_n^2 之间是有界的(ω_1 与 ω_n 分别为系统最低阶与最高阶频率)。

由式(6-1-5)或式(6-1-7)求 ω_i^2 必须先假设近似振型 $\boldsymbol{A}_i$。基本振型可较方便地假设出来，高阶振型很难假设。因此，按瑞利能量法一般只能估算基频 ω_1。计算精度完全依赖于所假设的近似振型 $\boldsymbol{A}_1$。假设近似振型 $\boldsymbol{A}_1$ 时，若几何边界条件和力边界条件都满足，便可得到比较好的频率近似值(至少要满足几何边界条件，否则计算结果误差较大)。根据上述特性(3)，用真实振型所得的基频是用瑞利能量法所求频率的下限。因此，对用这个方法所求得的近似结果加以选择时，频率最低的一个总是最好的近似值。

上面已说明，系统主振动位移可认为是由惯性力引起的，而惯性力与系统质量分布及主振动位移幅值成正比。由于准确的主振动位移分布是未知的，可以只考虑质量分布因素，用自重作用下的变位曲线作为假设基本振型(若考虑水平振动，则重力沿水平方向作用)。

计算证明，用系统自重作用下的变形曲线作为假定振型 $\boldsymbol{A}_1$，可得到较准确的 ω_1 估值。如果使用与假定振型 $\boldsymbol{A}_1$ 有关的惯性力做功计算势能，可得到 ω_1 更准确的结果。第Ⅱ瑞利商就属于这种情况，故对于任意的近似振型 $\boldsymbol{A}_1$，$R_{\mathrm{II}}(\boldsymbol{A}_1)$比 $R_{\mathrm{I}}(\boldsymbol{A}_1)$更接近结构真实基频，即恒有

$$R_{\mathrm{I}}(\boldsymbol{A}_1) \geqslant R_{\mathrm{II}}(\boldsymbol{A}_1) \tag{6-1-10}$$

例 6-1-1 也反映了上述特性，关于改进的瑞利法的详细内容见文献[1]。本节仅列出了离散系统固有频率的近似计算式。对于连续系统，其本质与离散系统一致，可以根据假定的振型函数，采用积分形式写出系统振动的最大动能 $T_{\max}$与最大势能 $V_{\max}$表达式，令 $T_{\max}$与 $V_{\max}$相等同样可以得到系统固有频率的近似计算式，具体过程见文献[1]。

【例 6-1-1】 图 6-1-1 表示三个圆盘连于一根转动轴上,各圆盘的转动惯量均为 J,各轴段的扭转刚度均为 k,轴本身的质量略去不计。估算此系统基频。

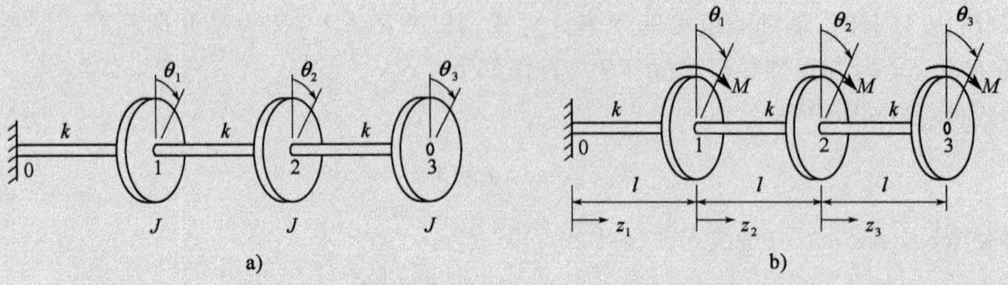

图 6-1-1　转轴振动系统示意图

a)动力计算示意图;b)静力变形"曲线"计算示意图

【解】 根据第 2 章的原理与方法可推得,系统的质量矩阵 $\boldsymbol{M}=J\begin{bmatrix}1&0&0\\0&1&0\\0&0&1\end{bmatrix}$,刚度矩阵 $\boldsymbol{K}=k\begin{bmatrix}2&-1&0\\-1&2&-1\\0&-1&1\end{bmatrix}$。

对应的柔度矩阵 $\boldsymbol{R}=\boldsymbol{K}^{-1}=\frac{1}{k}\begin{bmatrix}1&1&1\\1&2&2\\1&2&3\end{bmatrix}$。

假设基本振型为 $\boldsymbol{A}_1=\{1\quad 1\quad 1\}^{\mathrm{T}}$,计算得到 $\boldsymbol{A}_1^{\mathrm{T}}\boldsymbol{M}\boldsymbol{A}_1=3J$,$\boldsymbol{A}_1^{\mathrm{T}}\boldsymbol{K}\boldsymbol{A}_1=k$, $\boldsymbol{A}_1^{\mathrm{T}}\boldsymbol{M}\boldsymbol{R}\boldsymbol{M}\boldsymbol{A}_1=14J^2/k$。

由式(6-1-5),得 $\omega_1=0.5771\sqrt{k/J}$。另外,由式(6-1-7),得 $\omega_1=0.4626\sqrt{k/J}$。

若取静力变形"曲线"(计算附后)为假设振型,即取 $\boldsymbol{A}_1=\{3\quad 5\quad 6\}^{\mathrm{T}}$,可得到 $\boldsymbol{A}_1^{\mathrm{T}}\boldsymbol{M}\boldsymbol{A}_1=70J$,$\boldsymbol{A}_1^{\mathrm{T}}\boldsymbol{K}\boldsymbol{A}_1=14k$,$\boldsymbol{A}_1^{\mathrm{T}}\boldsymbol{M}\boldsymbol{R}\boldsymbol{M}\boldsymbol{A}_1=353J^2/k$。

由式(6-1-5),得 $\omega_1=0.4472\sqrt{k/J}$;由式(6-1-7),得 $\omega_1=0.4453\sqrt{k/J}$。

该系统的基频准确值为 $\omega_1=0.4451\sqrt{k/J}$,可见计算结果与本节分析结论一致。

附:静力变形"曲线"计算

设每个圆盘作用一个轴向的扭矩 M,转动轴的转角为 θ,系统的扭转微分方程为:

$$\frac{\mathrm{d}\theta}{\mathrm{d}z}=\frac{M_{\mathrm{T}}}{k}$$

0—1 段:$\theta'=\frac{3M}{k}$,得 $\theta=\frac{3Mz_1}{k}+C_1$。

由边界条件:$z_1=0,\theta_0=0$, 得 $C_1=0,\theta=\frac{3Mz_1}{k}$。

故当 $z_1=l$ 时,$\theta=\theta_1=\frac{3Ml}{k}$。

1—2 段：$\theta' = \frac{2M}{k}$，得 $\theta = \frac{2Mz_2}{k} + C_2$。

由边界条件：$z_2 = 0, \theta = \theta_1 = \frac{3Ml}{k}$，得 $C_2 = \frac{3Ml}{k}, \theta = \frac{2Mz_2}{k} + \frac{3Ml}{k}$。

故当 $z_2 = l$ 时，$\theta = \theta_2 = \frac{5Ml}{k}$。

2—3 段：$\theta' = \frac{M}{k}$，得 $\theta = \frac{Mz_3}{k} + C_3$。

由边界条件：$z_3 = 0, \theta = \theta_2 = \frac{5Ml}{k}$，得 $C_3 = \frac{5Ml}{k}, \theta = \frac{Mz_3}{k} + \frac{5Ml}{k}$。

故当 $z_3 = l$ 时，$\theta = \theta_3 = \frac{6Ml}{k}$。

根据全轴静力变形"曲线"，取假设基本振型 $\boldsymbol{A}_1 = \{3 \quad 5 \quad 6\}^{\mathrm{T}}$。

6.2 瑞利-里兹法

尽管瑞利能量法能有效地估算系统的基本频率，但不能估算较高阶频率。实际分析中，往往还需要基频以外的较高阶频率。里兹利用变分原理解决此问题如下：

设系统的 n 个准确振型向量 $\boldsymbol{A}_1, \boldsymbol{A}_2, \cdots, \boldsymbol{A}_n$ 构成的空间记为 E_n，取前 s 个准确振型向量 $\boldsymbol{A}_1, \boldsymbol{A}_2, \cdots, \boldsymbol{A}_s$ 可构成 E_n 的一个子空间，记为 E_s。选取 s 个满足相互独立的近似向量（亦称为假设振型）$\boldsymbol{\psi}_j (j = 1, 2, \cdots, s)$，它们构成的子空间记为 $E_s^{(0)}$，一般来说，$E_s^{(0)}$ 是 E_s 的一个近似空间，即 $\boldsymbol{\psi}_j (j = 1, 2, \cdots, s)$ 为子空间 E_s 的近似基，于是系统第 i 阶振型 $\boldsymbol{A}_i$ 可近似表示为

$$\boldsymbol{A}_i = \sum_{j=1}^{s} a_{ji} \boldsymbol{\psi}_j = \boldsymbol{\psi} \boldsymbol{a}_i \quad (i = 1, 2, \cdots, s) \tag{6-2-1}$$

式(6-2-1)中，a_{ji} 为待定系数。

$$\boldsymbol{\psi} = [\boldsymbol{\psi}_1 \quad \boldsymbol{\psi}_2 \quad \cdots \quad \boldsymbol{\psi}_s] \tag{6-2-2}$$

$$\boldsymbol{a}_i = \{a_{1i} \quad a_{2i} \quad \cdots \quad a_{si}\}^{\mathrm{T}} \tag{6-2-3}$$

将式(6-2-1)代入式(6-1-5)，得

$$R_{\mathrm{I}}(\boldsymbol{A}_i) = \frac{\boldsymbol{A}_i^{\mathrm{T}} \boldsymbol{K} \boldsymbol{A}_i}{\boldsymbol{A}_i^{\mathrm{T}} \boldsymbol{M} \boldsymbol{A}_i} = \frac{\boldsymbol{a}_i^{\mathrm{T}} \boldsymbol{\psi}^{\mathrm{T}} \boldsymbol{K} \boldsymbol{\psi} \boldsymbol{a}_i}{\boldsymbol{a}_i^{\mathrm{T}} \boldsymbol{\psi}^{\mathrm{T}} \boldsymbol{M} \boldsymbol{\psi} \boldsymbol{a}_i} \equiv \frac{V_{\mathrm{I}}(\boldsymbol{a}_i)}{T(\boldsymbol{a}_i)} \tag{6-2-4}$$

式中，$V_{\mathrm{I}}(\boldsymbol{a}_i) = \boldsymbol{a}_i^{\mathrm{T}} \boldsymbol{\psi}^{\mathrm{T}} \boldsymbol{K} \boldsymbol{\psi} \boldsymbol{a}_i, T(\boldsymbol{a}_i) = \boldsymbol{a}_i^{\mathrm{T}} \boldsymbol{\psi}^{\mathrm{T}} \boldsymbol{M} \boldsymbol{\psi} \boldsymbol{a}_i$。

这样 $R_{\mathrm{I}}(\boldsymbol{A}_i)$ 可视为 $a_{ji} (j = 1.2, \cdots, s)$ 的函数，为了表述方便，记为 $R_{\mathrm{I}}(\boldsymbol{a}_i)$。式(6-2-1)表示的振型只是真实振型的近似逼近，要使求得的 ω_i 接近精确值，只有变动 $a_{ji} (j = 1, 2, \cdots, s)$，使得 $R_{\mathrm{I}}(\boldsymbol{a}_i)$ 达到驻值[29]。$R_{\mathrm{I}}(\boldsymbol{a}_i)$ 取驻值的条件为

$$\frac{\partial R_{\mathrm{I}}(\boldsymbol{a}_i)}{\partial a_{ji}} = 0 \quad (j = 1, 2, \cdots, s)$$

即

$$\frac{\partial R_{\mathrm{I}}(\boldsymbol{a}_i)}{\partial a_{ji}}=\frac{\partial}{\partial a_{ji}}\left[\frac{V_{\mathrm{I}}(\boldsymbol{a}_i)}{T(\boldsymbol{a}_i)}\right]=\frac{1}{T^2(\boldsymbol{a}_i)}\left[T(\boldsymbol{a}_i)\frac{\partial V_{\mathrm{I}}(\boldsymbol{a}_i)}{\partial a_{ji}}-V_{\mathrm{I}}(\boldsymbol{a}_i)\frac{\partial T(\boldsymbol{a}_i)}{\partial a_{ji}}\right]=0$$

得

$$\frac{\partial V_{\mathrm{I}}(\boldsymbol{a}_i)}{\partial a_{ji}}-\omega_i^2\frac{\partial T(\boldsymbol{a}_i)}{\partial a_{ji}}=0\quad(j=1,2,\cdots,s)\tag{6-2-5}$$

而

$$\begin{aligned}\frac{\partial V_{\mathrm{I}}(\boldsymbol{a}_i)}{\partial a_{ji}}&=\frac{\partial}{\partial a_{ji}}(\boldsymbol{a}_i^{\mathrm{T}}\boldsymbol{\psi}^{\mathrm{T}}\boldsymbol{K}\boldsymbol{\psi}\boldsymbol{a}_i)\\&=\frac{\partial\boldsymbol{a}_i^{\mathrm{T}}}{\partial a_{ji}}\boldsymbol{\psi}^{\mathrm{T}}\boldsymbol{K}\boldsymbol{\psi}\boldsymbol{a}_i+\boldsymbol{a}_i^{\mathrm{T}}\boldsymbol{\psi}^{\mathrm{T}}\boldsymbol{K}\boldsymbol{\psi}\frac{\partial\boldsymbol{a}_i}{\partial a_{ji}}\\&=2\frac{\partial\boldsymbol{a}_i^{\mathrm{T}}}{\partial a_{ji}}\boldsymbol{\psi}^{\mathrm{T}}\boldsymbol{K}\boldsymbol{\psi}\boldsymbol{a}_i=2\boldsymbol{\psi}_j^{\mathrm{T}}\boldsymbol{K}\boldsymbol{\psi}\boldsymbol{a}_i\end{aligned}\tag{6-2-6}$$

式中,$\boldsymbol{\psi}_j^{\mathrm{T}}=\dfrac{\partial\boldsymbol{a}_i^{\mathrm{T}}}{\partial a_{ji}}\boldsymbol{\psi}^{\mathrm{T}}$。

类似地有

$$\frac{\partial T(\boldsymbol{a}_i)}{\partial a_{ji}}=2\boldsymbol{\psi}_j^{\mathrm{T}}\boldsymbol{M}\boldsymbol{\psi}\boldsymbol{a}_i\tag{6-2-7}$$

于是,式(6-2-5)可化为

$$\boldsymbol{\psi}_j^{\mathrm{T}}\boldsymbol{K}\boldsymbol{\psi}\boldsymbol{a}_i-\omega_i^2\boldsymbol{\psi}_j^{\mathrm{T}}\boldsymbol{M}\boldsymbol{\psi}\boldsymbol{a}_i=0\quad(j=1,2,\cdots,s)$$

将上式的 s 个方程合并成矩阵式

$$\boldsymbol{\psi}^{\mathrm{T}}\boldsymbol{K}\boldsymbol{\psi}\boldsymbol{a}_i-\omega_i^2\boldsymbol{\psi}^{\mathrm{T}}\boldsymbol{M}\boldsymbol{\psi}\boldsymbol{a}_i=\boldsymbol{0}\tag{6-2-8}$$

简写为

$$(\boldsymbol{K}^*-\omega_i^2\boldsymbol{M}^*)\boldsymbol{a}_i=\boldsymbol{0}\tag{6-2-9}$$

式中,$\boldsymbol{K}^*=\boldsymbol{\psi}^{\mathrm{T}}\boldsymbol{K}\boldsymbol{\psi}$,$\boldsymbol{M}^*=\boldsymbol{\psi}^{\mathrm{T}}\boldsymbol{M}\boldsymbol{\psi}$ 分别称为广义刚度矩阵与广义质量矩阵,它们都是 $s\times s$ 阶的对称矩阵。

至此,问题归结为求式(6-2-9)表征的特征值问题。由 $|\boldsymbol{K}^*-\omega_i^2\boldsymbol{M}^*|=0$,求出系统前 s 阶频率平方的近似值 $\omega_1^2,\omega_2^2,\cdots,\omega_s^2$。将其分别代入式(6-2-9),可求出 s 个特征向量 $\boldsymbol{a}_1,\boldsymbol{a}_2,\cdots,\boldsymbol{a}_s$。再将 $\boldsymbol{a}_1,\boldsymbol{a}_2,\cdots,\boldsymbol{a}_s$ 分别代入式(6-2-1),得系统前 s 阶近似振型。需要补充说明的是:只要初始振型向量满足线性无关条件,并且包含全部的前 s 阶振型的成分(这个要求通常是自然满足的),所求得的频率与振型一般为系统的前 s 阶频率与振型的近似值,所算出的每阶频率均不小于其精确值[30,31]。也有一些特殊情况可能出现:①当 s 个初始振型向量构成的子空间 $E_s^{(0)}$ 恰好与系统某 s 阶准确振型向量构成的子空间 E_s 同构时(即两组向量可以相互线性表示),可以算出对应的 s 阶准确频率与振型向量;②当 s 个初始振型中存在第 p 阶准确振型($p>s$)时,即使全部的前 s 阶振型的成分已包含在初始振型中,s 个计算值也会包含第 p 阶频率与振型的准确值,而不完全是前 s 阶频率与振型近似值见例 6-2-1。

采用瑞利-里兹法所确定的近似振型 $\boldsymbol{A}_i$ 关于 $\boldsymbol{K}$ 与 $\boldsymbol{M}$ 满足正交条件。因为子空间迭代法要用到此结论,故作如下证明。

由式(6-2-9)所确定的 $\boldsymbol{a}_i$ 必须满足下列正交性条件：

$$\boldsymbol{a}_i^{\mathrm{T}}\boldsymbol{K}^*\boldsymbol{a}_j=0,\quad \boldsymbol{a}_i^{\mathrm{T}}\boldsymbol{M}^*\boldsymbol{a}_j=0\quad (i\neq j)$$

将式 $\boldsymbol{K}^*=\boldsymbol{\psi}^{\mathrm{T}}\boldsymbol{K}\boldsymbol{\psi},\boldsymbol{M}^*=\boldsymbol{\psi}^{\mathrm{T}}\boldsymbol{M}\boldsymbol{\psi}$ 代入以上两式，可得

$$\boldsymbol{a}_i^{\mathrm{T}}\boldsymbol{\psi}^{\mathrm{T}}\boldsymbol{K}\boldsymbol{\psi}\boldsymbol{a}_j=0,\quad \boldsymbol{a}_i^{\mathrm{T}}\boldsymbol{\psi}^{\mathrm{T}}\boldsymbol{M}\boldsymbol{\psi}\boldsymbol{a}_j=0\quad (i\neq j)$$

将式(6-2-1)及其转置代入上面两式，可得

$$\boldsymbol{A}_i^{\mathrm{T}}\boldsymbol{K}\boldsymbol{A}_j=0,\quad \boldsymbol{A}_i^{\mathrm{T}}\boldsymbol{M}\boldsymbol{A}_j=0\quad (i\neq j)$$

这就是 $\boldsymbol{A}_i(i=1,2,\cdots,s)$ 所满足的正交关系式。

第Ⅱ瑞利商 $R_{\mathrm{II}}(\boldsymbol{A}_i)$ 亦可同样处理如下：

将式(6-2-1)代入式(6-1-7)，得

$$R_{\mathrm{II}}(\boldsymbol{a}_i)=\frac{\boldsymbol{a}_i^{\mathrm{T}}\boldsymbol{\psi}^{\mathrm{T}}\boldsymbol{M}\boldsymbol{\psi}\boldsymbol{a}_i}{\boldsymbol{a}_i^{\mathrm{T}}\boldsymbol{\psi}^{\mathrm{T}}\boldsymbol{MRM}\boldsymbol{\psi}\boldsymbol{a}_i}\equiv\frac{T(\boldsymbol{a}_i)}{V_{\mathrm{II}}(\boldsymbol{a}_i)}\tag{6-2-10}$$

式中，$V_{\mathrm{II}}(\boldsymbol{a}_i)=\boldsymbol{a}_i^{\mathrm{T}}\boldsymbol{\psi}^{\mathrm{T}}\boldsymbol{MRM}\boldsymbol{\psi}\boldsymbol{a}_i$，$T(\boldsymbol{a}_i)=\boldsymbol{a}_i^{\mathrm{T}}\boldsymbol{\psi}^{\mathrm{T}}\boldsymbol{M}\boldsymbol{\psi}\boldsymbol{a}_i$。$R_{\mathrm{II}}(\boldsymbol{a}_i)$ 取驻值的条件为

$$\frac{\partial R_{\mathrm{II}}(\boldsymbol{a}_i)}{\partial a_{ji}}=0\quad (j=1,2,\cdots,s)$$

即

$$\frac{\partial R_{\mathrm{II}}(\boldsymbol{a}_i)}{\partial a_{ji}}=\frac{1}{V_{\mathrm{II}}^2(\boldsymbol{a}_i)}\left[V_{\mathrm{II}}(\boldsymbol{a}_i)\frac{\partial T(\boldsymbol{a}_i)}{\partial a_{ji}}-T(\boldsymbol{a}_i)\frac{\partial V_{\mathrm{II}}(\boldsymbol{a}_i)}{\partial a_{ji}}\right]=0\tag{6-2-11}$$

而

$$\frac{\partial V_{\mathrm{II}}(\boldsymbol{a}_i)}{\partial a_{ji}}=2\boldsymbol{\psi}_j^{\mathrm{T}}\boldsymbol{MRM}\boldsymbol{\psi}\boldsymbol{a}_i,\quad \frac{\partial T(\boldsymbol{a}_i)}{\partial a_{ji}}=2\boldsymbol{\psi}_j^{\mathrm{T}}\boldsymbol{M}\boldsymbol{\psi}\boldsymbol{a}_i$$

于是式(6-2-11)可化为

$$\boldsymbol{\psi}_j^{\mathrm{T}}\boldsymbol{M}\boldsymbol{\psi}\boldsymbol{a}_i-\omega_i^2\boldsymbol{\psi}_j^{\mathrm{T}}\boldsymbol{MRM}\boldsymbol{\psi}\boldsymbol{a}_i=0\quad (j=1,2,\cdots,s)$$

将上式的 s 个方程合并成矩阵式

$$\boldsymbol{\psi}^{\mathrm{T}}\boldsymbol{M}\boldsymbol{\psi}\boldsymbol{a}_i-\omega_i^2\boldsymbol{\psi}^{\mathrm{T}}\boldsymbol{MRM}\boldsymbol{\psi}\boldsymbol{a}_i=\boldsymbol{0}\tag{6-2-12}$$

简写为

$$(\boldsymbol{M}^*-\omega_i^2\boldsymbol{R}^*)\boldsymbol{a}_i=\boldsymbol{0}\tag{6-2-13}$$

式中，$\boldsymbol{M}^*$ 同上，$\boldsymbol{R}^*=\boldsymbol{\psi}^{\mathrm{T}}\boldsymbol{MRM}\boldsymbol{\psi}$ 称为广义柔度矩阵。由 $|\boldsymbol{M}^*-\omega_i^2\boldsymbol{R}^*|=0$，解得系统前 s 阶频率平方的近似值 $\omega_1^2,\omega_2^2,\cdots,\omega_s^2$，将其分别代入式(6-2-13)，求出 s 个特征向量 $\boldsymbol{a}_1,\boldsymbol{a}_2,\cdots,\boldsymbol{a}_s$。再将 $\boldsymbol{a}_1,\boldsymbol{a}_2,\cdots,\boldsymbol{a}_s$ 分别代入式(6-2-1)，求出系统前 s 阶近似振型。

前已指出，$R_{\mathrm{I}}(\boldsymbol{A}_i)\geqslant R_{\mathrm{II}}(\boldsymbol{A}_i)$，故从同样的假设振型出发，由式(6-2-13)算得的近似频率比由式(6-2-9)算得更准确些，在例6-2-1中可得到证实。

瑞利-里兹法虽然仍归结为求解特征值问题，但其阶数比4.1节的特征值问题(其阶数为系统自由度数 n)低得多，该方法实质上起到了缩减自由度的作用，因而较易于求解前几阶固

有频率和振型。该方法所求得近似振型是真实振型的近似,比原始假设振型更接近各自对应的真实振型,即所求得近似振型向量构成的子空间比假设振型向量构成的子空间 $E_s^{(0)}$ 更接近 E_s,而且具有正交性。但其计算准确度仍依赖于假设振型的近似程度(不过,其对振型近似性的要求比瑞利能量法低),如果子空间 E_s 的近似基 $\boldsymbol{\psi}_j(j=1,2,\cdots,s)$ 选择得好,即 $E_s^{(0)}$ 接近于 E_s,那么近似解的精度就高。可以运用静力凝聚法选择适当的假定振型[1],或采用荷载相关的里兹向量作为初始振型向量(在7.3节中介绍)[20],由于本节重在介绍瑞利-里兹法的原理,方便讲述后续的子空间迭代法,故在此不再详述这些方法。通常,运用瑞利-里兹法计算出的高阶特征值的精度低于低阶特征值的精度。因此,为了得到 k 阶高精度的振型与频率,一般应取 $2k$ 阶假设振型向量。

【例 6-2-1】 求图 6-1-1 所示系统的前二阶固有频率和振型。

【解】 由例 6-1-1 知,此系统质量矩阵、刚度矩阵及柔度矩阵如下:

$$\boldsymbol{M}=J\begin{bmatrix}1&0&0\\0&1&0\\0&0&1\end{bmatrix},\quad \boldsymbol{K}=k\begin{bmatrix}2&-1&0\\-1&2&-1\\0&-1&1\end{bmatrix},\quad \boldsymbol{R}=\boldsymbol{K}^{-1}=\frac{1}{k}\begin{bmatrix}1&1&1\\1&2&2\\1&2&3\end{bmatrix}$$

取 $\boldsymbol{\psi}_1=\{1\quad 2\quad 3\}^{\mathrm{T}}$,$\boldsymbol{\psi}_2=\{1\quad 0\quad -1\}^{\mathrm{T}}$,则 $\boldsymbol{A}_i=\sum_{j=1}^{2}a_{ji}\boldsymbol{\psi}_j=[\boldsymbol{\psi}_1\quad \boldsymbol{\psi}_2]\begin{Bmatrix}a_{1i}\\a_{2i}\end{Bmatrix}=\boldsymbol{\psi}\boldsymbol{a}_i$。求得

$\boldsymbol{M}^*=\boldsymbol{\psi}^{\mathrm{T}}\boldsymbol{M}\boldsymbol{\psi}=J\begin{bmatrix}14&-2\\-2&2\end{bmatrix}$, $\boldsymbol{K}^*=\boldsymbol{\psi}^{\mathrm{T}}\boldsymbol{K}\boldsymbol{\psi}=k\begin{bmatrix}3&-1\\-1&3\end{bmatrix}$, $\boldsymbol{R}^*=\boldsymbol{\psi}^{\mathrm{T}}\boldsymbol{MRM}\boldsymbol{\psi}=\frac{J^2}{k}\begin{bmatrix}70&-8\\-8&2\end{bmatrix}$。

由第Ⅰ瑞利商导出的特征方程式(6-2-9),得

$$\begin{bmatrix}3k-14\omega_i^2J & -k+2\omega_i^2J\\ -k+2\omega_i^2J & 3k-2\omega_i^2J\end{bmatrix}\begin{Bmatrix}a_{1i}\\a_{2i}\end{Bmatrix}=\begin{Bmatrix}0\\0\end{Bmatrix}\tag{6-2-14}$$

由 $\begin{vmatrix}3k-14\omega_i^2J & -k+2\omega_i^2J\\ -k+2\omega_i^2J & 3k-2\omega_i^2J\end{vmatrix}=0$,解得 $\omega_1=0.4524\sqrt{k/J}$,$\omega_2=1.2762\sqrt{k/J}$,代回式(6-2-14),得 $\boldsymbol{a}_1=\begin{Bmatrix}4.386\\1\end{Bmatrix}$,$\boldsymbol{a}_2=\begin{Bmatrix}0.114\\1\end{Bmatrix}$。

代入式(6-2-1)并作标准化处理,得 $\boldsymbol{A}_1=\{1.000\quad 1.629\quad 2.257\}^{\mathrm{T}}$,$\boldsymbol{A}_2=\{1.000\quad 0.205\quad -0.591\}^{\mathrm{T}}$。

另外,由第Ⅱ瑞利商导出的特征方程式(6-2-13),得

$$\begin{bmatrix}14J-70\omega_i^2J^2/k & -2J+8\omega_i^2J^2/k\\ -2J+8\omega_i^2J^2/k & 2J-2\omega_i^2J^2/k\end{bmatrix}\begin{Bmatrix}a_{1i}\\a_{2i}\end{Bmatrix}=\begin{Bmatrix}0\\0\end{Bmatrix}$$

同样可解得 $\omega_1=0.4455\sqrt{k/J}$ 及 $\boldsymbol{a}_1=\begin{Bmatrix}3.890\\1\end{Bmatrix}$,$\omega_2=1.2613\sqrt{k/J}$ 及 $\boldsymbol{a}_2=\begin{Bmatrix}0.110\\1\end{Bmatrix}$。代入式(6-2-1)并作标准化处理,得 $\boldsymbol{A}_1=\{1.000\quad 1.591\quad 2.182\}^{\mathrm{T}}$,$\boldsymbol{A}_2=\{1.000\quad 0.199\quad -0.603\}^{\mathrm{T}}$。

参考例 4-1-1 可得该系统固有频率与振型准确解。基于第Ⅰ瑞利商计算的两阶频率近似解相对误差分别为 1.65% 与 2.34%；基于第Ⅱ瑞利商的相对误差分别为 0.09% 与 1.15%。从计算结果可知，采用第Ⅱ瑞利商计算所得频率比第Ⅰ瑞利商要准确一些；后面阶次的频率与振型计算精度一般比前面阶次要低一些。

继续本例计算，取 $\boldsymbol{\psi}_1=\{0 \quad 1.357 \quad 3.049\}^{\mathrm{T}}$，$\boldsymbol{\psi}_2=\{2 \quad 2.247 \quad 1.445\}^{\mathrm{T}}$，按第Ⅰ瑞利商计算得到 $\omega_1=0.4451\sqrt{k/J}$，$\omega_2=1.2470\sqrt{k/J}$，$\boldsymbol{A}_1=\{1.000 \quad 1.802 \quad 2.247\}^{\mathrm{T}}$，$\boldsymbol{A}_2=\{1.000 \quad 0.445 \quad -0.802\}^{\mathrm{T}}$。所得计算频率与振型恰好为系统前两阶频率与振型的准确值。这是因为初始振型 $\boldsymbol{\psi}_1$ 取为前两阶准确振型向量之差，$\boldsymbol{\psi}_2$ 取为前两阶准确振型向量之和，属于前面所述特殊情况①。

同样，取 $\boldsymbol{\psi}_1=\{0 \quad 3.049 \quad 1.692\}^{\mathrm{T}}$，$\boldsymbol{\psi}_2=\{2 \quad 0.555 \quad 2.802\}^{\mathrm{T}}$，计算得到 $\omega_1=0.4451\sqrt{k/J}$，$\omega_2=1.8019\sqrt{k/J}$，$\boldsymbol{A}_1=\{1.000 \quad 1.802 \quad 2.247\}^{\mathrm{T}}$，$\boldsymbol{A}_2=\{1.000 \quad -1.247 \quad 0.555\}^{\mathrm{T}}$。所得计算频率与振型正好为系统第一、三阶频率与振型的准确值。这里的初始振型 $\boldsymbol{\psi}_1$ 取为第一、三阶准确振型向量之差，$\boldsymbol{\psi}_2$ 取为第一、三阶准确振型向量之和，同样属于前面所述特殊情况①。

取 $\boldsymbol{\psi}_1=\{2 \quad 2.247 \quad 1.445\}^{\mathrm{T}}$，$\boldsymbol{\psi}_2=\{1.000 \quad -1.247 \quad 0.555\}^{\mathrm{T}}$，计算得到 $\omega_1=0.4451\sqrt{k/J}$，$\omega_2=1.8019\sqrt{k/J}$，$\boldsymbol{A}_1=\{1.000 \quad 1.802 \quad 2.247\}^{\mathrm{T}}$，$\boldsymbol{A}_2=\{1.000 \quad -1.247 \quad 0.555\}^{\mathrm{T}}$。本组初始振型 $\boldsymbol{\psi}_1$ 取为第一、二阶准确振型向量之和，$\boldsymbol{\psi}_2$ 恰好取为第三阶准确振型向量。尽管初始振型已包含前两阶准确振型成分，第二阶计算频率与振型并不接近第二阶准确值，而是第三阶准确值，对应前面所述特殊情况②。

后面三组初始振型是在已知系统准确振型的基础上特意选取的，目的是通过实例计算呈现本节的定性分析结论。实际选取初始振型时很难遇到这些特殊情况。

6.3 矩阵迭代法

瑞利-里兹法的计算准确度与假设振型的近似程度有关，对假设振型的要求较高，困难在于选择合适的假设振型。矩阵迭代法可克服此困难，只需粗略假设振型，而且便于编成程序进行电算。

6.3.1 最低阶频率与振型的迭代计算

根据第 4 章分析可知，求解系统第 i 阶频率与振型的特征方程可写为

$$(\boldsymbol{K}-\lambda_i\boldsymbol{M})\boldsymbol{A}_i=\boldsymbol{0}$$

上式可变换为

$$\boldsymbol{K}^{-1}\boldsymbol{M}\boldsymbol{A}_i=\frac{1}{\lambda_i}\boldsymbol{A}_i$$

令 $\boldsymbol{D}=\boldsymbol{K}^{-1}\boldsymbol{M}$，称为动力矩阵；令 $\overline{\lambda}_i=1/\lambda_i=1/\omega_i^2$。用动力矩阵表示的特征方程为

$$\boldsymbol{D}\boldsymbol{A}_i=\overline{\lambda}_i\boldsymbol{A}_i \tag{6-3-1}$$

为掌握此法，首先了解迭代步骤，再阐述其原理，并举例说明。迭代步骤如下：

(1)选取一个标准化(即某个分量取为固定值 1)的第一阶假设振型 $\boldsymbol{\psi}_1^{(0)}$，一般可粗略取为$\{1 \quad 1 \quad 1 \quad \cdots \quad 1\}^{\mathrm{T}}$，本节上标(0)，(1)，…表示得到振型向量的迭代次数。

(2)用动力矩阵 $\boldsymbol{D}$ 前乘 $\boldsymbol{\psi}_1^{(0)}$，再对所得到的振型向量 $\boldsymbol{D}\boldsymbol{\psi}_1^{(0)}$ 标准化，得

$$\boldsymbol{D}\boldsymbol{\psi}_1^{(0)} = a_1^{(1)}\boldsymbol{\psi}_1^{(1)}$$

式中，$\boldsymbol{\psi}_1^{(1)}$ 为经过标准化的振型第一次近似；$a_1^{(1)}$ 为振型第一次标准化因子。

(3)又以动力矩阵 $\boldsymbol{D}$ 前乘 $\boldsymbol{\psi}_1^{(1)}$，再对 $\boldsymbol{D}\boldsymbol{\psi}_1^{(1)}$ 标准化，得到

$$\boldsymbol{D}\boldsymbol{\psi}_1^{(1)} = a_1^{(2)}\boldsymbol{\psi}_1^{(2)}$$

式中，$\boldsymbol{\psi}_1^{(2)}$ 为经过标准化的振型第二次近似；$a_1^{(2)}$ 为振型第二次标准化因子。

(4)若$|\boldsymbol{\psi}_1^{(2)} - \boldsymbol{\psi}_1^{(1)}| / |\boldsymbol{\psi}_1^{(1)}| \geqslant \varepsilon$($\varepsilon$ 表示振型相对误差容许限值，可近似选取，$|\cdot|$表示向量的欧几里得范数)，则重复上述迭代。直到 $\boldsymbol{D}\boldsymbol{\psi}_1^{(k-1)} = a_1^{(k)}\boldsymbol{\psi}_1^{(k)}$ 中的 $|\boldsymbol{\psi}_1^{(k)} - \boldsymbol{\psi}_1^{(k-1)}| / |\boldsymbol{\psi}_1^{(k-1)}| < \varepsilon$ 时，停止迭代。此时 $a_1^{(k)}$ 收敛于系统的第一个特征值 $\bar{\lambda}_1 = 1/\omega_1^2$，与之相应的特征向量 $\boldsymbol{\psi}_1^{(k)}$ 收敛于系统的基本振型 $\boldsymbol{A}_1$，证明如下。

n 个自由度系统任意的假设振型 $\boldsymbol{\psi}_1^{(0)}$ 可表述为系统各振型的线性组合，即

$$\boldsymbol{\psi}_1^{(0)} = \sum_{i=1}^{n} C_i \boldsymbol{A}_i \tag{6-3-2}$$

式中，$\boldsymbol{A}_i$ 为系统第 i 阶振型；C_i 为振型参与系数。

设系统所有特征值 $\bar{\lambda}_i(i=1,2,\cdots,n)$各不相等，并按大小排列为 $\bar{\lambda}_1 > \bar{\lambda}_2 > \cdots > \bar{\lambda}_n$，

第 1 次迭代后，有 $\boldsymbol{D}\boldsymbol{\psi}_1^{(0)} = \sum\limits_{i=1}^{n} C_i \bar{\lambda}_i \boldsymbol{A}_i = a_1^{(1)}\boldsymbol{\psi}_1^{(1)}$，故 $\boldsymbol{\psi}_1^{(1)} = \sum\limits_{i=1}^{n} C_i \bar{\lambda}_i \boldsymbol{A}_i / a_1^{(1)}$。

第 2 次迭代后，有 $\boldsymbol{D}\boldsymbol{\psi}_1^{(1)} = \sum\limits_{i=1}^{n} C_i \bar{\lambda}_i^2 \boldsymbol{A}_i / a_1^{(1)} = a_1^{(2)}\boldsymbol{\psi}_1^{(2)}$，故 $\boldsymbol{\psi}_1^{(2)} = \sum\limits_{i=1}^{n} C_i \bar{\lambda}_i^2 \boldsymbol{A}_i \Big/ \left(a_1^{(1)} a_1^{(2)}\right)$。

继续往下迭代，第 k 次迭代的结果为

$$\boldsymbol{\psi}_1^{(k)} = \frac{1}{a_1^{(1)} a_1^{(2)} \cdots a_1^{(k)}} \sum_{i=1}^{n} C_i \bar{\lambda}_i^k \boldsymbol{A}_i \tag{6-3-3}$$

式(6-3-3)表明：随着迭代次数的增加，在求和号表述的多项式中，对应于 $\bar{\lambda}_1^k$ 的项越来越成为主要项(因 $\bar{\lambda}_1$ 最大)，因此 $\boldsymbol{\psi}_1^{(k)}$ 将越来越接近最大特征值 $\bar{\lambda}_1$ 所对应的第一阶振型，即

$$\boldsymbol{\psi}_1^{(k)} \approx \frac{1}{a_1^{(1)} a_1^{(2)} \cdots a_1^{(k)}} C_1 \bar{\lambda}_1^k \boldsymbol{A}_1$$

当 k 足够大时，在计算所确定的精度内可近似认为 $\boldsymbol{\psi}_1^{(k-1)} = \boldsymbol{\psi}_1^{(k)}$，即

$$\frac{1}{a_1^{(1)} a_1^{(2)} \cdots a_1^{(k-1)}} C_1 \bar{\lambda}_1^{k-1} \boldsymbol{A}_1 = \frac{1}{a_1^{(1)} a_1^{(2)} \cdots a_1^{(k)}} C_1 \bar{\lambda}_1^k \boldsymbol{A}_1 \tag{6-3-4}$$

由式(6-3-4)得 $\bar{\lambda}_1 = a_1^{(k)}$。迭代通式(6-3-3)也可写成

$$\boldsymbol{\psi}_1^{(k)} = \frac{1}{a_1^{(1)} a_1^{(2)} \cdots a_1^{(k)}} C_1 \bar{\lambda}_1^k \left(\boldsymbol{A}_1 + \sum_{i=2}^{n} \frac{C_i \bar{\lambda}_i^k}{C_1 \bar{\lambda}_1^k} \boldsymbol{A}_i\right) \tag{6-3-5}$$

显然，$\boldsymbol{\psi}_1^{(k)}$ 收敛于第一阶振型的速度取决于 $\left(\bar{\lambda}_i / \bar{\lambda}_1\right)^k \to 0$ 的速度。可采取特征值谱移位方法，提高迭代过程的收敛速度，并直接求出任一指定频率附近的固有频率和相应振型，详见

文献[21]、[22]。

【例 6-3-1】 用矩阵迭代法求例 6-1-1 系统的基本频率及基本振型。

【解】 系统柔度矩阵 $\boldsymbol{R}=\boldsymbol{K}^{-1}=\frac{1}{k}\begin{bmatrix}1&1&1\\1&2&2\\1&2&3\end{bmatrix}$,质量矩阵 $\boldsymbol{M}=J\begin{bmatrix}1&0&0\\0&1&0\\0&0&1\end{bmatrix}$,故 $\boldsymbol{D}=\boldsymbol{K}^{-1}\boldsymbol{M}=\frac{J}{k}\begin{bmatrix}1&1&1\\1&2&2\\1&2&3\end{bmatrix}$。

假设基本振型 $\boldsymbol{\psi}_1^{(0)}=\{1\quad1\quad1\}^{\mathrm{T}}$,进行迭代如下:

(1) $\boldsymbol{D\psi}_1^{(0)}=\frac{J}{k}\begin{bmatrix}1&1&1\\1&2&2\\1&2&3\end{bmatrix}\begin{Bmatrix}1\\1\\1\end{Bmatrix}=\frac{J}{k}\begin{Bmatrix}3\\5\\6\end{Bmatrix}=\frac{3J}{k}\begin{Bmatrix}1.0000\\1.6667\\2.0000\end{Bmatrix}$,得 $a_1^{(1)}=3J/k$,$\boldsymbol{\psi}_1^{(1)}=\begin{Bmatrix}1.0000\\1.6667\\2.0000\end{Bmatrix}$。

(2) $\boldsymbol{D\psi}_1^{(1)}=4.6667\,\frac{J}{k}\begin{Bmatrix}1.0000\\1.7857\\2.2143\end{Bmatrix}$,得 $a_1^{(2)}=4.6667J/k$,$\boldsymbol{\psi}_1^{(2)}=\begin{Bmatrix}1.0000\\1.7857\\2.2143\end{Bmatrix}$。

(3) $\boldsymbol{D\psi}_1^{(2)}=5.0000\,\frac{J}{k}\begin{Bmatrix}1.0000\\1.8000\\2.2429\end{Bmatrix}$,得 $a_1^{(3)}=5.0000J/k$,$\boldsymbol{\psi}_1^{(3)}=\begin{Bmatrix}1.0000\\1.8000\\2.2429\end{Bmatrix}$。

(4) $\boldsymbol{D\psi}_1^{(3)}=5.0429\,\frac{J}{k}\begin{Bmatrix}1.0000\\1.8017\\2.2465\end{Bmatrix}$,得 $a_1^{(4)}=5.0429J/k$,$\boldsymbol{\psi}_1^{(4)}=\begin{Bmatrix}1.0000\\1.8017\\2.2465\end{Bmatrix}$。

(5) $\boldsymbol{D\psi}_1^{(4)}=5.0667\,\frac{J}{k}\begin{Bmatrix}1.0000\\1.8026\\2.2387\end{Bmatrix}$,得 $a_1^{(5)}=5.0667J/k$,$\boldsymbol{\psi}_1^{(5)}=\begin{Bmatrix}1.0000\\1.8026\\2.2387\end{Bmatrix}$。

(6) $\boldsymbol{D\psi}_1^{(5)}=5.0413\,\frac{J}{k}\begin{Bmatrix}1.0000\\1.8010\\2.2457\end{Bmatrix}$,得 $a_1^{(6)}=5.0413J/k$,$\boldsymbol{\psi}_1^{(6)}=\begin{Bmatrix}1.0000\\1.8010\\2.2457\end{Bmatrix}$。

(7) $\boldsymbol{D\psi}_1^{(6)}=5.0467\,\frac{J}{k}\begin{Bmatrix}1.0000\\1.8019\\2.2468\end{Bmatrix}$,得 $a_1^{(7)}=5.0467J/k$,$\boldsymbol{\psi}_1^{(7)}=\begin{Bmatrix}1.0000\\1.8019\\2.2468\end{Bmatrix}$。

此时 $\boldsymbol{\psi}_1^{(6)}\approx\boldsymbol{\psi}_1^{(7)}$,故 $\overline{\lambda}_1=5.0467J/k$,得 $\omega_1=0.4451\sqrt{k/J}$,对应的基本振型为

$$\boldsymbol{A}_1=\{1.0000\quad1.8019\quad2.2468\}^{\mathrm{T}}$$

本系统的基频准确值为 $\omega_1=0.4451\sqrt{k/J}$,可见计算结果与本节分析结论一致。本例并未用到误差容许限值 ε,而是根据经验判断迭代的收敛性。如果采用计算机程序进行迭代计算,必须引入合适的误差容许限值 ε。

6.3.2 高阶频率与振型的迭代计算

由6.3.1节的收敛性证明可知,当假设振型包含第1,2,…,n各阶振型成分时,迭代计算将收敛到第一阶振型与频率。若假设振型不包含第一阶振型分量,即$C_1=0$,则迭代计算将收敛于第二阶振型与频率。依次类推,若假设振型不包含前r阶振型分量,则迭代计算将收敛于第$r+1$阶振型与频率。故用迭代法求系统第$r+1$阶振型和频率时,要设法从假设振型$\boldsymbol{\psi}_{r+1}^{(0)}$(各阶振型的假设振型不一定相同)中清除前$r$阶振型分量。

同样设

$$\boldsymbol{\psi}_{r+1}^{(0)}=\sum_{i=1}^{n}C_i\boldsymbol{A}_i \tag{6-3-6}$$

以$\boldsymbol{A}_i^{\mathrm{T}}\boldsymbol{M}$前乘式(6-3-6),考虑振型正交性,得

$$\boldsymbol{A}_i^{\mathrm{T}}\boldsymbol{M}\boldsymbol{\psi}_{r+1}^{(0)}=C_i\boldsymbol{A}_i^{\mathrm{T}}\boldsymbol{M}\boldsymbol{A}_i=C_iM_i\quad(i=1,2,\cdots,n)$$

式中,$M_i=\boldsymbol{A}_i^{\mathrm{T}}\boldsymbol{M}\boldsymbol{A}_i$为系统的第$i$阶广义质量。故有

$$C_i=\frac{\boldsymbol{A}_i^{\mathrm{T}}\boldsymbol{M}\boldsymbol{\psi}_{r+1}^{(0)}}{M_i} \tag{6-3-7}$$

于是从(6-3-6)中清除前r阶振型分量,即自式(6-3-6)减去$\sum_{i=1}^{r}\boldsymbol{A}_iC_i=\sum_{i=1}^{r}\boldsymbol{A}_i\boldsymbol{A}_i^{\mathrm{T}}\boldsymbol{M}\boldsymbol{\psi}_{r+1}^{(0)}/M_i$,就可按矩阵迭代法求系统第$r+1$阶振型与频率。此时所采取的假设振型应为

$$\boldsymbol{\psi}_{r+1}^{(0)}-\sum_{i=1}^{r}\boldsymbol{A}_iC_i=\boldsymbol{\psi}_{r+1}^{(0)}-\sum_{i=1}^{r}\boldsymbol{A}_i\frac{\boldsymbol{A}_i^{\mathrm{T}}\boldsymbol{M}\boldsymbol{\psi}_{r+1}^{(0)}}{M_i}=\left(\boldsymbol{I}-\sum_{i=1}^{r}\frac{\boldsymbol{A}_i\boldsymbol{A}_i^{\mathrm{T}}\boldsymbol{M}}{M_i}\right)\boldsymbol{\psi}_{r+1}^{(0)}=\boldsymbol{Q}_r\boldsymbol{\psi}_{r+1}^{(0)} \tag{6-3-8}$$

式中,$\boldsymbol{I}$为单位矩阵;$\boldsymbol{Q}_r$为r阶清型矩阵。

$$\boldsymbol{Q}_r=\boldsymbol{I}-\sum_{i=1}^{r}\frac{\boldsymbol{A}_i\boldsymbol{A}_i^{\mathrm{T}}\boldsymbol{M}}{M_i} \tag{6-3-9}$$

式(6-3-8)表明:用r阶清型矩阵$\boldsymbol{Q}_r$前乘假设振型$\boldsymbol{\psi}_{r+1}^{(0)}$后,就从该假设振型中清掉了所有包含在$\boldsymbol{\psi}_{r+1}^{(0)}$中的前$r$阶振型分量。故用$\boldsymbol{Q}_r\boldsymbol{\psi}_{r+1}^{(0)}$作为假设振型进行迭代,结果将收敛于第$r+1$阶振型$\boldsymbol{A}_{r+1}$。

另外,迭代计算中不可避免地存在舍入误差,从$\boldsymbol{Q}_r\boldsymbol{\psi}_{r+1}^{(0)}$出发迭代一次,得到的$\boldsymbol{\psi}_{r+1}^{(1)}$中仍可能含有前$r$阶振型分量。因此,下一次迭代前需要重新清型,即在求系统的$r+1$阶频率与振型时,每次迭代都前乘经过清型变换后的矩阵$\boldsymbol{D}_r=\boldsymbol{D}\boldsymbol{Q}_r$。求第一阶频率与振型时$\boldsymbol{Q}_0=\boldsymbol{I}$,$\boldsymbol{D}_0=\boldsymbol{D}$。考虑式(6-3-9)可得

$$\boldsymbol{D}_r=\boldsymbol{D}\boldsymbol{Q}_r=\boldsymbol{D}-\boldsymbol{D}\sum_{i=1}^{r}\frac{\boldsymbol{A}_i\boldsymbol{A}_i^{\mathrm{T}}\boldsymbol{M}}{M_i}=\boldsymbol{D}-\sum_{i=1}^{r}\frac{\overline{\lambda}_i\boldsymbol{A}_i\boldsymbol{A}_i^{\mathrm{T}}\boldsymbol{M}}{M_i} \tag{6-3-10}$$

从式(6-3-10)可知,各个$\boldsymbol{D}_r$能按递推公式求得,即

$$\boldsymbol{D}_r=\boldsymbol{D}_{r-1}-\frac{\overline{\lambda}_r\boldsymbol{A}_r\boldsymbol{A}_r^{\mathrm{T}}\boldsymbol{M}}{M_r} \tag{6-3-11}$$

式(6-3-11)给程序编制带来很大方便。为了方便编程,总结采用矩阵迭代法计算第$r+1$($r=0,1,2,\cdots,n-1$)阶频率与振型的过程如下:

(1)选取假设初始振型$\boldsymbol{\psi}_{r+1}^{(0)}$。

(2)根据式(6-3-11)确定$\boldsymbol{D}_r$(当$r=0$时,取$\boldsymbol{D}_0=\boldsymbol{D}$)。

(3)用矩阵$\boldsymbol{D}_r$前乘$\boldsymbol{\psi}_{r+1}^{(0)}$,再对所得到的振型向量$\boldsymbol{D}_r\boldsymbol{\psi}_{r+1}^{(0)}$标准化,得

$$\boldsymbol{D}_r\boldsymbol{\psi}_{r+1}^{(0)}=a_{r+1}^{(1)}\boldsymbol{\psi}_{r+1}^{(1)}$$

(4)继续以矩阵$\boldsymbol{D}_r$前乘$\boldsymbol{\psi}_{r+1}^{(1)}$,再对$\boldsymbol{D}_r\boldsymbol{\psi}_{r+1}^{(1)}$标准化,得到

$$\boldsymbol{D}_r\boldsymbol{\psi}_{r+1}^{(1)}=a_{r+1}^{(2)}\boldsymbol{\psi}_{r+1}^{(2)}$$

(5)若$|\boldsymbol{\psi}_{r+1}^{(2)}-\boldsymbol{\psi}_{r+1}^{(1)}|/|\boldsymbol{\psi}_{r+1}^{(1)}|\geqslant\varepsilon$,则重复上述迭代步骤。直到$\boldsymbol{D}_r\boldsymbol{\psi}_{r+1}^{(k-1)}=a_{r+1}^{(k)}\boldsymbol{\psi}_{r+1}^{(k)}$中的$|\boldsymbol{\psi}_{r+1}^{(k)}-\boldsymbol{\psi}_{r+1}^{(k-1)}|/|\boldsymbol{\psi}_{r+1}^{(k-1)}|<\varepsilon$时,停止迭代。此时$a_{r+1}^{(k)}$收敛于系统的第$r+1$个特征值$\overline{\lambda}_{r+1}=1/\omega_{r+1}^2$,与之相应的特征向量$\boldsymbol{\psi}_{r+1}^{(k)}$收敛于系统的振型$\boldsymbol{A}_{r+1}$。

【例6-3-2】 求例6-1-1系统的第2阶频率与振型。

【解】 前已求得第1阶振型$\boldsymbol{A}_1=\{1.0000\quad 1.8019\quad 2.2468\}^{\mathrm{T}}$,对应的特征值$\overline{\lambda}_1=1/\omega_1^2=5.0467J/k$,第1阶广义质量$M_1=\boldsymbol{A}_1^{\mathrm{T}}\boldsymbol{M}\boldsymbol{A}_1=9.2949J$。由式(6-3-9)和式(6-3-10)求得

$$\boldsymbol{Q}_1=\begin{bmatrix}0.892 & -0.194 & -0.242\\ -0.194 & 0.651 & -0.436\\ -0.242 & -0.436 & 0.457\end{bmatrix},\quad \boldsymbol{D}_1=\frac{J}{k}\begin{bmatrix}0.456 & 0.021 & 0.221\\ 0.021 & 0.236 & -0.200\\ 0.221 & -0.200 & 0.257\end{bmatrix}$$

假设系统的第2阶初始振型$\boldsymbol{\psi}_2^{(0)}=\{1\quad 1\quad -1\}^{\mathrm{T}}$。经12次迭代后,得$\overline{\lambda}_2=0.6430J/k$,$\omega_2=1.2471\sqrt{k/J}$,$\boldsymbol{A}_2=\{1.000\quad 0.4452\quad -0.8020\}^{\mathrm{T}}$。

从本节的两个实例可知,对高阶频率的迭代与基频情形相比,收敛速度要慢得多。因为在求指定的高阶振型与频率以前,必须先计算出较低阶振型与频率。前几阶振型与频率本身就是近似的,多次迭代后一般会引起较大的计算误差积累,使得高阶振型与频率的误差不断增大。一般采用这种方法计算系统前5~8阶振型与频率比较有效,而求更高阶振型与频率时收敛很慢,效果不太好。为了更有效地求解高阶振型与频率,可采用6.4节介绍的子空间迭代法。

矩阵迭代法的突出优点是对假定振型的要求很低,假定振型只影响收敛的速度而不影响最终收敛的精度。因此,在计算过程中即使出现错误也不影响最终结果,只是相当于从新的假设振型开始迭代而已。

6.4 子空间迭代法

瑞利-里兹法对系统的自由度进行了缩减,把第4章求解的高阶(n阶)特征值问题转化为一个低阶(s阶,$s\ll n$)的特征值问题,求得的近似振型比假设振型更接近各自对应的真实振型。矩阵迭代法利用迭代过程使低阶振型成分不断增加,而高阶振型成分不断减弱。综合瑞利-里兹法和矩阵迭代法的优点,提出了子空间迭代法。

设系统有n个自由度,其刚度矩阵与质量矩阵分别为$\boldsymbol{K}$与$\boldsymbol{M}$,系统的各阶特征向量为$\boldsymbol{A}_i(i=1,2,\cdots,n)$,相应的特征值为$\overline{\lambda}_i=1/\omega_i^2$,特征方程为$\boldsymbol{D}\boldsymbol{A}_i=\overline{\lambda}_i\boldsymbol{A}_i$。假设$s(s<n)$个$n$维振

型向量 $\boldsymbol{\psi}_j^{(0)}(j=1,2,\cdots,s)$,它们构成的子空间 $E_s^{(0)}$ 是前 s 阶准确振型向量构成的子空间 E_s 的初次(第0次)近似。$\boldsymbol{\psi}_j^{(0)}$ $(j=1,2,\cdots,s)$ 构成一个 $n\times s$ 阶矩阵 $\boldsymbol{\psi}^{(0)}=[\boldsymbol{\psi}_1^{(0)}\quad \boldsymbol{\psi}_2^{(0)}\quad \ldots\quad \boldsymbol{\psi}_s^{(0)}]$,把它作为系统前 s 阶振型矩阵 $\boldsymbol{A}_{n\times s}$ 的第0次近似[约定上标(0),(1),…表示得到振型矩阵的迭代次数],即设

$$\boldsymbol{A}^{(0)}=\boldsymbol{\psi}^{(0)} \tag{6-4-1}$$

同矩阵迭代法一样,以 $\boldsymbol{D}$ 前乘 $\boldsymbol{\psi}^{(0)}$,这相当于对 $\boldsymbol{\psi}^{(0)}$ 的每一列前乘 $\boldsymbol{D}$,对 $\boldsymbol{D\psi}^{(0)}$ 各列进行标准化处理得到 $\boldsymbol{\psi}^{(1)}$。继续以 $\boldsymbol{D}$ 前乘 $\boldsymbol{\psi}^{(1)}$ 并做标准化处理可得到 $\boldsymbol{\psi}^{(2)}$,可如此继续迭代得到 $\boldsymbol{\psi}^{(k)}$。按矩阵迭代法原理,只要 $\boldsymbol{\psi}_1^{(0)}$ 包含第一阶振型分量,经过反复迭代,$\boldsymbol{\psi}^{(k)}$ 的第一列一定收敛于第一阶振型。如选取 $\boldsymbol{\psi}_2^{(0)}$ 时使它不包含第一阶振型分量,则经过反复迭代,$\boldsymbol{\psi}^{(k)}$ 第二列一定收敛于第二阶振型。同理,如选取 $\boldsymbol{\psi}_j^{(0)}$ 时使它不包含前面 $j-1$ 阶振型分量,则经过反复迭代,$\boldsymbol{\psi}^{(k)}$ 第 j 列一定收敛于第 j 阶振型。然而,选取 $\boldsymbol{\psi}^{(0)}$ 不可能一开始就做到这一点。但是可以在迭代过程中逐步实现这个目标。为此,迭代求得 $\boldsymbol{\psi}^{(1)}$ 后,并不直接用它继续迭代,而是在迭代之前先运用瑞利-里兹法对它进行正交化处理,寻找 $\boldsymbol{\psi}^{(1)}$ 的替代矩阵 $\boldsymbol{A}^{(1)}$,这样可使其各列经迭代后分别趋于各个不同阶振型。根据6.2节可知,替代矩阵 $\boldsymbol{A}^{(1)}$ 关于 $\boldsymbol{K}$ 和 $\boldsymbol{M}$ 正交,故称为正交化处理,具体如下。

按式(6-2-1),将系统前 s 阶的各阶振型的第1次近似 $\boldsymbol{A}_i^{(1)}$ 表示为

$$\boldsymbol{A}_i^{(1)}=\sum_{j=1}^{s}a_{ji}^{(1)}\boldsymbol{\psi}_j^{(1)}=\boldsymbol{\psi}^{(1)}\boldsymbol{a}_i^{(1)}\quad (i=1,2,\cdots,s) \tag{6-4-2}$$

式中,$\boldsymbol{\psi}^{(1)}$ 由第一次迭代计算求得,$\boldsymbol{a}_i^{(1)}$ 为待定系数向量,$\boldsymbol{a}_i^{(1)}=\{a_{1i}^{(1)}\quad a_{2i}^{(1)}\quad \cdots\quad a_{si}^{(1)}\}^{\mathrm{T}}$;此向量中各元素的数字下标与 $\boldsymbol{\psi}^{(1)}$ 中的1,2,…,s 列号对应,下标 i 表示系统的振型序号。

将式(6-4-2)代入第Ⅰ瑞利商的计算式(6-1-5)得

$$R_{\mathrm{I}}(\boldsymbol{A}_i^{(1)})=\lambda_{i\mathrm{I}}=\frac{(\boldsymbol{a}_i^{(1)})^{\mathrm{T}}(\boldsymbol{\psi}^{(1)})^{\mathrm{T}}\boldsymbol{K\psi}^{(1)}\boldsymbol{a}_i^{(1)}}{(\boldsymbol{a}_i^{(1)})^{\mathrm{T}}(\boldsymbol{\psi}^{(1)})^{\mathrm{T}}\boldsymbol{M\psi}^{(1)}\boldsymbol{a}_i^{(1)}}\quad (i=1,2,\cdots,s) \tag{6-4-3}$$

$R_{\mathrm{I}}(\boldsymbol{A}_i^{(1)})$ 为 $\boldsymbol{a}_i^{(1)}$ 的函数,记为 $R_{\mathrm{I}}(\boldsymbol{a}_i^{(1)})$。要使式(6-4-2)表示的振型逼近真实振型,只有取合适的 $\boldsymbol{a}_i^{(1)}$,使得 $R_{\mathrm{I}}(\boldsymbol{a}_i^{(1)})$ 达到驻值。根据瑞利-里兹法可得

$$(\boldsymbol{\psi}^{(1)})^{\mathrm{T}}\boldsymbol{K\psi}^{(1)}\boldsymbol{a}_i^{(1)}-\lambda_i^{(1)}(\boldsymbol{\psi}^{(1)})^{\mathrm{T}}\boldsymbol{M\psi}^{(1)}\boldsymbol{a}_i^{(1)}=\boldsymbol{0} \tag{6-4-4}$$

构造相应的近似广义刚度矩阵与近似广义质量矩阵

$$\boldsymbol{K}^{(1)*}=(\boldsymbol{\psi}^{(1)})^{\mathrm{T}}\boldsymbol{K\psi}^{(1)},\quad \boldsymbol{M}^{(1)*}=(\boldsymbol{\psi}^{(1)})^{\mathrm{T}}\boldsymbol{M\psi}^{(1)} \tag{6-4-5}$$

式中,$\boldsymbol{K}^{(1)*}$ 与 $\boldsymbol{M}^{(1)*}$ 均为 $s\times s$ 阶实对称矩阵。

则式(6-4-4)变为

$$(\boldsymbol{K}^{(1)*}-\lambda_i^{(1)}\boldsymbol{M}^{(1)*})\boldsymbol{a}_i^{(1)}=0\quad (i=1,2,\cdots,s) \tag{6-4-6}$$

解频率方程 $|\boldsymbol{K}^{(1)*}-\lambda_i^{(1)}\boldsymbol{M}^{(1)*}|=0$,得系统前 s 个特征值的第1次近似值 $\lambda_i^{(1)}$ $(i=1,2,\cdots,s)$。依次代入式(6-4-6),解出相应的 s 个特征向量 $\boldsymbol{a}_i^{(1)}(i=1,2,\cdots,s)$,为简便计算,一般将 $\boldsymbol{a}_i^{(1)}$ 标准化。

将解出的 $\boldsymbol{a}_i^{(1)}(i=1,2,\cdots,s)$ 代入式(6-4-2),得到系统前 s 阶振型的第1次近似结果 $\boldsymbol{A}_i^{(1)}$ $(i=1,2,\cdots,s)$,得到系统前 s 阶振型矩阵的第1次近似

$$\boldsymbol{A}^{(1)}=[\boldsymbol{\psi}^{(1)}\boldsymbol{a}_1^{(1)}\quad \boldsymbol{\psi}^{(1)}\boldsymbol{a}_2^{(1)}\quad \cdots\quad \boldsymbol{\psi}^{(1)}\boldsymbol{a}_s^{(1)}]_{n\times s} \tag{6-4-7}$$

至此,第1次迭代计算过程完成。经过上述瑞利-里兹法处理过程,$\boldsymbol{A}^{(1)}$ 满足正交化条件,

$\boldsymbol{A}^{(1)}$比$\boldsymbol{\psi}^{(1)}$更接近实际振型矩阵,故用$\boldsymbol{A}^{(1)}$代替$\boldsymbol{\psi}^{(1)}$继续迭代。$\boldsymbol{A}^{(1)}$各列向量构成的子空间$E_s^{(1)}$比$E_s^{(0)}$更接近于E_s。另外,为了避免计算中数值庞大,用$\boldsymbol{A}^{(1)}$代替$\boldsymbol{\psi}^{(1)}$之前往往要对$\boldsymbol{A}^{(1)}$各列标准化。

第2次计算可照样进行,即以$\boldsymbol{D}$前乘$\boldsymbol{A}^{(1)}$,并做标准化处理得出$\boldsymbol{\psi}^{(2)}$,构造第2次近似广义质量矩阵与近似广义刚度矩阵$\boldsymbol{M}^{(2)*}=(\boldsymbol{\psi}^{(2)})^{\mathrm{T}}\boldsymbol{M}\boldsymbol{\psi}^{(2)}$,$\boldsymbol{K}^{(2)*}=(\boldsymbol{\psi}^{(2)})^{\mathrm{T}}\boldsymbol{K}\boldsymbol{\psi}^{(2)}$,得出第2次特征方程$(\boldsymbol{K}^{(2)*}-\lambda_i^{(2)}\boldsymbol{M}^{(2)*})\boldsymbol{a}_i^{(2)}=\boldsymbol{0}$,由$|\boldsymbol{K}^{(2)*}-\lambda_i^{(2)}\boldsymbol{M}^{(2)*}|=0$解得特征值的第2次近似值$\lambda_i^{(2)}(i=1,2,\cdots,s)$,代入$(\boldsymbol{K}^{(2)*}-\lambda_i^{(2)}\boldsymbol{M}^{(2)*})\boldsymbol{a}_i^{(2)}=\boldsymbol{0}$,算出$\boldsymbol{a}_i^{(2)}(i=1,2,\cdots,s)$,得出$\boldsymbol{A}_i^{(2)}=\boldsymbol{\psi}^{(2)}\boldsymbol{a}_i^{(2)}(i=1,2,\cdots,s)$及$\boldsymbol{A}^{(2)}$。第2次迭代计算至此结束。

不断重复上述迭代过程,每次迭代过程中都用瑞利-里兹法对近似振型矩阵$\boldsymbol{\psi}^{(1)},\boldsymbol{\psi}^{(2)},\cdots,\boldsymbol{\psi}^{(N)}$进行正交化处理得到对应的替代矩阵$\boldsymbol{A}^{(1)},\boldsymbol{A}^{(2)},\cdots,\boldsymbol{A}^{(N)}$,相应的近似子空间分别为$E_s^{(1)},E_s^{(2)},\cdots,E_s^{(N)}$。实际上,基于矩阵迭代的特点,当进行至无穷次迭代($N\to\infty$)时,$\boldsymbol{A}^{(N)}$一般收敛于系统前s阶振型矩阵$\boldsymbol{A}_{n\times s}$,特征值$\lambda_i^{(N)}(i=1,2,\cdots,s)$收敛于系统前$s$阶固有特征值(对应于固有频率),$E_s^{(N)}$收敛于$E_s$。

需要指出的是,初始振型向量的选取将直接影响迭代的收敛速度。选择初始振型向量时,并无特别要求,只需保证所选的s个向量线性无关,且包含全部的前s阶振型的成分(这个要求通常是自然满足的),一般可迭代计算得到系统前s阶频率与振型的近似值。一般可用下面例子所用方法给出初始振型向量。假设

$$\boldsymbol{M}=\begin{bmatrix}8&\times&\times&\times&\times\\\times&9&\times&\times&\times\\\times&\times&10&\times&\times\\\times&\times&\times&6&\times\\\times&\times&\times&\times&4\end{bmatrix},\quad \boldsymbol{K}=\begin{bmatrix}2&\times&\times&\times&\times\\\times&3&\times&\times&\times\\\times&\times&2&\times&\times\\\times&\times&\times&1&\times\\\times&\times&\times&\times&1\end{bmatrix}$$

其中×代表任意数值。

将矩阵$\boldsymbol{M}$与$\boldsymbol{K}$的对角元素依次相除得到如下对角矩阵

$$\boldsymbol{B}=\mathrm{diag}(4,3,5,6,4)$$

所选初始振型矩阵为

$$\boldsymbol{\psi}^{(0)}=\begin{bmatrix}1&0&0&1&0\\1&0&0&0&0\\1&0&1&0&0\\1&1&0&0&0\\1&0&0&0&1\end{bmatrix}$$

$\boldsymbol{\psi}^{(0)}$矩阵的第1列元素全部取为1;第2列仅有一个非零元素1,其位置对应于$\boldsymbol{B}$矩阵对角元素中最大元素(6)所在行的位置(第4行);第3列仅有一个非零元素1,其位置对应于$\boldsymbol{B}$矩阵对角元素中第二大元素(5)所在行的位置(第3行);第4列仅有一个非零元素1,其位置对应于$\boldsymbol{B}$矩阵对角元素中第三大元素(4)所在行的位置(第1行);第5列仅有一个非零元素1,其位置对应于$\boldsymbol{B}$矩阵对角元素中第四大元素(4)所在行的位置(第5行),其中第4和第5列可以互换。计算表明,上述方法形成的初始振型矩阵可以提高收敛速度,若$\boldsymbol{K}$和$\boldsymbol{M}$都是对角占优矩阵,则上述方法效果更佳。

实践中发现,系统前几阶振型一般收敛得比较快。因此,常多取几阶假设振型进行迭代,例如,取 $r(r>s)$ 阶假设振型,然后将迭代过程进行到前 s 阶频率和振型均已达到所需精度为止。多取 $(r-s)$ 阶假设振型的目的是加快前 s 阶振型的收敛速度,但在每次迭代计算中增加了计算工作量。因此,要选取合理的增加振型个数。经验指出,可在 $r=2s$ 及 $r=s+8$ 二者中取较小者。

综上可知,子空间迭代法利用瑞利-里兹法降低了特征值问题的阶数以及计算振型比假设振型更接近真实振型的优点,克服了后者计算精度受初始假设振型向量影响较大的不足。子空间迭代法采用迭代方法逐步减少假设振型中的高阶振型成分,发挥了矩阵迭代法的优势。与矩阵迭代法的逐阶求解相比,子空间迭代法对一组振型向量同时进行迭代,同时求出所需要的若干阶振型与频率。当系统存在等固有频率或有几个固有频率非常接近的时候,采用矩阵迭代法求解,收敛速度往往很慢,子空间迭代法可以有效地解决这一困难。子空间迭代法还克服了矩阵迭代法得到的振型向量不正交的问题。

在大型复杂结构的振动分析中,系统的自由度可能多至上万个,而实际需要用到的固有频率与振型常只是前面几十阶。对于此类大型结构的振动分析,子空间迭代法是最有效的方法之一。

【例 6-4-1】 用子空间迭代法求图 6-4-1 所示系统前 2 阶固有频率和振型。已知:$m_1=m_2=m_3=m_4=m$,$k_1=k_2=k_3=k_4=k$,系统各质量块仅能沿水平方向运动。

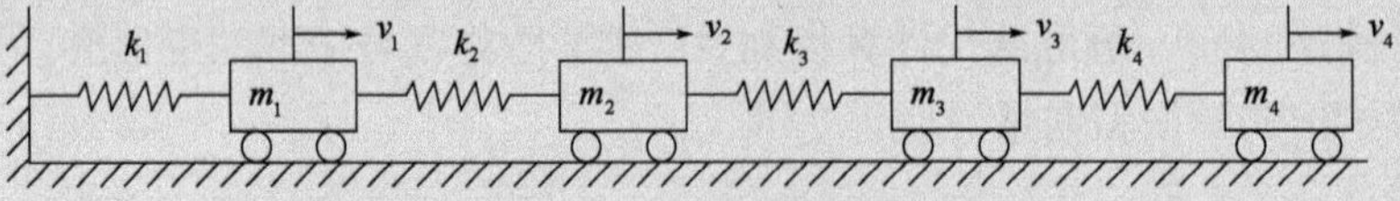

图 6-4-1 多质量-弹簧系统

【解】 系统质量矩阵 $\boldsymbol{M}=m\boldsymbol{I}$,刚度矩阵 $\boldsymbol{K}=k\begin{bmatrix}2&-1&0&0\\-1&2&-1&0\\0&-1&2&-1\\0&0&-1&1\end{bmatrix}$,$\boldsymbol{K}^{-1}=\frac{1}{k}\begin{bmatrix}1&1&1&1\\1&2&2&2\\1&2&3&3\\1&2&3&4\end{bmatrix}$,$\boldsymbol{D}=\boldsymbol{K}^{-1}\boldsymbol{M}=\frac{m}{k}\begin{bmatrix}1&1&1&1\\1&2&2&2\\1&2&3&3\\1&2&3&4\end{bmatrix}$。

根据前面的说明,假设系统前 2 阶振型矩阵为 $\boldsymbol{A}^{(0)}=\boldsymbol{\psi}^{(0)}=\begin{bmatrix}1&0\\1&0\\1&0\\1&1\end{bmatrix}$,前乘 $\boldsymbol{D}$ 得

$$\boldsymbol{D}\boldsymbol{\psi}^{(0)}=\frac{m}{k}\begin{bmatrix}4&1\\7&2\\9&3\\10&4\end{bmatrix}$$

对它标准化后(为了反映迭代效果,在计算结果中尽量保留较多有效数字),得

$$\boldsymbol{\psi}^{(1)}=\begin{bmatrix}0.4 & 0.25\\0.7 & 0.5\\0.9 & 0.75\\1.0 & 1.0\end{bmatrix}$$

按式(6-4-6)计算第1次近似广义质量矩阵 $\boldsymbol{M}^{(1)*}$ 与近似广义刚度矩阵 $\boldsymbol{K}^{(1)*}$

$$\boldsymbol{M}^{(1)*}=(\boldsymbol{\psi}^{(1)})^{\mathrm{T}}\boldsymbol{M}\boldsymbol{\psi}^{(1)}=m\begin{bmatrix}2.460 & 2.125\\2.125 & 1.875\end{bmatrix}$$

$$\boldsymbol{K}^{(1)*}=(\boldsymbol{\psi}^{(1)})^{\mathrm{T}}\boldsymbol{K}\boldsymbol{\psi}^{(1)}=k\begin{bmatrix}0.30 & 0.25\\0.25 & 0.25\end{bmatrix}$$

代入特征方程$(\boldsymbol{K}^{(1)*}-\lambda_i^{(1)}\boldsymbol{M}^{(1)*})\boldsymbol{a}_i^{(1)}=\boldsymbol{0}$,变换可得

$$\begin{bmatrix}0.30-2.460\alpha_i^{(1)} & 0.25-2.125\alpha_i^{(1)}\\0.25-2.125\alpha_i^{(1)} & 0.25-1.875\alpha_i^{(1)}\end{bmatrix}\begin{Bmatrix}a_1^{(1)}\\a_2^{(1)}\end{Bmatrix}=\begin{Bmatrix}0\\0\end{Bmatrix}$$

式中,$\alpha_i^{(1)}=\lambda_i^{(1)}m/k$。由上式有非零解的条件,得第1次迭代计算的频率方程

$$0.096875(\alpha_i^{(1)})^2-0.115\alpha_i^{(1)}+0.0125=0$$

解得 $\alpha_1^{(1)}=0.121037$,$\alpha_2^{(1)}=1.066060$。

将 $\alpha_1^{(1)}$、$\alpha_2^{(1)}$ 分别代入上述特征方程,得出

$$\boldsymbol{a}_1^{(1)}=\begin{Bmatrix}1.000000\\0.312393\end{Bmatrix},\quad \boldsymbol{a}_2^{(1)}=\begin{Bmatrix}-0.867759\\1.000000\end{Bmatrix}$$

依次代入式(6-4-2)并标准化,得出

$$\boldsymbol{A}_1^{(1)}=\begin{Bmatrix}0.364295\\0.652393\\0.864295\\1.000000\end{Bmatrix},\quad \boldsymbol{A}_2^{(1)}=\begin{Bmatrix}-0.734295\\-0.812393\\-0.234295\\1.000000\end{Bmatrix}$$

所以,系统前2阶振型矩阵的第1次近似为

$$\boldsymbol{A}^{(1)}=\begin{bmatrix}0.364295 & -0.734295\\0.652393 & -0.812393\\0.864295 & -0.234295\\1.000000 & 1.000000\end{bmatrix}$$

继续迭代,同样可得到第4次迭代计算频率方程的解及对应近似振型向量分别为

$$\alpha_1^{(4)}=0.120615,\quad \alpha_2^{(4)}=1.000278$$

$$\boldsymbol{A}_1^{(4)}=\begin{Bmatrix}0.347298\\0.652702\\0.879382\\1.000000\end{Bmatrix},\quad \boldsymbol{A}_2^{(4)}=\begin{Bmatrix}-0.974687\\-0.991800\\-0.016083\\1.000000\end{Bmatrix}$$

第5次迭代计算频率方程的解及对应近似振型向量分别为

$$\alpha_1^{(5)}=0.120615,\quad \alpha_2^{(5)}=1.000049$$

$$\boldsymbol{A}_1^{(5)}=\begin{Bmatrix}0.347296\\0.652704\\0.879385\\1.000000\end{Bmatrix},\quad \boldsymbol{A}_2^{(5)}=\begin{Bmatrix}-0.989035\\-0.996970\\-0.006579\\1.000000\end{Bmatrix}$$

以上各式中,$\alpha_i^{(4)}=\lambda_i^{(4)}m/k$,$\alpha_i^{(5)}=\lambda_i^{(5)}m/k$。

由此可见,第4、5次迭代计算的频率参数与振型的差别已经不大,迭代过程可到此结束。本例是根据经验判断迭代的收敛性,当采用计算机程序进行迭代计算时,需要引入与6.3节类似的误差容许限值ε。

最后得到此系统的前两阶固有频率近似值分别为$\omega_1=\sqrt{0.120615k/m}$,$\omega_2=\sqrt{1.000049k/m}$,前两阶振型分别为$\boldsymbol{A}_1=\boldsymbol{A}_1^{(5)}$,$\boldsymbol{A}_2=\boldsymbol{A}_2^{(5)}$。该系统前两阶固有频率准确解为$\omega_1=\sqrt{0.120615k/m}$,$\omega_2=\sqrt{k/m}$,对应的准确振型分别为$\boldsymbol{A}_1=\{0.347296\quad 0.652704\quad 0.879385\quad 1\}^{\mathrm{T}}$与$\boldsymbol{A}_2=\{-1\quad -1\quad 0\quad 1\}^{\mathrm{T}}$。对比可知,经过5次迭代计算,计算频率与振型均已接近各自准确值。

本章习题

6.1 简述瑞利能量法求解系统频率的原理。

6.2 在瑞利能量法与瑞利-里兹法中,所假设的近似振型应满足什么条件?

6.3 采用瑞利能量法与瑞利-里兹法求得的频率值是否总是真实频率的一个上限?

6.4 为什么用矩阵迭代法求固有频率和振型时,一般得到的是第一阶频率及其振型?要求高阶频率与振型时需要采取什么措施?

6.5 简述本章求解系统固有频率和振型的四种方法之间的联系。

6.6 子空间迭代法利用了瑞利-里兹法与矩阵迭代法的哪些优点,同时又克服了这两种方法的哪些不足之处?

6.7 针对习题4.7所示的结构体系,先计算"自重"作用下的变形曲线,再以该变形曲线作为假定振型计算系统的基频近似值。

6.8 取假设振型$\boldsymbol{A}_1=\{\sqrt{3}\quad \sqrt{2}\quad 1\}^{\mathrm{T}}$,用瑞利能量法求解如题6.8图所示的三自由度系统的基频。

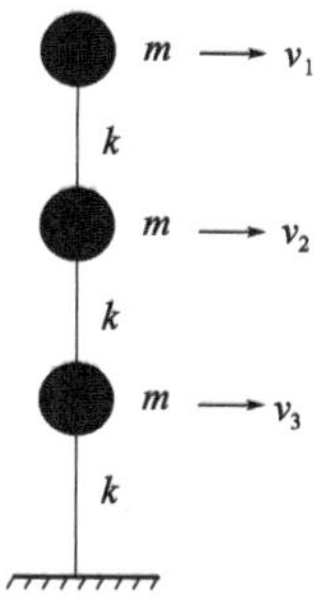

题6.8图

6.9 对于如题6.9图所示七自由度的弹簧-质量系统，取两假设振型 $\boldsymbol{\psi}_1=\{1\quad 2\quad 3\quad 4\quad 5\quad 6\quad 7\}^{\mathrm{T}}$，$\boldsymbol{\psi}_2=\{1\quad 4\quad 9\quad 16\quad 25\quad 36\quad 49\}^{\mathrm{T}}$，分别用瑞利-里兹法与矩阵迭代法求系统前两阶固有频率和振型。

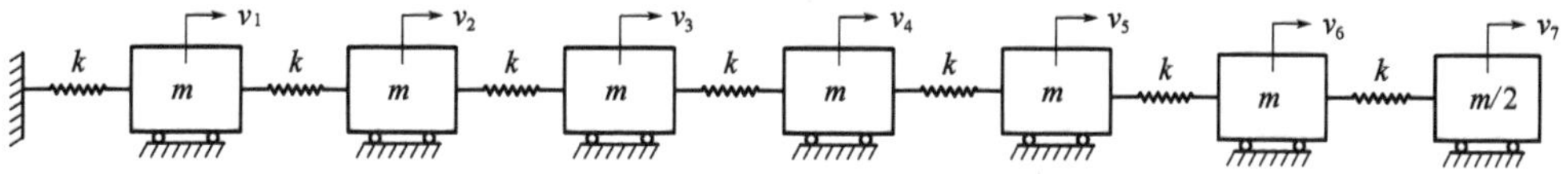

题6.9图

6.10 基于习题2.7建立的简支梁运动方程，试采用子空间迭代法计算其前面若干阶频率与振型，并与相应的解析解进行对比，采用不同数目的单元离散该简支梁，分析单元数对计算频率的影响。

第7章

自由度缩减

结构动力分析的一项重要任务是计算动荷载作用下的结构动力响应。实际上在动力分析之前,通常需要对结构进行静力分析。静力分析的结构理想化模型由结构的复杂性决定,为了对复杂结构的单元内力和应力进行精确计算,可能需要数百到几千个自由度。同样精细化的理想化模型可以用于结构动力分析,但是不必如此精细,常常用非常少的自由度就能得出结构的动位移。这是因为许多结构的动位移反应用前几阶固有振型就能很好地表示,这些振型可以根据比静力分析所需要自由度少得多的结构理想化模型很准确地算出。因此,在进行固有频率与振型计算之前,可以将系统自由度尽可能缩减到合理的程度。而结构设计所需要的单元内力和应力可以由每个时刻结构的静力分析确定,不需要再进行额外的动力分析。

本章介绍缩减系统自由度常用的几种方法:运动学约束方法、静力凝聚法(集中质量法)、瑞利-里兹法以及动态子结构法。前两种方法是在构建结构分析模型时,在满足分析精度要求的前提下,根据结构的物理特性采取合适的假定,使系统的自由度尽可能地降低。后两种方法是在构建结构数学模型的过程中,从数学表述的角度忽略一些次要项,用尽可能少的参量近似表述结构振动位形。本章内容是第2章建立系统运动方程的补充与延伸。

7.1 运动学约束方法

减少数学模型自由度最简单的方法是:结合结构的布置和特性,采用运动学约束的方式,用一组数目较少的基本位移参量表示实际结构很多甚至无限多个自由度的位移。

例如，多层建筑的楼层隔板(或楼板)虽然在竖向是柔性的，但是在其自身平面内是非常刚硬的，因此可以假设为刚性楼板而不会产生显著误差。这一假设就是施加给结构的运动学约束。有此约束，在某一楼层各处的水平位移都与其自身平面内的三个刚体自由度(两个水平位移分量和一个绕竖轴的转角分量)有关。考虑图 7-1-1 所示的 20 层建筑物，它由 x 方向的八榀框架和 y 方向的四榀框架组成。系统有 640 个节点，每个节点有 6 个自由度(3 个平动和 3 个转动)，共有 3840 个自由度。若假设楼板在其自身平面内是刚性的，则系统有 1980 个自由度，这些自由度包括每个节点的竖向位移和两个转角(在 xz 和 yz 平面内)以及每个楼板的三个刚体自由度。有时在建筑物分析中施加另一种运动学约束：假设柱子为轴向刚性的。这个约束应该慎重使用，因为它在某些特殊情况下才是合理的，例如，非细长的建筑物。如果此约束是合理的，那么这个假设可以进一步缩减自由度，对于图 7-1-1 中多层建筑物的静力分析，进一步忽略每个节点的竖向位移，自由度数可减少到 1340 个。

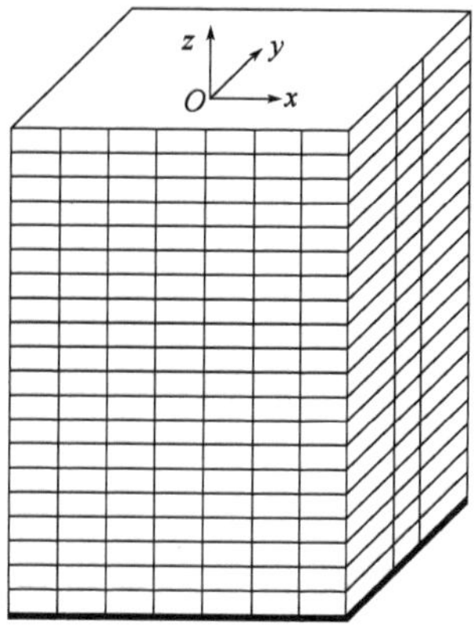

图 7-1-1　20 层建筑框架示意图

另外，刚体模型就是运动学约束的结果，假定物体内部各点相对位置始终保持不变。在构造空间梁单元模型时采用的位移插值方式实际上是给单元位移施加一种运动学约束，用两个节点的 12 个基本位移参量表述实际为无限个自由度的梁单元位移。

7.2　静力凝聚法

结构动力分析中常常可以忽略一些惯性力(如在做水平地面运动作用下多层建筑物地震分析时可以忽略与节点的转动和竖向位移相关的惯性力)，或者把质量近似地集中在离散结构的某些节点上(如 2.11 节的单元集中质量模型)。此时可以将描述结构振动位形的位移参量 $\boldsymbol{q}$ 划分为两类：一类为无质量参与，不会产生惯性力的位移参量 $\boldsymbol{q}_0$；另一类是有质量参与，会产生惯性力的位移参量 $\boldsymbol{q}_\mathrm{t}$。静力凝聚法就是从动力分析中消除结构中那些不产生惯性力的位移参量，不过所有位移参量都包括在静力分析中，具体实现方法如下：

不考虑阻尼的系统运动方程可以写成分块的形式

$$\begin{bmatrix} \boldsymbol{M}_\mathrm{tt} & \boldsymbol{0} \\ \boldsymbol{0} & \boldsymbol{0} \end{bmatrix} \begin{Bmatrix} \ddot{\boldsymbol{q}}_\mathrm{t} \\ \ddot{\boldsymbol{q}}_0 \end{Bmatrix} + \begin{bmatrix} \boldsymbol{K}_\mathrm{tt} & \boldsymbol{K}_\mathrm{t0} \\ \boldsymbol{K}_\mathrm{0t} & \boldsymbol{K}_{00} \end{bmatrix} \begin{Bmatrix} \boldsymbol{q}_\mathrm{t} \\ \boldsymbol{q}_0 \end{Bmatrix} = \begin{Bmatrix} \boldsymbol{Q}_\mathrm{t} \\ \boldsymbol{0} \end{Bmatrix} \tag{7-2-1}$$

式中，$\boldsymbol{q}_0$ 表示无质量的位移参量(或凝聚位移参量)；$\boldsymbol{q}_\mathrm{t}$ 表示具有质量的位移参量(或动力位移参量)，即确定系统全部惯性力(或运动质量位置)所需的独立位移参量，称为动力自由度；$\boldsymbol{K}_\mathrm{t0} = \boldsymbol{K}_\mathrm{0t}^\mathrm{T}$。方程(7-2-1)中与 $\boldsymbol{q}_0$ 对应的外荷载均为零，若此条件不满足，后续的 $\boldsymbol{q}_0$ 与 $\boldsymbol{q}_\mathrm{t}$ 的关系式需作适当调整。两个分块方程为

$$\boldsymbol{M}_\mathrm{tt}\ddot{\boldsymbol{q}}_\mathrm{t} + \boldsymbol{K}_\mathrm{tt}\boldsymbol{q}_\mathrm{t} + \boldsymbol{K}_\mathrm{t0}\boldsymbol{q}_0 = \boldsymbol{Q}_\mathrm{t} \tag{7-2-2}$$

$$\boldsymbol{K}_{0t}\boldsymbol{q}_t + \boldsymbol{K}_{00}\boldsymbol{q}_0 = 0 \tag{7-2-3}$$

根据方程(7-2-3)可以导出 $\boldsymbol{q}_0$ 和 $\boldsymbol{q}_t$ 之间的静力关系为

$$\boldsymbol{q}_0 = -\boldsymbol{K}_{00}^{-1}\boldsymbol{K}_{0t}\boldsymbol{q}_t \tag{7-2-4}$$

将式(7-2-4)代入式(7-2-2)中,得出

$$\boldsymbol{M}_{tt}\ddot{\boldsymbol{q}}_t + \hat{\boldsymbol{K}}_{tt}\boldsymbol{q}_t = \boldsymbol{Q}_t \tag{7-2-5}$$

式中,$\hat{\boldsymbol{K}}_{tt}$为凝聚刚度矩阵,由下式给出

$$\hat{\boldsymbol{K}}_{tt} = \boldsymbol{K}_{tt} - \boldsymbol{K}_{0t}^{\mathrm{T}}\boldsymbol{K}_{00}^{-1}\boldsymbol{K}_{0t} \tag{7-2-6}$$

根据式(7-2-1)可以直接求解出位移响应 $\boldsymbol{q}_t$ 与 $\boldsymbol{q}_0$。也可以先利用式(7-2-5)求解动力位移参量 $\boldsymbol{q}_t$,而式(7-2-5)的方程个数较式(7-2-1)有所减少,如有需要,可以继续由式(7-2-4)确定每个时刻凝聚位移参量 $\boldsymbol{q}_0$。根据求出的位移 $\boldsymbol{q}_t$ 与 $\boldsymbol{q}_0$,可由每个时刻结构的静力分析确定所需要的单元力与应力,具体内容见文献[22]。另外,令式(7-2-1)荷载向量为零可以进行系统固有特性分析,由于质量矩阵中与凝聚位移参量 $\boldsymbol{q}_0$ 相关的行元素与列元素均为零,质量矩阵是奇异的,其秩即为动力自由度数。针对这种情况,可采用子空间迭代法等求出与动力自由度对应阶数(或更少阶数)的固有频率与振型,也可以基于式(7-2-5)的刚度矩阵与质量矩阵,求出动力自由度对应阶数(或更少阶数)的系统固有特性,具体见例7-2-1。

实际计算量的减少可能远远不如自由度减少得显著,这是因为在使用式(7-2-5)中的凝聚刚度矩阵 $\hat{\boldsymbol{K}}_{tt}$时,由凝聚前方程式(7-2-1)的刚度矩阵 $\boldsymbol{K}$ 的窄带性质所赋予的计算效率部分地丧失了。

静力凝聚法对于水平地面运动作用下的多层建筑物地震分析特别有效,原因是这类结构和激励有三个特殊的特征:其一,楼层隔板(或楼板)在其自身平面内通常假设为刚性的;其二,与节点的转动和竖向位移有关的有效地震力为零;其三,与这些位移参量有关的惯性力对低阶振型反应的影响一般不是很显著,而低阶振型反应在结构总反应中占主导地位。因此,可以把零质量赋予这些位移参量。对于图7-1-1中的20层建筑物,这个方法把自由度从1980个减少到60个,仅包含每层楼板的3个刚体自由度。

如图7-2-1所示质量均匀分布平面简支梁,描述其振动位形理论上需要无限个自由度。动力分析时可以用集中质量的方法实现自由度的缩减。将全梁质量分散堆聚于若干质点,这些集中质量也称为堆聚质量。忽略每个集中质量的转动惯量影响,即不考虑各质点所在截面转角位移,仅用各堆聚质量的竖向位移 $v_i(t)$ 作为系统动力位移参量,可用影响系数法(刚度系数法或柔度系数法)等方法直接建立静力凝聚后运动方程。

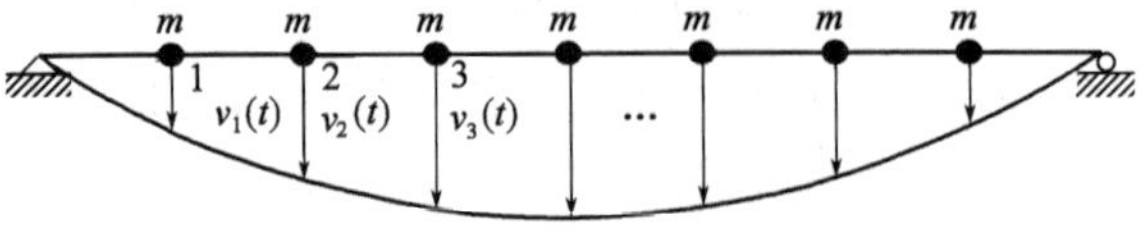

图7-2-1　堆聚质量梁

【例 7-2-1】 在图 6-4-1 所示系统的基础上,令 $m_3=0$。试求新系统前三阶固有频率和振型。

【解】 新系统质量矩阵 $\boldsymbol{M}=m\begin{bmatrix}1&0&0&0\\0&1&0&0\\0&0&0&0\\0&0&0&1\end{bmatrix}$,刚度矩阵 $\boldsymbol{K}=k\begin{bmatrix}2&-1&0&0\\-1&2&-1&0\\0&-1&2&-1\\0&0&-1&1\end{bmatrix}$。

由于 $\boldsymbol{M}$ 为奇异矩阵,不存在逆矩阵,无法直接运用特征值法求得系统的固有频率和振型,但可用子空间迭代法与静力凝聚法进行求解。

方法Ⅰ:子空间迭代法

$$\boldsymbol{K}^{-1}=\frac{1}{k}\begin{bmatrix}1&1&1&1\\1&2&2&2\\1&2&3&3\\1&2&3&4\end{bmatrix},\ \text{故}\ \boldsymbol{D}=\boldsymbol{K}^{-1}\boldsymbol{M}=\frac{m}{k}\begin{bmatrix}1&1&0&1\\1&2&0&2\\1&2&0&3\\1&2&0&4\end{bmatrix}。$$

假设系统前三阶振型矩阵为

$$\boldsymbol{A}^{(0)}=\boldsymbol{\psi}^{(0)}=\begin{bmatrix}1&0&0\\1&0&1\\1&0&0\\1&1&0\end{bmatrix}$$

经过迭代计算求得系统前三阶频率及对应近似振型向量分别为

$$\omega_1=0.420861\sqrt{k/m},\quad \omega_2=1.000000\sqrt{k/m},\quad \omega_3=1.680142\sqrt{k/m}$$

$$\boldsymbol{A}_1=\begin{Bmatrix}1.000000\\1.822876\\2.322876\\2.822876\end{Bmatrix},\quad \boldsymbol{A}_2=\begin{Bmatrix}1.000000\\1.000000\\0.000000\\-1.000000\end{Bmatrix},\quad \boldsymbol{A}_3=\begin{Bmatrix}1.000000\\-0.822876\\-0.322876\\0.177124\end{Bmatrix}$$

方法Ⅱ:静力凝聚法

静力凝聚前的系统自由振动方程为

$$\begin{bmatrix}m&0&0&0\\0&m&0&0\\0&0&0&0\\0&0&0&m\end{bmatrix}\begin{Bmatrix}\ddot{v}_1\\\ddot{v}_2\\\ddot{v}_3\\\ddot{v}_4\end{Bmatrix}+\begin{bmatrix}2k&-k&0&0\\-k&2k&-k&0\\0&-k&2k&-k\\0&0&-k&k\end{bmatrix}\begin{Bmatrix}v_1\\v_2\\v_3\\v_4\end{Bmatrix}=\begin{Bmatrix}0\\0\\0\\0\end{Bmatrix}$$

由于广义坐标 v_3 不会产生惯性力,故将原来的广义坐标划分为两组,即 $\boldsymbol{q}_t=\{v_1\quad v_2\quad v_4\}^{\mathrm{T}}$ 与 $\boldsymbol{q}_0=\{v_3\}$。将上述自由振动方程进行重新排列得到

$$\begin{bmatrix}m&0&0&0\\0&m&0&0\\0&0&m&0\\0&0&0&0\end{bmatrix}\begin{Bmatrix}\ddot{v}_1\\\ddot{v}_2\\\ddot{v}_4\\\ddot{v}_3\end{Bmatrix}+\begin{bmatrix}2k&-k&0&0\\-k&2k&0&-k\\0&0&k&-k\\0&-k&-k&2k\end{bmatrix}\begin{Bmatrix}v_1\\v_2\\v_4\\v_3\end{Bmatrix}=\begin{Bmatrix}0\\0\\0\\0\end{Bmatrix}$$

对上述矩阵分块得到

$$\begin{bmatrix} \boldsymbol{M}_{tt} & \boldsymbol{0} \\ \boldsymbol{0} & \boldsymbol{0} \end{bmatrix} \begin{Bmatrix} \ddot{\boldsymbol{q}}_t \\ \ddot{\boldsymbol{q}}_0 \end{Bmatrix} + \begin{bmatrix} \boldsymbol{K}_{tt} & \boldsymbol{K}_{t0} \\ \boldsymbol{K}_{0t} & \boldsymbol{K}_{00} \end{bmatrix} \begin{Bmatrix} \boldsymbol{q}_t \\ \boldsymbol{q}_0 \end{Bmatrix} = \begin{Bmatrix} \boldsymbol{0} \\ \boldsymbol{0} \end{Bmatrix}$$

式中

$$\boldsymbol{M}_{tt} = \begin{bmatrix} m & 0 & 0 \\ 0 & m & 0 \\ 0 & 0 & m \end{bmatrix}, \quad \boldsymbol{K}_{tt} = \begin{bmatrix} 2k & -k & 0 \\ -k & 2k & 0 \\ 0 & 0 & k \end{bmatrix}, \quad \boldsymbol{K}_{0t} = \{0 \quad -k \quad -k\}, \quad \boldsymbol{K}_{00} = \{2k\}$$

根据式(7-2-6),计算得到

$$\hat{\boldsymbol{K}}_{tt} = \boldsymbol{K}_{tt} - \boldsymbol{K}_{0t}^{T}\boldsymbol{K}_{00}^{-1}\boldsymbol{K}_{0t} = \begin{bmatrix} 2k & -k & 0 \\ -k & 3k/2 & -k/2 \\ 0 & -k/2 & k/2 \end{bmatrix}$$

静力凝聚后的方程为 $\boldsymbol{M}_{tt}\ddot{\boldsymbol{q}}_t + \hat{\boldsymbol{K}}_{tt}\boldsymbol{q}_t = 0$,此时 $\boldsymbol{M}_{tt}$ 为非奇异矩阵,采用特征值法可求得系统前三阶频率及对应振型向量为

$$\omega_1 = 0.420861\sqrt{k/m}, \quad \omega_2 = 1.000000\sqrt{k/m}, \quad \omega_3 = 1.680142\sqrt{k/m}$$

$$\boldsymbol{A}_1 = \begin{Bmatrix} 1.000000 \\ 1.822876 \\ 2.822876 \end{Bmatrix}, \quad \boldsymbol{A}_2 = \begin{Bmatrix} 1.000000 \\ 1.000000 \\ -1.000000 \end{Bmatrix}, \quad \boldsymbol{A}_3 = \begin{Bmatrix} 1.000000 \\ -0.822876 \\ 0.177124 \end{Bmatrix}$$

由方法Ⅱ求得的振型向量只有对应于 $\boldsymbol{q}_t$ 的 3 个分量。与 $\boldsymbol{q}_0 = \{v_3\}$ 对应的分量可以由静力关系式(7-2-4)确定,同样可得到与方法Ⅰ相同的振型向量。

【例 7-2-2】 如图 7-2-2 所示,等截面悬臂梁的弯曲刚度为 EI,其质量堆聚在跨中和梁端。外荷载 $P_1(t)$ 与 $P_2(t)$ 分别作用于自由端与跨中位置。自由端与跨中的竖向位移 v_1 和 v_2 取为动力自由度。用位移 v_1 和 v_2 表示梁的运动方程。

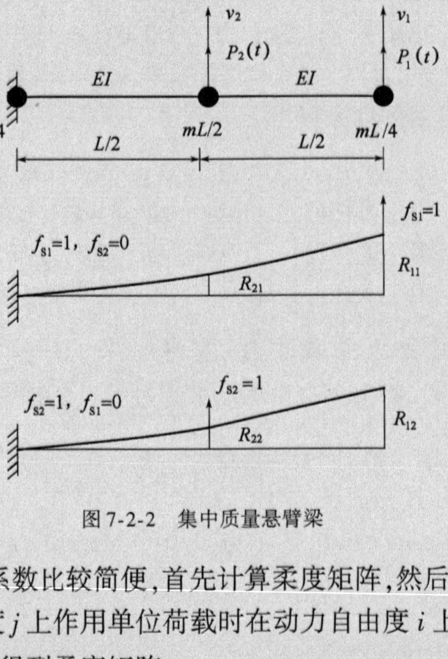

图 7-2-2　集中质量悬臂梁

【解】 由于计算柔度系数比较简便,首先计算柔度矩阵,然后将其求逆得到刚度矩阵。柔度系数 R_{ij} 是在动力自由度 j 上作用单位荷载时在动力自由度 i 上产生的位移。可以采用结构力学分析方法计算位移得到柔度矩阵

$$R = \frac{L^3}{48EI}\begin{bmatrix} 16 & 5 \\ 5 & 2 \end{bmatrix}$$

对 $\boldsymbol{R}$ 求逆,得到刚度矩阵

$$K = \frac{48EI}{7L^3}\begin{bmatrix} 2 & -5 \\ -5 & 16 \end{bmatrix}$$

由于集中质量位于各动力自由度的定义之处,质量矩阵为对角矩阵,即

$$M = \begin{bmatrix} mL/4 & 0 \\ 0 & mL/2 \end{bmatrix}$$

将 $\boldsymbol{M}$、$\boldsymbol{K}$ 和 $\boldsymbol{Q} = \{P_1(t) \quad P_2(t)\}^{\mathrm{T}}$ 与 $\boldsymbol{q} = \{v_1 \quad v_2\}^{\mathrm{T}}$ 代入运动方程 $\boldsymbol{M\ddot{q}} + \boldsymbol{C\dot{q}} + \boldsymbol{Kq} = \boldsymbol{Q}$,并令 $\boldsymbol{C} = \boldsymbol{0}$,得到

$$\begin{bmatrix} mL/4 & 0 \\ 0 & mL/2 \end{bmatrix}\begin{Bmatrix} \ddot{v}_1 \\ \ddot{v}_2 \end{Bmatrix} + \frac{48EI}{7L^3}\begin{bmatrix} 2 & -5 \\ -5 & 16 \end{bmatrix}\begin{Bmatrix} v_1 \\ v_2 \end{Bmatrix} = \begin{Bmatrix} P_1(t) \\ P_2(t) \end{Bmatrix}$$

7.3 瑞利-里兹法

7.3.1 运动方程的缩减

n 个自由度系统的运动方程为

$$\boldsymbol{M\ddot{q}} + \boldsymbol{C\dot{q}} + \boldsymbol{Kq} = \boldsymbol{Q} \tag{7-3-1}$$

在瑞利法中,将结构位移近似表示为 $\boldsymbol{q} = a(t)\boldsymbol{\psi}_0$,这里 $\boldsymbol{\psi}_0$ 为假设形状向量。瑞利法把结构简化为单自由度系统。在瑞利-里兹法中,位移近似表示为若干个形状向量 $\boldsymbol{\psi}_j (j = 1,2,\cdots,s)$ 的线性组合

$$\boldsymbol{q} = \sum_{j=1}^{s} a_j \boldsymbol{\psi}_j = \boldsymbol{\psi a} \tag{7-3-2}$$

式中,a_j 称为广义坐标,形状向量 $\boldsymbol{\psi}_j$ 也称为里兹向量。里兹向量 $\boldsymbol{\psi}_j (j = 1,2,\cdots,s)$ 必须满足几何边界条件且线性独立。与 2.2 节介绍的广义坐标法比较可知,本节的瑞利-里兹法实际上相当于离散系统的广义坐标法,里兹向量对应于形状函数。里兹向量 $\boldsymbol{\psi}_j$ 构成了 $n \times s$ 阶矩阵 $\boldsymbol{\psi}$ 中的列,即 $\boldsymbol{\psi} = [\boldsymbol{\psi}_1 \quad \boldsymbol{\psi}_2 \quad \cdots \quad \boldsymbol{\psi}_s]$,而 $\boldsymbol{a}$ 则为 s 个广义坐标构成的向量,即 $\boldsymbol{a}(t) = \{a_1 \quad a_2 \quad \cdots \quad a_s\}^{\mathrm{T}}$。将里兹变换式(7-3-2)代入方程(7-3-1)得出

$$\boldsymbol{M\psi\ddot{a}} + \boldsymbol{C\psi\dot{a}} + \boldsymbol{K\psi a} = \boldsymbol{Q} \tag{7-3-3}$$

式(7-3-3)各项前乘 $\boldsymbol{\psi}^{\mathrm{T}}$,得到

$$\boldsymbol{M}^*\ddot{\boldsymbol{a}} + \boldsymbol{C}^*\dot{\boldsymbol{a}} + \boldsymbol{K}^*\boldsymbol{a} = \boldsymbol{Q}^* \tag{7-3-4}$$

式中,$\boldsymbol{M}^* = \boldsymbol{\psi}^{\mathrm{T}}\boldsymbol{M\psi}$,$\boldsymbol{C}^* = \boldsymbol{\psi}^{\mathrm{T}}\boldsymbol{C\psi}$,$\boldsymbol{K}^* = \boldsymbol{\psi}^{\mathrm{T}}\boldsymbol{K\psi}$,$\boldsymbol{Q}^* = \boldsymbol{\psi}^{\mathrm{T}}\boldsymbol{Q}$。方程(7-3-4)即为 s 个关于广义坐标 $\boldsymbol{a}$ 的微分方程。式(7-3-2)的里兹变换使得用原始物理坐标 $\boldsymbol{q}$ 表示方程(7-3-1)转化为以广义坐标 $\boldsymbol{a}$ 表示方程(7-3-4),方程数目由 n 个缩减到 s 个。

7.3.2 里兹向量的选择

选择里兹向量的方式不同,运动方程(7-3-4)的特点也不完全相同。确定里兹向量主要有

以下几种途径:①根据经验构造出前几阶近似振型向量,以此作为里兹向量,此时 $\boldsymbol{M}^*$ 和 $\boldsymbol{K}^*$ 不一定是对角矩阵。构造出复杂系统前面若干阶近似振型非常困难,因此,此方法仅适用于一些简单且熟悉的结构。②基于假定的近似振型向量,运用瑞利-里兹法计算出更接近真实振型的"最佳"近似振型向量,将其定为里兹向量可得到对角矩阵 $\boldsymbol{M}^*$ 和 $\boldsymbol{K}^*$(6.2 节已证明),此方法较方法①要好一些,但"最佳"近似振型向量还是依赖于假定振型的近似程度。③采用有限元法先计算出所需的系统振型向量(用商业软件计算比较简便),以此作为里兹向量,若还做出瑞利阻尼假定,则 $\boldsymbol{M}^*$、$\boldsymbol{C}^*$、$\boldsymbol{K}^*$ 均为对角矩阵,方程(7-3-4)为 s 个独立的微分方程,此过程本质上就是振型叠加法。值得注意的是,采用有限元法计算自振特性时,系统的自由度往往很多,并未实现自由度缩减,但是运用方程(7-3-4)求解动力响应时自由度得到了缩减。

在上述方法中,都是用若干较低阶振型向量(近似或精确的)近似表达结构位形。所采用的振型向量是结构的无阻尼自由振动振型,这些振型仅与结构的性质有关,而与外荷载无关,而基于瑞利-里兹法的振动响应分析的收敛速度还将受到外荷载分布形式的影响,当外荷载引起的振动以低阶振型反应为主时,计算分析收敛速度较快,而当振动以高阶振型反应为主时,则收敛速度较慢。为了克服瑞利-里兹法的不足,提出了与外荷载相关的里兹向量,该里兹向量是根据结构性质和外荷载分布形式确定的,用与荷载相关的里兹向量代替自由振动振型向量,可以提高计算效率。

若外荷载为分布荷载,则可以写成如下形式

$$\boldsymbol{Q} = \boldsymbol{S}p(t) \tag{7-3-5}$$

式中,$\boldsymbol{Q}$ 为作用于结构上的外荷载向量;$\boldsymbol{S}$ 为与时间无关的向量,表示荷载的空间分布形式;$p(t)$ 为标量函数,代表外荷载随时间的变化规律。实际问题中,很多荷载可以表示成分布荷载的形式,如地震荷载,利用 $\boldsymbol{S}$ 可以构造一组关于质量矩阵 $\boldsymbol{M}$ 正交的里兹向量,具体过程如下:

(1)第 1 阶里兹向量的计算

将 $\boldsymbol{S}$ 作为静力作用于结构上引起静位移 $\boldsymbol{y}_1$,即

$$\boldsymbol{K}\boldsymbol{y}_1 = \boldsymbol{S} \tag{7-3-6}$$

由式(7-3-6)求解静力问题得到 $\boldsymbol{y}_1$,再将该向量质量归一化,得到第 1 阶里兹向量 $\boldsymbol{\psi}_1$,即

$$\boldsymbol{\psi}_1 = \frac{\boldsymbol{y}_1}{\sqrt{\boldsymbol{y}_1^{\mathrm{T}}\boldsymbol{M}\boldsymbol{y}_1}} \tag{7-3-7}$$

(2)第 2 阶里兹向量的计算

计算第 2 阶里兹向量时,首先把与第 1 阶里兹向量及质量矩阵相关的静力 $\boldsymbol{M}\boldsymbol{\psi}_1$(类似惯性力)加到结构上,由式(7-3-8)计算其静位移 $\boldsymbol{y}_2$。

$$\boldsymbol{K}\boldsymbol{y}_2 = \boldsymbol{M}\boldsymbol{\psi}_1 \tag{7-3-8}$$

在向量 $\boldsymbol{y}_2$ 中可能含有 $\boldsymbol{\psi}_1$ 成分,因此可表示为

$$\boldsymbol{y}_2 = \overline{\boldsymbol{\psi}}_2 + \alpha_{21}\boldsymbol{\psi}_1 \tag{7-3-9}$$

式中,$\overline{\boldsymbol{\psi}}_2$ 为"纯"的第 2 阶里兹向量(尚未进行质量归一化),该向量与已确定的第 1 阶里兹向量 $\boldsymbol{\psi}_1$ 关于质量矩阵 $\boldsymbol{M}$ 正交。α_{21} 为待定系数,决定 $\boldsymbol{y}_2$ 中含有 $\boldsymbol{\psi}_1$ 成分的多少。式(7-3-9)两边左乘 $\boldsymbol{\psi}_1^{\mathrm{T}}\boldsymbol{M}$,即

$$\boldsymbol{\psi}_1^{\mathrm{T}}\boldsymbol{M}\boldsymbol{y}_2 = \boldsymbol{\psi}_1^{\mathrm{T}}\boldsymbol{M}\overline{\boldsymbol{\psi}}_2 + \alpha_{21}\boldsymbol{\psi}_1^{\mathrm{T}}\boldsymbol{M}\boldsymbol{\psi}_1 \tag{7-3-10}$$

要使里兹向量关于质量矩阵 $\boldsymbol{M}$ 正交,需满足

$$\boldsymbol{\psi}_1^{\mathrm{T}}\boldsymbol{M}\overline{\boldsymbol{\psi}}_2=0 \tag{7-3-11}$$

考虑 $\boldsymbol{\psi}_1$ 为质量归一化向量，有

$$\boldsymbol{\psi}_1^{\mathrm{T}}\boldsymbol{M}\boldsymbol{\psi}_1=1 \tag{7-3-12}$$

将式(7-3-11)、式(7-3-12)代入式(7-3-10)可得

$$\alpha_{21}=\boldsymbol{\psi}_1^{\mathrm{T}}\boldsymbol{M}\boldsymbol{y}_2 \tag{7-3-13}$$

将式(7-3-13)代入式(7-3-9)整理得到“纯”的第 2 阶里兹向量

$$\overline{\boldsymbol{\psi}}_2=\boldsymbol{y}_2-\boldsymbol{\psi}_1^{\mathrm{T}}\boldsymbol{M}\boldsymbol{y}_2\boldsymbol{\psi}_1 \tag{7-3-14}$$

再进行质量归一化处理，得到第 2 阶里兹向量

$$\boldsymbol{\psi}_2=\frac{\overline{\boldsymbol{\psi}}_2}{\sqrt{\overline{\boldsymbol{\psi}}_2^{\mathrm{T}}\boldsymbol{M}\overline{\boldsymbol{\psi}}_2}} \tag{7-3-15}$$

(3)第 r 阶里兹向量的计算

当前 $r-1$ 阶里兹向量已获得，为求第 r 阶向量 $\boldsymbol{\psi}_r$，可以将 $\boldsymbol{M}\boldsymbol{\psi}_{r-1}$ 作为荷载加到结构上，由式(7-3-16)计算结构的静位移 $\boldsymbol{y}_r$。

$$\boldsymbol{K}\boldsymbol{y}_r=\boldsymbol{M}\boldsymbol{\psi}_{r-1} \tag{7-3-16}$$

向量 $\boldsymbol{y}_r$ 可能包含前 $r-1$ 阶里兹向量的成分 $\boldsymbol{\psi}_j(j=1,2,\cdots,r-1)$，$\boldsymbol{y}_r$ 可以表示成

$$\boldsymbol{y}_r=\overline{\boldsymbol{\psi}}_r+\sum_{j=1}^{r-1}\alpha_{rj}\boldsymbol{\psi}_j \tag{7-3-17}$$

$\overline{\boldsymbol{\psi}}_r$ 是“纯”的第 r 阶里兹向量，不含其他低阶向量成分，同样 $\overline{\boldsymbol{\psi}}_r$ 与前面已确定的里兹向量关于质量矩阵 $\boldsymbol{M}$ 正交，同理可求出待定系数 α_{rj}

$$\alpha_{rj}=\boldsymbol{\psi}_j^{\mathrm{T}}\boldsymbol{M}\boldsymbol{y}_r\quad (j=1,2,\cdots,r-1) \tag{7-3-18}$$

将式(7-3-18)代入式(7-3-17)，得到“纯”的第 r 阶里兹向量

$$\overline{\boldsymbol{\psi}}_r=\boldsymbol{y}_r-\sum_{j=1}^{r-1}\boldsymbol{\psi}_j^{\mathrm{T}}\boldsymbol{M}\boldsymbol{y}_r\boldsymbol{\psi}_j \tag{7-3-19}$$

再进行质量归一化处理，得到第 r 阶质量归一化的里兹向量

$$\boldsymbol{\psi}_r=\frac{\overline{\boldsymbol{\psi}}_r}{\sqrt{\overline{\boldsymbol{\psi}}_r^{\mathrm{T}}\boldsymbol{M}\overline{\boldsymbol{\psi}}_r}} \tag{7-3-20}$$

重复上述步骤可以得到与荷载相关，且关于质量矩阵正交的质量归一化的里兹向量。在求得里兹向量后，可以用里兹向量代替振型向量，采用与振型叠加法相同的方法计算结构动力响应。由于里兹向量仅仅关于质量矩阵正交，所得降阶的运动方程仍然是耦联的，故需用本书第 8 章逐步积分法求解。里兹向量与外荷载分布形式有关，对于相应的外荷载计算收敛速度很快，可采用比振型叠加法更少的振型，得到精度更高的结果[20,22]。目前，里兹向量法已在一些通用分析软件中应用。但是，里兹向量法的优点也是它的缺点，即里兹向量与外荷载分布形式有关，对于不同分布形式的外荷载，需要计算与之对应的里兹向量，而不像一般的振型向量，仅与结构性质有关。

7.4 动态子结构法

在结构动力分析中，经常会遇到一些十分复杂的结构，如高层结构、海上采油平台、航天飞

机等。这种结构的有限元模型可能含有数以万计的自由度。如果直接计算,往往为计算条件所不允许。这时,可以通过划分子结构实现运动方程的降阶,将整体结构划分成若干个子结构,对每个子结构进行动力计算或试验,得到子结构的模态特性或传递特性。然后按照各个子结构之间的连接条件,对子结构的特性进行综合,从而得到整个结构的模态特性或传递特性。这种由子结构动力特性综合分析得到整体结构动力特性的方法称为动态子结构法。动态子结构法的一个突出特点是子结构的模态特征既可以从计算中得到,也可以通过测试获取,从而可以灵活地把试验与计算结合起来,也方便模型验证或模型修正。

动态子结构法分为两大类,即模态综合法和机械导纳法。利用子结构的模态坐标和模态特性建立起来的连接方法,称为模态综合法;利用子结构的传递特性建立起来的连接方法,称为机械导纳法。因为模态综合法应用较多,所以本章主要介绍该方法。

模态综合法的基本思想是,通过将结构划分为若干个相对较小的子结构,分析子结构的固有特性,仅保留其少数几阶低阶模态,将各子结构的低阶模态通过界面的连接条件合成得到整体结构的运动方程,然后进行动力分析。这样通过对子结构的模态缩减从而减少整体结构的自由度,降低运动方程的阶数。计算子结构的固有模态时,可以令界面完全固定,也可以完全自由,前者称为固定界面法,后者称为自由界面法。下面着重介绍固定界面法。

1)子结构的划分

首先将整个结构划分为若干个子结构,每个子结构固有特性应该是容易计算或测试的。同时子结构的划分应考虑制造和装配过程,使各子结构固有特性在连接的薄弱处分开。设共分 s 个子结构,其中一个子结构(暂不考虑阻尼)的运动方程为

$$\boldsymbol{M}\ddot{\boldsymbol{q}} + \boldsymbol{K}\boldsymbol{q} = \boldsymbol{Q} \tag{7-4-1}$$

式中,$\boldsymbol{M}$、$\boldsymbol{K}$ 分别为子结构的质量矩阵和刚度矩阵;$\boldsymbol{q}$ 与 $\ddot{\boldsymbol{q}}$ 分别为子结构的位移向量与加速度向量;$\boldsymbol{Q}$ 为子结构的荷载向量。按照非界面位移 $\boldsymbol{q}_{\mathrm{I}}$ 和界面位移 $\boldsymbol{q}_{\mathrm{J}}$,将上述方程改写为

$$\begin{bmatrix} \boldsymbol{M}_{\mathrm{II}} & \boldsymbol{M}_{\mathrm{IJ}} \\ \boldsymbol{M}_{\mathrm{JI}} & \boldsymbol{M}_{\mathrm{JJ}} \end{bmatrix} \begin{Bmatrix} \ddot{\boldsymbol{q}}_{\mathrm{I}} \\ \ddot{\boldsymbol{q}}_{\mathrm{J}} \end{Bmatrix} + \begin{bmatrix} \boldsymbol{K}_{\mathrm{II}} & \boldsymbol{K}_{\mathrm{IJ}} \\ \boldsymbol{K}_{\mathrm{JI}} & \boldsymbol{K}_{\mathrm{JJ}} \end{bmatrix} \begin{Bmatrix} \boldsymbol{q}_{\mathrm{I}} \\ \boldsymbol{q}_{\mathrm{J}} \end{Bmatrix} = \begin{Bmatrix} \boldsymbol{Q}_{\mathrm{I}} \\ \boldsymbol{Q}_{\mathrm{J}} \end{Bmatrix} \tag{7-4-2}$$

式中,下标 I 与 J 分别为与子结构内部自由度和界面自由度相关的量;$\boldsymbol{Q}_{\mathrm{I}}$ 为非界面荷载;$\boldsymbol{Q}_{\mathrm{J}}$ 为界面荷载。

2)子结构之间的连接方式

子结构间的连接方式主要包括以下几种:

(1)刚性连接

两个子结构在界面上的位移完全相同,见图 7-4-1a),相应的界面协调关系为

$$\boldsymbol{q}_{\mathrm{J}}^{\alpha} = \boldsymbol{q}_{\mathrm{J}}^{\beta}, \quad \boldsymbol{Q}_{\mathrm{J}}^{\alpha} = -\boldsymbol{Q}_{\mathrm{J}}^{\beta} \tag{7-4-3}$$

式中,$\boldsymbol{q}_{\mathrm{J}}$、$\boldsymbol{Q}_{\mathrm{J}}$ 分别为界面位移和界面力;上标 α、β 分别表示不同子结构。

(2)弹性连接

两个子结构之间由弹性元件连接,其连接刚度可由试验得到,见图 7-4-1b)。在形成系统方程时,可将弹簧的刚度叠加到两个子结构的刚度矩阵。

(3)半刚性半弹性连接

两个子结构的界面上,有部分自由度刚性连接,而另一部分自由度弹性连接,见图 7-4-1c),其连接方式兼具刚性连接与弹性连接的两种特性。

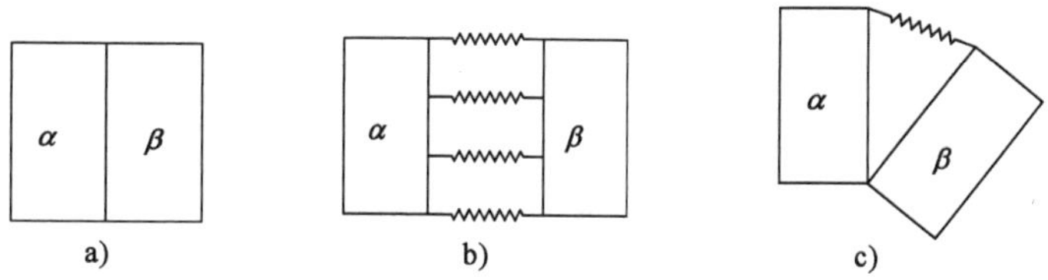

图 7-4-1 子结构的连接方式

a)刚性连接;b)弹性连接;c)半刚性半弹性连接

3)子结构的固定界面模态

固定界面的自由度,即令 $\boldsymbol{q}_{\mathrm{J}}=\mathbf{0}$,求子结构的固定界面模态。考虑结构自由振动,其内部自由度不受外力,即 $\boldsymbol{Q}_{\mathrm{I}}=0$。展开式(7-4-2)的第一行得到

$$\boldsymbol{M}_{\mathrm{II}}\ddot{\boldsymbol{q}}_{\mathrm{I}}+\boldsymbol{K}_{\mathrm{II}}\boldsymbol{q}_{\mathrm{I}}=\mathbf{0} \tag{7-4-4}$$

其特征方程

$$\boldsymbol{K}_{\mathrm{II}}\overline{\boldsymbol{A}}_{\mathrm{N}}=\boldsymbol{M}_{\mathrm{II}}\overline{\boldsymbol{A}}_{\mathrm{N}}\boldsymbol{\lambda}_{\mathrm{N}} \tag{7-4-5}$$

式中,$\overline{\boldsymbol{A}}_{\mathrm{N}}$ 为质量归一化的振型矩阵;$\boldsymbol{\lambda}_{\mathrm{N}}$ 是以特征值为对角元素的对角矩阵,即 $\boldsymbol{\lambda}_{\mathrm{N}}=\mathrm{diag}(\lambda_1\quad\lambda_2\quad\cdots)$,而且按照特征值由低到高升序排列。根据计算精度要求不同可以将振型矩阵分块为保留的低阶模态矩阵和舍弃的高阶模态矩阵,即

$$\overline{\boldsymbol{A}}_{\mathrm{N}}=[\overline{\boldsymbol{A}}_{\mathrm{L}}\quad\overline{\boldsymbol{A}}_{\mathrm{H}}] \tag{7-4-6}$$

式中,$\overline{\boldsymbol{A}}_{\mathrm{L}}$、$\overline{\boldsymbol{A}}_{\mathrm{H}}$ 分别为保留的低阶模态矩阵和舍弃的高阶模态矩阵。

4)子结构的约束界面模态

将单位位移施加于子结构的某一界面位移坐标,约束其他界面位移坐标且余下的位移坐标不受外力作用,此时子结构发生的静位移称为约束模态。根据上述定义,依次给界面上的自由度以单位位移,同时保持其余界面自由度固定,可列出如下静力平衡方程

$$\begin{bmatrix}\boldsymbol{K}_{\mathrm{II}} & \boldsymbol{K}_{\mathrm{IJ}}\\ \boldsymbol{K}_{\mathrm{JI}} & \boldsymbol{K}_{\mathrm{JJ}}\end{bmatrix}\begin{bmatrix}\overline{\boldsymbol{A}}_{\mathrm{IJ}}\\ \boldsymbol{I}_{\mathrm{JJ}}\end{bmatrix}=\begin{bmatrix}\mathbf{0}\\ \boldsymbol{Q}_{\mathrm{JJ}}\end{bmatrix} \tag{7-4-7}$$

式中,单位矩阵 $\boldsymbol{I}_{\mathrm{JJ}}$表示依次给每界面自由度以单位位移,同时其余界面自由度固定;$\overline{\boldsymbol{A}}_{\mathrm{IJ}}$为相应的子结构内部自由度的静力位移矩阵,称之为约束模态矩阵;$\boldsymbol{Q}_{\mathrm{JJ}}$为界面自由度上的反力矩阵。

式(7-4-7)的两个分块方程为

$$\boldsymbol{K}_{\mathrm{II}}\overline{\boldsymbol{A}}_{\mathrm{IJ}}+\boldsymbol{K}_{\mathrm{IJ}}=\mathbf{0} \tag{7-4-8}$$

$$\boldsymbol{K}_{\mathrm{JI}}\overline{\boldsymbol{A}}_{\mathrm{IJ}}+\boldsymbol{K}_{\mathrm{JJ}}=\boldsymbol{Q}_{\mathrm{JJ}} \tag{7-4-9}$$

由式(7-4-8)可解得

$$\overline{\boldsymbol{A}}_{\mathrm{IJ}}=-\boldsymbol{K}_{\mathrm{II}}^{-1}\boldsymbol{K}_{\mathrm{IJ}} \tag{7-4-10}$$

5)子结构的模态综合

对于固定界面子结构,分析其模态时,界面是固定的。在实际系统中,这种约束是不存在的,系统振动时,界面也会产生位移。因此,子结构的非界面位移应包含固定界面模态与约束模态(称固定界面模态与约束模态为主模态)贡献的位移分量,即

$$\boldsymbol{q}_{\mathrm{I}} = \overline{\boldsymbol{A}}_{\mathrm{L}}\boldsymbol{u}_{\mathrm{L}} + \overline{\boldsymbol{A}}_{\mathrm{IJ}}\boldsymbol{u}_{\mathrm{J}} \tag{7-4-11}$$

式中,$\boldsymbol{u}_{\mathrm{L}}$、$\boldsymbol{u}_{\mathrm{J}}$ 分别为固定界面模态与约束模态对应的模态坐标,称为主模态坐标。

与界面位移 $\boldsymbol{q}_{\mathrm{J}}$ 合并得到子结构的位移为

$$\boldsymbol{q} = \begin{Bmatrix} \boldsymbol{q}_{\mathrm{I}} \\ \boldsymbol{q}_{\mathrm{J}} \end{Bmatrix} = \begin{bmatrix} \overline{\boldsymbol{A}}_{\mathrm{L}} & \overline{\boldsymbol{A}}_{\mathrm{IJ}} \\ \boldsymbol{0} & \boldsymbol{I}_{\mathrm{JJ}} \end{bmatrix} \begin{Bmatrix} \boldsymbol{u}_{\mathrm{L}} \\ \boldsymbol{u}_{\mathrm{J}} \end{Bmatrix} = \boldsymbol{T}_1\boldsymbol{u} \tag{7-4-12}$$

式中,$\boldsymbol{T}_1$ 为子结构物理坐标与主模态坐标之间的坐标变换矩阵;$\boldsymbol{u}$ 为自由度缩减后的子结构的主模态坐标向量,具体如下:

$$\boldsymbol{T}_1 = \begin{bmatrix} \overline{\boldsymbol{A}}_{\mathrm{L}} & \overline{\boldsymbol{A}}_{\mathrm{IJ}} \\ \boldsymbol{0} & \boldsymbol{I}_{\mathrm{JJ}} \end{bmatrix}, \quad \boldsymbol{u} = \begin{Bmatrix} \boldsymbol{u}_{\mathrm{L}} \\ \boldsymbol{u}_{\mathrm{J}} \end{Bmatrix}$$

值得注意的是,这里的 $\boldsymbol{u}_{\mathrm{J}}$ 就是界面位移 $\boldsymbol{q}_{\mathrm{J}}$。由于仅保留了子结构的低阶模态和界面自由度的约束模态,子结构的自由度得到了缩减,即向量 $\boldsymbol{u}$ 的参量数较向量 $\boldsymbol{q}$ 要少。对于每个子结构,其位移均可如此表述。

6)第一次坐标变换,形成非耦联的整体系统运动方程

运用子结构的主模态表示其位移后,需按照子结构间的界面位移和力的协调条件合成整体结构位移。下面以两个子结构为例说明连接过程。设子结构 α 与 β,它们的位移分别为

$$\boldsymbol{q}^{\alpha} = \begin{Bmatrix} \boldsymbol{q}_{\mathrm{I}}^{\alpha} \\ \boldsymbol{q}_{\mathrm{J}}^{\alpha} \end{Bmatrix} = \begin{bmatrix} \overline{\boldsymbol{A}}_{\mathrm{L}}^{\alpha} & \overline{\boldsymbol{A}}_{\mathrm{IJ}}^{\alpha} \\ \boldsymbol{0} & \boldsymbol{I}_{\mathrm{JJ}}^{\alpha} \end{bmatrix} \begin{Bmatrix} \boldsymbol{u}_{\mathrm{L}}^{\alpha} \\ \boldsymbol{u}_{\mathrm{J}}^{\alpha} \end{Bmatrix} = \boldsymbol{T}_1^{\alpha}\boldsymbol{u}^{\alpha} \tag{7-4-13}$$

和

$$\boldsymbol{q}^{\beta} = \begin{Bmatrix} \boldsymbol{q}_{\mathrm{I}}^{\beta} \\ \boldsymbol{q}_{\mathrm{J}}^{\beta} \end{Bmatrix} = \begin{bmatrix} \overline{\boldsymbol{A}}_{\mathrm{L}}^{\beta} & \overline{\boldsymbol{A}}_{\mathrm{IJ}}^{\beta} \\ \boldsymbol{0} & \boldsymbol{I}_{\mathrm{JJ}}^{\beta} \end{bmatrix} \begin{Bmatrix} \boldsymbol{u}_{\mathrm{L}}^{\beta} \\ \boldsymbol{u}_{\mathrm{J}}^{\beta} \end{Bmatrix} = \boldsymbol{T}_1^{\beta}\boldsymbol{u}^{\beta} \tag{7-4-14}$$

针对子结构 α,将式(7-4-13)代入式(7-4-1)可以得到

$$\boldsymbol{M}^{\alpha}\boldsymbol{T}_1^{\alpha}\ddot{\boldsymbol{u}}^{\alpha} + \boldsymbol{K}^{\alpha}\boldsymbol{T}_1^{\alpha}\boldsymbol{u}^{\alpha} = \boldsymbol{Q}^{\alpha} \tag{7-4-15}$$

式中,$\boldsymbol{M}^{\alpha}$、$\boldsymbol{K}^{\alpha}$、$\boldsymbol{Q}^{\alpha}$ 分别为子结构 α 的质量矩阵、刚度矩阵及荷载向量。

用 $\boldsymbol{T}_1^{\alpha\mathrm{T}}$ 左乘式(7-4-15)可得

$$\boldsymbol{T}_1^{\alpha\mathrm{T}}\boldsymbol{M}^{\alpha}\boldsymbol{T}_1^{\alpha}\ddot{\boldsymbol{u}}^{\alpha} + \boldsymbol{T}_1^{\alpha\mathrm{T}}\boldsymbol{K}^{\alpha}\boldsymbol{T}_1^{\alpha}\boldsymbol{u}^{\alpha} = \boldsymbol{T}_1^{\alpha\mathrm{T}}\boldsymbol{Q}^{\alpha} \tag{7-4-16}$$

令 $\boldsymbol{M}_{\mathrm{u}}^{\alpha} = \boldsymbol{T}_1^{\alpha\mathrm{T}}\boldsymbol{M}^{\alpha}\boldsymbol{T}_1^{\alpha}$,$\boldsymbol{K}_{\mathrm{u}}^{\alpha} = \boldsymbol{T}_1^{\alpha\mathrm{T}}\boldsymbol{K}^{\alpha}\boldsymbol{T}_1^{\alpha}$,$\boldsymbol{Q}_{\mathrm{u}}^{\alpha} = \boldsymbol{T}_1^{\alpha\mathrm{T}}\boldsymbol{Q}^{\alpha}$,式(7-4-16)可写为

$$\boldsymbol{M}_{\mathrm{u}}^{\alpha}\ddot{\boldsymbol{u}}^{\alpha} + \boldsymbol{K}_{\mathrm{u}}^{\alpha}\boldsymbol{u}^{\alpha} = \boldsymbol{Q}_{\mathrm{u}}^{\alpha} \tag{7-4-17}$$

针对子结构 β,同样可以得到

$$\boldsymbol{M}_{\mathrm{u}}^{\beta}\ddot{\boldsymbol{u}}^{\beta} + \boldsymbol{K}_{\mathrm{u}}^{\beta}\boldsymbol{u}^{\beta} = \boldsymbol{Q}_{\mathrm{u}}^{\beta} \tag{7-4-18}$$

式中,$\boldsymbol{M}_{\mathrm{u}}^{\beta} = \boldsymbol{T}_1^{\beta\mathrm{T}}\boldsymbol{M}^{\beta}\boldsymbol{T}_1^{\beta}$,$\boldsymbol{K}_{\mathrm{u}}^{\beta} = \boldsymbol{T}_1^{\beta\mathrm{T}}\boldsymbol{K}^{\beta}\boldsymbol{T}_1^{\beta}$,$\boldsymbol{Q}_{\mathrm{u}}^{\beta} = \boldsymbol{T}_1^{\beta\mathrm{T}}\boldsymbol{Q}^{\beta}$,其中 $\boldsymbol{M}^{\beta}$、$\boldsymbol{K}^{\beta}$ 与 $\boldsymbol{Q}^{\beta}$ 分别为子结构 β 的质量矩阵、刚度矩阵及荷载向量。

将式(7-4-17)与式(7-4-18)合并得到用子结构主模态坐标表示的整体结构运动方程

$$\boldsymbol{M}_{\mathrm{u}}\ddot{\boldsymbol{u}}_{\mathrm{u}} + \boldsymbol{K}_{\mathrm{u}}\boldsymbol{u}_{\mathrm{u}} = \boldsymbol{Q}_{\mathrm{u}} \tag{7-4-19}$$

式中

$$\boldsymbol{M}_{\mathrm{u}}=\begin{bmatrix}\boldsymbol{M}_{\mathrm{u}}^{\alpha} & \boldsymbol{0}\\ \boldsymbol{0} & \boldsymbol{M}_{\mathrm{u}}^{\beta}\end{bmatrix},\quad \boldsymbol{K}_{\mathrm{u}}=\begin{bmatrix}\boldsymbol{K}_{\mathrm{u}}^{\alpha} & \boldsymbol{0}\\ \boldsymbol{0} & \boldsymbol{K}_{\mathrm{u}}^{\beta}\end{bmatrix}$$

$$\boldsymbol{u}_{\mathrm{u}}=\begin{Bmatrix}\boldsymbol{u}^{\alpha}\\ \boldsymbol{u}^{\beta}\end{Bmatrix}$$

$$\boldsymbol{Q}_{\mathrm{u}}=\begin{Bmatrix}\boldsymbol{Q}_{\mathrm{u}}^{\alpha}\\ \boldsymbol{Q}_{\mathrm{u}}^{\beta}\end{Bmatrix}=\begin{Bmatrix}\boldsymbol{T}_{1}^{\alpha\mathrm{T}}\boldsymbol{Q}^{\alpha}\\ \boldsymbol{T}_{1}^{\beta\mathrm{T}}\boldsymbol{Q}^{\beta}\end{Bmatrix}=\begin{bmatrix}\overline{\boldsymbol{A}}_{\mathrm{L}}^{\alpha\mathrm{T}} & \boldsymbol{0} & \boldsymbol{0} & \boldsymbol{0}\\ \overline{\boldsymbol{A}}_{\mathrm{IJ}}^{\alpha\mathrm{T}} & \boldsymbol{I}_{\mathrm{JJ}}^{\alpha} & \boldsymbol{0} & \boldsymbol{0}\\ \boldsymbol{0} & \boldsymbol{0} & \overline{\boldsymbol{A}}_{\mathrm{L}}^{\beta\mathrm{T}} & \boldsymbol{0}\\ \boldsymbol{0} & \boldsymbol{0} & \overline{\boldsymbol{A}}_{\mathrm{IJ}}^{\beta\mathrm{T}} & \boldsymbol{I}_{\mathrm{JJ}}^{\beta}\end{bmatrix}\begin{Bmatrix}\boldsymbol{Q}_{\mathrm{I}}^{\alpha}\\ \boldsymbol{Q}_{\mathrm{J}}^{\alpha}\\ \boldsymbol{Q}_{\mathrm{I}}^{\beta}\\ \boldsymbol{Q}_{\mathrm{J}}^{\beta}\end{Bmatrix}$$

在运动方程(7-4-19)中,子结构之间是非耦联的。而且两个子结构的主模态坐标中的各元素并不相互独立,其界面处的主模态坐标是重复的,故需要进行第二次坐标变换,以消除重复的主模态坐标。

7)第二次坐标变换,以实现子结构连接

由于界面为子结构所共有,界面处需满足如下协调条件(暂时只介绍刚性连接情况)

位移协调条件:

$$\boldsymbol{q}_{\mathrm{J}}^{\alpha}=\boldsymbol{q}_{\mathrm{J}}^{\beta} \tag{7-4-20}$$

力的协调条件:

$$\boldsymbol{Q}_{\mathrm{J}}^{\alpha}+\boldsymbol{Q}_{\mathrm{J}}^{\beta}=\boldsymbol{0} \tag{7-4-21}$$

当界面自由度上无外荷载作用时,式(7-4-21)方可成立,故划分子结构尽量选择无外荷载作用的界面,否则相关列式需做修改。

由前述可知,$\boldsymbol{q}_{\mathrm{J}}^{\alpha}=\boldsymbol{u}_{\mathrm{J}}^{\alpha}$,$\boldsymbol{q}_{\mathrm{J}}^{\beta}=\boldsymbol{u}_{\mathrm{J}}^{\beta}$,于是将式(7-4-20)改写为

$$\boldsymbol{u}_{\mathrm{J}}^{\alpha}=\boldsymbol{u}_{\mathrm{J}}^{\beta} \tag{7-4-22}$$

这样,可以在整体主模态坐标合成时消除重复的界面模态坐标。消除重复界面模态坐标前后的整体结构主模态坐标的变换关系如下:

$$\boldsymbol{u}_{\mathrm{u}}=\begin{Bmatrix}\boldsymbol{u}^{\alpha}\\ \boldsymbol{u}^{\beta}\end{Bmatrix}=\begin{Bmatrix}\boldsymbol{u}_{\mathrm{L}}^{\alpha}\\ \boldsymbol{u}_{\mathrm{J}}^{\alpha}\\ \boldsymbol{u}_{\mathrm{L}}^{\beta}\\ \boldsymbol{u}_{\mathrm{J}}^{\beta}\end{Bmatrix}=\begin{bmatrix}\boldsymbol{I} & \boldsymbol{0} & \boldsymbol{0}\\ \boldsymbol{0} & \boldsymbol{I} & \boldsymbol{0}\\ \boldsymbol{0} & \boldsymbol{0} & \boldsymbol{I}\\ \boldsymbol{0} & \boldsymbol{I} & \boldsymbol{0}\end{bmatrix}\begin{Bmatrix}\boldsymbol{u}_{\mathrm{L}}^{\alpha}\\ \boldsymbol{u}_{\mathrm{J}}^{\alpha}\\ \boldsymbol{u}_{\mathrm{L}}^{\beta}\end{Bmatrix}=\boldsymbol{T}_{2}\boldsymbol{v} \tag{7-4-23}$$

式中,$\boldsymbol{u}_{\mathrm{u}}$ 为消除重复界面模态坐标之前的整体结构主模态坐标向量;$\boldsymbol{T}_2$ 为第二次坐标变换矩阵

$$\boldsymbol{T}_{2}=\begin{bmatrix}\boldsymbol{I} & \boldsymbol{0} & \boldsymbol{0}\\ \boldsymbol{0} & \boldsymbol{I} & \boldsymbol{0}\\ \boldsymbol{0} & \boldsymbol{0} & \boldsymbol{I}\\ \boldsymbol{0} & \boldsymbol{I} & \boldsymbol{0}\end{bmatrix}$$

$\boldsymbol{v}$ 为消除重复界面模态坐标后整体结构主模态坐标向量。

$$\boldsymbol{v}=\begin{Bmatrix}\boldsymbol{u}_{\mathrm{L}}^{\alpha}\\ \boldsymbol{u}_{\mathrm{J}}^{\alpha}\\ \boldsymbol{u}_{\mathrm{L}}^{\beta}\end{Bmatrix}$$

将式(7-4-23)代入式(7-4-19)并左乘 $\boldsymbol{T}_2^{\mathrm{T}}$ 可得

$$\boldsymbol{M}_v\ddot{\boldsymbol{v}}+\boldsymbol{K}_v\boldsymbol{v}=\boldsymbol{Q}_v \tag{7-4-24}$$

式中,$\boldsymbol{M}_v=\boldsymbol{T}_2^{\mathrm{T}}\boldsymbol{M}_{\mathrm{u}}\boldsymbol{T}_2$,$\boldsymbol{K}_v=\boldsymbol{T}_2^{\mathrm{T}}\boldsymbol{K}_{\mathrm{u}}\boldsymbol{T}_2$,$\boldsymbol{Q}_v=\boldsymbol{T}_2^{\mathrm{T}}\boldsymbol{Q}_{\mathrm{u}}$。

考虑式(7-4-21)可得

$$\begin{aligned}\boldsymbol{Q}_v&=\boldsymbol{T}_2^{\mathrm{T}}\boldsymbol{Q}_{\mathrm{u}}\\&=\begin{bmatrix}\boldsymbol{I}&\boldsymbol{0}&\boldsymbol{0}&\boldsymbol{0}\\\boldsymbol{0}&\boldsymbol{I}&\boldsymbol{0}&\boldsymbol{I}\\\boldsymbol{0}&\boldsymbol{0}&\boldsymbol{I}&\boldsymbol{0}\end{bmatrix}\begin{bmatrix}\overline{\boldsymbol{A}}_{\mathrm{L}}^{\alpha\mathrm{T}}&\boldsymbol{0}&\boldsymbol{0}&\boldsymbol{0}\\\overline{\boldsymbol{A}}_{\mathrm{IJ}}^{\alpha\mathrm{T}}&\boldsymbol{I}_{\mathrm{JJ}}^{\alpha}&\boldsymbol{0}&\boldsymbol{0}\\\boldsymbol{0}&\boldsymbol{0}&\overline{\boldsymbol{A}}_{\mathrm{L}}^{\beta\mathrm{T}}&\boldsymbol{0}\\\boldsymbol{0}&\boldsymbol{0}&\overline{\boldsymbol{A}}_{\mathrm{IJ}}^{\beta\mathrm{T}}&\boldsymbol{I}_{\mathrm{JJ}}^{\beta}\end{bmatrix}\begin{Bmatrix}\boldsymbol{Q}_{\mathrm{I}}^{\alpha}\\\boldsymbol{Q}_{\mathrm{J}}^{\alpha}\\\boldsymbol{Q}_{\mathrm{I}}^{\beta}\\\boldsymbol{Q}_{\mathrm{J}}^{\beta}\end{Bmatrix}=\begin{Bmatrix}\overline{\boldsymbol{A}}_{\mathrm{L}}^{\alpha\mathrm{T}}\boldsymbol{Q}_{\mathrm{I}}^{\alpha}\\\overline{\boldsymbol{A}}_{\mathrm{IJ}}^{\alpha\mathrm{T}}\boldsymbol{Q}_{\mathrm{I}}^{\alpha}+\overline{\boldsymbol{A}}_{\mathrm{IJ}}^{\beta\mathrm{T}}\boldsymbol{Q}_{\mathrm{I}}^{\beta}\\\overline{\boldsymbol{A}}_{\mathrm{L}}^{\beta\mathrm{T}}\boldsymbol{Q}_{\mathrm{I}}^{\beta}\end{Bmatrix}\end{aligned} \tag{7-4-25}$$

式(7-4-24)为经过子结构法处理后的最终运动方程,此时主模态坐标 $\boldsymbol{v}$ 的数目比原始位移参量 $\boldsymbol{q}$ 的数目要大为减少,因而缩减了系统的自由度。

解方程(7-4-24)可求得响应 $\boldsymbol{v}$,经过两次坐标变换,可得到原始位移响应 $\boldsymbol{q}$。当仅分析结构自由振动时,$\boldsymbol{Q}_{\mathrm{I}}^{\alpha}=\boldsymbol{Q}_{\mathrm{I}}^{\beta}=\boldsymbol{0}$,可得 $\boldsymbol{Q}_v=\boldsymbol{0}$,可运用方程(7-4-24)求解特征值问题得到系统的自振特性(自振频率和用主模态坐标参量 $\boldsymbol{v}$ 表达的振型),进一步通过两次坐标变换,可得用原始位移参量 $\boldsymbol{q}$ 表示的振型。

固定界面子结构法的基本步骤及特点如下:(1)将结构划分为若干个子结构;(2)计算(或测试)得到各子结构的模态,每个子结构的位形由子结构的模态坐标与相应的界面位移参量近似表述,这样描述子结构位形的位移参量数一般要比原始位移参量数少得多,针对各个子结构实现了自由度的缩减,从而降低了整体结构的自由度;(3)根据不同的子结构连接方式,考虑子结构之间的位移与力的连接关系,将子结构运动方程合并得到系统运动方程;(4)求解降阶后的系统运动方程,得到模态坐标响应,再通过坐标变换求出原始位移响应。

本节推导都是针对无阻尼系统的,对于经典阻尼系统,可按实模态理论处理;对于非经典阻尼系统,需按复模态理论做复模态综合。另外,当本节方法应用于多个子结构组成的复杂结构时,界面的坐标数目往往很多,使得方程(7-4-24)的求解工作量仍然很大,还可以采用适当的方法对界面自由度进行缩减,本节不再详述,可参考文献[32]、[33]。

本章习题

7.1 动力自由度与静力自由度的区别是什么？区分动力自由度与静力自由度的意义是什么？

7.2 运动学约束方法是结构建模中常用手段,试列举一些与此方法相关的建模实例。

7.3 振型向量与荷载相关的里兹向量都可以用于表述结构位形与计算结构动力响应,说明两种向量不同之处以及应用于动力响应分析的差别。

7.4 荷载相关的里兹向量的优点与缺点分别是什么?

7.5 能否用荷载相关的里兹向量作为一组假定振型,运用瑞利-里兹法计算得到一组结构固有频率与振型,再将这一组振型用于振型叠加法?

7.6 针对弹性连接或半弹性半刚性连接的界面情况,列出界面的位移与力的协调关系,基于固定界面法推导自由度缩减后的系统运动方程。

7.7 在7.4节的推导过程中未考虑作用于界面的外荷载,当界面有荷载作用时,相关列式如何修改?

7.8 在习题2.7的基础上,将单元质量凝聚到单元节点,且不计集中质量的转动惯量,重新推导系统质量矩阵,采用例7-2-1所述方法计算前面若干阶频率与振型。

第 8 章 逐步积分法

关于系统动力响应分析，第 3 章讲述了杜哈美与傅立叶积分法，可用于任意荷载作用下的单自由度系统反应分析；第 4 章阐述了多自由度系统反应分析的振型叠加法，该方法计算简便，可分别得出系统各振型对响应的贡献，可按精度要求增加计算所需的振型，物理概念清晰。但是上述方法均建立在叠加原理的基础上，只适用于线性系统的振动分析。为此，需要引入同时适用于线性与非线性系统动力响应分析的逐步法。逐步法有很多种，但所有方法都将荷载与反应历程分成一系列的时间间隔或“步”。在每步期间根据此步开始时的位移与速度（即初始条件）以及该步期间的荷载历程计算响应。逐步法大致分为以下三类：(1)基于激励函数插值的方法（如分段精确法，仅适用于单自由度线性系统反应分析）；(2)基于速度与加速度有限差分的方法（如中心差分法等）；(3)基于加速度变化假定的方法（如线性加速度法等）。

本章着重介绍第三类逐步法，即逐步积分法。首先，简述逐步积分法的基本思想；然后，针对线性系统讲述线性加速度法、威尔逊（Wilson）-θ 法与纽马克（Newmark）法基本原理与计算方法，并对算法的稳定性与精度进行分析；最后，介绍应用逐步积分法求解非线性系统动力反应的要领与计算流程，并用实例展示各种方法的特性。

8.1 逐步积分法的基本思想

有许多系统的振动为非线性振动，例如地震引起建筑物严重破坏，在地震历程中材料处于弹塑性状态,此类振动由非线性振动微分方程描述。非线性微分方程的精确解无法得到,只能求其近似解。对于非线性分析,最有效的方法是逐步积分法,其基本思想是将系统振动历程分为许多很小的时段 Δt,如图 8-1-1 所示。习惯称 Δt 为步长,为了计算方便,通常取 Δt 为等步长。对于系统特性发生急剧变化的时段,例如刚架截面形成塑性铰时,可将相应时段再细分为几个子时段进行计算。以时段起点 t_i 时刻(图 8-1-1)的响应为初始条件,基于时段终点 t_{i+1} 时刻的平衡关系(威尔逊-θ 法稍有修正,见 8.2 节)求解时段终点的响应。从加荷开始,依据一系列的离散时间点的系统动力平衡关系,在各时段内依次计算系统振动响应,可得到非线性系统的振动响应的全过程。

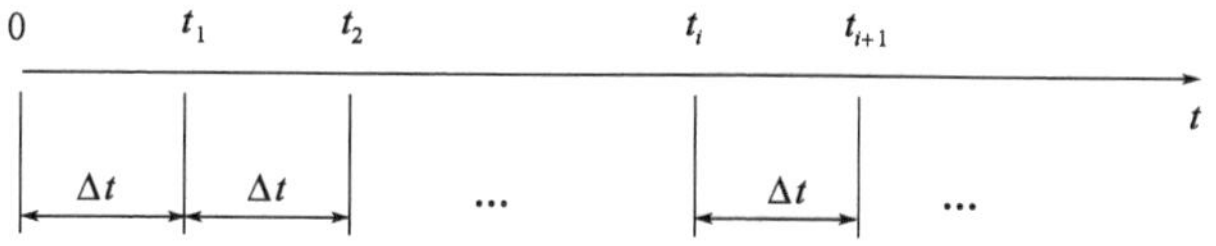

图 8-1-1 逐步积分法的步长

非线性系统的特性(主要体现在刚度与阻尼)随时间变化,不同时刻系统运动状态不同,对应的系统特性也不同。在时段终点时刻的动力平衡方程中,系统特性取决于未知的系统响应,求解此类非线性方程需进行迭代计算,详见 8.6 节。为了避免迭代,假定在每个时段 Δt 内系统特性不变化,一般取时段起点 t_i 时刻的系统特性作为系统在该时段的特性。这样,系统在时段终点时刻的振动微分方程为常系数线性微分方程,非线性系统振动分析近似为一系列依次改变特性的线性系统振动分析。很显然,上述逐步积分法同样适用于线性系统的振动计算,此时不需作系统在每个时段的特性计算,计算过程大为简化。

逐步积分法对每一时间步长,从时段起点初始条件到时段终点状态采用积分方式前进一步,这个概念可用如下式子表达

$$\dot{q}_{t+\Delta t} = \dot{q}_t + \int_t^{t+\Delta t} \ddot{q}(\tau)\,\mathrm{d}\tau \tag{8-1-1}$$

$$q_{t+\Delta t} = q_t + \int_t^{t+\Delta t} \dot{q}(\tau)\,\mathrm{d}\tau \tag{8-1-2}$$

它表示终点速度与位移依据各自的起点初始值加一个积分表达式,速度的变化取决于加速度历程的积分,而位移的变化取决于速度历程的积分。为了进行这类分析,首先需要假设在一个时间步长内加速度是如何变化的,加速度变化假设控制了速度与位移的变化。因而,基于时段起点时刻系统响应,由加速度变化假定与平衡条件可以向前获得时段终点时刻的响应。

8.2 线性加速度法

线性加速度法采用如下基本假定:在每个时段 Δt 内,系统各广义坐标的振动加速度随时间按线性规律变化,如图 8-2-1a)所示。

对于多自由度系统,系统广义坐标(位移)、速度及加速度分别以 $\boldsymbol{q}$、$\dot{\boldsymbol{q}}$、$\ddot{\boldsymbol{q}}$ 向量形式表示。根据上述假定得到 $t+\tau(0 \leqslant \tau \leqslant \Delta t)$ 时刻的加速度、速度及位移如下:

$$\ddot{\boldsymbol{q}}_{t+\tau} = \ddot{\boldsymbol{q}}_t + \frac{\ddot{\boldsymbol{q}}_{t+\Delta t} - \ddot{\boldsymbol{q}}_t}{\Delta t}\tau \tag{8-2-1}$$

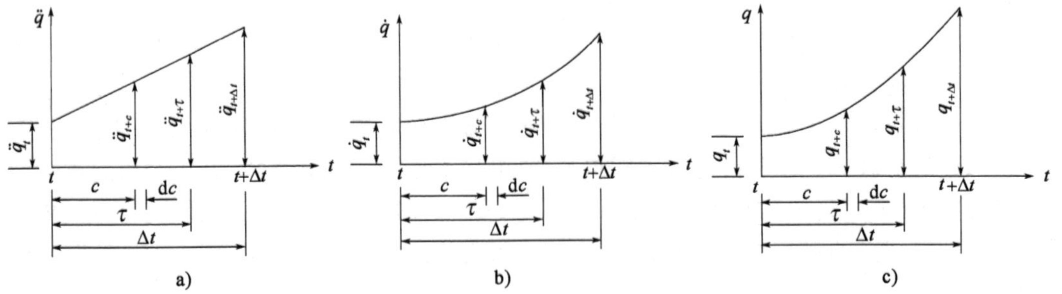

图 8-2-1　系统某广义坐标(位移)、速度、加速度在时段 Δt 内的变化曲线

a)加速度;b)速度; c)位移

$$\dot{\boldsymbol{q}}_{t+\tau} = \dot{\boldsymbol{q}}_t + \int_0^\tau \ddot{\boldsymbol{q}}_{t+c}\mathrm{d}c = \dot{\boldsymbol{q}}_t + \int_0^\tau \left(\ddot{\boldsymbol{q}}_t + \frac{\ddot{\boldsymbol{q}}_{t+\Delta t} - \ddot{\boldsymbol{q}}_t}{\Delta t}c\right)\mathrm{d}c = \dot{\boldsymbol{q}}_t + \tau\ddot{\boldsymbol{q}}_t + \frac{\tau^2}{2\Delta t}(\ddot{\boldsymbol{q}}_{t+\Delta t} - \ddot{\boldsymbol{q}}_t) \tag{8-2-2}$$

$$\boldsymbol{q}_{t+\tau} = \boldsymbol{q}_t + \int_0^\tau \dot{\boldsymbol{q}}_{t+c}\mathrm{d}c = \boldsymbol{q}_t + \int_0^\tau \left(\dot{\boldsymbol{q}}_t + \ddot{\boldsymbol{q}}_t c + \frac{\ddot{\boldsymbol{q}}_{t+\Delta t} - \ddot{\boldsymbol{q}}_t}{\Delta t}\cdot\frac{c^2}{2}\right)\mathrm{d}c = \boldsymbol{q}_t + \tau\dot{\boldsymbol{q}}_t + \frac{\tau^2}{2}\ddot{\boldsymbol{q}}_t + \frac{\tau^3}{6\Delta t}(\ddot{\boldsymbol{q}}_{t+\Delta t} - \ddot{\boldsymbol{q}}_t) \tag{8-2-3}$$

当$\tau = \Delta t$ 时,由式(8-2-2)与式(8-2-3)得 $t + \Delta t$ 时的速度及位移计算式,即

$$\dot{\boldsymbol{q}}_{t+\Delta t} = \dot{\boldsymbol{q}}_t + \ddot{\boldsymbol{q}}_t\Delta t + \frac{(\ddot{\boldsymbol{q}}_{t+\Delta t} - \ddot{\boldsymbol{q}}_t)\Delta t}{2} = \dot{\boldsymbol{q}}_t + \frac{\Delta t}{2}(\ddot{\boldsymbol{q}}_{t+\Delta t} + \ddot{\boldsymbol{q}}_t) \tag{8-2-4}$$

$$\boldsymbol{q}_{t+\Delta t} = \boldsymbol{q}_t + \dot{\boldsymbol{q}}_t\Delta t + \ddot{\boldsymbol{q}}_t\frac{(\Delta t)^2}{2} + \frac{(\ddot{\boldsymbol{q}}_{t+\Delta t} - \ddot{\boldsymbol{q}}_t)(\Delta t)^2}{6} = \boldsymbol{q}_t + \Delta t\dot{\boldsymbol{q}}_t + \frac{(\Delta t)^2}{3}\ddot{\boldsymbol{q}}_t + \frac{(\Delta t)^2}{6}\ddot{\boldsymbol{q}}_{t+\Delta t} \tag{8-2-5}$$

由式(8-2-5)得

$$\ddot{\boldsymbol{q}}_{t+\Delta t} = b_0\boldsymbol{q}_{t+\Delta t} - b_0\boldsymbol{q}_t - b_2\dot{\boldsymbol{q}}_t - 2\ddot{\boldsymbol{q}}_t \tag{8-2-6}$$

式中,$b_0 = \dfrac{6}{\Delta t^2}$,$b_2 = \dfrac{6}{\Delta t}$。

将式(8-2-6)代入式(8-2-4),得

$$\dot{\boldsymbol{q}}_{t+\Delta t} = b_1\boldsymbol{q}_{t+\Delta t} - b_1\boldsymbol{q}_t - 2\dot{\boldsymbol{q}}_t - b_3\ddot{\boldsymbol{q}}_t \tag{8-2-7}$$

式中,$b_1 = \dfrac{3}{\Delta t}$,$b_3 = \dfrac{\Delta t}{2}$。

在 $t + \Delta t$ 时刻,多自由度系统的运动方程为

$$\boldsymbol{M}\ddot{\boldsymbol{q}}_{t+\Delta t} + \boldsymbol{C}\dot{\boldsymbol{q}}_{t+\Delta t} + \boldsymbol{K}\boldsymbol{q}_{t+\Delta t} = \boldsymbol{Q}_{t+\Delta t} \tag{8-2-8}$$

将式(8-2-6)、式(8-2-7)代入式(8-2-8),得

$$\boldsymbol{M}(b_0\boldsymbol{q}_{t+\Delta t} - b_0\boldsymbol{q}_t - b_2\dot{\boldsymbol{q}}_t - 2\ddot{\boldsymbol{q}}_t) + \boldsymbol{C}(b_1\boldsymbol{q}_{t+\Delta t} - b_1\boldsymbol{q}_t - 2\dot{\boldsymbol{q}}_t - b_3\ddot{\boldsymbol{q}}_t) + \boldsymbol{K}\boldsymbol{q}_{t+\Delta t} = \boldsymbol{Q}_{t+\Delta t}$$

整理后,简写为

$$\overline{\boldsymbol{K}}\boldsymbol{q}_{t+\Delta t} = \overline{\boldsymbol{Q}}_{t+\Delta t} \tag{8-2-9}$$

其中

$$\overline{\boldsymbol{K}} = \boldsymbol{K} + b_0\boldsymbol{M} + b_1\boldsymbol{C} \tag{8-2-10}$$

式中，$\overline{\boldsymbol{K}}$ 为系统在 $t+\Delta t$ 时刻的等效刚度矩阵。

$$\overline{\boldsymbol{Q}}_{t+\Delta t}=\boldsymbol{Q}_{t+\Delta t}+\boldsymbol{M}(b_0\boldsymbol{q}_t+b_2\dot{\boldsymbol{q}}_t+2\ddot{\boldsymbol{q}}_t)+\boldsymbol{C}(b_1\boldsymbol{q}_t+2\dot{\boldsymbol{q}}_t+b_3\ddot{\boldsymbol{q}}_t) \tag{8-2-11}$$

式中，$\overline{\boldsymbol{Q}}_{t+\Delta t}$为系统在 $t+\Delta t$ 时刻的等效荷载向量。解式(8-2-9)得出 $\boldsymbol{q}_{t+\Delta t}$，代入式(8-2-6)与式(8-2-7)，分别算出 $\ddot{\boldsymbol{q}}_{t+\Delta t}$与 $\dot{\boldsymbol{q}}_{t+\Delta t}$。注意到 $\boldsymbol{q}_{t+\Delta t}$是基于 $t+\Delta t$ 时刻的平衡关系求出，这种算法称为隐式方法（本章介绍的三种算法均属此类）；若是根据 t 时刻的平衡关系预测 $t+\Delta t$ 时刻的响应，则为显式方法，如中心差分法[22]。

基于已求得的速度 $\dot{\boldsymbol{q}}_{t+\Delta t}$与位移 $\boldsymbol{q}_{t+\Delta t}$，还可以用动力平衡方程(8-2-8)而不用式(8-2-6)计算 $\ddot{\boldsymbol{q}}_{t+\Delta t}$，这样每一个时间步长通过再满足一次平衡方程一般可减少计算误差[22]。后面两种逐步积分方法可以采用同样的处理手段，不再赘述。从算法特性角度来看，两种方法对应的稳定性分析所用的算子 $\boldsymbol{A}$（见 8.5 节）是一致的，从而具有相同的稳定性特征。

上述计算过程表明，可由每一时段起点响应 $\boldsymbol{q}_t$、$\dot{\boldsymbol{q}}_t$、$\ddot{\boldsymbol{q}}_t$ 推求该时段终点响应 $\boldsymbol{q}_{t+\Delta t}$、$\dot{\boldsymbol{q}}_{t+\Delta t}$、$\ddot{\boldsymbol{q}}_{t+\Delta t}$。一般系统的初始条件可以确定，即 $\boldsymbol{q}_0$、$\dot{\boldsymbol{q}}_0$已知，初始加速度 $\ddot{\boldsymbol{q}}_0$可由系统的初始时刻运动方程 $\boldsymbol{M}\ddot{\boldsymbol{q}}_0+\boldsymbol{C}\dot{\boldsymbol{q}}_0+\boldsymbol{K}\boldsymbol{q}_0=\boldsymbol{Q}_0$确定。因此，系统的振动响应时程可按上述过程一步一步算出，这就是逐步积分法的基本思路。

为编程方便，归纳线性加速度法的全部计算过程如下：

(1)计算初始条件（对每一步而言）

①当系统特性不随时间 t 变化时，建立系统的 $\boldsymbol{M}$、$\boldsymbol{C}$、$\boldsymbol{K}$。若 $\boldsymbol{M}$、$\boldsymbol{C}$、$\boldsymbol{K}$ 随 t 变化，则需要建立系统在每一时段起点的 $\boldsymbol{M}$、$\boldsymbol{C}$、$\boldsymbol{K}$。

②根据系统给定的初始条件 $\boldsymbol{q}_0$与 $\dot{\boldsymbol{q}}_0$，由 $\boldsymbol{M}\ddot{\boldsymbol{q}}_0+\boldsymbol{C}\dot{\boldsymbol{q}}_0+\boldsymbol{K}\boldsymbol{q}_0=\boldsymbol{Q}_0$算出 $\ddot{\boldsymbol{q}}_0$。

③选定时间步长 Δt（具体见后面的精度与稳定性分析）。

④计算下列常数。

$$b_0=\frac{6}{(\Delta t)^2},\quad b_1=\frac{3}{\Delta t},\quad b_2=\frac{6}{\Delta t},\quad b_3=\frac{\Delta t}{2}$$

⑤形成等效刚度矩阵 $\overline{\boldsymbol{K}}=\boldsymbol{K}+b_0\boldsymbol{M}+b_1\boldsymbol{C}$。

(2)计算每一时段的终点响应

①计算 $t+\Delta t$ 时刻的等效荷载向量

$$\overline{\boldsymbol{Q}}_{t+\Delta t}=\boldsymbol{Q}_{t+\Delta t}+\boldsymbol{M}(b_0\boldsymbol{q}_t+b_2\dot{\boldsymbol{q}}_t+2\ddot{\boldsymbol{q}}_t)+\boldsymbol{C}(b_1\boldsymbol{q}_t+2\dot{\boldsymbol{q}}_t+b_3\ddot{\boldsymbol{q}}_t)$$

②解矩阵方程(8-2-9)，求解 $t+\Delta t$ 时刻的位移 $\boldsymbol{q}_{t+\Delta t}$

③计算 $t+\Delta t$ 时刻的加速度和速度

$$\ddot{\boldsymbol{q}}_{t+\Delta t}=b_0\boldsymbol{q}_{t+\Delta t}-b_0\boldsymbol{q}_t-b_2\dot{\boldsymbol{q}}_t-2\ddot{\boldsymbol{q}}_t$$

$$\dot{\boldsymbol{q}}_{t+\Delta t}=b_1\boldsymbol{q}_{t+\Delta t}-b_1\boldsymbol{q}_t-2\dot{\boldsymbol{q}}_t-b_3\ddot{\boldsymbol{q}}_t$$

以上是一个步长的计算过程，对每个步长循环计算即可实现逐步积分法的全部计算。

逐步积分法的时间步长的选择关系到计算效率、算法的精度与稳定性等问题。若 Δt 取得过大，虽然提高了计算效率，但精度与稳定性可能无法满足要求。算法稳定是指数值计算过程中不可避免地会引起计算误差，而该误差不会被后续的计算放大。逐步积分法的稳定性分为有条件稳定和无条件稳定。如果任意给定初始条件，对于任意选取的步长周期比 $\Delta t/T$（T 为系统任一振型对应的固有周期)，当计算步数趋于无穷大时，若逐步积分法给出的解是有界的，则称这种算法是无条件稳定的；若只是在 $\Delta t/T$ 小于某定值时算法给出的解才有界，则称这种算法为有条件稳定，如图 8-2-2 所示。线性加速度法是有条件稳定的，稳定性条件为 $\Delta t \leqslant 0.551 T_n$（$T_n$ 为离散后的系统最小自振周期，对应着系统最高阶振型）。

解的精度反映数值计算响应与准确解之间的近似程度。比较无阻尼单自由度系统自由振动响应准确解与数值解，发现计算误差主要表现为周期延长 PE（有的数值计算方法会出现周期缩短，如中心差分法，仍然统称为周期延长，用负值表述即可）和振幅衰减 AD，如图 8-2-3 所示。一般来说，在多自由度系统振动分析中，在确保稳定的条件下，时间步长满足 $\Delta t/T' < 0.1$ 即可达到精度要求，其中 T' 为对系统响应贡献较大的最高阶振型的固有周期，一般 T' 比 T_n 要大很多。关于算法的稳定性与精度分析详见 8.5 节。

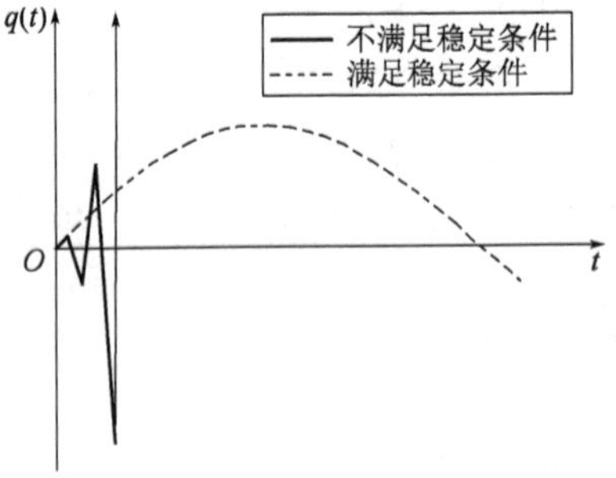

图 8-2-2　解的稳定性示意图

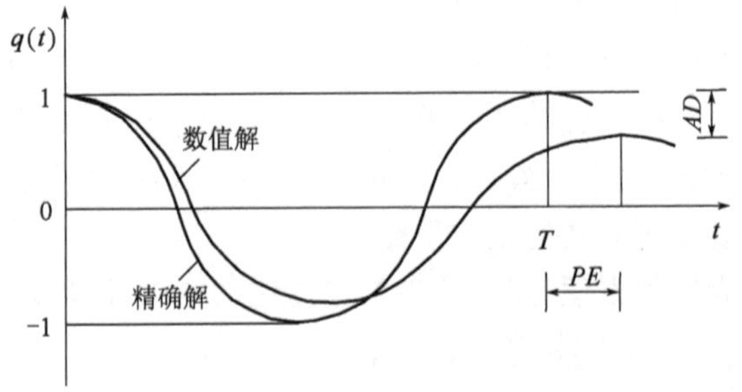

图 8-2-3　解的周期延长和振幅衰减示意图

对于线性加速度法，时间步长的选择需同时满足稳定性与精度的要求。在单自由度振动分析时，步长满足精度要求时，一般稳定性条件自然满足。在多自由度系统响应分析时，情况往往相反，稳定性条件起控制作用。许多情形中系统的主要反应包含在系统振动的低频（长周期）分量里，因此得到适当精度反应所需的时间步长不必太短。然而，只要 Δt 高于某高阶自振周期的 0.551，高阶振型响应将无限增长，总响应出现发散现象，计算结果失去意义。此时，时间步长 Δt 往往需要取得很短，计算效率很低。后面要介绍的威尔逊-θ 法与纽马克法是无条件稳定算法，为解决上述困难提供了新的途径。

8.3　威尔逊(Wilson)-θ 法

威尔逊-θ 法是线性加速度法的推广和改进，其基本假定为：在扩大的时间步长 $\theta\Delta t$（当 $\theta > 1.37$ 时，威尔逊-θ 法无条件稳定，证明见后）范围内，系统广义坐标的振动加速度按线性规律变化（图 8-3-1），即

$$\ddot{\boldsymbol{q}}_{t+\tau} = \ddot{\boldsymbol{q}}_t + \frac{\tau}{\theta\Delta t}(\ddot{\boldsymbol{q}}_{t+\theta\Delta t} - \ddot{\boldsymbol{q}}_t) \tag{8-3-1}$$

式中，$0 \leqslant \tau \leqslant \theta\Delta t$。显然，当 $\theta = 1$ 时，式(8-3-1)即变为式(8-2-1)，威尔逊-θ 法退化为线性加速度法。

经过 8.2 节的同样积分，得

$$\dot{\boldsymbol{q}}_{t+\tau} = \dot{\boldsymbol{q}}_t + \ddot{\boldsymbol{q}}_t\tau + \frac{\tau^2}{2\theta\Delta t}(\ddot{\boldsymbol{q}}_{t+\theta\Delta t} - \ddot{\boldsymbol{q}}_t) \tag{8-3-2}$$

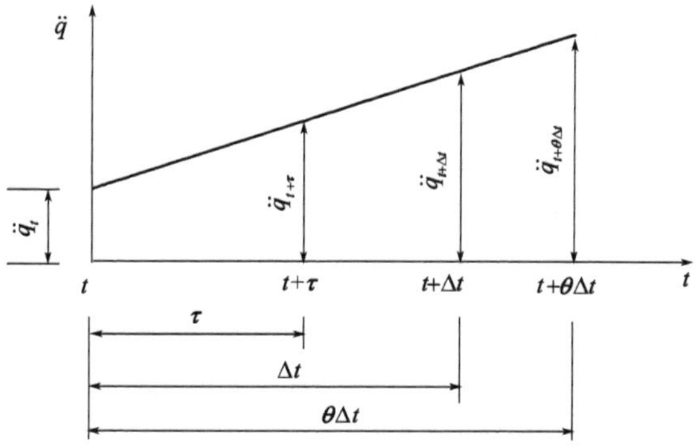

图 8-3-1 威尔逊-θ 法线性加速度假定

$$\boldsymbol{q}_{t+\tau} = \boldsymbol{q}_t + \dot{\boldsymbol{q}}_t\tau + \frac{\tau^2}{2}\ddot{\boldsymbol{q}}_t + \frac{\tau^3}{6\theta\Delta t}(\ddot{\boldsymbol{q}}_{t+\theta\Delta t} - \ddot{\boldsymbol{q}}_t) \tag{8-3-3}$$

当$\tau = \theta\Delta t$ 时,有

$$\dot{\boldsymbol{q}}_{t+\theta\Delta t} = \dot{\boldsymbol{q}}_t + \frac{\theta\Delta t}{2}(\ddot{\boldsymbol{q}}_{t+\theta\Delta t} + \ddot{\boldsymbol{q}}_t) \tag{8-3-4}$$

$$\boldsymbol{q}_{t+\theta\Delta t} = \boldsymbol{q}_t + \theta\Delta t\dot{\boldsymbol{q}}_t + \frac{(\theta\Delta t)^2}{6}(\ddot{\boldsymbol{q}}_{t+\theta\Delta t} + 2\ddot{\boldsymbol{q}}_t) \tag{8-3-5}$$

由式(8-3-5)解出

$$\ddot{\boldsymbol{q}}_{t+\theta\Delta t} = \frac{6}{(\theta\Delta t)^2}(\boldsymbol{q}_{t+\theta\Delta t} - \boldsymbol{q}_t) - \frac{6}{\theta\Delta t}\dot{\boldsymbol{q}}_t - 2\ddot{\boldsymbol{q}}_t \tag{8-3-6}$$

将式(8-3-6)代入式(8-3-4),得

$$\dot{\boldsymbol{q}}_{t+\theta\Delta t} = \frac{3}{\theta\Delta t}(\boldsymbol{q}_{t+\theta\Delta t} - \boldsymbol{q}_t) - 2\dot{\boldsymbol{q}}_t - \frac{\theta\Delta t}{2}\ddot{\boldsymbol{q}}_t \tag{8-3-7}$$

在 $t+\theta\Delta t$ 时刻,多自由度系统的运动方程为

$$\boldsymbol{M}\ddot{\boldsymbol{q}}_{t+\theta\Delta t} + \boldsymbol{C}\dot{\boldsymbol{q}}_{t+\theta\Delta t} + \boldsymbol{K}\boldsymbol{q}_{t+\theta\Delta t} = \boldsymbol{Q}_{t+\theta\Delta t} \tag{8-3-8}$$

将式(8-3-6)、式(8-3-7)代入式(8-3-8),整理得到

$$\overline{\boldsymbol{K}}\boldsymbol{q}_{t+\theta\Delta t} = \overline{\boldsymbol{Q}}_{t+\theta\Delta t} \tag{8-3-9}$$

式中

$$\overline{\boldsymbol{K}} = \boldsymbol{K} + b_0\boldsymbol{M} + b_1\boldsymbol{C} \tag{8-3-10}$$

$$\overline{\boldsymbol{Q}}_{t+\theta\Delta t} = \boldsymbol{Q}_{t+\theta\Delta t} + \boldsymbol{M}\left(b_0\boldsymbol{q}_t + b_2\dot{\boldsymbol{q}}_t + 2\ddot{\boldsymbol{q}}_t\right) + \boldsymbol{C}\left(b_1\boldsymbol{q}_t + 2\dot{\boldsymbol{q}}_t + b_3\ddot{\boldsymbol{q}}_t\right) \tag{8-3-11}$$

其中,$b_0 = 6/(\theta\Delta t)^2$, $b_1 = 3/(\theta\Delta t)$,$b_2 = 6/(\theta\Delta t)$,$b_3 = \theta\Delta t/2$。

由式(8-3-9)可求出 $\boldsymbol{q}_{t+\theta\Delta t}$。将 $\boldsymbol{q}_{t+\theta\Delta t}$代入式(8-3-6)可求得 $\ddot{\boldsymbol{q}}_{t+\theta\Delta t}$;再将 $\ddot{\boldsymbol{q}}_{t+\theta\Delta t}$分别代入式(8-3-1)~式(8-3-3),并令$\tau = \Delta t$,可得到 $t+\Delta t$ 时刻的加速度、速度与位移,即

$$\ddot{\boldsymbol{q}}_{t+\Delta t} = b_4(\boldsymbol{q}_{t+\theta\Delta t} - \boldsymbol{q}_t) + b_5\dot{\boldsymbol{q}}_t + b_6\ddot{\boldsymbol{q}}_t \tag{8-3-12}$$

$$\dot{\boldsymbol{q}}_{t+\Delta t} = \dot{\boldsymbol{q}}_t + b_7(\ddot{\boldsymbol{q}}_{t+\Delta t} + \ddot{\boldsymbol{q}}_t) \tag{8-3-13}$$

$$\boldsymbol{q}_{t+\Delta t} = \boldsymbol{q}_t + 2b_7\dot{\boldsymbol{q}}_t + b_8(\ddot{\boldsymbol{q}}_{t+\Delta t} + 2\ddot{\boldsymbol{q}}_t) \tag{8-3-14}$$

式中,$b_4 = 6/[\theta^3(\Delta t)^2]$,$b_5 = -6/(\theta^2\Delta t)$,$b_6 = 1 - 3/\theta$,$b_7 = \Delta t/2$,$b_8 = (\Delta t)^2/6$。

清楚起见,威尔逊-θ 法的全部计算过程归纳如下:

(1)计算初始条件(对每一步而言)

①当系统特性不随时间 t 变化时,建立系统的 $\boldsymbol{M}$、$\boldsymbol{C}$、$\boldsymbol{K}$。若 $\boldsymbol{M}$、$\boldsymbol{C}$、$\boldsymbol{K}$ 随 t 变化,则需要建立系统在每一时段起点的 $\boldsymbol{M}$、$\boldsymbol{C}$、$\boldsymbol{K}$。

②根据系统给定的初始条件 $\boldsymbol{q}_0$ 与 $\dot{\boldsymbol{q}}_0$,由 $\boldsymbol{M}\ddot{\boldsymbol{q}}_0+\boldsymbol{C}\dot{\boldsymbol{q}}_0+\boldsymbol{K}\boldsymbol{q}_0=\boldsymbol{Q}_0$ 算出 $\ddot{\boldsymbol{q}}_0$。

③选定时间步长 Δt,并取定 θ 值(通常取 $\theta=1.4$)。

④计算下列常数:

$$b_0=6/(\theta\Delta t)^2,\quad b_1=3/(\theta\Delta t),\quad b_2=6/(\theta\Delta t),\quad b_3=\theta\Delta t/2,$$

$$b_4=6/(\theta^3\Delta t^2),\quad b_5=-6/(\theta^2\Delta t),\quad b_6=1-3/\theta,\quad b_7=\Delta t/2,\quad b_8=(\Delta t)^2/6$$

⑤形成等效刚度矩阵 $\overline{\boldsymbol{K}}=\boldsymbol{K}+b_0\boldsymbol{M}+b_1\boldsymbol{C}$。

(2)计算每一时段的终点响应

①计算 $t+\theta\Delta t$ 时刻的等效荷载向量

$$\overline{\boldsymbol{Q}}_{t+\theta\Delta t}=\boldsymbol{Q}_{t+\theta\Delta t}+\boldsymbol{M}(b_0\boldsymbol{q}_t+b_2\dot{\boldsymbol{q}}_t+2\ddot{\boldsymbol{q}}_t)+\boldsymbol{C}(b_1\boldsymbol{q}_t+2\dot{\boldsymbol{q}}_t+b_3\ddot{\boldsymbol{q}}_t)$$

②解矩阵方程(8-3-9),求解 $t+\theta\Delta t$ 时刻的位移 $\boldsymbol{q}_{t+\theta\Delta t}$。

③计算 $t+\Delta t$ 时刻的位移、速度和加速度

$$\boldsymbol{q}_{t+\Delta t}=\boldsymbol{q}_t+2b_7\dot{\boldsymbol{q}}_t+b_8(\ddot{\boldsymbol{q}}_{t+\Delta t}+2\ddot{\boldsymbol{q}}_t)$$

$$\dot{\boldsymbol{q}}_{t+\Delta t}=\dot{\boldsymbol{q}}_t+b_7(\ddot{\boldsymbol{q}}_{t+\Delta t}+\ddot{\boldsymbol{q}}_t)$$

$$\ddot{\boldsymbol{q}}_{t+\Delta t}=b_4(\boldsymbol{q}_{t+\theta\Delta t}-\boldsymbol{q}_t)+b_5\dot{\boldsymbol{q}}_t+b_6\ddot{\boldsymbol{q}}_t$$

以上即为每一步长的全部计算过程。许多情形的荷载 $\boldsymbol{Q}(t)$ 只在 $t=0,\Delta t,2\Delta t,\cdots$ 时的值已知,这时可按线性变化的规律计算 $\boldsymbol{Q}_{t+\theta\Delta t}$,即

$$\boldsymbol{Q}_{t+\theta\Delta t}=\boldsymbol{Q}_t+\theta(\boldsymbol{Q}_{t+\Delta t}-\boldsymbol{Q}_t)\tag{8-3-15}$$

只要 $\theta>1.37$(一般取 1.4),威尔逊-θ 法就是无条件稳定的。同时,为了保证对系统总响应贡献较大的振型响应的计算精度,威尔逊-θ 法通常要求 $\Delta t<0.1T'$。

8.4 纽马克(Newmark)法

纽马克法是在线性加速度法的基础上,引入两个参数得到

$$\dot{\boldsymbol{q}}_{t+\Delta t}=\dot{\boldsymbol{q}}_t+(1-\delta)\Delta t\ddot{\boldsymbol{q}}_t+\delta\Delta t\ddot{\boldsymbol{q}}_{t+\Delta t}\tag{8-4-1}$$

$$\boldsymbol{q}_{t+\Delta t}=\boldsymbol{q}_t+\dot{\boldsymbol{q}}_t\Delta t+\left(\frac{1}{2}-\alpha\right)\Delta t^2\ddot{\boldsymbol{q}}_t+\alpha(\Delta t)^2\ddot{\boldsymbol{q}}_{t+\Delta t}\tag{8-4-2}$$

具体推导过程如下:

应用泰勒级数可得到如下两个方程[34]

$$\boldsymbol{q}_{t+\Delta t}=\boldsymbol{q}_t+\dot{\boldsymbol{q}}_t\Delta t+\frac{1}{2}(\Delta t)^2\ddot{\boldsymbol{q}}_t+\frac{1}{6}(\Delta t)^3\dddot{\boldsymbol{q}}_t+\cdots\tag{8-4-3}$$

$$\dot{\boldsymbol{q}}_{t+\Delta t}=\dot{\boldsymbol{q}}_t+\Delta t\ddot{\boldsymbol{q}}_t+\frac{1}{2}(\Delta t)^2\dddot{\boldsymbol{q}}_t+\cdots\tag{8-4-4}$$

截断方程(8-4-3)与式(8-4-4),并以下列形式表述

$$\boldsymbol{q}_{t+\Delta t}=\boldsymbol{q}_t+\dot{\boldsymbol{q}}_t\Delta t+\frac{1}{2}(\Delta t)^2\ddot{\boldsymbol{q}}_t+\alpha(\Delta t)^3\dddot{\boldsymbol{q}}_\tau\tag{8-4-5}$$

$$\dot{\boldsymbol{q}}_{t+\Delta t}=\dot{\boldsymbol{q}}_t+\Delta t\ddot{\boldsymbol{q}}_t+\delta(\Delta t)^2\ddot{\boldsymbol{q}}_\tau \tag{8-4-6}$$

其中，τ是 t 与 $t+\Delta t$ 之间的某个值。假定加速度在时间步长内按线性规律变化，即

$$\ddot{\boldsymbol{q}}_\tau=\frac{\ddot{\boldsymbol{q}}_{t+\Delta t}-\ddot{\boldsymbol{q}}_t}{\Delta t} \tag{8-4-7}$$

将式(8-4-7)分别代入式(8-4-5)与式(8-4-6)，可得到式(8-4-2)与式(8-4-1)。

由式(8-4-1)可知，参数 δ 提供了时段起点与终点加速度对速度改变贡献的权重；类似地，参数 α 提供了时段起点与终点加速度对位移改变贡献的权重。参数 δ 与 α 也决定了算法的稳定性与精度。当 $\delta=1/2$ 和 $\alpha=1/6$ 时，纽马克法与线性加速度法完全等同；当 $\delta=1/2$ 和 $\alpha=1/4$ 时，纽马克法与平均加速度法相同。

由式(8-4-2)解出

$$\ddot{\boldsymbol{q}}_{t+\Delta t}=b_0(\boldsymbol{q}_{t+\Delta t}-\boldsymbol{q}_t)-b_2\dot{\boldsymbol{q}}_t-b_3\ddot{\boldsymbol{q}}_t \tag{8-4-8}$$

式中，$b_0=1/[\alpha(\Delta t)^2]$，$b_2=1/(\alpha\Delta t)$，$b_3=1/(2\alpha)-1$。将式(8-4-8)代入式(8-4-1)，得

$$\dot{\boldsymbol{q}}_{t+\Delta t}=b_1(\boldsymbol{q}_{t+\Delta t}-\boldsymbol{q}_t)-b_4\dot{\boldsymbol{q}}_t-b_5\ddot{\boldsymbol{q}}_t \tag{8-4-9}$$

式中，$b_1=\delta/(\alpha\Delta t)$，$b_4=\delta/\alpha-1$，$b_5=(\delta/\alpha-2)\Delta t/2$。

$t+\Delta t$ 时刻的多自由度系统运动方程为

$$\boldsymbol{M}\ddot{\boldsymbol{q}}_{t+\Delta t}+\boldsymbol{C}\dot{\boldsymbol{q}}_{t+\Delta t}+\boldsymbol{K}\boldsymbol{q}_{t+\Delta t}=\boldsymbol{Q}_{t+\Delta t}$$

将式(8-4-8)、式(8-4-9)代入系统运动方程，整理后得到

$$\overline{\boldsymbol{K}}\boldsymbol{q}_{t+\Delta t}=\overline{\boldsymbol{Q}}_{t+\Delta t} \tag{8-4-10}$$

式中

$$\overline{\boldsymbol{K}}=\boldsymbol{K}+b_0\boldsymbol{M}+b_1\boldsymbol{C} \tag{8-4-11}$$

$$\overline{\boldsymbol{Q}}_{t+\Delta t}=\boldsymbol{Q}_{t+\Delta t}+\boldsymbol{M}(b_0\boldsymbol{q}_t+b_2\dot{\boldsymbol{q}}_t+b_3\ddot{\boldsymbol{q}}_t)+\boldsymbol{C}(b_1\boldsymbol{q}_t+b_4\dot{\boldsymbol{q}}_t+b_5\ddot{\boldsymbol{q}}_t) \tag{8-4-12}$$

由式(8-4-10)解出 $\boldsymbol{q}_{t+\Delta t}$，代入式(8-4-8)、式(8-4-9)，求出 $\ddot{\boldsymbol{q}}_{t+\Delta t}$及 $\dot{\boldsymbol{q}}_{t+\Delta t}$，则系统在 $t+\Delta t$ 时刻的响应全部求出。

纽马克法的稳定性条件为[35]

$$(2\alpha-\delta)\left(\frac{2\pi}{T_n}\right)^2(\Delta t)^2+2\geqslant 0 \tag{8-4-13}$$

式中，T_n 为离散后的系统最小自振周期。若满足 $2\alpha-\delta\geqslant 0$，则式(8-4-13)必然成立，此时纽马克法是无条件稳定的。实际应用中取 $2\alpha-\delta=0$ 的参数组合以形成无条件稳定算法，如 $\delta=1/2$，$\alpha=1/4$。当不满足 $2\alpha-\delta\geqslant 0$ 时，可利用式(8-4-13)算出算法有条件稳定的步长要求。例如，当 $\delta=1/2$，$\alpha=1/6$ 时，纽马克法即变为线性加速度法，此时算法有条件稳定的步长应满足 $\Delta t\leqslant\sqrt{3}T_n/\pi\approx 0.551T_n$。另外，从精度的角度考虑步长，纽马克法与前两种方法大致相同，即要求 $\Delta t\leqslant 0.1T'$。

纽马克法计算步骤如下：

(1)计算初始条件(对每一步而言)

①当系统特性不随时间 t 变化时，建立系统的 $\boldsymbol{M}$、$\boldsymbol{C}$、$\boldsymbol{K}$。若 $\boldsymbol{M}$、$\boldsymbol{C}$、$\boldsymbol{K}$ 随 t 变化，则需要建立系统在每一时段起点的 $\boldsymbol{M}$、$\boldsymbol{C}$、$\boldsymbol{K}$。

②根据系统给定的初始条件 $\boldsymbol{q}_0$与 $\dot{\boldsymbol{q}}_0$，由 $\boldsymbol{M}\ddot{\boldsymbol{q}}_0+\boldsymbol{C}\dot{\boldsymbol{q}}_0+\boldsymbol{K}\boldsymbol{q}_0=\boldsymbol{Q}_0$算出 $\ddot{\boldsymbol{q}}_0$。

③选定时间步长 Δt 和积分控制参数 δ、α(通常取 $\delta=1/2,\alpha=1/4$)。

④计算下列常数。

$b_0=1/[\alpha(\Delta t)^2]$, $b_1=\delta/(\alpha\Delta t)$, $b_2=1/(\alpha\Delta t)$, $b_3=1/(2\alpha)-1$, $b_4=\delta/\alpha-1$, $b_5=(\delta/\alpha-2)\Delta t/2$

⑤形成等效刚度矩阵 $\overline{\boldsymbol{K}}=\boldsymbol{K}+b_0\boldsymbol{M}+b_1\boldsymbol{C}$。

(2)计算每一时段的终点响应

①计算 $t+\Delta t$ 时刻的等效荷载向量。

$$\overline{\boldsymbol{Q}}_{t+\Delta t}=\boldsymbol{Q}_{t+\Delta t}+\boldsymbol{M}(b_0\boldsymbol{q}_t+b_2\dot{\boldsymbol{q}}_t+b_3\ddot{\boldsymbol{q}}_t)+\boldsymbol{C}(b_1\boldsymbol{q}_t+b_4\dot{\boldsymbol{q}}_t+b_5\ddot{\boldsymbol{q}}_t)$$

②解矩阵方程(8-4-10),求解 $t+\Delta t$ 时刻的位移 $\boldsymbol{q}_{t+\Delta t}$。

③计算 $t+\Delta t$ 时刻的加速度和速度。

$$\ddot{\boldsymbol{q}}_{t+\Delta t}=b_0(\boldsymbol{q}_{t+\Delta t}-\boldsymbol{q}_t)-b_2\dot{\boldsymbol{q}}_t-b_3\ddot{\boldsymbol{q}}_t$$

$$\dot{\boldsymbol{q}}_{t+\Delta t}=b_1(\boldsymbol{q}_{t+\Delta t}-\boldsymbol{q}_t)-b_4\dot{\boldsymbol{q}}_t-b_5\ddot{\boldsymbol{q}}_t$$

以上即为每一步长的全部计算过程。

8.5 逐步积分法的稳定性与精度分析

以上各节针对不同的逐步积分法给出了满足稳定性和精度要求的步长取值范围,但未作解释说明。下面以威尔逊-θ 法为例,介绍算法的稳定性和精度分析的方法。这种分析的主要意义在于提供选定积分参数的途径[30]。

8.5.1 稳定性分析

n 个自由度系统的运动方程为

$$\boldsymbol{M}\ddot{\boldsymbol{q}}+\boldsymbol{C}\dot{\boldsymbol{q}}+\boldsymbol{K}\boldsymbol{q}=\boldsymbol{Q} \tag{8-5-1}$$

当取 $\boldsymbol{C}=a_0\boldsymbol{M}+a_1\boldsymbol{K}$ 时,经正则坐标变换 $\boldsymbol{q}=\overline{\boldsymbol{A}}\,\overline{\boldsymbol{T}}$,得到

$$\ddot{\overline{\boldsymbol{T}}}+(a_0\boldsymbol{I}+a_1\boldsymbol{\lambda})\dot{\overline{\boldsymbol{T}}}+\boldsymbol{\lambda}\overline{\boldsymbol{T}}=\overline{\boldsymbol{P}} \tag{8-5-2}$$

其中,第 i 个方程为

$$\ddot{\overline{T}}_i+2\xi_i\omega_i\dot{\overline{T}}_i+\omega_i^2\overline{T}_i=\overline{P}_i\quad(i=1,2,\cdots,n) \tag{8-5-3}$$

上述变换过程详见第4章。式(8-5-1)是用原始物理坐标表示的系统运动方程,式(8-5-3)是用正则坐标表示的方程。物理坐标与正则坐标之间通过正则坐标变换实现相互转换,因此两组方程本质上是等价的。当采用相同积分方法与同一积分步长求解两个方程组时,两种求解方法完全等价。于是,研究式(8-5-3)每个方程解的精度与稳定性即可等价得到方程(8-5-1)解的特性[30]。式(8-5-3)代表的 n 个方程彼此独立,构造完全相同。因此,取其中一个方程为代表进行分析,简便起见,下标 i 不再标出,即

$$\ddot{\overline{T}}+2\xi\omega\dot{\overline{T}}+\omega^2\overline{T}=\overline{P} \tag{8-5-4}$$

根据式(8-3-6)得

$$\ddot{\overline{T}}_{t+\theta\Delta t}=\frac{6}{(\theta\Delta t)^2}(\overline{T}_{t+\theta\Delta t}-\overline{T}_t)-\frac{6}{\theta\Delta t}\dot{\overline{T}}_t-2\ddot{\overline{T}}_t \tag{8-5-5}$$

根据式(8-3-7)得

$$\dot{\overline{T}}_{t+\theta\Delta t}=\frac{3}{\theta\Delta t}(\overline{T}_{t+\theta\Delta t}-\overline{T}_t)-2\dot{\overline{T}}_t-\frac{\theta\Delta t}{2}\ddot{\overline{T}}_t \tag{8-5-6}$$

在 $t+\theta\Delta t$ 时刻，平衡方程(8-5-4)应得到满足，故有

$$\ddot{\overline{T}}_{t+\theta\Delta t}+2\xi\omega\dot{\overline{T}}_{t+\theta\Delta t}+\omega^2\overline{T}_{t+\theta\Delta t}=\overline{P}_{t+\theta\Delta t} \tag{8-5-7}$$

将式(8-5-5)、式(8-5-6)代入方程(8-5-7)，求出 $\overline{T}_{t+\theta\Delta t}$。再根据式(8-3-12)～式(8-3-14)求得 $\ddot{\overline{T}}_{t+\Delta t}$、$\dot{\overline{T}}_{t+\Delta t}$ 与 $\overline{T}_{t+\Delta t}$，即可建立以下关系

$$\begin{Bmatrix}\ddot{\overline{T}}_{t+\Delta t}\\ \dot{\overline{T}}_{t+\Delta t}\\ \overline{T}_{t+\Delta t}\end{Bmatrix}=\boldsymbol{A}\begin{Bmatrix}\ddot{\overline{T}}_t\\ \dot{\overline{T}}_t\\ \overline{T}_t\end{Bmatrix}+\boldsymbol{L}\overline{P}_{t+\theta\Delta t} \tag{8-5-8}$$

式中，逐步积分算子 $\boldsymbol{A}$ 及荷载算子 $\boldsymbol{L}$ 分别为

$$\boldsymbol{A}=\begin{bmatrix}1-\frac{\beta\theta^2}{3}-\frac{1}{\theta}-K\theta & \frac{-\beta\theta-2K}{\Delta t} & -\frac{\beta}{(\Delta t)^2}\\ \Delta t\left(1-\frac{1}{2\theta}-\frac{\beta\theta^2}{6}-\frac{K\theta}{2}\right) & 1-\frac{\beta\theta}{2}-K & -\frac{\beta}{2\Delta t}\\ (\Delta t)^2\left(\frac{1}{2}-\frac{1}{6\theta}-\frac{\beta\theta^2}{18}-\frac{K\theta}{6}\right) & \Delta t\left(1-\frac{\beta\theta}{6}-\frac{K}{3}\right) & 1-\frac{\beta}{6}\end{bmatrix} \tag{8-5-9}$$

$$\boldsymbol{L}=\begin{Bmatrix}\frac{\beta}{\omega^2(\Delta t)^2}\\ \frac{\beta}{2\omega^2\Delta t}\\ \frac{\beta}{6\omega^2}\end{Bmatrix} \tag{8-5-10}$$

式中，$\beta=\left[\frac{\theta}{\omega^2(\Delta t)^2}+\frac{\xi\theta^2}{\omega\Delta t}+\frac{\theta^3}{6}\right]^{-1}$，$K=\frac{\xi\beta}{\omega\Delta t}$。

式(8-5-8)是联系 t 时刻响应与 $t+\Delta t$ 时刻响应的递推关系，同理由 $t+\Delta t$ 时刻的响应求 $t+2\Delta t$ 时刻的响应，可令式(8-5-8)中的 t 等于 $t+\Delta t$，于是有

$$\begin{Bmatrix}\ddot{\overline{T}}_{t+2\Delta t}\\ \dot{\overline{T}}_{t+2\Delta t}\\ \overline{T}_{t+2\Delta t}\end{Bmatrix}=\boldsymbol{A}\begin{Bmatrix}\ddot{\overline{T}}_{t+\Delta t}\\ \dot{\overline{T}}_{t+\Delta t}\\ \overline{T}_{t+\Delta t}\end{Bmatrix}+\boldsymbol{L}\overline{P}_{t+2\Delta t+(\theta-1)\Delta t}=\boldsymbol{A}\left(\boldsymbol{A}\begin{Bmatrix}\ddot{\overline{T}}_t\\ \dot{\overline{T}}_t\\ \overline{T}_t\end{Bmatrix}+\boldsymbol{L}\overline{P}_{t+\theta\Delta t}\right)+\boldsymbol{L}\overline{P}_{t+2\Delta t+(\theta-1)\Delta t}$$

$$= \boldsymbol{A}^2 \begin{Bmatrix} \ddot{\overline{T}}_t \\ \dot{\overline{T}}_t \\ \overline{T}_t \end{Bmatrix} + \boldsymbol{A}\boldsymbol{L}\overline{P}_{t+\Delta t+(\theta-1)\Delta t} + \boldsymbol{L}\overline{P}_{t+2\Delta t+(\theta-1)\Delta t}$$

类推下去,可得

$$\begin{Bmatrix} \ddot{\overline{T}}_{t+n\Delta t} \\ \dot{\overline{T}}_{t+n\Delta t} \\ \overline{T}_{t+n\Delta t} \end{Bmatrix} = \boldsymbol{A}^n \begin{Bmatrix} \ddot{\overline{T}}_t \\ \dot{\overline{T}}_t \\ \overline{T}_t \end{Bmatrix} + \boldsymbol{A}^{n-1}\boldsymbol{L}\overline{P}_{t+\Delta t+(\theta-1)\Delta t} + \cdots + \boldsymbol{L}\overline{P}_{t+n\Delta t+(\theta-1)\Delta t} \tag{8-5-11}$$

式(8-5-11)是分析算法稳定性的基本关系式。

稳定的解意味着初始位移与速度不会因为计算步长很大而被“人工”放大,从而导致感兴趣的响应没有价值;也意味着计算过程中的舍入误差不会无限增长。因此,算法的稳定性与外荷载无关,只需分析任意初始条件的自由振动情况,即 $\overline{P}(t)=0$ 的情形[30]。此时式(8-5-11)变为

$$\begin{Bmatrix} \ddot{\overline{T}}_{t+n\Delta t} \\ \dot{\overline{T}}_{t+n\Delta t} \\ \overline{T}_{t+n\Delta t} \end{Bmatrix} = \boldsymbol{A}^n \begin{Bmatrix} \ddot{\overline{T}}_t \\ \dot{\overline{T}}_t \\ \overline{T}_t \end{Bmatrix} \tag{8-5-12}$$

由前述无条件稳定的定义及式(8-5-12)知,当 $n\to\infty$ 时,若 $\boldsymbol{A}^n$ 有界,则响应不会发散,算法是无条件稳定的。

由线性代数知,对任意矩阵 $\boldsymbol{A}$,存在满秩矩阵 $\boldsymbol{P}$,使得

$$\boldsymbol{A} = \boldsymbol{P}^{-1}\boldsymbol{J}\boldsymbol{P} \tag{8-5-13}$$

式中,$\boldsymbol{J}$ 为 $\boldsymbol{A}$ 的若尔当标准型,$\boldsymbol{J}$ 的对角线元素即 $\boldsymbol{A}$ 的特征根 $\lambda_i(i=1,2,3)$。

另外,$\boldsymbol{A}^2=\boldsymbol{P}^{-1}\boldsymbol{J}\boldsymbol{P}\boldsymbol{P}^{-1}\boldsymbol{J}\boldsymbol{P}=\boldsymbol{P}^{-1}\boldsymbol{J}^2\boldsymbol{P}$,故一般有

$$\boldsymbol{A}^n = \boldsymbol{P}^{-1}\boldsymbol{J}^n\boldsymbol{P} \tag{8-5-14}$$

$\boldsymbol{J}^n$ 的对角线元素为 $\lambda_i^n(i=1,2,3)$。由式(8-5-14)知,当 $n\to\infty$ 时,要使 $\boldsymbol{A}^n$ 有界,$\boldsymbol{J}^n$ 必须有界。令 $\rho(\boldsymbol{A})$ 为矩阵 $\boldsymbol{A}$ 的谱半径,定义如下:

$$\rho(\boldsymbol{A}) = \max\{|\lambda_1|,|\lambda_2|,|\lambda_3|\} \tag{8-5-15}$$

式中,$|\lambda_i|$表示 $\lambda_i(i=1,2,3)$的模。显然,若 $\rho(\boldsymbol{A})\leqslant 1$,则当 $n\to\infty$ 时,$\boldsymbol{J}^n$ 有界。若 $\rho(\boldsymbol{A})<1$,则 $\boldsymbol{J}^n\to\boldsymbol{0}(n\to\infty)$,$\rho(\boldsymbol{A})$越小,收敛速度越快[30]。因此,分析算法的稳定性,重点在于计算矩阵 $\boldsymbol{A}$ 的谱半径 $\rho(\boldsymbol{A})$。为计算方便,先对 $\boldsymbol{A}$ 作相似变换

$$\overline{\boldsymbol{A}} = \boldsymbol{D}^{-1}\boldsymbol{A}\boldsymbol{D} \tag{8-5-16}$$

其中

$$\boldsymbol{D} = \begin{bmatrix} \Delta t & 0 & 0 \\ 0 & (\Delta t)^2 & 0 \\ 0 & 0 & (\Delta t)^3 \end{bmatrix} \tag{8-5-17}$$

因为 $\overline{\boldsymbol{A}}\sim\boldsymbol{A}$,而相似矩阵有相同的特征根,故 $\overline{\boldsymbol{A}}$ 的特征根即为 $\boldsymbol{A}$ 的特征根。

由式(8-5-16)得

$$\overline{\boldsymbol{A}}=\begin{bmatrix}1-\dfrac{\beta\theta^2}{3}-\dfrac{1}{\theta}-K\theta & -\beta\theta-2K & -\beta\\ 1-\dfrac{1}{2\theta}-\dfrac{\beta\theta^2}{6}-\dfrac{K\theta}{2} & 1-\dfrac{\beta\theta}{2}-K & -\dfrac{\beta}{2}\\ \dfrac{1}{2}-\dfrac{1}{6\theta}-\dfrac{\beta\theta^2}{18}-\dfrac{K\theta}{6} & 1-\dfrac{\beta\theta}{6}-\dfrac{K}{3} & 1-\dfrac{\beta}{6}\end{bmatrix} \tag{8-5-18}$$

由式(8-5-18)知，$\overline{\boldsymbol{A}}$ 的特征根只依赖于无量纲参量 $\Delta t/T$、ξ、θ[β,K 中都包含频率 ω，由式(8-5-4)知，系统第 i 阶固有频率 ω 是已知的，相应的固有周期 T 是已知的]。一旦诸参量取定，矩阵 $\overline{\boldsymbol{A}}$ 的各特征根就容易算出，从而可确定谱半径 $\rho(\boldsymbol{A})$。对不同的步长周期比 $\Delta t/T$ 及阻尼比 ξ，$\rho(\boldsymbol{A})$ 随 θ 的变化曲线示于图 8-5-1。从该图知，当 $\theta\geqslant1.37$，$\rho(\boldsymbol{A})\leqslant1$，威尔逊-$\theta$ 法是无条件稳定的。若 $\theta=1$，威尔逊-θ 法退化为线性加速度法，此时只有满足 $\Delta t/T\leqslant\sqrt{3}/\pi\approx0.551$，才有 $\rho(\boldsymbol{A})\leqslant1$，故线性加速度法是有条件稳定的。

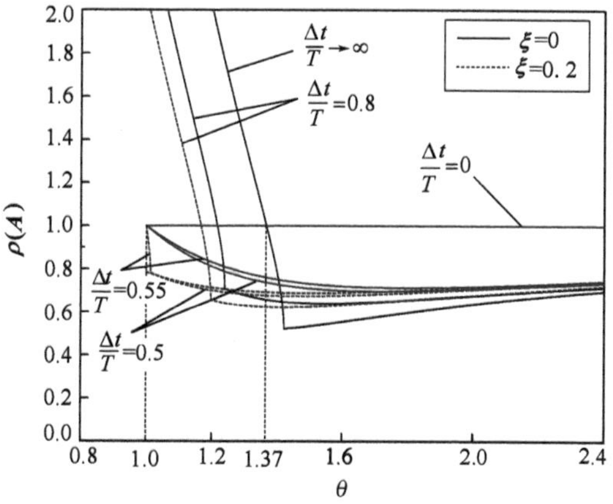

图 8-5-1 $\rho(\boldsymbol{A})$ 随 θ 的变化(威尔逊-θ 法)

图 8-5-1 中，当 $\Delta t/T=0$ 及 $\Delta t/T\to\infty$ 时，$\rho(\boldsymbol{A})$ 与阻尼比 ξ 无关(图中相应的两条曲线重合)。这是因为当 $\Delta t/T\to0$ 时，$\beta\to0$，所以 $K\to0$，从而

$$\overline{\boldsymbol{A}}\to\begin{bmatrix}1-\dfrac{1}{\theta} & 0 & 0\\ 1-\dfrac{1}{2\theta} & 1 & 0\\ \dfrac{1}{2}-\dfrac{1}{6\theta} & 1 & 1\end{bmatrix}$$

显然，$\rho(\boldsymbol{A})=1$。

当 $\Delta t/T\to\infty$ 时，$\beta\to(\theta^3/6)^{-1}$，$K\to0$(因为 $\Delta t/T\to\infty$，T 不可能趋近于零，故 $\Delta t\to\infty$)，则 $\overline{\boldsymbol{A}}$ 与 ξ 无关，故 $\rho(\boldsymbol{A})$ 与 ξ 无关，而只是 θ 的函数。

用上述类似方法可得到纽马克法的算子 $\boldsymbol{A}$，同样可以根据谱半径特性分析解的稳定性，具体过程不再详述，下面仅给出主要结果与结论。

对不同的 θ(针对威尔逊-θ 法)、δ 与 α(针对纽马克法)，$\rho(\boldsymbol{A})$ 随 $\lg(\Delta t/T)$ 的变化曲线示于图 8-5-2。从此图知，当控制参数取值适当，例如 $\delta=1/2$，$\alpha=1/4$；$\delta=11/20$，$\alpha=3/10$；$\theta=1.4$；$\theta=2.0$，纽马克法与威尔逊-θ 法属于无条件稳定的算法。控制参数 θ(或者 δ 和 α)的选

取,不仅应使算法为无条件稳定的,还应兼顾精度效果。因此,下面介绍算法解的精度分析。

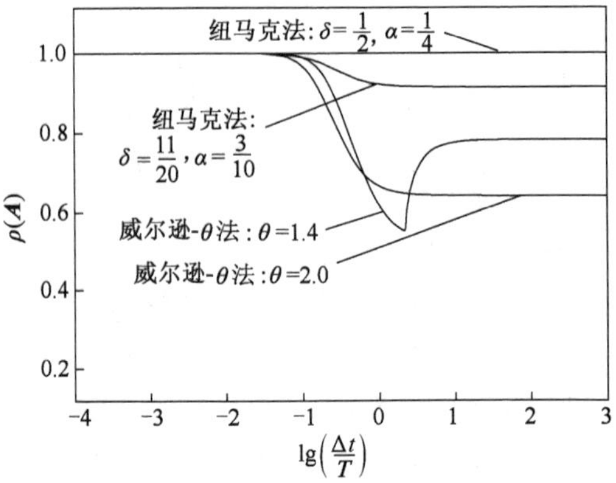

图 8-5-2　$\rho(\boldsymbol{A})$随 $\lg(\Delta t/T)$的变化($\xi=0$)

8.5.2　精度分析

解的精度与很多因素有关,研究的方法也很多。已有研究表明:通过无阻尼单自由度系统自由振动响应的精度分析,可以反映出一些重要的解的特征[30]。本节据此做出简要分析:

无阻尼单自由度系统自由振动方程为

$$\ddot{\overline{T}}+\omega^2\overline{T}=0 \tag{8-5-19}$$

考虑初始条件:$\overline{T}_0=1.0$,$\dot{\overline{T}}_0=0$。此时有$\ddot{\overline{T}}_0=-\omega^2$,式(8-5-19)的解析解为$\overline{T}=\cos\omega t$。分别运用线性加速度法、威尔逊-$\theta$法($\theta=1.4$)与纽马克法($\delta=1/2$、$\alpha=1/4$)求解上述自由振动问题,取$\Delta t/T=0.1$所得到的自由振动响应与解析解的对比见图 8-5-3。由图可见,尽管系统没有阻尼,但数值计算方法预测的响应出现振幅衰减或周期延长现象。于是,可用振幅衰减与周期延长判别算法解的精度。

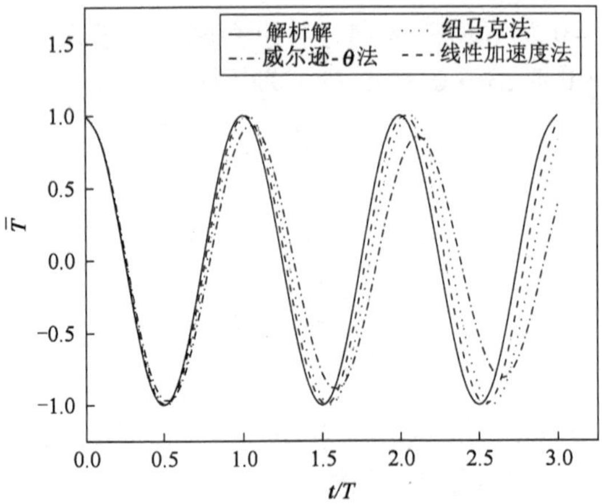

图 8-5-3　不同数值方法计算的自由振动响应与解析解的对比($\Delta t/T=0.1$)

图 8-5-4 与图 8-5-5 分别表示周期延长与振幅衰减百分数随$\Delta t/T$的变化曲线。从此两图可看出:

(1)当$\Delta t/T\leqslant 0.01$时,周期延长和振幅衰减都很小,故此时威尔逊-θ法、线性加速度法及纽马克法都具有很高的精度。

(2)当$\delta=1/2$,$\alpha=1/4$时,纽马克法只有周期延长,无振幅衰减。其实,只要$\delta=1/2$,纽马克法就不会出现振幅衰减,这也是 δ 固定取为 1/2 的原因。

(3)对威尔逊-θ 法,$\Delta t/T$ 给定时,$\theta=1.4$ 的精度高于 $\theta=2.0$ 的精度。

(4)线性加速度法与纽马克法($\delta=1/2,\alpha=1/4$)无振幅衰减,$\Delta t/T$ 相同的情况下,这两种算法比威尔逊-θ 法的精度要高一些(从图 8-5-3 也能直观看出)。

(5)当 Δt 趋近于零时,振幅衰减与周期延长均趋近于零,数值解收敛于精确解。

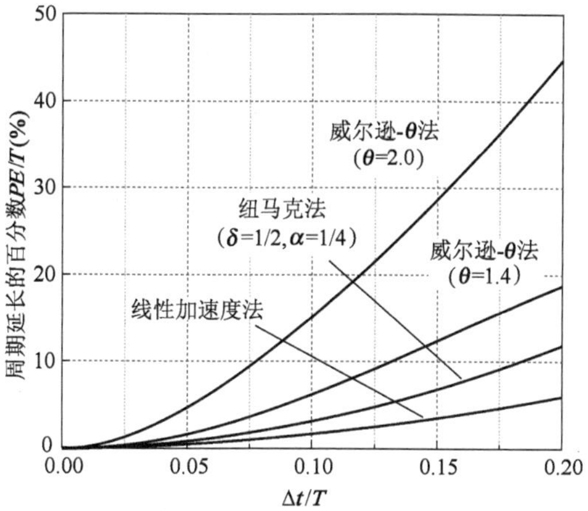

图 8-5-4 周期延长百分数随 $\Delta t/T$ 变化曲线

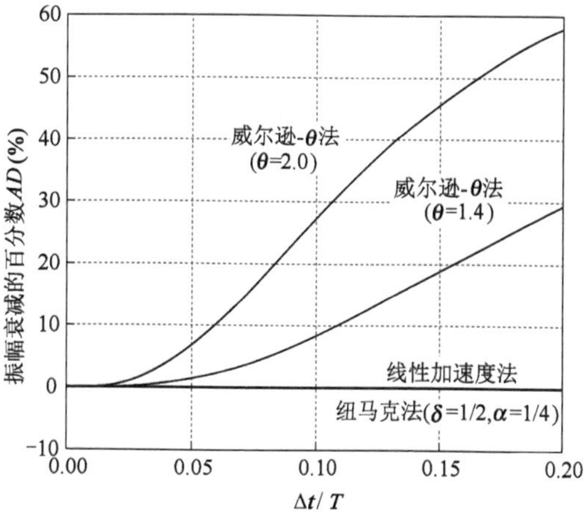

图 8-5-5 振幅衰减百分数随 $\Delta t/T$ 变化曲线

从以上分析可知,采用逐步积分法求解多自由度系统运动方程(8-5-1)时,采用较小步长周期比(如 $\Delta t/T_n \leqslant 0.01$,$T_n$ 为最高阶振型自振周期),可以确保系统各阶振型响应具有很高的精度。然而,对于大多数动力系统而言,高阶振型对系统响应的贡献很小,而且计算高阶振型与实际结构特性往往相差很大,要求系统高阶振型响应达到很高精度实无必要且降低计算效率。在算法稳定的前提下,实际计算时可根据振幅衰减与周期延长选取较大的积分步长,使得贡献较大的低阶振型响应有足够的计算精度即可。

设对系统响应贡献较大的最高阶振型的固有周期为 T',那么 $\Delta t/T'$ 取多大就算满足了计算精度要求呢?

算法引起的振幅衰减类似于系统的物理阻尼使振幅衰减,故称为人工阻尼。由图 8-5-4 可知,对于威尔逊-θ 法($\theta=1.4$),当 $\Delta t/T<0.1$ 时,振幅衰减在 0.07 以下,而大约 1% 的临界阻尼比(即 $\xi=0.01$)将产生每循环 6% 的振幅衰减。可见,当 $\Delta t/T<0.1$ 时,这种人工阻尼相当于增加 0.01 的物理阻尼比。对于阻尼比 $\xi \geqslant 0.05$ 的实际结构,估算其物理阻尼比时存在 1% 的误差是完全可以接受的。因此,$\Delta t/T'<0.1$ 可以确保所需的计算精度。对于线性加速度法等,尽管不出现振幅衰减现象,但考虑周期延长的影响,根据计算经验取 $\Delta t/T'<0.1$ 可以获得较好的精度(见 8.7 节)。若对得到的解有任何怀疑,则取时间步长为前一次步长的一半继续进行分析。如果第二次分析中反应没有明显变化,那么可以认为数值积分所产生的误差是可以忽略的。

进一步讨论人工阻尼在逐步积分计算中积极的一面。上面已经提到,高精度地计算系统高阶振型响应是没有价值的。从这个观点出发,对于存在振幅衰减的算法,选取较大的积分步长,使得高阶振型响应出现较大的振幅衰减是合理的。以上过滤高阶振型响应的行为与振型叠加法有意识地舍弃一些高阶振型具有同等的效应。反之,对于没有振幅衰减的算法,并没有这种过滤效应。

另外,从稳定性与精度分析结论可以很好地理解振型叠加法与逐步积分法联合应用的优势。振型叠加法把多自由度系统运动方程解耦为一系列的单自由度运动方程分别求解,只需求解前面若干阶振型对应的方程即可满足精度要求。前面已提到,除了杜哈美积分法,还可以利用逐步积分法对每个单自由度运动方程进行求解。而且对每个方程可以采用不同的时间步长,即求解低阶振型响应可采用较大的时间步长,从而提高计算效率。

8.6 非线性系统动力反应分析

在 8.1 节中已经简述了采用本章所述算法处理非线性问题的两种方式:迭代算法与基于时段内系统特性不变假定的非迭代算法。本节以单自由度系统为对象,讲述用纽马克法分析非线性系统动力反应的基本思路。其他逐步分析方法与此类似,多自由度系统动力反应分析只需将本节变量用矩阵式表述即可。

非线性系统动力反应分析采用增量平衡方程比较方便。设 t 和 $t+\Delta t$ 时刻单自由度系统动力平衡方程分别为

$$m\ddot{q}_t + c\dot{q}_t + f_{s,t} = Q_t \tag{8-6-1}$$

$$m\ddot{q}_{t+\Delta t} + c\dot{q}_{t+\Delta t} + f_{s,t+\Delta t} = Q_{t+\Delta t} \tag{8-6-2}$$

式中,$f_{s,t}$、$f_{s,t+\Delta t}$分别为 t 与 $t+\Delta t$ 时刻的弹塑性抗力;其他符号意义同前。这里仅考虑材料非线性,暂不考虑其他类型的非线性,如阻尼非线性与几何非线性,后者处理方法与前者类似。

式(8-6-2)减式(8-6-1)得

$$m\Delta\ddot{q}_t + c\Delta\dot{q}_t + \Delta f_{s,t} = \Delta Q_t \tag{8-6-3}$$

式中,$\Delta\ddot{q}_t = \ddot{q}_{t+\Delta t} - \ddot{q}_t$;$\Delta\dot{q}_t = \dot{q}_{t+\Delta t} - \dot{q}_t$;$\Delta Q_t = Q_{t+\Delta t} - Q_t$。

$$\Delta f_{s,t} = f_{s,t+\Delta t} - f_{s,t} = k_{t,\sec}\Delta q_t \tag{8-6-4}$$

其中,$\Delta q_t = q_{t+\Delta t} - q_t$,$k_{t,\sec}$为时段 Δt 的割线刚度,如图 8-6-1 所示。因为 $q_{t+\Delta t}$与$\dot{q}_{t+\Delta t}$(有时还需要知道速度才能判断刚度参数,见 8.7 节算例分析)是未知的,所以 $k_{t,\sec}$是不确定的。此时,简化处理方法为:在一个微小时段 Δt 内,用 t 时刻的切线刚度 k_t 近似代替割线刚度 $k_{t,\sec}$。于是,式(8-6-4)可以近似表示为

$$\Delta f_{s,t} \approx k_t\Delta q_t \tag{8-6-5}$$

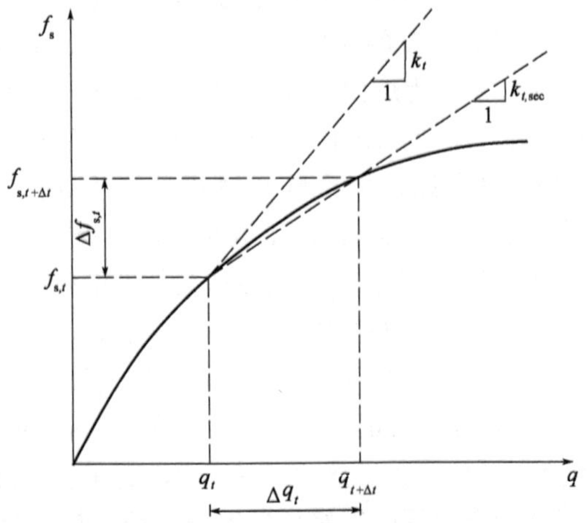

图 8-6-1 非线性系统抗力与位移关系

将式(8-6-5)代入式(8-6-3)得

$$m\Delta\ddot{q}_t + c\Delta\dot{q}_t + k_t\Delta q_t = \Delta Q_t \tag{8-6-6}$$

基于纽马克法假定,对于单自由度系统,根据式(8-4-8)与式(8-4-9)可得

$$\Delta\ddot{q}_t = b_0\Delta q_t - b_2\dot{q}_t - (b_3+1)\ddot{q}_t \tag{8-6-7}$$

$$\Delta\dot{q}_t = b_1\Delta q_t - (b_4+1)\dot{q}_t - b_5\ddot{q}_t \tag{8-6-8}$$

将式(8-6-7)与式(8-6-8)代入式(8-6-6)得

$$\bar{k}_t\Delta q_t = \Delta\bar{Q}_t \tag{8-6-9}$$

式中

$$\bar{k}_t = k_t + b_0 m + b_1 c \tag{8-6-10}$$

$$\Delta\bar{Q}_t = \Delta Q_t + m[b_2\dot{q}_t + (b_3+1)\ddot{q}_t] + c[(b_4+1)\dot{q}_t + b_5\ddot{q}_t] \tag{8-6-11}$$

求解式(8-6-9)可得 Δq_t,再由式(8-6-7)与式(8-6-8)可求出 $\Delta\ddot{q}_t$ 与 $\Delta\dot{q}_t$,于是可求出 $t+\Delta t$ 时刻的响应 $q_{t+\Delta t}=q_t+\Delta q_t$,$\dot{q}_{t+\Delta t}=\dot{q}_t+\Delta\dot{q}_t$,$\ddot{q}_{t+\Delta t}=\ddot{q}_t+\Delta\ddot{q}_t$。在以上的简化计算方法中,无须迭代计算,只需在每个时间步长计算开始时调整切线刚度。

上述简化计算方法的主要误差是由于计算抗力时采用了近似公式(8-6-5),即用切线刚度代替割线刚度导致的,这是非线性分析的共性。注意到方程 $\bar{k}_t\Delta q_t=\Delta\bar{Q}_t$ 从形式上看与静力问题的方程完全一样,可以用静力问题的非线性分析方法迭代计算,如修正的牛顿-拉夫逊(Newton-Raphson)迭代或牛顿-拉夫逊迭代。

现具体介绍修正的牛顿-拉夫逊迭代的计算过程。如图8-6-2a)所示,第一个迭代步是由 t 时刻切线刚度近似确定等效刚度 $\bar{k}_t$,并求解如下方程

$$\bar{k}_t\Delta q_t^{(1)} = \Delta\bar{Q}_t \tag{8-6-12}$$

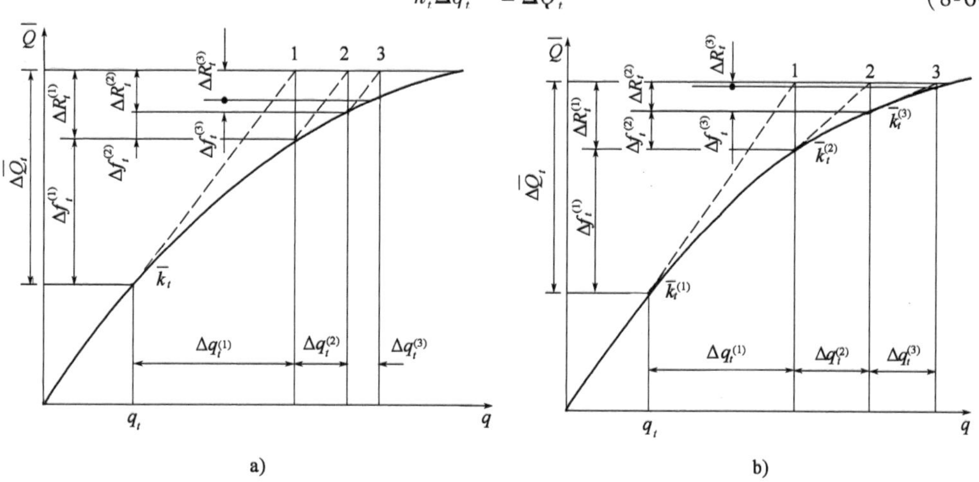

图8-6-2 非线性系统一个时间步内的迭代

a)修正的牛顿-拉夫逊迭代;b)牛顿-拉夫逊迭代

确定 $\Delta q_t^{(1)}$,作为最终 Δq_t 的第一次近似值。根据已知的弹塑性抗力与位移的关系(图8-6-1),确定与 $\Delta q_t^{(1)}$ 对应的弹塑性抗力增量 $\Delta f_{s,t}^{(1)}$,再加上 $(b_0m+b_1c)\Delta q_t^{(1)}$ 得到等效抗力增量 $\Delta f_t^{(1)}$,即 $\Delta f_t^{(1)}=\Delta f_{s,t}^{(1)}+(b_0m+b_1c)\Delta q_t^{(1)}$。因为 $\Delta q_t^{(1)}$ 是基于 t 时刻切线刚度计算得到,没有考虑 t

到 $t+\Delta t$ 时段内结构状态改变的影响,故 $\Delta f_t^{(1)}$ 与 $\Delta\overline{Q}_t$ 不一定相等,定义不平衡力 $\Delta R_t^{(1)}=\Delta\overline{Q}_t-\Delta f_t^{(1)}$。当不平衡力 $\Delta R_t^{(1)}$ 满足

$$\frac{|\Delta R_t^{(1)}|}{|\Delta\overline{Q}_t|}\leqslant\varepsilon_{\mathrm{R}} \tag{8-6-13}$$

可认为迭代过程收敛,迭代过程结束,其中 ε_{R} 为相对不平衡力容许限值,通常在$10^{-6}\sim10^{-3}$范围内取值。当上述收敛准则不满足时,按下式计算该不平衡力引起的附加位移

$$\overline{k}_t\Delta q_t^{(2)}=\Delta R_t^{(1)} \tag{8-6-14}$$

继续使用附加位移 $\Delta q_t^{(2)}$ 计算不平衡力 $\Delta R_t^{(2)}$,若不平衡力还不收敛,继续计算出 $\Delta q_t^{(3)}$ 与 $\Delta R_t^{(3)}$,…, $\Delta q_t^{(l)}$ 与 $\Delta R_t^{(l)}$,直到满足不平衡力收敛,即满足 $|\Delta R_t^{(l)}|/|\Delta\overline{Q}_t|\leqslant\varepsilon_{\mathrm{R}}$ 为止。

这里也可以采用位移收敛准则判断迭代的收敛性,即需要满足

$$\frac{|\Delta q_t^{(l)}|}{|\Delta q_t|}<\varepsilon_{\mathrm{q}} \tag{8-6-15}$$

式中,ε_{q} 为相对位移容许限值,其取值范围同 ε_{R}。

$$\Delta q_t=\sum_{i=1}^{l}\Delta q_t^{(i)} \tag{8-6-16}$$

对于多自由度系统,式(8-6-13)中的力以及式(8-6-15)中的位移量应表示为向量形式,$|\cdot|$则表示向量的欧几里得范数。如果位移向量(或力向量)的不同元素用不同单位测量,比如框架结构的位移向量包含节点线位移与转角,力向量包含力与力矩,并且它们的数值相差较大,这样会导致线位移与转角位移量的收敛程度相差很大,此时建议使用相对做功增量判断迭代的收敛性[22],即

$$\frac{|\Delta R_t^{(l)}\Delta q_t^{(l)}|}{|\Delta\overline{Q}_t\Delta q_t|}<\varepsilon_{\mathrm{w}} \tag{8-6-17}$$

式中,ε_{w} 为相应的迭代收敛容许限值,建议在$10^{-10}\sim10^{-5}$范围内取值。

满足收敛条件后,可由式(8-6-16)得到从 t 到 $t+\Delta t$ 时间步长的位移增量 Δq_t。其余计算同前面无迭代计算。$\Delta\ddot{q}_t$ 与 $\Delta\dot{q}_t$ 分别由式(8-6-7)与式(8-6-8)确定,从而可得到 $t+\Delta t$ 时刻响应 $q_{t+\Delta t}$、$\dot{q}_{t+\Delta t}$与 $\ddot{q}_{t+\Delta t}$。以上迭代过程称为修正的牛顿-拉夫逊法。为了方便计算,归纳该迭代方法的计算过程如下:

(1)计算初始条件(对第一步而言)

①确定不变的系统特性,如 m、c;

②根据系统给定的初始条件 q_0 与 $\dot{q}_0$,确定初始切线刚度 k_0;

③基于初始条件 q_0 与 $\dot{q}_0$,由 $m\ddot{q}_0+c\dot{q}_0+k_0q_0=Q_0$ 算出 $\ddot{q}_0$;

④选定迭代时间步长和控制参数($\delta=1/2,\alpha=1/4$);

⑤计算下列常数:$b_0=1/[\alpha(\Delta t)^2]$,$b_1=\delta/(\alpha\Delta t)$,$b_2=1/(\alpha\Delta t)$,$b_3=1/(2\alpha)-1$,$b_4=\delta/\alpha-1$,$b_5=(\delta/\alpha-2)\Delta t/2$。

(2)计算每一步长的终点响应

①由 t 时刻的位移 q_t 与速度 $\dot{q}_t$ 确定 t 时刻的切线刚度 k_t;

②确定等效刚度 $\overline{k}_t$ 与等效荷载增量 $\Delta\overline{Q}_t$;

③求解方程 $\overline{k}_t\Delta q_t^{(1)}=\Delta\overline{Q}_t$ 得 $\Delta q_t^{(1)}$;

④确定与 $\Delta q_t^{(1)}$ 对应的等效抗力增量 $\Delta f_t^{(1)}$;

⑤确定不平衡力 $\Delta R_t^{(1)}=\Delta\overline{Q}_t-\Delta f_t^{(1)}$；

⑥按收敛性准则式(8-6-13)判断收敛性，若满足收敛准则，则迭代结束，转到第⑧步继续计算，否则继续第⑦步计算；

⑦继续求解 $\Delta q_t^{(2)}$ 与 $\Delta R_t^{(2)},\cdots,\Delta q_t^{(l)}$ 与 $\Delta R_t^{(l)}$，直到满足收敛性准则；

⑧计算 $\Delta q_t=\sum_{i=1}^{l}\Delta q_t^{(i)}$；

⑨由式(8-6-7)与式(8-6-8)分别求得 $\Delta\ddot{q}_t$、$\Delta\dot{q}_t$，并得到 $q_{t+\Delta t}$、$\dot{q}_{t+\Delta t}$ 及 $\ddot{q}_{t+\Delta t}$；

至此完成了一个步长内的迭代计算。

原始牛顿-拉夫逊法比上面描述的迭代过程收敛得更快一些。代价是需要附加计算，在每次迭代过程，要用切线刚度 $k_t^{(i)}$ 代替 k_t，如图 8-6-2b)所示，即式(8-6-9)中 $\bar{k}_t$ 要用 $\bar{k}_t^{(i)}$ 代替，从而获得比修正牛顿-拉夫逊法更好的收敛效果。对比图 8-6-2a)与图 8-6-2b)可知，后者的每一次迭代的残余力 $\Delta R_t^{(i)}$ 变小了，用相对较少的迭代次数即可收敛。然而，后者需要在每次迭代时求切线刚度，涉及附加计算，对于多自由度系统，这种附加计算的计算量可能较大。

非线性系统逐步积分法的稳定性及精度与非线性类型等因素密切相关，准确概括其稳定性的一般特征比较困难。文献[36]对此问题做了初步分析，其结论可供参考，具体如下：进入弹塑性阶段后，结构的软化将使其固有周期变长，从而使算法更容易满足稳定性条件，因此数值积分方法只要在结构反应计算的初始弹性阶段满足稳定性条件，即可确保在整个非线性计算阶段也是稳定的。对比线弹性和弹塑性算例可以发现，采用时域逐步积分算法进行计算时，在相同步长情况下，弹塑性情况下的计算精度要比线弹性时的低。因此，在采用时域逐步积分算法进行结构弹塑性动力反应的计算时，步长的选取应该更严格。

8.7 算例分析

以某单自由度系统为分析对象，分别考虑系统线性与非线性刚度特性，采取不同方法，选取不同计算参数，计算系统动力响应，从实例的角度分析各算法解的基本特性。

单自由度线性系统的刚度系数 $k=1751.18\ \mathrm{kN/m}$，阻尼比 $\xi=0.05$，质量 $m=44.357\times10^3\mathrm{kg}$，系统自振周期 $T=1\mathrm{s}$，对应的自振圆频率为 $\omega=6.283\mathrm{rad/s}$。外荷载 $Q(t)$ 为半周正弦脉冲力，见式(8-7-1)。具体计算内容如下：

$$Q(t)=\begin{cases}44.48\sin\left(\dfrac{\pi t}{0.6}\right) & (0\leqslant t<0.6)\\ 0 & (0.6\leqslant t<1)\end{cases}\tag{8-7-1}$$

(1)线性系统动力响应分析

分别采用线性加速度法、威尔逊-θ($\theta=1.4$)法与纽马克法($\delta=1/2,\alpha=1/4$)计算稳态响应，时间步长 Δt 分别取为 0.2s、0.1s、0.05s、0.01s；同时采用解析方法算出了响应的理论解。0～1s 内的响应计算结果见表 8-7-1～表 8-7-3。

从表 8-7-1～表 8-7-3 中可以看出，当时间步长 Δt 取为 0.2s 时，计算动力响应与理论值有较大误差；当 Δt 取为 0.1s 时，其数值计算响应与理论值比较接近；当 Δt 取为 0.05s 时，数值计算结果与理论值结果很接近；当 Δt 取为 0.01s 时，数值计算结果与理论值结果几乎重合。可见，步长周期比 $\Delta t/T<0.1$s，三种算法均可得到满意的计算精度。

基于线性加速度法的线性系统动力响应 表 8-7-1

时间(s)	位移(10^{-2}m)($\Delta t=0.2$s)	位移(10^{-2}m)($\Delta t=0.1$s)	位移(10^{-2}m)($\Delta t=0.05$s)	位移(10^{-2}m)($\Delta t=0.01$s)	理论值(10^{-2}m)
0	0	0	0	0	0
0.1	—	0.076	0.082	0.083	0.083
0.2	0.437	0.557	0.584	0.592	0.592
0.3	—	1.566	1.627	1.647	1.648
0.4	2.495	2.827	2.917	2.946	2.948
0.5	—	3.755	3.842	3.870	3.871
0.6	3.570	3.715	3.751	3.762	3.763
0.7	—	2.417	2.367	2.349	2.349
0.8	0.728	0.323	0.196	0.152	0.151
0.9	—	-1.767	-1.917	-1.967	-1.969
1.0	-2.711	-3.101	-3.199	-3.229	-3.230

基于威尔逊-θ 法的线性系统动力响应 表 8-7-2

时间(s)	位移(10^{-2}m)($\Delta t=0.2$s)	位移(10^{-2}m)($\Delta t=0.1$s)	位移(10^{-2}m)($\Delta t=0.05$s)	位移(10^{-2}m)($\Delta t=0.01$s)	理论值(10^{-2}m)
0	0	0	0	0	0
0.1	—	0.071	0.080	0.083	0.083
0.2	0.361	0.522	0.572	0.591	0.592
0.3	—	1.471	1.596	1.646	1.648
0.4	2.117	2.678	2.872	2.945	2.948
0.5	—	3.618	3.807	3.869	3.871
0.6	3.346	3.700	3.762	3.763	3.763
0.7	—	2.624	2.448	2.353	2.349
0.8	1.553	0.751	0.336	0.159	0.151
0.9	—	-1.248	-1.771	-1.961	-1.969
1.0	-1.406	-2.710	-3.117	-3.227	-3.230

基于纽马克法的线性系统动力响应 表 8-7-3

时间(s)	位移(10^{-2}m)($\Delta t=0.2$s)	位移(10^{-2}m)($\Delta t=0.1$s)	位移(10^{-2}m)($\Delta t=0.05$s)	位移(10^{-2}m)($\Delta t=0.01$s)	理论值(10^{-2}m)
0	0	0	0	0	0
0.1	—	0.111	0.091	0.084	0.083
0.2	0.596	0.591	0.592	0.592	0.592
0.3	—	1.555	1.623	1.647	1.648
0.4	2.282	2.750	2.896	2.946	2.948

续上表

时间(s)	位移(10^{-2}m)($\Delta t=0.2$s)	位移(10^{-2}m)($\Delta t=0.1$s)	位移(10^{-2}m)($\Delta t=0.05$s)	位移(10^{-2}m)($\Delta t=0.01$s)	理论值(10^{-2}m)
0.5	—	3.635	3.811	3.869	3.871
0.6	3.138	3.615	3.727	3.761	3.763
0.7	—	2.444	2.378	2.350	2.349
0.8	1.116	0.485	0.241	0.154	0.151
0.9	—	-1.535	-1.856	-1.964	-1.969
1.0	-1.941	-2.906	-3.152	-3.227	-3.230

为了分析算法的稳定性,分别选取步长为0.1s、0.25s、0.55s、0.6s,运用三种算法计算位移响应。为了观察响应的发散性,给出了0~12s内的响应,见图8-7-1~图8-7-4。从图中可以发现,对于线性加速度法,当$\Delta t<0.551T$时,解是稳定的,当$\Delta t=0.6\text{s}>0.551T$时,响应出现发散现象;对于威尔逊-$\theta$法($\theta=1.4$)与纽马克法($\delta=1/2,\alpha=1/4$),当步长较大时,计算精度很低,但是未出现发散现象,可见解是稳定的。

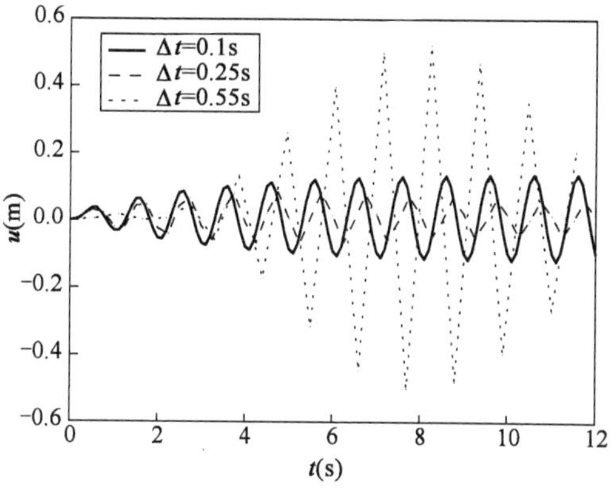

图8-7-1 不同步长下位移响应(线性加速法)

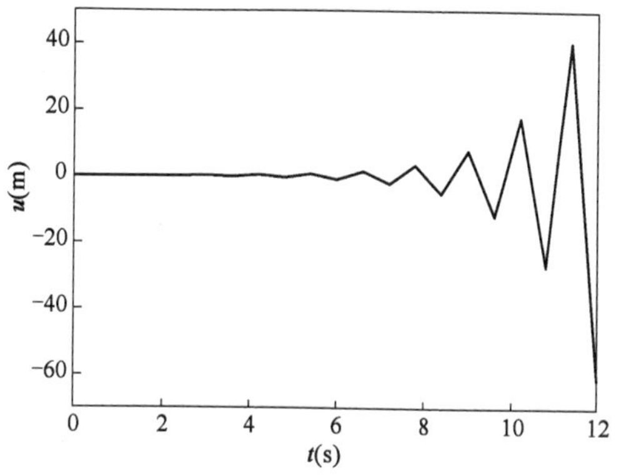

图8-7-2 位移响应(线性加速度法,$\Delta t=0.6$s)

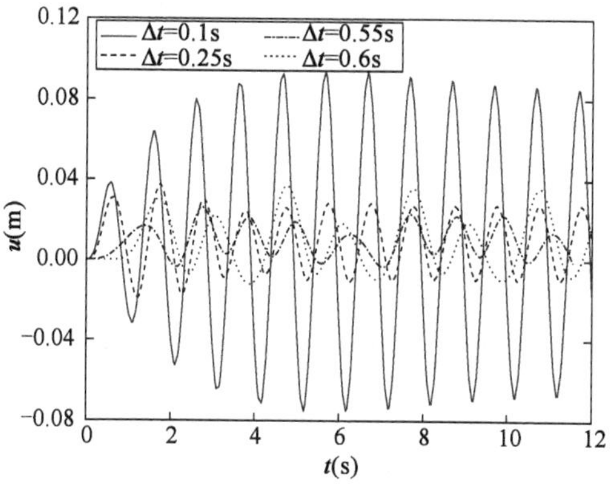

图8-7-3 不同步长下位移响应(威尔逊-θ法)

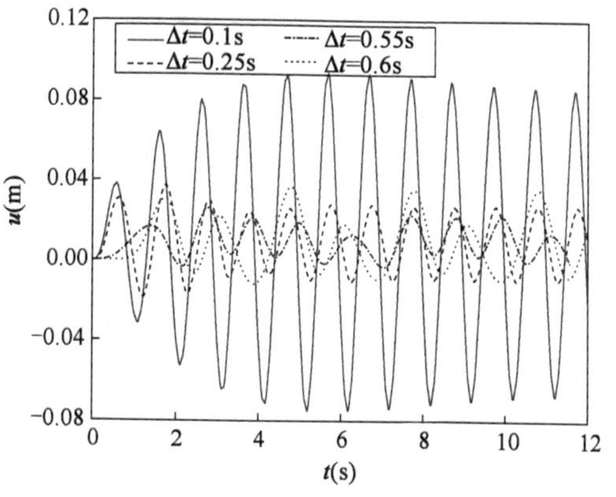

图8-7-4 不同步长下位移响应(纽马克法)

(2)非线性系统动力响应分析

为了分析非线性系统的算法解特性,在上述单自由度系统参数的基础上,进一步考虑刚度的

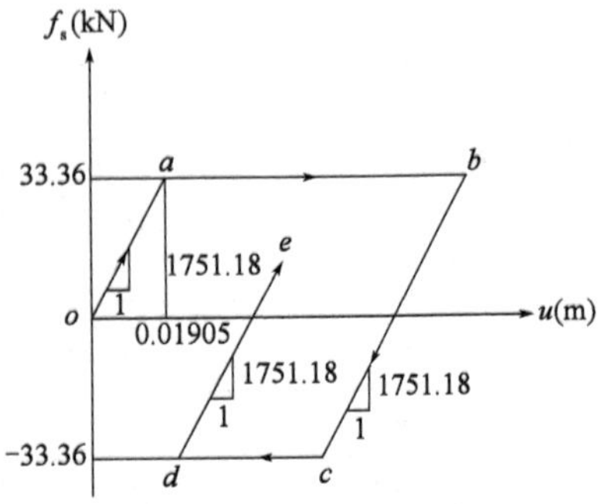

图 8-7-5　弹塑性抗力-位移关系曲线

非线性因素。恢复力-变形关系为弹塑性,滞回曲线见图 8-7-5,屈服变形为 1.905cm,屈服力 $f_y = 33.36$kN。确定该系统(从静止开始)对半周期正弦脉冲力的响应 $u(t)$。

首先,采用纽马克法与修正牛顿-拉夫逊迭代法求解系统增量平衡方程,选取不同的时间步长 Δt 分析解的收敛性与精度。表 8-7-4 列出了 0 ~ 1s 内的位移响应。从计算结果可以看出,随着时间步长减少,位移响应趋于稳定,取 $\Delta t = 0.05$s,并以不平衡力作为收敛指标($\varepsilon_R = 10^{-4}$),计算结果基本能满足计算精度的要求。为了分析系统处于非线性状态下的计算迭代特性,针对 $\Delta t = 0.1$s 的情况,将详细的迭代计算过程列于表 8-7-5。从中可以看出,在 0.1 ~ 0.3s 时段,系统处于线性状态,无须迭代计算;在 0.3 ~ 0.4s 步长内,位移超过 1.905×10^{-2}m,系统进入屈服平台 ab,刚度系数由 0.3s 的系统状态确定,迭代计算 4 次才满足收敛准则;在 0.4 ~ 0.7s 时段,系统处于屈服平台 ab,刚度系数为零,无须迭代;在 0.7 ~ 0.8s 步长内,位移减小,系统进入卸载状态 bc,但采用 0.7s 的刚度参数,迭代计算 4 次满足收敛准则;在 0.8 ~ 1.0s 时段,系统处于卸载状态,按 0.8s 的系统状态确定刚度系数为 1751.18kN/m,无须迭代即可算出相应响应。

基于修正牛顿-拉夫逊迭代法的非线性系统动力响应　　表 8-7-4

时间(s)	位移(10^{-2}m)		
	$\Delta t = 0.1$s	$\Delta t = 0.05$s	$\Delta t = 0.01$s
0	0	0	0
0.1	0.111	0.091	0.084
0.2	0.591	0.592	0.592
0.3	1.555	1.623	1.647
0.4	2.830	2.954	2.990
0.5	4.118	4.294	4.343
0.6	5.052	5.292	5.358
0.7	5.321	5.591	5.665
0.8	4.885	5.167	5.242
0.9	3.961	4.227	4.297
1.0	2.897	3.146	3.213

基于修正牛顿-拉夫逊迭代法的响应计算过程($\Delta t = 0.1$s)　　表 8-7-5

时间(s)	位移(10^{-2}m)	刚度系数(kN/m)	$\lvert \Delta R_t^{(l)} \rvert / \lvert \Delta \overline{Q}_t \rvert$($\times 10^{-4}$)	收敛判断($\varepsilon_R = 10^{-4}$)
0	0.000	1751.18	—	—
0.1	0.111	1751.18	0	收敛
0.2	0.591	1751.18	0	收敛
0.3	1.555	1751.18	0	收敛

续上表

时间(s)	位移 (10^{-2}m)	刚度系数(kN/m)	$\lvert \Delta R_t^{(l)} \rvert / \lvert \Delta \overline{Q}_t \rvert$($\times 10^{-4}$)	收敛判断($\varepsilon_R = 10^{-4}$)
0.4	2.750	1751.18	617.30	不收敛
	2.823	1751.18	53.91	不收敛
	2.830	1751.18	4.71	不收敛
	2.830	1751.18	0.41	收敛
0.5	4.118	0	0	收敛
0.6	5.052	0	0	收敛
0.7	5.321	0	0	收敛
0.8	4.844	0	956.91	不收敛
	4.889	0	91.57	不收敛
	4.885	0	8.76	不收敛
	4.885	0	0.84	收敛
0.9	3.961	1751.18	0	收敛
1.0	2.897	1751.18	0	收敛

注:表中刚度系数是指计算对应行的响应所采用的刚度参数,表 8-7-7 同此。

其次,采用纽马克法与牛顿-拉夫逊迭代法求解系统增量平衡方程,选取不同的时间步长,采用同样的收敛准则,探讨解的特性,计算结果见表 8-7-6 与表 8-7-7。与前面的结果对比可知:采用不同的迭代算法,计算响应基本接近;采用牛顿-拉夫逊迭代法,在 0.3 ~ 0.4s 与0.7 ~ 0.8s 的步长内,两次迭代就可以满足收敛要求,迭代次数小于修正的牛顿-拉夫逊法;其他时段无须迭代。

基于牛顿-拉夫逊迭代法的非线性系统动力响应 表 8-7-6

时间(s)	位移(10^{-2}m)		
	$\Delta t = 0.1$s	$\Delta t = 0.05$s	$\Delta t = 0.01$s
0	0	0	0
0.1	0.111	0.091	0.084
0.2	0.591	0.592	0.592
0.3	1.555	1.623	1.647
0.4	2.830	2.954	2.990
0.5	4.119	4.294	4.343
0.6	5.052	5.292	5.358
0.7	5.322	5.592	5.665
0.8	4.887	5.167	5.242
0.9	3.963	4.228	4.298
1.0	2.900	3.147	3.213

基于牛顿-拉夫逊迭代的响应计算过程($\Delta t = 0.1s$)　　表 8-7-7

时间(s)	位移 (10^{-2}m)	刚度系数(kN/m)	$\lvert \Delta R_t^{(l)} \rvert / \lvert \Delta \overline{Q}_t \rvert$ ($\times 10^{-4}$)	收敛判断($\varepsilon_R = 10^{-4}$)
0	0	1751.18	—	—
0.1	0.111	1751.18	0	收敛
0.2	0.591	1751.18	0	收敛
0.3	1.555	1751.18	0	收敛
0.4	2.750	1751.18	617.30	不收敛
	2.830	0	1.21×10^{-12}	收敛
0.5	4.119	0	0	收敛
0.6	5.052	0	0	收敛
0.7	5.322	0	0	收敛
0.8	4.846	0	956.91	不收敛
	4.887	1751.18	1.67×10^{-12}	收敛
0.9	3.963	1751.18	0	收敛
1.0	2.900	1751.18	0	收敛

最后,采用非迭代分析方法计算此例,时间步长分别取为 0.1s、0.05s 与 0.01s,计算结果见表 8-7-8。为了与迭代计算进行对比,将修正牛顿-拉夫逊法的计算结果也列于该表。对比计算响应可知:当 $\Delta t = 0.01s$ 时,非迭代算法与迭代算法的结果非常接近;而当 Δt 取 0.05s 与 0.1s 时,两者计算结果相差较大,非迭代法的精度比迭代法差很多。

基于非迭代与修正牛顿-拉夫逊法的非线性系统动力响应对比　　表 8-7-8

时间(s)	位移(10^{-2}m)					
	$\Delta t = 0.1s$		$\Delta t = 0.05s$		$\Delta t = 0.01s$	
	非迭代	迭代	非迭代	迭代	非迭代	迭代
0	0	0	0	0	0	0
0.1	0.111	0.111	0.091	0.091	0.084	0.084
0.2	0.591	0.591	0.592	0.592	0.592	0.592
0.3	1.555	1.555	1.623	1.623	1.647	1.647
0.4	2.750	2.830	2.896	2.954	2.988	2.990
0.5	3.881	4.118	4.076	4.294	4.339	4.343
0.6	4.668	5.052	4.924	5.292	5.352	5.358
0.7	4.799	5.321	5.083	5.591	5.656	5.665
0.8	4.245	4.885	4.536	5.167	5.231	5.242
0.9	3.251	3.961	3.526	4.227	4.286	4.297
1.0	2.187	2.897	2.449	3.146	3.202	3.213

本章习题

8.1 逐步积分法的基本思路和计算步骤是怎样的？线性系统与非线性系统是否均可用逐步积分法求解动力响应？

8.2 何为逐步积分法的稳定性？其稳定性与哪些因素有关？

8.3 推导纽马克法稳定性分析的递推关系，并分析该算法的稳定性条件。

8.4 运用线性加速度法求解习题3.6的线弹性系统动力响应。

8.5 在习题2.7的结构参数基础上，采用瑞利阻尼考虑结构的耗能因素，阻尼比$\xi=0.01$。基于习题2.7推导的系统运动方程，选择一种逐步积分法计算三种荷载工况下的系统动力响应，分析步长对响应的稳定性与精度的影响。

8.6 采用威尔逊-θ法与修正的牛顿-拉夫逊法计算8.7节非线性分析实例的动力响应。

第9章

随机振动初步

本书前面介绍的确定性振动分析是用确定性时间函数(或离散时间序列)表达各时刻的振动响应。工程中还存在另一类振动,其响应不能用上述方式加以描述,而只能用统计的方法和数据表达,这类振动是非确定性振动,即随机振动。例如,汽车行驶在高低不平的路面上时车身的振动、飞机在气流冲击下飞行时的振动、船舶在不规则波浪中的振动等都属于随机振动。工程中的随机振动,大多是由激励的随机性造成的,故本章仅讲述随机激励引起的随机响应问题,暂不讨论由系统特性随机性引起的随机响应问题。尽管随机振动响应无法用确定性时间函数描述,但大量实测数据表明,它们服从一定的统计规律。因此,对随机振动的研究一般采用统计学方法。随机振动分析的主要任务是研究激励的统计特性、系统响应的统计特性,以及研究它们与系统自身动力特性之间的关系。本章仅介绍与随机振动相关的数学基础以及随机振动理论的初步知识,更深入的内容可参阅其他相关资料。研究随机振动的最终目的是评估与改善系统的可靠性。为此,本章进一步介绍系统动力可靠性分析的初步知识,以便对系统随机动力分析有全貌性了解。

9.1 随机变量

9.1.1 随机变量的概念

随机变量是随机现象的数量化描述。它的取值随偶然因素而变化,但是又遵从一定的概率分布规律。随机变量按其取值的不同可分为离散型和连续型两大类。

离散型随机变量是指可能的取值能够一一列举出来(有限个或可列无限个)的随机变量。如掷一枚骰子,所得到的点数 X 就是一个离散型随机变量,X 的可能取值为 1、2、3、4、5、6。

连续型随机变量是指取值不能一一列举,而是连续取值的随机变量。例如,从一批灯泡中任取一个,在指定的条件下做寿命实验,则灯泡的寿命 X 就是一个连续型随机变量。X 可取区间 $[0,T]$ 上的一切值,其中 T 是某个正数。

9.1.2 概率分布函数与概率密度函数

设 X 为离散型随机变量,其可能取值为 $x_1,x_2,\cdots,x_i,\cdots$,取各可能值的概率为

$$p_i = P(X = x_i) \quad (i = 1,2,\cdots) \tag{9-1-1}$$

称 $p_i(i=1,2,\cdots)$ 为 X 的分布律。

对于连续型随机变量,应研究 X 落在某一区间上的概率,而不是某一可能值的概率。称连续型随机变量 X 落在区间 $(x,x+\Delta x)$ 内的概率与区间长度 Δx 之比 $P(x<X<x+\Delta x)/\Delta x$ 为平均概率密度。

$$\lim_{\Delta x \to 0}\frac{P(x<X<x+\Delta x)}{\Delta x} = f(x) \tag{9-1-2}$$

若式(9-1-2)的极限存在,则函数 $f(x)$ 描述了 X 在点 x 处的概率分布密集程度,故称为随机变量 X 的概率密度函数。随机变量 X 落在某一区间 (a,b) 内的概率为

$$P(a<X<b) = \int_a^b f(x)\,\mathrm{d}x \tag{9-1-3}$$

给定一随机变量 X(无论是离散型还是连续型),其取值不超过 x(x 为任一实数)的概率 $P(X\leqslant x)$ 是 x 的函数,称为 X 的概率分布函数,记为 $F(x)$,即

$$F(x) = P(X\leqslant x) \quad (-\infty < x < +\infty) \tag{9-1-4}$$

显然,离散型随机变量的概率分布函数是阶梯型函数。对于连续型随机变量,其概率分布函数可表达为

$$F(x) = \int_{-\infty}^{x} f(\xi)\,\mathrm{d}\xi \tag{9-1-5}$$

概率分布函数具有如下性质:

(1)$0\leqslant F(x)\leqslant 1$;

(2)概率分布函数是单调上升的;

(3)其左极限($x\to-\infty$ 时)为 0,而右极限($x\to+\infty$ 时)为 1;

(4)对于连续型随机变量,有

$$f(x) = \frac{\mathrm{d}F(x)}{\mathrm{d}x} \tag{9-1-6}$$

图 9-1-1a)和 9-1-1b)分别是连续型随机变量的概率密度函数 $f(x)$ 和概率分布函数 $F(x)$ 的典型形状。

在实际问题中,常常遇到必须考虑两个或两个以上随机变量的情况。例如炮弹在地面上命中的位置,要由平面上的坐标,即一对随机变量 X、Y 描述。下文将要介绍的随机过程就是一个随机变量族。多维随机变量概率特性需要用联合概率分布函数描述。

两个随机变量 X、Y 的联合概率分布函数定义为

$$F(x,y)=P(X\leqslant x,Y\leqslant y) \tag{9-1-7}$$

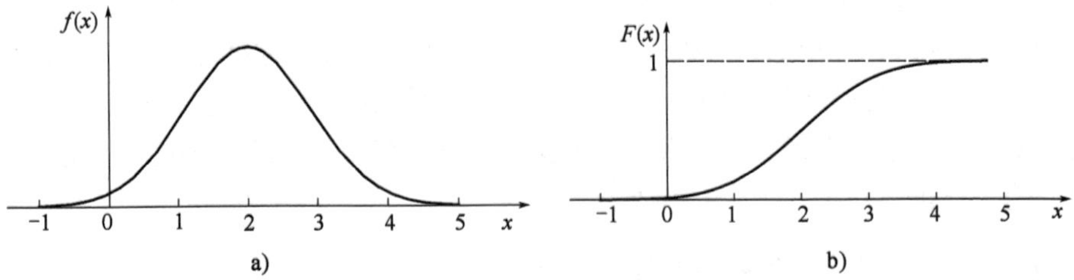

图 9-1-1 概率密度函数 $f(x)$ 和概率分布函数 $F(x)$ 示意图

a) 概率密度函数 $f(x)$；b) 概率分布函数 $F(x)$

连续型随机变量 X、Y 的联合概率密度函数定义为

$$f(x,y)=\frac{\partial^2 F(x,y)}{\partial x\partial y} \tag{9-1-8}$$

则

$$F(x,y)=\int_{-\infty}^{x}\int_{-\infty}^{y} f(\xi,\eta)\,\mathrm{d}\xi\mathrm{d}\eta \tag{9-1-9}$$

若 X、Y 是独立的，则有

$$f(x,y)=f_X(x)f_Y(y) \tag{9-1-10}$$

式中，$f_X(x)$、$f_Y(y)$ 分别为随机变量 X、Y 的概率密度函数。

两个随机变量的联合分布可直接推广到多个随机变量。对于 n 个随机变量，有

$$f(x_1,x_2,\cdots,x_n)=\frac{\partial^n F(x_1,x_2,\cdots,x_n)}{\partial x_1\partial x_2\cdots\partial x_n} \tag{9-1-11}$$

式中，$F(x_1,x_2,\cdots,x_n)$、$f(x_1,x_2,\cdots,x_n)$ 分别为随机变量 $X_1,X_2,\cdots,X_n$ 的联合概率分布函数与联合概率密度函数。

9.1.3 随机变量的数字特征

随机变量的概率分布函数(或概率密度函数，若存在)能完整描述随机变量的概率分布。然而在实际问题中，求随机变量的概率分布函数往往不是一件容易的事。因此，寻求能够表征随机变量特性的数字特征有着重要的实用意义。随机变量的这些数字特征包括均值、方差、均方值、协方差及相关系数等。

1) 均值

均值，又称数学期望，是描述随机变量取值的平均值。对于离散型随机变量 X，均值表示为

$$\mu_X=E(X)=\sum_i x_i p_i \tag{9-1-12}$$

式中，$x_i(i=1,2,\cdots)$ 为随机变量 X 的可能取值；$p_i=P(X=x_i)$ 为其分布律。对于连续型随机变量 X，若其概率密度函数为 $f(x)$，则均值可表示为

$$\mu_X=E(X)=\int_{-\infty}^{+\infty} xf(x)\,\mathrm{d}x \tag{9-1-13}$$

两个连续型随机变量 X 和 Y 乘积的均值可表示为

$$E(XY)=\int_{-\infty}^{+\infty}\int_{-\infty}^{+\infty} xyf(x,y)\,\mathrm{d}x\mathrm{d}y \tag{9-1-14}$$

其中，$f(x,y)$为随机变量 X 和 Y 的联合概率密度函数。

2）方差

方差描述随机变量取值相对其均值的偏离程度。对于离散型随机变量 X，方差表示为

$$\sigma_X^2 = D(X) = E[(X-\mu_X)^2] = \sum_i (x_i-\mu_X)^2 p_i \tag{9-1-15}$$

对于连续型随机变量 X，若其概率密度函数为 $f(x)$，则其方差可表示为

$$\sigma_X^2 = D(X) = E[(X-\mu_X)^2] = \int_{-\infty}^{+\infty} (x-\mu_X)^2 f(x)\,\mathrm{d}x \tag{9-1-16}$$

其中，σ_X 称为标准差或均方差。

3）均方值

均方值是随机变量 X 平方的均值，均方值表示随机变量取值相对原点的偏离程度，在工程上表示信号的强度（如能量、电功率等）。对于离散型随机变量 X，其均方值表示为

$$\psi_X^2 = E(X^2) = \sum_i x_i^2 p_i \tag{9-1-17}$$

对于连续型随机变量 X，若其概率密度函数为 $f(x)$，则其均方值表示为

$$\psi_X^2 = E(X^2) = \int_{-\infty}^{+\infty} x^2 f(x)\,\mathrm{d}x \tag{9-1-18}$$

其中，ψ_X 称为均方根值。

4）协方差与相关系数

设随机变量 X 与 Y 的均值 μ_X、μ_Y 和方差 σ_X^2、σ_Y^2 都存在，则 X 与 Y 的协方差为

$$C_{XY} = E[(X-\mu_X)(Y-\mu_Y)] \tag{9-1-19}$$

而 X 与 Y 的规格化协方差（也称为相关系数）为

$$\rho_{XY} = \frac{C_{XY}}{\sigma_X \sigma_Y} \tag{9-1-20}$$

协方差与相关系数是 X 与 Y 之间关系“密切程度”的表征。ρ_{XY}表示 X 与 Y 之间的线性相关程度，$\rho_{XY}=0$ 表示 X 与 Y 不相关；$|\rho_{XY}|=1$ 表示 X 与 Y 完全线性相关。例如，X 与 Y 满足 $Y=aX+b$ 的关系，两者完全线性相关；当 $a>0$ 时，$\rho_{XY}=1$；当 $a<0$ 时，$\rho_{XY}=-1$。

5）常用的数字特征具有的重要性质

(1)
$$D(X) = E(X^2) - [E(X)]^2 \tag{9-1-21}$$

(2)
$$E(a) = a, D(a) = 0 \quad (a\text{ 为常量}) \tag{9-1-22}$$

(3)
$$E(cX) = cE(X) \quad (c\text{ 为常量}) \tag{9-1-23}$$

(4)
$$E(XY) = E(X)E(Y) + E[(X-\mu_X)(Y-\mu_Y)] \tag{9-1-24}$$

(5)若 $X_1, X_2, \cdots, X_n$ 为 n 个随机变量，则

$$E(X_1+X_2+\cdots+X_n) = E(X_1)+E(X_2)+\cdots+E(X_n) \tag{9-1-25}$$

$$D(X_1+X_2+\cdots+X_n) = \sum_{i,j=1}^{n} E[(X_i-\mu_{X_i})(X_j-\mu_{X_j})] \tag{9-1-26}$$

9.2 随机过程

9.2.1 随机过程的概念

随机过程是随机变量概念的扩展。在自然界中，随机过程的例子很多。如研究飞机在飞

行中机翼的振动问题,假设对机翼上的某点加速度进行长时间观测,并把结果记录下来。取一次测量的结果便得到一个加速度-时间的确定性函数 $\ddot{v}_1(t)$。这个加速度-时间函数是不可预知的,只有通过测量才能得到。若在相同条件下独立地再进行一次测量,则得到的记录 $\ddot{v}_2(t)$ 是不同的。事实上,由于结构振动具有随机性,在相同的条件下每次测量都将获得不同的加速度-时间函数。这些函数形成了一个函数族,如图 9-2-1 所示。因此,结构振动过程的观测可以被看作一个随机试验,只是在这里每次试验都需在某个时间范围内持续进行,而相应的试验结果是时间 t 的函数。

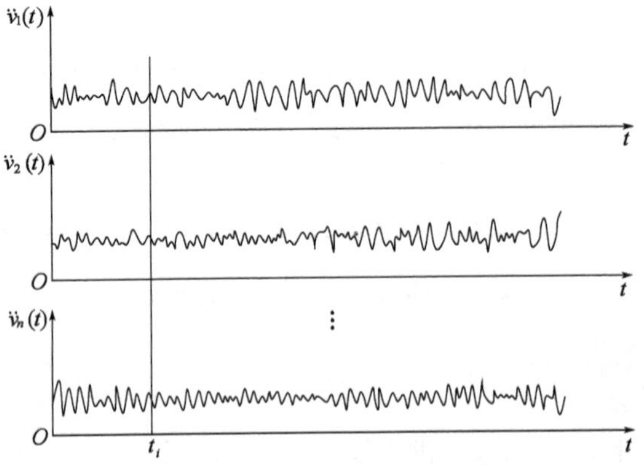

图 9-2-1　随机过程样本函数

随机试验可以用其可能的试验结果所构成的样本空间描述。上例中观测得到的一族加速度-时间函数可以用来描述飞机机翼的振动过程。现以此例为实际背景,引入随机过程的概念。

设 E 是随机试验,$S=\{e\}$ 是它的样本空间,如果对于每一个样本 $e\in S$,总可以依据某种规则确定一个时间 t 的函数

$$X(e,t),\quad t\in T \tag{9-2-1}$$

与之对应(T 是时间 t 的变化范围),那么对于所有的 $e\in S$ 来说,就得到一族时间 t 的函数,此族时间 t 的函数称为随机过程。而族中每一个函数称为随机过程的样本函数。对于每一个固定的时间 $t_i\in T$,$X(e,t_i)$ 是随机变量。通常为了方便,省去式(9-2-1)中的 e,用记号 $X(t)$ 表示随机过程,它的样本函数用 $x_i(t)$ 表示。可见,飞机飞行中的机翼振动过程是一个随机过程,一次观测得到的加速度-时间函数就是这个随机过程的一个样本函数。

9.2.2　随机过程的概率描述方法

随机过程在任意时刻的状态是随机变量,由此可以利用随机变量的概率密度函数或概率分布函数描述随机过程的统计特征,这些函数是以随机变量取值为自变量,故称为幅域描述方法。

设 $X(t)$ 为一随机过程,对于某一固定的 $t_1\in T$,$X(t_1)$ 是一个随机变量,它的概率分布函数一般与 t_1 有关,记为

$$F(x_1;t_1)=P[X(t_1)\leqslant x_1] \tag{9-2-2}$$

称为随机过程 $X(t)$ 的一维概率分布函数。若存在函数 $f(x_1;t_1)$,使

$$F(x_1;t_1)=\int_{-\infty}^{x_1} f(x_1;t_1)\,\mathrm{d}x_1 \tag{9-2-3}$$

成立,则称 $f(x_1;t_1)$ 为随机过程 $X(t)$ 的一维概率密度函数。

为了描述随机过程 $X(t)$ 在任意两个时刻 t_1 和 t_2 状态之间的联系,可以引入二维随机变量 $[X(t_1),X(t_2)]$ 的概率分布函数,它一般依赖于 t_1 与 t_2,记为

$$F(x_1,x_2;t_1,t_2)=P[X(t_1)\leqslant x_1,X(t_2)\leqslant x_2] \tag{9-2-4}$$

称为随机过程 $X(t)$ 的二维概率分布函数。若存在函数 $f(x_1,x_2;t_1,t_2)$,使

$$F(x_1,x_2;t_1,t_2)=\int_{-\infty}^{x_1}\int_{-\infty}^{x_2}f(x_1,x_2;t_1,t_2)\mathrm{d}x_2\mathrm{d}x_1 \tag{9-2-5}$$

成立,则称 $f(x_1,x_2;t_1,t_2)$ 为随机过程 $X(t)$ 的二维概率密度函数。

一般地,当时间 t 取任意 n 个数值 $t_1,t_2,\cdots,t_n$ 时,n 维随机变量 $[X(t_1),X(t_2),\cdots,X(t_n)]$ 的概率分布函数记为

$$F(x_1,x_2\cdots,x_n;t_1,t_2,\cdots,t_n)=P[X(t_1)\leqslant x_1,X(t_2)\leqslant x_2,\cdots,X(t_n)\leqslant x_n] \tag{9-2-6}$$

称为随机过程 $X(t)$ 的 n 维概率分布函数。如果存在函数 $f(x_1,x_2\cdots,x_n;t_1,t_2,\cdots,t_n)$,使

$$F(x_1,x_2\cdots,x_n;t_1,t_2,\cdots,t_n)=\int_{-\infty}^{x_1}\int_{-\infty}^{x_2}\cdots\int_{-\infty}^{x_n}f(x_1,x_2\cdots,x_n;t_1,t_2,\cdots,t_n)\mathrm{d}x_n\cdots\mathrm{d}x_2\mathrm{d}x_1 \tag{9-2-7}$$

成立,则称 $f(x_1,x_2\cdots,x_n;t_1,t_2,\cdots,t_n)$ 为随机过程 $X(t)$ 的 n 维概率密度函数。

n 维概率分布函数(或概率密度函数)能够近似地描述随机过程 $X(t)$ 的统计特性。显然,n 取得越大,n 维概率分布函数描述随机过程的统计特性越趋于完善。概率分布函数族 $\{F(x_1;t_1),F(x_1,x_2;t_1,t_2),\cdots\}$ 或概率密度函数族 $\{f(x_1;t_1),f(x_1,x_2;t_1,t_2),\cdots\}$ 可以完全确定随机过程的全部统计特性。

在工程振动问题中,需要研究的随机过程不止一个,例如系统动荷载与响应均为随机过程,所以有必要考察两个或两个以上随机过程的统计信息。

设有两个随机过程 $X(t)$ 和 $Y(t)$,$t_{x1},t_{x2},\cdots,t_{xn}$ 和 $t_{y1},t_{y2},\cdots,t_{ym}$ 是任意两组实数,则 $n+m$ 维随机变量 $[X(t_{x1}),X(t_{x2}),\cdots,X(t_{xn});Y(t_{y1}),Y(t_{y2}),\cdots,Y(t_{ym})]$ 的概率分布函数 $F(x_1,x_2,\cdots,x_n;t_{x1},t_{x2},\cdots,t_{xn};y_1,y_2,\cdots,y_m;t_{y1},t_{y2},\cdots,t_{ym})$ 称为随机过程 $X(t)$ 和 $Y(t)$ 的 $n+m$ 维联合概率分布函数。相应的 $n+m$ 维联合概率密度(如果存在)记为

$$f(x_1,x_2,\cdots,x_n;t_{x1},t_{x2},\cdots,t_{xn};y_1,y_2,\cdots,y_m;t_{y1},t_{y2},\cdots,t_{ym}) \tag{9-2-8}$$

若对于任意整数 n 和 m 以及数组 $t_{x1},t_{x2},\cdots,t_{xn}$ 和 $t_{y1},t_{y2},\cdots,t_{ym}$,联合概率分布函数满足关系式

$$\begin{aligned}&F(x_1,x_2,\cdots,x_n;t_{x1},t_{x2},\cdots,t_{xn};y_1,y_2,\cdots,y_m;t_{y1},t_{y2},\cdots,t_{ym})\\&=F(x_1,x_2,\cdots,x_n;t_{x1},t_{x2},\cdots,t_{xn})F(y_1,y_2,\cdots,y_m;t_{y1},t_{y2},\cdots,t_{ym})\end{aligned} \tag{9-2-9}$$

则称随机过程 $X(t)$ 和 $Y(t)$ 是相互独立的。

同样,用联合概率分布函数或联合概率密度函数也可以完整确定多个随机过程的统计信息。

9.2.3 随机过程的数字特征

理论上讲,概率分布函数族能反映随机过程全部统计特征,然而在实际应用中,确定随机过程的概率分布函数族并加以分析往往比较困难,甚至是不可能的。因而一般采用数字特征(均值、方差等)刻画随机过程的统计特性。这些数字特征既能描述随机过程的重要特征,又便于进行运算和实际测量。这些数字特征都是以时间为自变量的函数,所以属于随机过程的时域描述范畴。

设 $X(t)$ 是一随机过程,对于固定 t 时刻,$X(t)$ 是一个随机变量,它的均值可表示为

$$\mu_X(t) = E[X(t)] = \int_{-\infty}^{+\infty} x(t)f(x;t)\,\mathrm{d}x \tag{9-2-10}$$

式中，$f(x;t)$是$X(t)$的概率密度函数(如果存在)。均值反映了随机过程的总体情况和中心趋势。对于风速信号，它反映风速中的恒定风速分量；对自由体的振动记录，它反映刚体运动分量。

同样，均方值可表示为

$$\psi_X^2(t) = E[X^2(t)] = \int_{-\infty}^{+\infty} x^2(t)f(x;t)\,\mathrm{d}x \tag{9-2-11}$$

均方值反映了随机变量偏离计算原点的程度，很多情况下反映了振动的能量或功率。若$X(t)$代表振动的幅值，则其均方值反映振动的势能(变形能)；若$X(t)$表示振动速度，则其均方值反映振动的动能；若$X(t)$表示电压信号，则其均方值表示电功率。

方差为：

$$\sigma_X^2(t) = D[X(t)] = E\{[X(t) - \mu_X(t)]^2\} = \int_{-\infty}^{+\infty} [x(t) - \mu_X(t)]^2 f(x;t)\,\mathrm{d}x \tag{9-2-12}$$

方差σ_X^2反映随机过程在均值附近的波动大小或偏离大小(图9-2-2)，是动态分量，与振动的能量或功有关。

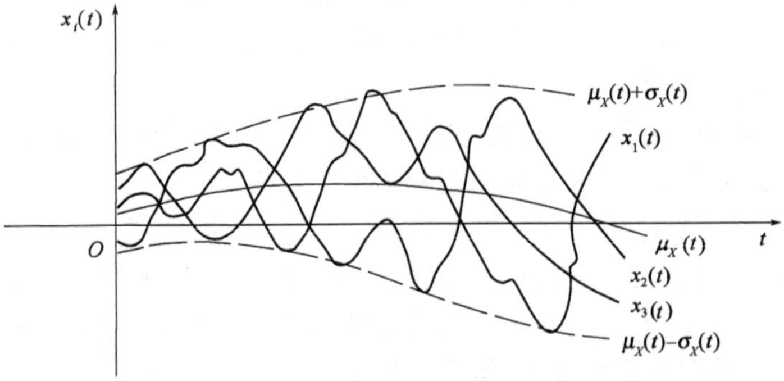

图9-2-2　均值与方差的物理意义

为了研究一个随机过程$X(t)$在两个不同时刻的值[$X(t_1)$和$X(t_2)$]的相互关系，定义它的自相关函数

$$R_{XX}(t_1,t_2) = E[X(t_1)X(t_2)] = \int_{-\infty}^{+\infty}\int_{-\infty}^{+\infty} x_1(t_1)x_2(t_2)f(x_1,x_2;t_1,t_2)\,\mathrm{d}x_2\mathrm{d}x_1 \tag{9-2-13}$$

式中，$f(x_1,x_2;t_1,t_2)$为随机变量$X(t_1)$和$X(t_2)$的联合概率密度函数(如果存在)。相应的自协方差函数为

$$\begin{aligned} C_{XX}(t_1,t_2) &= E\{[X(t_1) - \mu_X(t_1)][X(t_2) - \mu_X(t_2)]\} \\ &= \int_{-\infty}^{+\infty}\int_{-\infty}^{+\infty}[x_1(t_1) - \mu_X(t_1)][x_2(t_2) - \mu_X(t_2)]f(x_1,x_2;t_1,t_2)\,\mathrm{d}x_2\mathrm{d}x_1 \end{aligned} \tag{9-2-14}$$

定义规格化自协方差函数，即自相关系数如下：

$$\rho_{XX}(t_1,t_2) = \frac{C_{XX}(t_1,t_2)}{\sigma_X(t_1)\sigma_X(t_2)} \quad [-1 \leqslant \rho_{XX}(t_1,t_2) \leqslant 1] \tag{9-2-15}$$

为了研究两个随机过程 $X(t)$ 和 $Y(t)$ 在不同时刻的相互关系,定义互相关函数

$$R_{XY}(t_1,t_2) = E[X(t_1)Y(t_2)] = \int_{-\infty}^{+\infty}\int_{-\infty}^{+\infty} x(t_1)y(t_2)f(x,y;t_1,t_2)\mathrm{d}x\mathrm{d}y \tag{9-2-16}$$

式中,$f(x,y;t_1,t_2)$ 为随机变量 $X(t_1)$ 和 $Y(t_2)$ 的联合概率密度函数(如果存在)。相应的互协方差函数为

$$\begin{aligned} C_{XY}(t_1,t_2) &= E\{[X(t_1)-\mu_X(t_1)][Y(t_2)-\mu_Y(t_2)]\} \\ &= \int_{-\infty}^{+\infty}\int_{-\infty}^{+\infty}[x(t_1)-\mu_X(t_1)][y(t_2)-\mu_Y(t_2)]f(x,y;t_1,t_2)\mathrm{d}x\mathrm{d}y \end{aligned} \tag{9-2-17}$$

定义规格化互协方差函数,即互相关函数

$$\rho_{XY}(t_1,t_2) = \frac{C_{XY}(t_1,t_2)}{\sigma_X(t_1)\sigma_Y(t_2)} \quad [-1 \leqslant \rho_{XY}(t_1,t_2) \leqslant 1] \tag{9-2-18}$$

上述自相关函数、互相关函数等是反映随机过程在不同时刻的依赖程度,函数值与时间差有关(对于平稳过程仅依赖于时间差),故称为随机过程的时差域描述方法。

随机过程的数字特征具有如下性质:

$$\psi_X^2(t) = E[X^2(t)] = R_{XX}(t,t) \tag{9-2-19}$$

$$C_{XX}(t_1,t_2) = R_{XX}(t_1,t_2) - \mu_X(t_1)\mu_X(t_2) \tag{9-2-20}$$

$$\sigma_X^2(t) = C_{XX}(t,t) = R_{XX}(t,t) - \mu_X^2(t) \tag{9-2-21}$$

$$R_{XY}(t_1,t_2) = R_{YX}(t_2,t_1) \tag{9-2-22}$$

$$C_{XY}(t_1,t_2) = C_{YX}(t_2,t_1) \tag{9-2-23}$$

$$C_{XY}(t_1,t_2) = R_{XY}(t_1,t_2) - \mu_X(t_1)\mu_Y(t_2) \tag{9-2-24}$$

在诸多数字特征中,最主要的是均值和自相关函数。从理论角度看,仅仅研究均值和自相关函数当然不能代替整个随机过程的研究,但由于它们确实刻画了随机过程的主要统计特征,而且远较有限维概率分布函数族易于观测和实际计算,因而对于解决应用问题而言,它们常常能起到重要作用。

9.2.4 平稳随机过程

1)平稳随机过程的概念

作为一类特殊的随机过程,平稳随机过程比较容易计算,且在工程中得到了广泛应用。它的特点是概率特性不随时间变化。严格平稳在随机过程理论中有着严格的定义,它要求概率密度函数不随时间变化。在工程中通常很难满足严格平稳的条件,因而引入广义平稳(弱平稳或宽平稳)的概念,只需要均值为常量,自相关函数 $R_{XX}(t_1,t_2)$ 仅依赖于时差 t_2-t_1,即认为是平稳随机过程。

在平稳随机过程中最重要的一类是具有各态历经性的平稳随机过程。为了定义此类随机过程,需了解随机过程的集合平均与时间平均的表述方法。设随机过程 $X(t)$ 的子样本函数为 $x_1(t),x_2(t),\cdots,x_n(t)$,任意给定 t_1 时刻,其状态是随机变量 $X(t_1)$,它的取值为 $x_1(t_1)$,$x_2(t_1),\cdots,x_n(t_1)$,则其均值为

$$\mu_X(t_1) = \lim_{n\to+\infty}\frac{1}{n}\sum_{k=1}^{n}x_k(t_1) \tag{9-2-25}$$

若 t_1 处的概率密度函数 $f(x;t_1)$ 已知,则式(9-2-25)等同于下式

$$\mu_X(t_1) = E[X(t_1)] = \int_{-\infty}^{+\infty} xf(x;t_1)\mathrm{d}x \tag{9-2-26}$$

以上两式中,$\mu_X(t_1)$是随机过程$X(t)$的所有样本函数在t_1时刻的函数值的平均,称这种平均为随机过程$X(t)$在t_1时刻的集合平均。一般情况下,它依赖于采样时刻t_1。式(9-2-10)~式(9-2-13)以及式(9-2-16)分别是用集合平均方法表示随机过程$X(t)$的均值、均方值、方差、自相关函数与互相关函数。

理论上讲,随机过程$X(t)$是指由无限长的样本组成的集合。对样本函数沿整个时间轴求平均值,称为时间平均。设$\hat{x}(t)$为一定时长的样本函数,样本时长为$2T$,即$-T \leqslant t \leqslant T$,用时间平均方法表示随机过程$X(t)$的均值、方差、自相关函数如下:

$$\mu_X(t) = E[X(t)] = \lim_{T \to +\infty} \frac{1}{2T}\int_{-T}^{T} \hat{x}(t)\mathrm{d}t \tag{9-2-27}$$

$$E\{[X(t) - \mu_X(t)]^2\} = \lim_{T \to +\infty} \frac{1}{2T}\int_{-T}^{T} [\hat{x}(t) - \mu_X(t)]^2\mathrm{d}t \tag{9-2-28}$$

$$E[X(t)X(t+\tau)] = \lim_{T \to +\infty} \frac{1}{2T}\int_{-T}^{T} \hat{x}(t)\hat{x}(t+\tau)\mathrm{d}t \tag{9-2-29}$$

如果一个平稳随机过程由集合平均和时间平均得到的所有各组概率特性(包括均值、方差、自相关函数等)相等,那么就认为这类平稳过程具有各态历经性。也就是说,其中任意一条足够长的样本曲线基本上包含了该随机过程所具有的统计特性。因此,对于这类随机过程,只需测量到一条足够长的实测曲线,就可以由它得到所需的各种统计参数。根据所选取的统计参数不同,如选取平均值、相关函数等,各态历经有不同的数学定义,如均值的各态历经性、相关函数的各态历经性等。尽管各态历经性在数学上有相当严格的描述与限制,其限制比平稳性要严格很多,但是在工程应用上有时对这些限制的认定往往是极其粗糙的。例如,对于工程所在地点的一条地震记录曲线,尽管实际上连其平稳性也只能勉强予以认定,却不得不将其视为具有各态历经性,从中提取统计信息供计算分析使用。事实上,在同一地点获得两条以上地震记录曲线往往并不容易。

2)平稳随机过程的均值、相关函数及方差

广义平稳随机过程只需平均值与相关函数保持平稳即可,下面重点讨论此类平稳随机过程的均值、相关函数及方差等数字特征。

对任意t时刻,平稳随机过程$X(t)$的均值不变,即

$$\mu_X(t) = E[X(t)] = \int_{-\infty}^{+\infty} xf(x)\mathrm{d}x = \mu_X(\text{常数}) \tag{9-2-30}$$

对任意t时刻,平稳随机过程$X(t)$的自相关函数为

$$R_{XX}(t,t+\tau) = E[X(t)X(t+\tau)] = \int_{-\infty}^{+\infty}\int_{-\infty}^{+\infty} x_1(t)x_2(t+\tau)f(x_1,x_2;t,t+\tau)\mathrm{d}x_1\mathrm{d}x_2 \tag{9-2-31}$$

其中,x_1和x_2是取自同一随机过程的两个随机变量。考虑$X(t)$为平稳随机过程,其自相关函数仅取决于时间差τ,将$R_{XX}(t,t+\tau)$记为$R_{XX}(\tau)$,后续的平稳过程自相关函数同此表述。

自相关函数可以用来确定在任一时刻的随机数据对其以后数据的影响程度。例如,通过自相关函数图形分析,可检测到混在随机信号中的周期信号,因为随机信号的自相关函数是衰减的,而周期信号的自相关函数是不衰减的。

由式(9-2-21)可知,对于平稳过程有

$$\sigma_X^2(t) = R_{XX}(t,t) - \mu_X^2(t) = R_{XX}(0) - \mu_X^2 = \sigma_X^2(\text{常数}) \tag{9-2-32}$$

若 $X(t)$ 满足各态历经假设，$\hat{x}(t)$ 是一样本函数，则均值、方差与自相关函数也可分别用式(9-2-27)～式(9-2-29)表示。

平稳随机过程 $X(t)$ 的自相关函数 $R_{XX}(\tau)$ 具有如下性质：

(1) $R_{XX}(\tau)$ 是关于τ的偶函数，即

$$R_{XX}(-\tau)=R_{XX}(\tau) \tag{9-2-33}$$

(2)若将平稳随机过程 $X(t)$ 表示为 $X(t)=\mu_X+\xi(t)$，其中，μ_X 和 $\xi(t)$ 分别是 $X(t)$ 的均值和零均值平稳随机分量，则有

$$R_{XX}(\tau)=\mu_X^2+R_{\xi\xi}(\tau) \tag{9-2-34}$$

式中，$R_{\xi\xi}(\tau)$ 为平稳随机过程 $\xi(t)$ 的自相关函数。

(3) $R_{XX}(\tau)$ 为有界函数，且有 $\mu_X^2-\sigma_X^2\leqslant R_{XX}(\tau)\leqslant\mu_X^2+\sigma_X^2$，当$\tau=0$ 时，取上限值 $\mu_X^2+\sigma_X^2$。

(4)
$$R_{\dot{X}\dot{X}}(\tau)=-\frac{\mathrm{d}^2}{\mathrm{d}\tau^2}R_{XX}(\tau) \tag{9-2-35}$$

(5)
$$E[\dot{X}(t)]=\frac{\mathrm{d}}{\mathrm{d}t}E[X(t)]=0 \tag{9-2-36}$$

由性质(4)和(5)知，平稳随机过程的导数也是平稳的。

平稳随机过程 $X(t)$ 和 $Y(t)$ 的互相关函数 $R_{XY}(\tau)$ 和 $R_{YX}(\tau)$ 分别为

$$R_{XY}(\tau)=E[X(t)Y(t+\tau)]=\int_{-\infty}^{+\infty}\int_{-\infty}^{+\infty}x(t)y(t+\tau)f(x,y;t,t+\tau)\mathrm{d}x\mathrm{d}y \tag{9-2-37}$$

$$R_{YX}(\tau)=E[Y(t)X(t+\tau)]=\int_{-\infty}^{+\infty}\int_{-\infty}^{+\infty}y(t)x(t+\tau)f(y,x;t,t+\tau)\mathrm{d}x\mathrm{d}y \tag{9-2-38}$$

若 $X(t)$ 和 $Y(t)$ 满足各态历经假设，$\hat{x}(t)$ 和 $\hat{y}(t)$ 为各自样本，则 $R_{XY}(\tau)$ 和 $R_{YX}(\tau)$ 也可表示为

$$R_{XY}(\tau)=\lim_{T\to+\infty}\frac{1}{2T}\int_{-T}^{T}\hat{x}(t)\hat{y}(t+\tau)\mathrm{d}t \tag{9-2-39}$$

$$R_{YX}(\tau)=\lim_{T\to+\infty}\frac{1}{2T}\int_{-T}^{T}\hat{y}(t)\hat{x}(t+\tau)\mathrm{d}t \tag{9-2-40}$$

记 μ_X 和 μ_Y 分别是 $X(t)$ 和 $Y(t)$ 的均值，而 $\xi(t)$ 和 $\eta(t)$ 分别为 $X(t)$ 和 $Y(t)$ 的零均值随机分量，即

$$\xi(t)=X(t)-\mu_X,\quad \eta(t)=Y(t)-\mu_Y$$

则 $X(t)$ 和 $Y(t)$ 之间的互协方差函数为

$$C_{XY}(\tau)=E[\xi(t)\eta(t+\tau)]=R_{\xi\eta}(\tau) \tag{9-2-41}$$

$$C_{YX}(\tau)=E[\eta(t)\xi(t+\tau)]=R_{\eta\xi}(\tau) \tag{9-2-42}$$

用规格化互协方差定义互相关系数如下：

$$\rho_{XY}(\tau)=\frac{C_{XY}(\tau)}{\sigma_X\sigma_Y}\quad[-1\leqslant\rho_{XY}(\tau)\leqslant1] \tag{9-2-43}$$

$$\rho_{YX}(\tau)=\frac{C_{YX}(\tau)}{\sigma_Y\sigma_X}\quad[-1\leqslant\rho_{YX}(\tau)\leqslant1] \tag{9-2-44}$$

互相关函数用处很大，可用来探测振源、振动的传递路径、传递时间和传递速度等。例如输出信号点与振源信号点的距离为 l，可由信号分析仪得到振源信号 $x(t)$ 和某输出信号 $y(t)$ 的互相关函数，在 $R_{XY}(\tau)$ 上找出其最大值 R_{m} 所对应的时间 t_{m}，则振动的传播速度为l/t_{m}。

平稳随机过程 $X(t)$ 和 $Y(t)$ 的互相关函数 $R_{XY}(\tau)$ 和 $R_{YX}(\tau)$ 具有如下性质：

(1) $R_{XY}(\tau)$ 和 $R_{YX}(\tau)$ 都不是关于 τ 的偶函数，但它们满足如下关系：

$$R_{XY}(\tau)=R_{YX}(-\tau) \tag{9-2-45}$$

(2) 当 $\tau=0$ 时，$R_{XY}(\tau)$ 和 $R_{YX}(\tau)$ 都不取极大值，但满足

$$\begin{cases}|R_{XY}(\tau)|(\text{或}|R_{YX}(\tau)|)\leqslant\sqrt{R_{XX}(0)R_{YY}(0)}\\|R_{XY}(\tau)|(\text{或}|R_{YX}(\tau)|)\leqslant[R_{XX}(0)+R_{YY}(0)]/2\end{cases} \tag{9-2-46}$$

即 $|R_{XY}(\tau)|$ 或 $|R_{YX}(\tau)|$ 必小于或等于 $R_{XX}(0)$ 与 $R_{YY}(0)$ 的几何平均值和算术平均值。

(3) 由 $\xi(t)$ 和 $\eta(t)$ 的互相关函数可以按下式求出 $X(t)$ 和 $Y(t)$ 的互相关函数

$$R_{XY}(\tau)=\mu_X\mu_Y+R_{\xi\eta}(\tau) \tag{9-2-47}$$

$$R_{YX}(\tau)=\mu_X\mu_Y+R_{\eta\xi}(\tau) \tag{9-2-48}$$

以上关于平稳随机过程的自相关函数与互相关函数的性质的证明可参阅文献[31]。

3) 平稳随机过程的功率谱密度

一般工程上测得的信号多为时域信号。均值与方差等是从时域角度描述随机工程；相关函数描述了随机过程在时差域中的特性。然而，要全面、深刻地掌握结构振动过程的特征，还需要研究随机过程的频域成分以及每种频域成分对应的幅值或能量大小，称为随机过程的频域描述方法。通过对随机过程进行傅立叶变换可实现上述目标。

由于平稳过程 $X(t)$ 在区间 $(-\infty,+\infty)$ 内一般不是绝对可积的，即不满足 $\int_{-\infty}^{+\infty}|X(t)|\mathrm{d}t$ 为有限量这一傅立叶变换的必要条件，为此构造平稳过程 $X(t)(-\infty\leqslant t\leqslant+\infty)$ 的一个截尾函数

$$X_T(t)=\begin{cases}X(t) & (|t|\leqslant T)\\0 & (|t|>T)\end{cases} \tag{9-2-49}$$

显然，$X_T(t)$ 在区间 $(-\infty,+\infty)$ 内是绝对可积的，利用傅立叶变换得到 $X_T(t)$ 的频谱函数

$$\hat{X}(\bar{\omega},T)=\int_{-\infty}^{+\infty}X_T(t)\mathrm{e}^{-\mathrm{i}\bar{\omega}t}\mathrm{d}t=\int_{-T}^{T}X_T(t)\mathrm{e}^{-\mathrm{i}\bar{\omega}t}\mathrm{d}t \tag{9-2-50}$$

为了区分于结构自振频率符号 ω，同时与 3.7 节给出的复频响函数中的圆频率符号保持一致，本章与频域分析有关的圆频率均用 $\bar{\omega}$ 表示。利用巴塞伐等式，有

$$\int_{-T}^{T}X_T^2(t)\mathrm{d}t=\frac{1}{2\pi}\int_{-\infty}^{+\infty}|\hat{X}(\bar{\omega},T)|^2\mathrm{d}\bar{\omega} \tag{9-2-51}$$

将式(9-2-51)两边同时除以 $2T$ 得

$$\frac{1}{2T}\int_{-T}^{T}X_T^2(t)\mathrm{d}t=\frac{1}{4\pi T}\int_{-\infty}^{+\infty}|\hat{X}(\bar{\omega},T)|^2\mathrm{d}\bar{\omega} \tag{9-2-52}$$

显然，式(9-2-52)中诸积分都是随机的，对式(9-2-52)左侧的均值取极限

$$\lim_{T\to+\infty}E\left[\frac{1}{2T}\int_{-T}^{T}X_T^2(t)\mathrm{d}t\right] \tag{9-2-53}$$

并将其定义为平稳随机过程中 $X(t)$ 的平均功率。

交换式(9-2-53)中积分与均值运算顺序，于是有

$$\lim_{T\to+\infty}E\left[\frac{1}{2T}\int_{-T}^{T}X_T^2(t)\mathrm{d}t\right]=\lim_{T\to+\infty}\frac{1}{2T}\int_{-T}^{T}E[X_T^2(t)]\mathrm{d}t=\psi_X^2(\text{常数}) \tag{9-2-54}$$

可见，平稳随机过程 $X(t)$ 的平均功率等于该过程的均方值。

利用式(9-2-52)与式(9-2-54)可得

$$\psi_X^2 = \frac{1}{2\pi}\int_{-\infty}^{+\infty}\lim_{T\to+\infty}\frac{1}{2T}E[|\hat{X}(\overline{\omega},T)|^2]\mathrm{d}\overline{\omega} \tag{9-2-55}$$

式(9-2-55)中被积式称为平稳过程 $X(t)$ 的功率谱密度函数(也称为功率谱密度),即

$$S_{XX}(\overline{\omega}) = \lim_{T\to+\infty}\frac{1}{2T}E[|\hat{X}(\overline{\omega},T)|^2] \tag{9-2-56}$$

功率谱密度 $S_{XX}(\overline{\omega})$ 通常称为自谱密度或自谱,它是从频率角度描述 $X(t)$ 的统计规律最主要的数字特征。对自谱密度在整个频域内积分可得到其均方值,由于均方值在物理意义上代表功率或能量,所以自谱密度表示 $X(t)$ 的功率或能量关于频率的分布。

以上叙述的是自谱密度的定义。在实际结构的振动分析中,首要任务是获取荷载或输入的自谱密度,如车桥振动中的轨道不平顺谱、地震分析时用的地震谱等。为此,先测试一系列的样本 $\hat{x}_i(t)$,由傅立叶变换得到各样本的频谱函数 $\hat{X}_i(\overline{\omega},T_i)$[$2T_i$ 为样本 $\hat{x}_i(t)$ 的时长],进而求得各样本对应的自谱密度 $S_{X_iX_i}(\overline{\omega})$,即

$$S_{X_iX_i}(\overline{\omega}) = \frac{1}{2T_i}|\hat{X}_i(\overline{\omega},T_i)|^2 \tag{9-2-57}$$

再对各样本自谱密度作集合平均,可求得整个平稳随机过程 $X(t)$ 的自谱密度,即

$$S_{XX}(\overline{\omega}) = \lim_{n\to+\infty}\frac{1}{n}\sum_{i=1}^{n}S_{X_iX_i}(\overline{\omega}) \tag{9-2-58}$$

对于各态历经随机过程,集合的每一个样本都将给出相同的自谱密度,在这种情况下,就没有必要作上述集合平均,只要简单地利用一个样本 $\hat{x}_i(t)$ 求出自谱密度即可。对于工程中遇到的大多数各态历经随机过程而言,随着样本时长 $2T_i$ 增大,式(9-2-57)所给的自谱密度函数迅速趋近其极限,所以通常用一个较短的样本就可以达到足够的精度[1]。

有了自谱密度,式(9-2-55)可简写为

$$\psi_X^2 = \frac{1}{2\pi}\int_{-\infty}^{+\infty}S_{XX}(\overline{\omega})\mathrm{d}\overline{\omega} \tag{9-2-59}$$

由式(9-2-21)与式(9-2-19)可得

$$\sigma_X^2 = \psi_X^2 - \mu_X^2 = \frac{1}{2\pi}\int_{-\infty}^{+\infty}S_{XX}(\overline{\omega})\mathrm{d}\overline{\omega} - \mu_X^2 \tag{9-2-60}$$

当 $X(t)$ 的均值为零时,有

$$\sigma_X^2 = \frac{1}{2\pi}\int_{-\infty}^{+\infty}S_{XX}(\overline{\omega})\mathrm{d}\overline{\omega} \tag{9-2-61}$$

此处是通过自谱密度方式求 $X(t)$ 的方差,与式(9-2-32)异曲同工。

功率谱密度具有如下重要性质:

(1)非负性。

(2)$S_{XX}(\overline{\omega})$ 是关于 $\overline{\omega}$ 的偶函数,且为实函数。

(3)$S_{XX}(\overline{\omega})$ 和 $R_{XX}(\tau)$ 是一对傅立叶变换对,即

$$S_{XX}(\overline{\omega}) = \int_{-\infty}^{+\infty}R_{XX}(\tau)\mathrm{e}^{-\mathrm{i}\overline{\omega}\tau}\mathrm{d}\tau \tag{9-2-62}$$

$$R_{XX}(\tau) = \frac{1}{2\pi}\int_{-\infty}^{+\infty}S_{XX}(\overline{\omega})\mathrm{e}^{\mathrm{i}\overline{\omega}\tau}\mathrm{d}\overline{\omega} \tag{9-2-63}$$

式(9-2-62)与式(9-2-63)统称为维纳-辛钦公式,证明过程可参阅文献[31]。

(4)导数过程功率谱密度性质。

若平稳过程 $X(t)$ 的导数过程 $\dot{X}(t)$ 和 $\ddot{X}(t)$ 存在,根据维纳-辛钦公式,有

$$R_{\dot{X}\dot{X}}(\tau) = \frac{1}{2\pi}\int_{-\infty}^{+\infty} S_{\dot{X}\dot{X}}(\bar{\omega})\mathrm{e}^{\mathrm{i}\bar{\omega}\tau}\mathrm{d}\bar{\omega} \tag{9-2-64}$$

$$R_{\ddot{X}\ddot{X}}(\tau) = \frac{1}{2\pi}\int_{-\infty}^{+\infty} S_{\ddot{X}\ddot{X}}(\bar{\omega})\mathrm{e}^{\mathrm{i}\bar{\omega}\tau}\mathrm{d}\bar{\omega} \tag{9-2-65}$$

将式(9-2-63)代入式(9-2-35),可得

$$R_{\dot{X}\dot{X}}(\tau) = -\frac{\mathrm{d}^2}{\mathrm{d}\tau^2}R_{XX}(\tau) = \frac{1}{2\pi}\int_{-\infty}^{+\infty} \bar{\omega}^2 S_{XX}(\bar{\omega})\mathrm{e}^{\mathrm{i}\bar{\omega}\tau}\mathrm{d}\bar{\omega} \tag{9-2-66}$$

再次运用上述运算可得

$$R_{\ddot{X}\ddot{X}}(\tau) = \frac{\mathrm{d}^4}{\mathrm{d}\tau^4}R_{XX}(\tau) = \frac{1}{2\pi}\int_{-\infty}^{+\infty} \bar{\omega}^4 S_{XX}(\bar{\omega})\mathrm{e}^{\mathrm{i}\bar{\omega}\tau}\mathrm{d}\bar{\omega} \tag{9-2-67}$$

比较式(9-2-64)与式(9-2-66)、式(9-2-65)与式(9-2-67)可得出如下关系式

$$S_{\dot{X}\dot{X}}(\bar{\omega}) = \bar{\omega}^2 S_{XX}(\bar{\omega}) \tag{9-2-68}$$

$$S_{\ddot{X}\ddot{X}}(\bar{\omega}) = \bar{\omega}^2 S_{\dot{X}\dot{X}}(\bar{\omega}) = \bar{\omega}^4 S_{XX}(\bar{\omega}) \tag{9-2-69}$$

由于平稳过程的均值 $\mu(t)$ 为常数,由式(9-2-36)可知,其导数过程 $\dot{X}(t)$ 与 $\ddot{X}(t)$ 的均值均为零。对于平稳过程,根据式(9-2-61)可得

$$\sigma_{\dot{X}}^2 = E[\dot{X}^2(t)] = \frac{1}{2\pi}\int_{-\infty}^{+\infty} S_{\dot{X}\dot{X}}(\bar{\omega})\mathrm{d}\bar{\omega} = \frac{1}{2\pi}\int_{-\infty}^{+\infty} \bar{\omega}^2 S_{XX}(\bar{\omega})\mathrm{d}\bar{\omega} \tag{9-2-70}$$

$$\sigma_{\ddot{X}}^2 = E[\ddot{X}^2(t)] = \frac{1}{2\pi}\int_{-\infty}^{+\infty} S_{\ddot{X}\ddot{X}}(\bar{\omega})\mathrm{d}\bar{\omega} = \frac{1}{2\pi}\int_{-\infty}^{+\infty} \bar{\omega}^4 S_{XX}(\bar{\omega})\mathrm{d}\bar{\omega} \tag{9-2-71}$$

(5)互谱密度性质。

设 $X(t)$ 和 $Y(t)$ 是两个平稳随机过程,定义

$$S_{XY}(\bar{\omega}) = \lim_{T\to+\infty}\frac{1}{2T}E[\hat{X}^*(\bar{\omega},T)\hat{Y}(\bar{\omega},T)] \tag{9-2-72}$$

为平稳过程 $X(t)$ 和 $Y(t)$ 的互功率谱密度函数(也称为互谱密度或互谱)。上标 * 表示复数的共轭,即 $\hat{X}^*(\bar{\omega},T)$ 与 $\hat{X}(\bar{\omega},T)$ 互为共轭复数,$\hat{X}(\bar{\omega},T)$ 由式(9-2-50)可确定。

由式(9-2-72)可知,互谱密度不再是关于 $\bar{\omega}$ 的正的、实的偶函数,而是复函数。它具有以下性质:

①$S_{XY}(\bar{\omega}) = S_{YX}^*(\bar{\omega})$,可见 $S_{XY}(\bar{\omega})$ 与 $S_{YX}(\bar{\omega})$ 互为共轭复数。

②在互相关函数 $R_{XY}(\tau)$ 绝对可积的条件下,有

$$S_{XY}(\bar{\omega}) = \int_{-\infty}^{+\infty} R_{XY}(\tau)\mathrm{e}^{-\mathrm{i}\bar{\omega}\tau}\mathrm{d}\tau$$

$$R_{XY}(\tau) = \frac{1}{2\pi}\int_{-\infty}^{+\infty} S_{XY}(\bar{\omega})\mathrm{e}^{\mathrm{i}\bar{\omega}\tau}\mathrm{d}\bar{\omega}$$

③$S_{XY}(\bar{\omega})$ 与 $S_{YX}(\bar{\omega})$ 的实部是关于 $\bar{\omega}$ 的偶函数,虚部是关于 $\bar{\omega}$ 的奇函数。

④互谱密度与自谱密度之间满足如下不等式

$$|S_{XY}(\bar{\omega})|^2 \leqslant S_{XX}(\bar{\omega})S_{YY}(\bar{\omega})$$

在此定义相干函数如下:

$$\gamma_{XY}^2(\overline{\omega}) = \frac{|S_{XY}(\overline{\omega})|^2}{S_{XX}(\overline{\omega})S_{YY}(\overline{\omega})} \tag{9-2-73}$$

相干函数反映两个随机过程在各频率上分量间的线性相关程度，在一般情况下，有 $0 \leqslant \gamma_{XY}^2(\overline{\omega}) \leqslant 1$。当 $X(t)$ 和 $Y(t)$ 分别为系统输入与输出信号，可以利用相干函数确定输出信号 $Y(t)$ 在多大程度上来自输入信号 $X(t)$。当 $\gamma_{XY}^2(\overline{\omega}) = 1$ 时，说明输出完全来自输入，且系统为线性系统；当 $\gamma_{XY}^2(\overline{\omega}) < 1$ 时，对于线性系统，说明在频率点 $\overline{\omega}$ 处，输出信号部分来自于输入，其余部分来自于其他信号源或噪声；当 $\gamma_{XY}^2(\overline{\omega}) = 0$ 时，输入与输出信号完全不相干。

⑤若随机过程 $Z(t) = X(t) + Y(t)$，则 $Z(t)$ 的自谱密度为

$$S_{ZZ}(\overline{\omega}) = S_{XX}(\overline{\omega}) + S_{YY}(\overline{\omega}) + S_{XY}(\overline{\omega}) + S_{YX}(\overline{\omega}) \tag{9-2-74}$$

4)平稳过程常见类型

有了功率谱密度的概念之后，可把平稳过程按照它的频谱结构分为以下几种类型。

(1)单一频率成分的随机过程：各样本函数是频率相同而相位不同的随机变量的谐波。

(2)窄带平稳随机过程：平稳过程的自功率谱密度在很窄的频域范围具有较大的值。这种过程的典型样本函数、自相关函数及其自功率谱密度函数如图 9-2-3 所示。

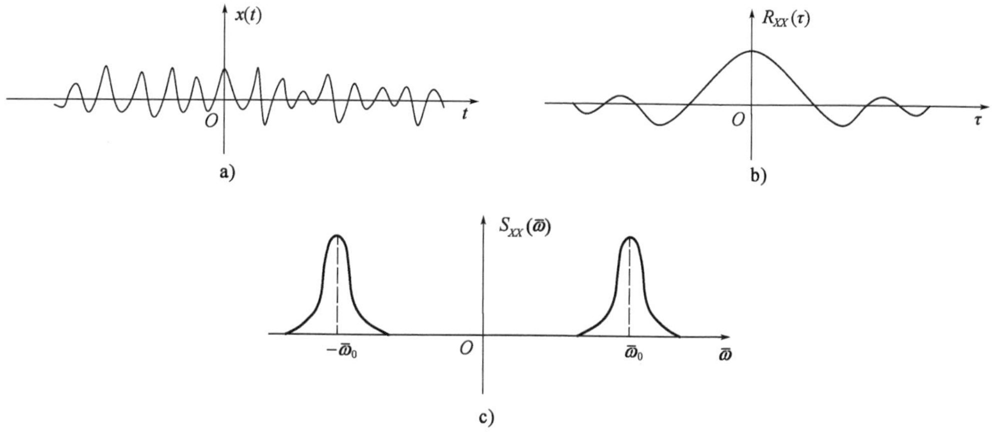

图 9-2-3　窄带平稳随机过程

a)样本函数；b)自相关函数；c)自功率谱密度函数

(3)宽带平稳随机过程：平稳过程的自功率谱密度在相当宽的频域范围具有较大的值。这种过程的典型样本函数、自相关函数及其自功率谱密度函数如图 9-2-4 所示。

(4)白噪声过程：把宽带过程加以理想化，假定 $S_{XX}(\overline{\omega}) = S_0$，见图 9-2-4c)。该随机信号均等地包含各种频率成分(从 $-\infty$ 直到 $+\infty$)，相当于各种颜色的光可以组成白光，故称为白噪声过程。白噪声过程的自相关函数为

$$R_{XX}(\tau) = \frac{S_0}{2\pi}\int_{-\infty}^{+\infty} e^{i\overline{\omega}\tau} d\overline{\omega} = S_0\delta(\tau) \tag{9-2-75}$$

式中，$\delta(\tau)$ 为狄拉克函数，也称为 δ 函数。可见，除 $\tau = 0$ 外，对于其他 $\tau \neq 0$ 都不相关，这是不现实的；此外方差又是无穷大，这在物理上也是不现实的。但在某些情况下，对于宽带过程，白噪声过程可提供一个很有用的数学模型。

带宽限制的白噪声过程：它的自功率谱密度[图 9-2-4c)]为

$$S_{XX}(\overline{\omega}) = \begin{cases} S_0 & (\overline{\omega}_a < |\overline{\omega}| < \overline{\omega}_b) \\ 0 & (\text{其他频率区域}) \end{cases} \tag{9-2-76}$$

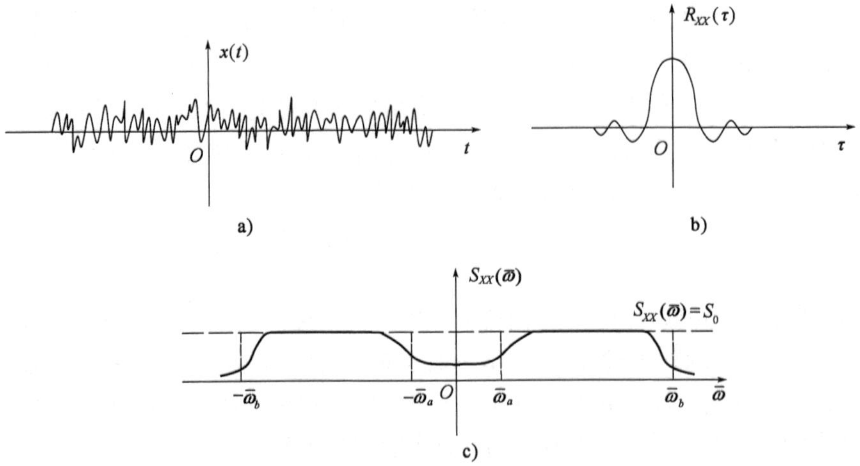

图 9-2-4 宽带平稳随机过程

a)样本函数;b)自相关函数;c)自功率谱密度函数

相应的自相关函数为

$$R_{XX}(\tau) = \frac{S_0(\sin\overline{\omega}_b\tau - \sin\overline{\omega}_a\tau)}{\pi\tau}$$

地震时地面运动加速度,如作为一个平稳随机过程看待,带宽限制的白噪声可作为其数学模型之一。

功率谱密度函数的应用非常广泛,常见的有:(1)自谱密度函数反映了信号的频率结构或波形信息;(2)自谱密度函数提供振动的能量信息——最重要的振动环境数据;(3)线性系统输出信号的自谱密度函数能反映振源的信息;(4)利用相干函数判断振动试验的质量,反映噪声干扰的大小,一般振动试验要求输入、输出的相干函数 $\gamma_{XY}^2(\overline{\omega}) \geq 0.9$;(5)利用功率谱密度函数可作为故障诊断的特征信号。

9.3 单自由度线性系统随机反应分析

9.3.1 单位脉冲反应函数与复频响应函数

1)单位脉冲反应函数

单位脉冲荷载是指作用时间很短,冲量等于1的荷载,可用 δ 函数表述。δ 函数是线性问题中广泛用于描述点源或瞬时量的一个广义函数,它的应用使一些很复杂的极限过程能够以非常简洁的数学形式表示。

δ 函数的定义为

$$\delta(t-\tau) = \begin{cases} +\infty & (t=\tau) \\ 0 & (t \neq \tau) \end{cases} \quad \text{且} \quad \int_{-\infty}^{+\infty} \delta(t-\tau)\,\mathrm{d}t = 1$$

在 $t=\tau$ 时刻的一个单位脉冲荷载 $P(t)=\delta(t-\tau)$[图 9-3-1a)]作用于单自由度系统，使系统的质点获得一个单位冲量，在脉冲结束后，质点获得一个初速度，即

$$m\dot{v}(\tau+\varepsilon)=\int_{\tau}^{\tau+\varepsilon}P(t)\mathrm{d}t=\int_{\tau}^{\tau+\varepsilon}\delta(t-\tau)\mathrm{d}t=1$$

当 $\varepsilon\to 0$ 时，

$$\dot{v}(\tau)=\frac{1}{m}$$

由于脉冲荷载作用时间很短，当 $\varepsilon\to 0$ 时，由单位脉冲荷载引起的质点的位移近似为零，即

$$v(\tau)=0$$

求系统在单位脉冲荷载作用下的反应，相当于求解单位脉冲作用后的自由振动问题。单位脉冲的作用相当于给系统一个初始条件，将 τ 时刻脉冲作用后的初始条件 $v(\tau)=0$，$\dot{v}(\tau)=1/m$ 代入单自由度系统自由振动响应的一般式[式(3-1-14)和式(3-1-22)]，可以分别得到无阻尼和有阻尼系统的单位脉冲反应函数。单位脉冲反应函数用 $h(t-\tau)$ 表示，其中 t 为系统动力反应时间，而 τ 则表示单位脉冲作用时刻。由物理概念可知，当 $t<\tau$ 时，τ 时刻荷载不会引起 t 时刻的响应，故此时 $h(t-\tau)=0$。

对于无阻尼系统，单位脉冲反应函数为

$$h(t-\tau)=\begin{cases}\dfrac{1}{m\omega}\sin[\omega(t-\tau)] & (t\geqslant\tau)\\ 0 & (t<\tau)\end{cases}\tag{9-3-1}$$

对于有阻尼(低阻尼)系统，单位脉冲反应函数为

$$h(t-\tau)=\begin{cases}\dfrac{1}{m\omega_{\mathrm{D}}}\mathrm{e}^{-\xi\omega(t-\tau)}\sin[\omega_{\mathrm{D}}(t-\tau)] & (t\geqslant\tau)\\ 0 & (t<\tau)\end{cases}\tag{9-3-2}$$

式(9-3-1)与式(9-3-2)中，ω 为无阻尼固有频率，ω_{D} 为有阻尼固有频率，ξ 为阻尼比。图 9-3-1b)给出了单位脉冲荷载作用于单自由度系统的反应，即 $h(t-\tau)$。

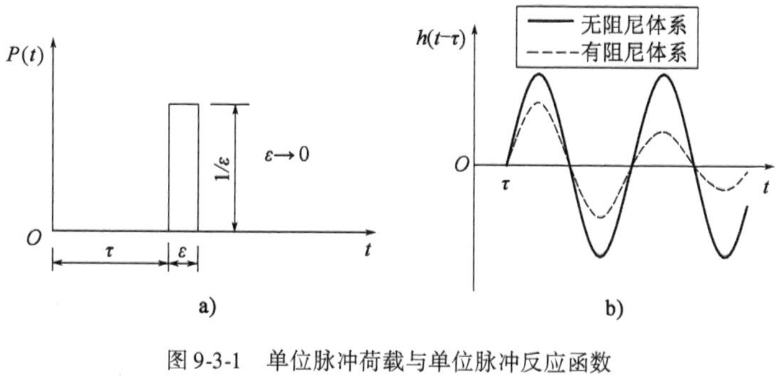

图 9-3-1 单位脉冲荷载与单位脉冲反应函数

a)单位脉冲荷载；b)单位脉冲反应函数

当 $\tau=0$ 时，得到低阻尼单自由度系统在单位脉冲荷载作用下的反应函数为

$$h(t)=\begin{cases}\dfrac{1}{m\omega_{\mathrm{D}}}\mathrm{e}^{-\xi\omega t}\sin\omega_{\mathrm{D}}t & (t\geqslant 0)\\ 0 & (t<0)\end{cases}\tag{9-3-3}$$

显然，τ 时刻的冲量 $P(\tau)\mathrm{d}\tau$ 引起的系统反应为 $P(\tau)\mathrm{d}\tau\cdot h(t-\tau)$，外荷载 $P(t)$ 在时间 $[0,t]$ 内使系统产生的总反应为

$$v(t) = \int_0^t P(\tau)h(t-\tau)\mathrm{d}\tau$$

此式即杜哈美积分,数学上称之为卷积,即线性系统对任意荷载的响应等于其单位脉冲反应与荷载函数的卷积,与3.6节根据物理概念推导的表达式[式(3-6-1)与式(3-6-2)]是一致的。上式中,如果将积分下限改为$-\infty$,积分上限改为$+\infty$,并不会改变积分结果。这是因为$\tau<0$时没有荷载作用于系统,$P(t)=0$;当$\tau>t$时,$h(t-\tau)=0$。于是杜哈美积分可改写为

$$v(t) = \int_{-\infty}^{+\infty} P(\tau)h(t-\tau)\mathrm{d}\tau \tag{9-3-4}$$

令$\theta=t-\tau$,做积分变换,式(9-3-4)可写为

$$v(t) = \int_{-\infty}^{+\infty} P(t-\theta)h(\theta)\mathrm{d}\theta \tag{9-3-5}$$

2)复频响应函数

关于复频响应函数$H(\overline{\omega})$,3.7节已作详细阐述,这里直接引用其表达式如下:

$$H(\overline{\omega}) = \frac{1}{k-m\overline{\omega}^2+\mathrm{i}\overline{\omega}c} \tag{9-3-6}$$

3)脉冲反应函数与复频响应函数的关系

从以上论述可知,任何外荷载都可以通过划分为微小的短时间脉冲,借助$h(t)$在时间域的积分(即运用叠加原理)而获得系统的总响应[式(9-3-5)]。$P(t)$也可以在频率域进行分解(傅立叶分解),对于每一个谐波分量利用$H(\overline{\omega})$求出相应的响应,然后使用叠加原理而得到总响应[式(3-7-8)]。显然,通过以上两种途径计算出的结果是一样的。这就暗示了脉冲反应函数$h(t)$与复频响应函数$H(\overline{\omega})$之间一定存在一种内在联系。下面来证明$h(t)$和$H(\overline{\omega})$构成了傅立叶变换对,即

$$H(\overline{\omega}) = \int_{-\infty}^{+\infty} h(t)\mathrm{e}^{-\mathrm{i}\overline{\omega}t}\mathrm{d}t \tag{9-3-7}$$

$$h(t) = \frac{1}{2\pi}\int_{-\infty}^{+\infty} H(\overline{\omega})\mathrm{e}^{\mathrm{i}\overline{\omega}t}\mathrm{d}\overline{\omega} \tag{9-3-8}$$

只要令$P(t)=\mathrm{e}^{\mathrm{i}\overline{\omega}t}$,利用式(9-3-5)就可得到反应为

$$v(t) = \int_{-\infty}^{+\infty} h(\theta)\mathrm{e}^{\mathrm{i}\overline{\omega}(t-\theta)}\mathrm{d}\theta = \mathrm{e}^{\mathrm{i}\overline{\omega}t}\int_{-\infty}^{+\infty} h(\theta)\mathrm{e}^{-\mathrm{i}\overline{\omega}\theta}\mathrm{d}\theta$$

由$v(t)=H(\overline{\omega})\mathrm{e}^{\mathrm{i}\overline{\omega}t}$(见3.7节),比较可得式(9-3-7)。可见,$H(\overline{\omega})$为$h(t)$的傅立叶变换,自然$h(t)$必为$H(\overline{\omega})$的傅立叶逆变换,即为式(9-3-8)。

9.3.2 反应过程的均值

在随机荷载$P(t)$作用下,线性时不变单自由度系统的响应$v(t)$也是一个随机过程,它的均值为

$$\mu_v(t) = E[v(t)] \tag{9-3-9}$$

式中,下标v代表响应,后文同此。利用式(9-3-5),可得

$$\mu_v(t) = E\left[\int_{-\infty}^{+\infty} h(\theta)P(t-\theta)\mathrm{d}\theta\right]$$

由于均值和积分的计算均为线性算子,交换它们的运算次序,上式变为

$$\mu_v(t) = \int_{-\infty}^{+\infty} h(\theta)E[P(t-\theta)]\mathrm{d}\theta$$

若 $P(t)$ 为平稳随机过程,则其均值是一个常数,即

$$E[P(t-\theta)]=E[P(t)]=\mu_p$$

式中,μ_p 表示荷载过程的均值,下标 p 代表荷载,后文同此。

所以

$$\mu_v(t)=\mu_p\int_{-\infty}^{+\infty}h(\theta)\mathrm{d}\theta \tag{9-3-10}$$

由式(9-3-7),可知

$$H(0)=\int_{-\infty}^{+\infty}h(\theta)\mathrm{d}\theta \tag{9-3-11}$$

于是式(9-3-10)可以改写为

$$\mu_v(t)=\mu_pH(0) \tag{9-3-12}$$

若外荷载是零均值的随机过程,即 $\mu_p(t)=E[P(t)]=0$,则系统反应过程的均值亦为零,即 $\mu_v(t)=E[v(t)]=0$。对于非零均值的激励,利用式(9-3-6)得 $H(0)=1/k$,则均值反应按式(9-3-12)计算得

$$\mu_v(t)=\mu_p/k \tag{9-3-13}$$

此式即为胡克定律的表达式。由此可见,非零均值荷载作用下的单自由度线性系统的反应均值相当于按静力方式进行计算,即将荷载过程均值 μ_p 看作静力施加于系统,其反应即为系统反应过程的均值 μ_v。

9.3.3 反应过程的自相关函数

平稳反应过程 $v(t)$ 的自相关函数为

$$R_{vv}(\tau)=E[v(t)v(t+\tau)] \tag{9-3-14}$$

将式(9-3-5)代入式(9-3-14),可得

$$R_{vv}(\tau)=E\left\{\left[\int_{-\infty}^{+\infty}h(x)P(t-x)\mathrm{d}x\right]\left[\int_{-\infty}^{+\infty}h(y)P(t+\tau-y)\mathrm{d}y\right]\right\}$$

交换均值和积分运算次序,得

$$R_{vv}(\tau)=\int_{-\infty}^{+\infty}h(x)\int_{-\infty}^{+\infty}h(y)E[P(t-x)P(t+\tau-y)]\mathrm{d}y\mathrm{d}x$$

注意到 $E[P(t-x)P(t+\tau-y)]=R_{pp}(\tau+x-y)$,则反应过程的自相关函数可表示为

$$R_{vv}(\tau)=\int_{-\infty}^{+\infty}h(x)\int_{-\infty}^{+\infty}h(y)R_{pp}(\tau+x-y)\mathrm{d}y\mathrm{d}x \tag{9-3-15}$$

采用式(9-3-15)计算系统平稳随机反应过程的自相关函数时,需要已知随机荷载过程的自相关函数 $R_{pp}(\tau)$ 并进行双重积分运算。而实际工程中 $R_{pp}(\tau)$ 很难获得。所以工程中很少直接利用式(9-3-15)计算结构随机反应的概率特性。但是一旦求得了结构随机反应过程的自相关函数 $R_{vv}(\tau)$,计算结构反应的方差就非常容易了。令式(9-3-15)中 $\tau=0$,根据式(9-2-21)可得

$$\sigma_v^2(t)=R_{vv}(0)-\mu_v^2(t) \tag{9-3-16}$$

当响应均值 $\mu_v(t)$ 为零时,有

$$\sigma_v^2(t)=R_{vv}(0) \tag{9-3-17}$$

9.3.4 反应过程的自谱密度函数

根据维纳-辛钦公式,系统平稳反应过程 $v(t)$ 的自谱密度函数为

$$S_{vv}(\overline{\omega}) = \int_{-\infty}^{+\infty} R_{vv}(\tau)\mathrm{e}^{-\mathrm{i}\overline{\omega}\tau}\mathrm{d}\tau$$

利用式(9-3-15),可得

$$S_{vv}(\overline{\omega}) = \int_{-\infty}^{+\infty}\left[\int_{-\infty}^{+\infty}\int_{-\infty}^{+\infty} h(x)h(y)R_{pp}(\tau + x - y)\mathrm{d}y\mathrm{d}x\right]\mathrm{e}^{-\mathrm{i}\overline{\omega}\tau}\mathrm{d}\tau$$

变换可得

$$S_{vv}(\overline{\omega}) = \int_{-\infty}^{+\infty} h(x)\mathrm{e}^{\mathrm{i}\overline{\omega}x}\int_{-\infty}^{+\infty} h(y)\mathrm{e}^{-\mathrm{i}\overline{\omega}y}\left[\int_{-\infty}^{+\infty} R_{pp}(\tau + x - y)\mathrm{e}^{-\mathrm{i}\overline{\omega}(\tau+x-y)}\mathrm{d}(\tau + x - y)\right]\mathrm{d}y\mathrm{d}x$$

基于式(9-3-7)与式(9-2-62),上式可写成

$$S_{vv}(\overline{\omega}) = H(-\overline{\omega})H(\overline{\omega})S_{pp}(\overline{\omega}) \tag{9-3-18}$$

容易证得

$$H(-\overline{\omega}) = H^*(\overline{\omega}) \tag{9-3-19}$$

式中,$H^*(\overline{\omega})$是$H(\overline{\omega})$的共轭复数。将式(9-3-19)代入(9-3-18),则系统反应的自谱密度函数可表示为

$$S_{vv}(\overline{\omega}) = H^*(\overline{\omega})H(\overline{\omega})S_{pp}(\overline{\omega}) = |H(\overline{\omega})|^2 S_{pp}(\overline{\omega}) \tag{9-3-20}$$

由式(9-3-20)可知,反应与荷载的自谱密度具有非常简单的关系,计算$|H(\overline{\omega})|$远比式(9-3-15)的二重积分运算容易,所以传统工程分析通常都是先计算反应的自谱密度,如需要,再通过傅立叶变换将它转换得到自相关函数。但是随着计算技术的发展和计算机能力的提高,这种趋势正在发生变化,基于直接求解自相关函数的分析方法受到更多重视。

根据式(9-2-59),利用自谱密度函数求系统反应的均方值ψ_v^2

$$\psi_v^2 = \frac{1}{2\pi}\int_{-\infty}^{+\infty} S_{vv}(\overline{\omega})\mathrm{d}\overline{\omega} \tag{9-3-21}$$

由式(9-2-60)可得

$$\sigma_v^2 = \psi_v^2 - \mu_v^2 = \frac{1}{2\pi}\int_{-\infty}^{+\infty} S_{vv}(\overline{\omega})\mathrm{d}\overline{\omega} - \mu_v^2$$

当系统反应均值μ_v为零时,$v(t)$的方差可表示为

$$\sigma_v^2 = \frac{1}{2\pi}\int_{-\infty}^{+\infty} S_{vv}(\overline{\omega})\mathrm{d}\overline{\omega} \tag{9-3-22}$$

与式(9-3-17)相比,式(9-3-22)需要进行积分运算。可见,反应自相关函数求解比较困难,但通过它计算方差却比较容易。而反应自谱密度函数比较容易求得,但通过它求解方差却比较麻烦。两种方法各有利弊,应视实际情况选用。

9.3.5 荷载与反应过程的互相关函数与互谱密度函数

根据随机过程互相关函数的定义,荷载过程与反应过程的互相关函数为

$$R_{pv}(\tau) = E[P(t)v(t+\tau)]$$

利用式(9-3-5),得

$$R_{pv}(\tau) = E\left[P(t)\int_{-\infty}^{+\infty} h(\theta)P(t + \tau - \theta)\mathrm{d}\theta\right]$$

交换均值与积分运算次序,有

$$R_{pv}(\tau) = \int_{-\infty}^{+\infty} h(\theta)E[P(t)P(t + \tau - \theta)]\mathrm{d}\theta$$

即

$$R_{pv}(\tau)=\int_{-\infty}^{+\infty}h(\theta)R_{pp}(\tau-\theta)\mathrm{d}\theta \tag{9-3-23}$$

荷载过程和反应过程的互谱密度函数为

$$S_{pv}(\bar{\omega})=\int_{-\infty}^{+\infty}R_{pv}(\tau)\mathrm{e}^{-\mathrm{i}\bar{\omega}\tau}\mathrm{d}\tau$$

将式(9-3-23)代入上式,有

$$S_{pv}(\bar{\omega})=\int_{-\infty}^{+\infty}\left[\int_{-\infty}^{+\infty}h(\theta)R_{pp}(\tau-\theta)\mathrm{d}\theta\right]\mathrm{e}^{-\mathrm{i}\bar{\omega}\tau}\mathrm{d}\tau$$

变换可得

$$S_{pv}(\bar{\omega})=\int_{-\infty}^{+\infty}h(\theta)\mathrm{e}^{-\mathrm{i}\bar{\omega}\theta}\mathrm{d}\theta\int_{-\infty}^{+\infty}R_{pp}(\tau-\theta)\mathrm{e}^{-\mathrm{i}\bar{\omega}(\tau-\theta)}\mathrm{d}(\tau-\theta)$$

即

$$S_{pv}(\bar{\omega})=H(\bar{\omega})S_{pp}(\bar{\omega}) \tag{9-3-24}$$

同样,可以推导得出

$$R_{vp}(\tau)=R_{pv}(-\tau) \tag{9-3-25}$$

$$S_{vp}(\bar{\omega})=H^{*}(\bar{\omega})S_{pp}(\bar{\omega}) \tag{9-3-26}$$

【例 9-3-1】 已知图 9-3-2 所示单自由度振动系统,假设它的荷载 $P(t)$ 为白噪声随机过程,其自谱密度为 $S_{pp}(\bar{\omega})=S_0$,均值为 $E[P(t)]=\mu_p$。试求该系统位移响应 $v(t)$ 的自谱密度、均方值和自相关函数等数字特征。

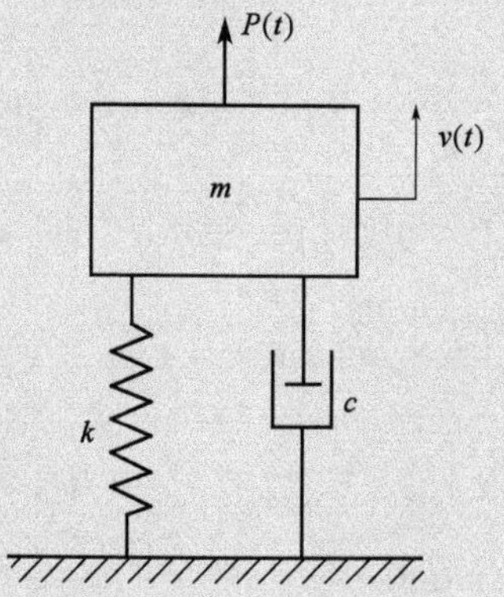

图 9-3-2　单自由度系统模型

【解】 根据第 2 章的方法建立系统运动方程

$$m\ddot{v}+c\dot{v}+kv=P(t)$$

此系统的复频响应函数见式(9-3-6)。

于是,$\mu_v=H(0)\mu_p=\mu_p/k$,而 $v(t)$ 的自谱密度为

$$S_{vv}(\bar{\omega})=|H(\bar{\omega})|^2S_{pp}(\bar{\omega})=\frac{S_0}{(k-m\bar{\omega}^2)^2+\bar{\omega}^2c^2} \tag{9-3-27}$$

系统响应 $v(t)$ 的均方值为

$$\begin{aligned}\psi_v^2 &= \frac{1}{2\pi}\int_{-\infty}^{+\infty} S_{vv}(\overline{\omega})\,\mathrm{d}\overline{\omega} \\ &= \frac{1}{2\pi}\int_{-\infty}^{+\infty} \frac{S_0}{(k-\overline{\omega}^2 m)^2+\overline{\omega}^2 c^2}\mathrm{d}\overline{\omega} = \frac{S_0}{2kc}\end{aligned} \tag{9-3-28}$$

以上积分过程非常复杂,这里从文献[32]直接引用积分结果。

由式(9-2-60)可继续求出 $v(t)$ 的方差为

$$\sigma_v^2 = \psi_v^2 - \mu_v^2 = \frac{S_0}{2kc} - \left(\frac{\mu_p}{k}\right)^2 \tag{9-3-29}$$

对 $S_{pp}(\overline{\omega}) = S_0$ 进行傅立叶变换,得

$$R_{pp}(\tau) = \frac{1}{2\pi}\int_{-\infty}^{+\infty} S_{pp}(\overline{\omega})\mathrm{e}^{\mathrm{i}\overline{\omega}\tau}\mathrm{d}\overline{\omega} = \frac{S_0}{2\pi}\int_{-\infty}^{+\infty}\mathrm{e}^{\mathrm{i}\overline{\omega}\tau}\mathrm{d}\overline{\omega} \tag{9-3-30}$$

考虑 $\delta(t)$ 函数与 1 互为傅立叶变换对,即

$$\int_{-\infty}^{+\infty}\delta(t)\mathrm{e}^{-\mathrm{i}\overline{\omega}t}\mathrm{d}t = 1 \tag{9-3-31}$$

$$\frac{1}{2\pi}\int_{-\infty}^{+\infty}\mathrm{e}^{\mathrm{i}\overline{\omega}t}\mathrm{d}\overline{\omega} = \delta(t) \tag{9-3-32}$$

考虑式(9-3-32),式(9-3-30)可写为

$$R_{pp}(\tau) = S_0\delta(\tau) \tag{9-3-33}$$

由式(9-3-15)得

$$\begin{aligned}R_{vv}(\tau) &= \int_{-\infty}^{+\infty}\int_{-\infty}^{+\infty} S_0\delta(\tau+x-y)h(y)h(x)\,\mathrm{d}y\mathrm{d}x \\ &= \int_{-\infty}^{+\infty} h(x)\left[\int_{-\infty}^{+\infty} S_0\delta(\tau+x-y)h(y)\,\mathrm{d}y\right]\mathrm{d}x \\ &= \int_{-\infty}^{+\infty} S_0 h(x)h(\tau+x)\,\mathrm{d}x\end{aligned} \tag{9-3-34}$$

系统的单位脉冲响应函数为 $h(t) = \frac{1}{m\omega_{\mathrm{D}}}\mathrm{e}^{-\xi\omega t}\sin\omega_{\mathrm{D}}t$,考虑到当 $t<0$ 时,$h(t)=0$,并将 $h(t)$ 表达式代入式(9-3-34),积分可得

$$\begin{aligned}R_{vv}(\tau) &= \int_{0}^{+\infty} S_0 h(x)h(\tau+x)\,\mathrm{d}x \\ &= \frac{S_0}{m^2\omega_{\mathrm{D}}^2}\int_{0}^{+\infty}\mathrm{e}^{-\xi\omega(\tau+2x)}\sin\omega_{\mathrm{D}}x\cdot\sin\omega_{\mathrm{D}}(\tau+x)\,\mathrm{d}x \\ &= \frac{S_0\mathrm{e}^{-\xi\omega\tau}}{4m^2\xi\omega^3}\left[\cos\omega_{\mathrm{D}}\tau + \frac{\xi}{\sqrt{1-\xi^2}}\sin\omega_{\mathrm{D}}\tau\right]\end{aligned} \tag{9-3-35}$$

式中，ξ 为阻尼比；$\omega=\omega_D/\sqrt{1-\xi^2}$ 为无阻尼固有频率。以上积分具体过程见文献[32]。

通过计算自相关函数的方式，同样可以得到响应方差如下：

$$\sigma_v^2=R_{vv}(0)-\mu_v^2=\frac{S_0}{2kc}-\left(\frac{\mu_p}{k}\right)^2 \tag{9-3-36}$$

由式(9-3-23)可得到输入与输出的互相关函数

$$\begin{aligned}R_{pv}(\tau)&=\int_{-\infty}^{+\infty}h(x)R_{pp}(\tau-x)\mathrm{d}x\\&=\int_{-\infty}^{+\infty}S_0h(x)\delta(\tau-x)\mathrm{d}x\\&=S_0h(\tau)\end{aligned} \tag{9-3-37}$$

由式(9-3-24)可得到输入与输出的互谱密度函数

$$\begin{aligned}S_{pv}(\overline{\omega})&=H(\overline{\omega})S_{pp}(\overline{\omega})\\&=\frac{S_0}{k-m\overline{\omega}^2+\mathrm{i}\,\overline{\omega}c}\end{aligned} \tag{9-3-38}$$

9.4 多自由度线性系统随机反应分析

单自由度系统的随机振动分析是一个单输入、单输出的问题。对于多自由度系统，需要分析多个自由度上的反应，而且结构往往不只在一个自由度上受到荷载作用，所以多自由度线性系统随机反应分析通常是一个多输入、多输出问题。本节介绍求解线性时不变多自由度系统平稳随机反应的两种基本方法，即直接分析方法与间接分析方法。直接分析方法是利用脉冲响应函数或复频响应函数直接建立系统输入与输出之间的传递关系，寻求系统稳态随机反应。间接分析方法是在假定经典阻尼的前提下，以主坐标变换、主坐标的脉冲响应函数或复频响应函数为桥梁间接建立系统输入与输出之间的传递关系；先将系统运动方程转化为一系列的用主坐标表示的单自由度系统运动方程，然后建立广义单自由度系统的输入与输出关系并得到主坐标随机反应，最后综合得到原始物理坐标的随机反应。

9.4.1 直接分析方法

1)多自由度系统的振动反应

假设系统有 m 个输入 $Q_k(t)(k=1,2,\cdots,m)$ 和 n 个输出 $v_s(t)(s=1,2,\cdots,n)$。根据叠加原理，线性系统的每个输出都可以由各个独立的输入所引起的反应叠加而成。对于每一个输出 $v_s(t)$，存在 m 个脉冲响应函数，即 $h_{sk}(t)(s=1,2,\cdots,n;k=1,2,\cdots,m)$。于是，可得

$$v_s(t)=\sum_{k=1}^{m}\int_{-\infty}^{+\infty}h_{sk}(\theta)Q_k(t-\theta)\mathrm{d}\theta$$

式中，$h_{sk}(t)$ 为在第 k 个自由度上施加单位脉冲荷载引起的第 s 个自由度的脉冲响应函数。

脉冲响应函数建立了系统输入与输出之间的直接联系。一般来说，直接构造单位脉冲荷载作用于多自由度系统，求解脉冲响应函数 $h_{sk}(t)$ 比较困难。然而，在经典阻尼假定的前提

下,可以运用振型叠加原理得到脉冲响应函数(推导附后),即

$$h_{sk}(t)=\sum_{j=1}^{n}\frac{A_{sj}A_{kj}}{M_j\omega_{Dj}}e^{-\xi_j\omega_j t}\sin\omega_{Dj}t \tag{9-4-1}$$

式中,A_{sj}、A_{kj}分别表示第j阶振型向量的第s与k个分量;ξ_j表示第j阶阻尼比;ω_j表示第j阶无阻尼固有频率;ω_{Dj}表示第j阶有阻尼固有频率;M_j表示第j阶广义质量。考虑到$h_j(t)=\frac{1}{M_j\omega_{Dj}}e^{-\xi_j\omega_j t}\sin\omega_{Dj}t$(详见9.4.2节),式(9-4-1)可写为

$$h_{sk}(t)=\sum_{j=1}^{n}A_{sj}A_{kj}h_j(t) \tag{9-4-2}$$

对应于全部n个输出,就存在$n\times m$个脉冲响应函数,将它们排列成矩阵形式,有

$$\boldsymbol{h}(t)=\begin{bmatrix}h_{11} & h_{12} & \cdots & h_{1m}\\ h_{21} & \vdots & \cdots & \vdots\\ \vdots & \vdots & & \vdots\\ h_{n1} & h_{n2} & \cdots & h_{nm}\end{bmatrix}=\sum_{j=1}^{n}h_j(t)\boldsymbol{A}_j\boldsymbol{A}_j^{\mathrm{T}} \tag{9-4-3}$$

称为系统的脉冲响应矩阵。若系统的n个输出用向量表示为

$$\boldsymbol{q}=\{v_1(t)\quad v_2(t)\quad\cdots\quad v_n(t)\}^{\mathrm{T}}$$

输入用向量表示为

$$\boldsymbol{Q}=\{Q_1(t)\quad Q_2(t)\quad\cdots\quad Q_m(t)\}^{\mathrm{T}}$$

则系统反应也可以写成矩阵形式,即

$$\boldsymbol{q}=\int_{-\infty}^{+\infty}\boldsymbol{h}(\theta)\boldsymbol{Q}(t-\theta)\mathrm{d}\theta \tag{9-4-4}$$

2)脉冲反应函数与复频响应函数的推导

多自由度系统的运动方程为

$$\boldsymbol{M}\ddot{\boldsymbol{q}}+\boldsymbol{C}\dot{\boldsymbol{q}}+\boldsymbol{K}\boldsymbol{q}=\boldsymbol{Q} \tag{9-4-5}$$

系统的振型矩阵为

$$\boldsymbol{A}=[\boldsymbol{A}_1\quad\boldsymbol{A}_2\quad\cdots\quad\boldsymbol{A}_n] \tag{9-4-6}$$

根据振型叠加原理,有

$$\boldsymbol{q}=\boldsymbol{A}\boldsymbol{T} \tag{9-4-7}$$

式中,$\boldsymbol{T}=\{T_1(t)\quad T_2(t)\quad\cdots\quad T_n(t)\}^{\mathrm{T}}$。

将式(9-4-7)代入系统运动方程(9-4-5),并在方程两边左乘$\boldsymbol{A}^{\mathrm{T}}$,可得

$$\boldsymbol{M}^*\ddot{\boldsymbol{T}}+\boldsymbol{C}^*\dot{\boldsymbol{T}}+\boldsymbol{K}^*\boldsymbol{T}=\boldsymbol{P}^* \tag{9-4-8}$$

式中,$\boldsymbol{M}^*$、$\boldsymbol{C}^*$、$\boldsymbol{K}^*$分别为广义质量、阻尼及刚度矩阵,三者均为对角矩阵(假定为瑞利阻尼),其对角元素分别为M_j、C_j与$K_j(j=1,2,\cdots,n)$;

$$\boldsymbol{P}^*=\boldsymbol{A}^{\mathrm{T}}\boldsymbol{Q}=[\boldsymbol{A}_1\quad\boldsymbol{A}_2\quad\cdots\quad\boldsymbol{A}_n]^{\mathrm{T}}\boldsymbol{Q}=\begin{bmatrix}\boldsymbol{A}_1^{\mathrm{T}}\\ \boldsymbol{A}_2^{\mathrm{T}}\\ \vdots\\ \boldsymbol{A}_n^{\mathrm{T}}\end{bmatrix}\boldsymbol{Q}=\begin{Bmatrix}P_1\\ P_2\\ \vdots\\ P_n\end{Bmatrix} \tag{9-4-9}$$

式(9-4-8)可写成一系列的单自由度运动方程

$$M_j\ddot{T}_j + C_j\dot{T}_j + K_jT_j = P_j \quad (j=1,2,\cdots,n) \tag{9-4-10}$$

为了得到多自由度系统的单位脉冲响应函数,在任意的第 k 个自由度上施加单位脉冲力 $\delta_k(t)$,此时有

$$P_j = \boldsymbol{A}_j^{\mathrm{T}}\boldsymbol{Q} = \{A_{1j} \quad A_{2j} \quad \cdots \quad A_{nj}\}\begin{Bmatrix} 0 \\ \vdots \\ \delta_k(t) \\ \vdots \\ 0 \end{Bmatrix} = A_{kj}\delta_k(t) \tag{9-4-11}$$

该激励作用下,方程(9-4-10)的解为

$$T_j(t) = \frac{A_{kj}}{M_j\omega_{\mathrm{D}j}}\mathrm{e}^{-\xi_j\omega_j t}\sin\omega_{\mathrm{D}j}t \quad (j=1,2,\cdots,n) \tag{9-4-12}$$

由(9-4-7)得系统在第 k 个自由度上单位脉冲激励作用下,全部自由度上的响应为

$$\boldsymbol{q} = \begin{Bmatrix} v_1(t) \\ v_2(t) \\ \vdots \\ v_n(t) \end{Bmatrix} = \boldsymbol{AT} = \begin{bmatrix} A_{11} & A_{12} & \cdots & A_{1n} \\ A_{21} & \vdots & \cdots & A_{2n} \\ \vdots & \vdots & & \vdots \\ A_{n1} & A_{n2} & \cdots & A_{nn} \end{bmatrix}\begin{Bmatrix} T_1 \\ T_2 \\ \vdots \\ T_n \end{Bmatrix} = \begin{Bmatrix} \sum_{j=1}^{n} A_{1j}T_j \\ \sum_{j=1}^{n} A_{2j}T_j \\ \vdots \\ \sum_{j=1}^{n} A_{nj}T_j \end{Bmatrix} \tag{9-4-13}$$

其中,第 s 个自由度的响应为

$$v_s(t) = \sum_{j=1}^{n}\frac{A_{sj}A_{kj}}{M_j\omega_{\mathrm{D}j}}\mathrm{e}^{-\xi_j\omega_j t}\sin\omega_{\mathrm{D}j}t \tag{9-4-14}$$

式中,$v_s(t)$表示在第 k 个自由度上施加单位脉冲荷载,引起的第 s 个自由度的反应,即为式(9-4-1)中的 $h_{sk}(t)$。

与 $h_{sk}(t)$对应的复频响应函数为 $H_{sk}(\overline{\omega})$,两者互为傅立叶变换,即

$$H_{sk}(\overline{\omega}) = \int_{-\infty}^{+\infty} h_{sk}(t)\mathrm{e}^{-\mathrm{i}\overline{\omega}t}\mathrm{d}t \quad (s = 1,2,\cdots,n;k = 1,2,\cdots,m) \tag{9-4-15}$$

将式(9-4-1)代入式(9-4-15)积分可得

$$H_{sk}(\overline{\omega}) = \sum_{j=1}^{n}\frac{A_{sj}A_{kj}}{K_j - M_j\overline{\omega}^2 + \mathrm{i}C_j\overline{\omega}} \tag{9-4-16}$$

求出式(9-4-3)中所有脉冲响应函数对应复频响应函数,并排列成系统的复频响应函数矩阵

$$\boldsymbol{H}(\overline{\omega}) = \begin{bmatrix} H_{11} & H_{12} & \cdots & H_{1m} \\ H_{21} & \vdots & \cdots & H_{2m} \\ \vdots & \vdots & & \vdots \\ H_{n1} & H_{n2} & \cdots & H_{nm} \end{bmatrix} \tag{9-4-17}$$

以上是利用振型叠加原理计算脉冲响应函数 $h_{sk}(t)$,再进行傅立叶变换得到复频响应函数 $H_{sk}(\overline{\omega})$,其计算核心与后续的间接分析方法(振型叠加分析方法)是一致的。

对于简单的多自由度系统(无须经典阻尼假定),也可以根据复频响应函数的定义列出复数形式的系统运动方程,直接求解运动方程得到复频响应函数矩阵 $\boldsymbol{H}(\overline{\omega})$ 或部分元素 $H_{sk}(\overline{\omega})$。

复频响应函数 $H_{sk}(\overline{\omega})$ 的含义为:在系统的第 k 个自由度施加单位复荷载 $e^{i\overline{\omega}t}$ 引起系统第 s 个自由度的反应为 $H_{sk}(\overline{\omega})e^{i\overline{\omega}t}$,反应与荷载之比即为复频响应函数 $H_{sk}(\overline{\omega})$。将单位复荷载 $e^{i\overline{\omega}t}$ 作用于系统的第 k 个自由度,得到系统运动方程

$$\boldsymbol{M}\ddot{\boldsymbol{q}}+\boldsymbol{C}\dot{\boldsymbol{q}}+\boldsymbol{K}\boldsymbol{q}=\{0 \quad \cdots \quad e^{i\overline{\omega}t} \quad \cdots \quad 0\}^{T} \tag{9-4-18}$$

式中,荷载向量的第 k 个元素为单位复荷载 $e^{i\overline{\omega}t}$,其余元素均为零。此时荷载为复荷载,对应的响应 $\boldsymbol{q}$ 也是复数。根据复频响应函数的定义,复频响应可写成如下形式

$$\boldsymbol{q}=\{H_{1k}(\overline{\omega})e^{i\overline{\omega}t} \quad \cdots \quad H_{sk}(\overline{\omega})e^{i\overline{\omega}t} \quad \cdots \quad H_{nk}(\overline{\omega})e^{i\overline{\omega}t}\}^{T} \tag{9-4-19}$$

将式(9-4-19)代入式(9-4-18)得

$$-\overline{\omega}^2\boldsymbol{M}\boldsymbol{H}_k(\overline{\omega})e^{i\overline{\omega}t}+i\overline{\omega}\boldsymbol{C}\boldsymbol{H}_k(\overline{\omega})e^{i\overline{\omega}t}+\boldsymbol{K}\boldsymbol{H}_k(\overline{\omega})e^{i\overline{\omega}t}=\{0 \quad \cdots \quad e^{i\overline{\omega}t} \quad \cdots \quad 0\}^{T} \tag{9-4-20}$$

式中,$\boldsymbol{H}_k(\overline{\omega})=\{H_{1k}(\overline{\omega}) \quad \cdots \quad H_{sk}(\overline{\omega}) \quad \cdots \quad H_{nk}(\overline{\omega})\}^{T}$。

由式(9-4-20)可得

$$\boldsymbol{H}_k(\overline{\omega})=[-\overline{\omega}^2\boldsymbol{M}+i\overline{\omega}\boldsymbol{C}+\boldsymbol{K}]^{-1}\{0 \quad \cdots \quad 1 \quad \cdots \quad 0\}^{T} \quad (k=1,2,\cdots,m) \tag{9-4-21}$$

将式(9-4-21)的 m 个表达式写成矩阵形式,即

$$\boldsymbol{H}(\overline{\omega})=[-\overline{\omega}^2\boldsymbol{M}+i\overline{\omega}\boldsymbol{C}+\boldsymbol{K}]^{-1} \tag{9-4-22}$$

根据式(9-4-22)计算复频响应函数矩阵需要矩阵求逆,计算比较复杂,对于简单系统可利用 MATLAB 程序的符号运算功能求得 $\boldsymbol{H}(\overline{\omega})$ 的显式表达式。

上面两种确定复频响应函数的方法差异很大,然而它们都是通过脉冲响应函数或复频响应函数建立系统输入与输出的直接联系,故统称为直接分析方法。

3)系统反应的均值向量

系统 n 个平稳反应过程的均值向量为

$$\boldsymbol{\mu}_v=E(\boldsymbol{q}) \tag{9-4-23}$$

将式(9-4-4)代入式(9-4-23),有

$$\boldsymbol{\mu}_v=E\left[\int_{-\infty}^{+\infty}\boldsymbol{h}(\theta)\boldsymbol{Q}(t-\theta)d\theta\right]$$

交换均值与积分运算次序,得

$$\boldsymbol{\mu}_v=\int_{-\infty}^{+\infty}\boldsymbol{h}(\theta)E[\boldsymbol{Q}(t-\theta)]d\theta$$

设 m 个输入均为平稳过程,有

$$\boldsymbol{\mu}_v=\int_{-\infty}^{+\infty}\boldsymbol{h}(\theta)d\theta\boldsymbol{\mu}_P$$

式中,$\boldsymbol{\mu}_P$ 为系统平稳激励过程的均值向量。

由式(9-4-15)可知

$$\boldsymbol{H}(0)=\int_{-\infty}^{+\infty}\boldsymbol{h}(\theta)d\theta \tag{9-4-24}$$

所以

$$\boldsymbol{\mu}_v=\boldsymbol{H}(0)\boldsymbol{\mu}_P \tag{9-4-25}$$

显然,多自由度系统反应均值也可以按照静力方式计算,即将 m 个输入的均值看作静力

施加于系统,按照静力方法分别计算出它们在第 k 个自由度所产生的反应,然后将这 m 个静力反应值叠加,得到的结果就是系统第 k 个自由度平稳反应过程的均值。

4)系统反应的相关函数矩阵

将 m 个输入的自相关函数和互相关函数排列成 $m\times m$ 阶矩阵形式,称为输入相关函数矩阵,即

$$\boldsymbol{R}_{pp}(\tau)=E[\boldsymbol{Q}(t)\boldsymbol{Q}^{\mathrm{T}}(t+\tau)] \tag{9-4-26}$$

同样,由 n 个输出的自相关函数和互相关函数构成的 $n\times n$ 阶矩阵为输出相关函数矩阵,即

$$\boldsymbol{R}_{vv}(\tau)=E[\boldsymbol{q}(t)\boldsymbol{q}^{\mathrm{T}}(t+\tau)] \tag{9-4-27}$$

由式(9-4-4)可知 $\boldsymbol{q}(t)$ 的转置向量为

$$\boldsymbol{q}^{\mathrm{T}}(t)=\int_{-\infty}^{+\infty}\boldsymbol{Q}^{\mathrm{T}}(t-\theta)\boldsymbol{h}^{\mathrm{T}}(\theta)\mathrm{d}\theta \tag{9-4-28}$$

将式(9-4-4)和式(9-4-28)代入式(9-4-27),有

$$\boldsymbol{R}_{vv}(\tau)=E\left[\int_{-\infty}^{+\infty}\boldsymbol{h}(x)\boldsymbol{Q}(t-x)\mathrm{d}x\int_{-\infty}^{+\infty}\boldsymbol{Q}^{\mathrm{T}}(t+\tau-y)\boldsymbol{h}^{\mathrm{T}}(y)\mathrm{d}y\right]$$

交换均值与积分运算次序,得

$$\boldsymbol{R}_{vv}(\tau)=\int_{-\infty}^{+\infty}\boldsymbol{h}(x)\int_{-\infty}^{+\infty}E[\boldsymbol{Q}(t-x)\boldsymbol{Q}^{\mathrm{T}}(t+\tau-y)]\boldsymbol{h}^{\mathrm{T}}(y)\mathrm{d}y\mathrm{d}x$$

所以系统反应的相关函数矩阵可表示为

$$\boldsymbol{R}_{vv}(\tau)=\int_{-\infty}^{+\infty}\boldsymbol{h}(x)\int_{-\infty}^{+\infty}\boldsymbol{R}_{pp}(\tau+x-y)\boldsymbol{h}^{\mathrm{T}}(y)\mathrm{d}y\mathrm{d}x \tag{9-4-29}$$

输出相关函数矩阵 $\boldsymbol{R}_{vv}(\tau)$ 的主对角线元素是系统各平稳反应过程的自相关函数,其他元素为不同反应过程的互相关函数。将 n 个主对角线元素取出并组成自相关函数向量,记为 $\boldsymbol{R}_v(\tau)$,即

$$\boldsymbol{R}_v(\tau)=E[\boldsymbol{q}(t)\otimes\boldsymbol{q}^{\mathrm{T}}(t+\tau)]=\{R_{v_1v_1}(\tau),R_{v_2v_2}(\tau),\cdots,R_{v_nv_n}(\tau)\}^{\mathrm{T}} \tag{9-4-30}$$

式中,符号⊗表示两个向量中同序号的元素相乘。

在式(9-4-30)中,只要令 $\tau=0$,就可以得到系统各反应的均方值与方差

$$\psi_{v_k}^2=R_{v_kv_k}(0)\quad(k=1,2,\cdots,n) \tag{9-4-31}$$

$$\sigma_{v_k}^2=R_{v_kv_k}(0)-\mu_{v_k}^2\quad(k=1,2,\cdots,n) \tag{9-4-32}$$

当 $\boldsymbol{\mu}_v=\mathbf{0}$ 时,

$$\sigma_{v_k}^2=R_{v_kv_k}(0)\quad(k=1,2,\cdots,n) \tag{9-4-33}$$

可见,当已知系统激励相关函数矩阵时,可由激励相关函数矩阵通过二重积分求得响应相关函数矩阵,见式(9-4-29);再由式(9-4-31)与式(9-4-32)求得响应的均方值与方差。由于计算不便,上述方法在实际工程计算中较少应用,但它们在随机振动理论构架及公式推导中十分重要。

5)系统反应的功率谱密度函数矩阵

m 个输入的自谱密度函数和互谱密度函数构成 $m\times m$ 阶输入功率谱密度函数矩阵,记为 $\boldsymbol{S}_{pp}(\overline{\omega})$,它与相关函数矩阵 $\boldsymbol{R}_{pp}(\tau)$ 存在如下关系:

$$\boldsymbol{S}_{pp}(\overline{\omega})=\int_{-\infty}^{+\infty}\boldsymbol{R}_{pp}(\tau)\mathrm{e}^{-\mathrm{i}\overline{\omega}\tau}\mathrm{d}\tau \tag{9-4-34}$$

而 n 个输出的自谱密度函数和互谱密度函数构成 $n\times n$ 阶输出功率谱密度函数矩阵,记为 $\boldsymbol{S}_{vv}(\bar{\omega})$,它与相关函数矩阵 $\boldsymbol{R}_{vv}(\tau)$ 存在如下关系:

$$\boldsymbol{S}_{vv}(\bar{\omega}) = \int_{-\infty}^{+\infty}\boldsymbol{R}_{vv}(\tau)\mathrm{e}^{-\mathrm{i}\bar{\omega}\tau}\mathrm{d}\tau \tag{9-4-35}$$

将式(9-4-29)代入式(9-4-35),得

$$\boldsymbol{S}_{vv}(\bar{\omega}) = \int_{-\infty}^{+\infty}\int_{-\infty}^{+\infty}\boldsymbol{h}(x)\int_{-\infty}^{+\infty}\boldsymbol{R}_{pp}(\tau + x - y)\boldsymbol{h}^{\mathrm{T}}(y)\mathrm{e}^{-\mathrm{i}\bar{\omega}\tau}\mathrm{d}y\mathrm{d}x\mathrm{d}\tau$$

变换可得

$$\boldsymbol{S}_{vv}(\bar{\omega}) = \int_{-\infty}^{+\infty}\boldsymbol{h}(x)\mathrm{e}^{\mathrm{i}\bar{\omega}x}\mathrm{d}x\int_{-\infty}^{+\infty}\boldsymbol{R}_{pp}(\tau + x - y)\mathrm{e}^{-\mathrm{i}\bar{\omega}(\tau+x-y)}\mathrm{d}(\tau + x - y)\int_{-\infty}^{+\infty}\boldsymbol{h}^{\mathrm{T}}(y)\mathrm{e}^{-\mathrm{i}\bar{\omega}y}\mathrm{d}y$$

即

$$\boldsymbol{S}_{vv}(\bar{\omega}) = \boldsymbol{H}^{*}(\bar{\omega})\boldsymbol{S}_{pp}(\bar{\omega})\boldsymbol{H}^{\mathrm{T}}(\bar{\omega}) \tag{9-4-36}$$

式中

$$\boldsymbol{H}^{*}(\bar{\omega}) = \boldsymbol{H}(-\bar{\omega}) = \int_{-\infty}^{+\infty}\boldsymbol{h}(\theta)\mathrm{e}^{\mathrm{i}\bar{\omega}\theta}\mathrm{d}\theta \tag{9-4-37}$$

式中,$\boldsymbol{H}^{*}(\bar{\omega})$ 表示对矩阵 $\boldsymbol{H}(\bar{\omega})$ 各元素取共轭而形成的矩阵,即 $\boldsymbol{H}^{*}(\bar{\omega})$ 与 $\boldsymbol{H}(\bar{\omega})$ 的对应元素互为共轭。

定义系统反应的自谱函数向量为

$$\boldsymbol{S}_{v}(\bar{\omega}) = \int_{-\infty}^{+\infty}\boldsymbol{R}_{v}(\tau)\mathrm{e}^{-\mathrm{i}\bar{\omega}\tau}\mathrm{d}\tau = \{S_{v_1v_1}(\bar{\omega})\quad S_{v_2v_2}(\bar{\omega})\quad\cdots\quad S_{v_nv_n}(\bar{\omega})\}^{\mathrm{T}} \tag{9-4-38}$$

它是由输出功率谱密度函数矩阵 $\boldsymbol{S}_{vv}(\bar{\omega})$ 的主对角线元素构成的向量。显然,系统第 k 个反应 $v_k(t)$ 的均方值与方差分别为

$$\psi_{v_k}^2 = \frac{1}{2\pi}\int_{-\infty}^{+\infty}S_{v_kv_k}(\bar{\omega})\mathrm{d}\bar{\omega}\quad(k = 1,2,\cdots,n) \tag{9-4-39}$$

$$\sigma_{v_k}^2 = \psi_{v_k}^2 - \mu_{v_k}^2 = \frac{1}{2\pi}\int_{-\infty}^{+\infty}S_{v_kv_k}(\bar{\omega})\mathrm{d}\bar{\omega} - \mu_{v_k}^2\quad(k = 1,2,\cdots,n) \tag{9-4-40}$$

当 $\boldsymbol{\mu}_v = \boldsymbol{0}$ 时,

$$\sigma_{v_k}^2 = \frac{1}{2\pi}\int_{-\infty}^{+\infty}S_{v_kv_k}(\bar{\omega})\mathrm{d}\bar{\omega}\quad(k = 1,2,\cdots,n) \tag{9-4-41}$$

可见,当已知系统输入的功率谱密度函数矩阵时,用输入功率谱密度函数矩阵 $\boldsymbol{S}_{pp}(\bar{\omega})$ 与复频响应函数矩阵 $\boldsymbol{H}(\bar{\omega})$ 通过简单的矩阵运算[式(9-4-36)]可得到输出的功率谱密度函数矩阵 $\boldsymbol{S}_{vv}(\bar{\omega})$,无须进行积分计算。再由式(9-4-40)计算输出的方差。由于计算方便,此方法在工程应用中十分重要。但是对于大型问题来说,除了生成矩阵 $\boldsymbol{H}(\bar{\omega})$ 之外,还要取许多离散频点直接按式(9-4-36)进行矩阵连乘,计算量仍然很大,严重制约了其工程应用。

6)激励与反应过程的互相关函数矩阵

m 个输入和 n 个输出的互相关函数构成 $m\times n$ 阶矩阵,即

$$\boldsymbol{R}_{pv}(\tau) = E[\boldsymbol{Q}(t)\boldsymbol{q}^{\mathrm{T}}(t+\tau)] \tag{9-4-42}$$

将式(9-4-4)代入式(9-4-42),得

$$\boldsymbol{R}_{pv}(\tau) = E\left[\boldsymbol{Q}(t)\int_{-\infty}^{+\infty}\boldsymbol{Q}^{\mathrm{T}}(t + \tau - \theta)\boldsymbol{h}^{\mathrm{T}}(\theta)\mathrm{d}\theta\right]$$

交换均值与积分运算次序,有

$$\boldsymbol{R}_{pv}(\tau) = \int_{-\infty}^{+\infty} E[\boldsymbol{Q}(t)\boldsymbol{Q}^{\mathrm{T}}(t+\tau-\theta)]\boldsymbol{h}^{\mathrm{T}}(\theta)\mathrm{d}\theta$$

则系统激励与反应过程互相关函数矩阵为

$$\boldsymbol{R}_{pv}(\tau) = \int_{-\infty}^{+\infty} \boldsymbol{R}_{pp}(\tau-\theta)\boldsymbol{h}^{\mathrm{T}}(\theta)\mathrm{d}\theta \tag{9-4-43}$$

类似地,将 n 个输出和 m 个输入的互相关函数构成 $n \times m$ 阶矩阵,即

$$\boldsymbol{R}_{vp}(\tau) = E[\boldsymbol{q}(t)\boldsymbol{Q}^{\mathrm{T}}(t+\tau)] \tag{9-4-44}$$

经过类似推导,可得反应与激励互相关函数矩阵为

$$\boldsymbol{R}_{vp}(\tau) = \int_{-\infty}^{+\infty} \boldsymbol{h}(\theta)\boldsymbol{R}_{pp}(\tau+\theta)\mathrm{d}\theta \tag{9-4-45}$$

注意 $\boldsymbol{R}_{pv}(\tau)$ 与 $\boldsymbol{R}_{vp}(\tau)$ 满足如下关系:

$$\boldsymbol{R}_{pv}(-\tau) = \boldsymbol{R}_{vp}^{\mathrm{T}}(\tau) \tag{9-4-46}$$

可见,当已知系统输入互相关函数矩阵时,可用式(9-4-43)或式(9-4-45)通过单重积分计算出输入与输出之间的互相关函数,从而分析输入与输出之间的相关程度。

7)激励与反应过程的互谱密度函数矩阵

m 个输入和 n 个输出的互谱密度函数构成的 $m \times n$ 阶矩阵,记为 $\boldsymbol{S}_{pv}(\overline{\omega})$,它与互相关函数矩阵 $\boldsymbol{R}_{pv}(\tau)$ 存在如下关系:

$$\boldsymbol{S}_{pv}(\overline{\omega}) = \int_{-\infty}^{+\infty} \boldsymbol{R}_{pv}(\tau)\mathrm{e}^{-\mathrm{i}\overline{\omega}\tau}\mathrm{d}\tau \tag{9-4-47}$$

将式(9-4-43)代入式(9-4-47),得

$$\boldsymbol{S}_{pv}(\overline{\omega}) = \int_{-\infty}^{+\infty} \left[\int_{-\infty}^{+\infty} \boldsymbol{R}_{pp}(\tau-\theta)\boldsymbol{h}^{\mathrm{T}}(\theta)\mathrm{d}\theta\right]\mathrm{e}^{-\mathrm{i}\overline{\omega}\tau}\mathrm{d}\tau$$

变换可得

$$\boldsymbol{S}_{pv}(\overline{\omega}) = \int_{-\infty}^{+\infty} \boldsymbol{R}_{pp}(\tau-\theta)\mathrm{e}^{-\mathrm{i}\overline{\omega}(\tau-\theta)}\mathrm{d}(\tau-\theta)\int_{-\infty}^{+\infty} \boldsymbol{h}^{\mathrm{T}}(\theta)\mathrm{e}^{-\mathrm{i}\overline{\omega}\theta}\mathrm{d}\theta$$

则系统激励与反应过程互谱密度函数矩阵为

$$\boldsymbol{S}_{pv}(\overline{\omega}) = \boldsymbol{S}_{pp}(\overline{\omega})\boldsymbol{H}^{\mathrm{T}}(\overline{\omega}) \tag{9-4-48}$$

类似地,n 个输出与 m 个输入的互谱密度函数构成的 $n \times m$ 阶矩阵,即系统反应与激励过程互谱密度函数矩阵,记为 $\boldsymbol{S}_{vp}(\overline{\omega})$,它与互相关函数矩阵 $\boldsymbol{R}_{vp}(\tau)$ 存在如下关系

$$\boldsymbol{S}_{vp}(\overline{\omega}) = \int_{-\infty}^{+\infty} \boldsymbol{R}_{vp}(\tau)\mathrm{e}^{-\mathrm{i}\overline{\omega}\tau}\mathrm{d}\tau \tag{9-4-49}$$

同样可以推导出

$$\boldsymbol{S}_{vp}(\overline{\omega}) = \boldsymbol{H}^{*}(\overline{\omega})\boldsymbol{S}_{pp}(\overline{\omega}) \tag{9-4-50}$$

根据互谱密度的性质①可知,$\boldsymbol{S}_{pv}(\overline{\omega})$ 与 $\boldsymbol{S}_{vp}(\overline{\omega})$ 存在如下关系:

$$\boldsymbol{S}_{pv}^{\mathrm{T}}(\overline{\omega}) = \boldsymbol{S}_{vp}^{*}(\overline{\omega}) \tag{9-4-51}$$

式中,$\boldsymbol{S}_{vp}^{*}(\overline{\omega})$ 与 $\boldsymbol{S}_{vp}(\overline{\omega})$ 的对应元素互为共轭。可见,当已知系统激励功率谱密度矩阵时,可用式(9-4-48)或式(9-4-50)计算激励与反应的互谱密度函数矩阵,进而分析两者之间的密切程度。

【例 9-4-1】 图 9-4-1 所示系统经受强震作用。强震的水平分量视为零均值平稳高斯随机过程,其地面加速度功率谱密度经常使用卡奈-塔基米(Kanai-Tajimi)模型,具体如下:

$$S_{\ddot{u}_g\ddot{u}_g}(\overline{\omega})=\frac{\left[1+4a^2\left(\frac{\overline{\omega}}{b}\right)^2\right]S_0}{\left[1-\left(\frac{\overline{\omega}}{b}\right)^2\right]^2+4a^2\left(\frac{\overline{\omega}}{b}\right)^2}$$

式中,a、b 为与土层特性有关的量;S_0 为一常数。结构的质量、刚度及阻尼参数见图 9-4-1。分析结构的随机响应功率谱密度函数矩阵,并计算上层结构的位移响应均方差。

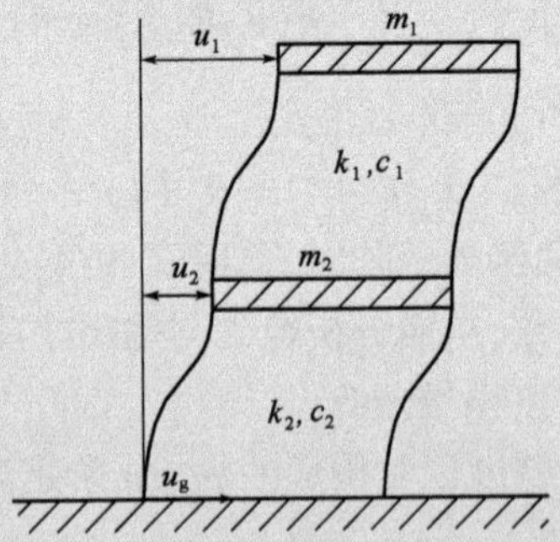

图 9-4-1 经受强震的两层楼模型

【解】 设地面位移为 $u_g(t)$,上、下层结构相对于地面的水平位移分别为 $u_1(t)$ 与 $u_2(t)$。推导出系统运动方程为

$$\begin{bmatrix}m_1 & 0\\0 & m_2\end{bmatrix}\begin{Bmatrix}\ddot{u}_1\\\ddot{u}_2\end{Bmatrix}+\begin{bmatrix}c_1 & -c_1\\-c_1 & c_1+c_2\end{bmatrix}\begin{Bmatrix}\dot{u}_1\\\dot{u}_2\end{Bmatrix}+\begin{bmatrix}k_1 & -k_1\\-k_1 & k_1+k_2\end{bmatrix}\begin{Bmatrix}u_1\\u_2\end{Bmatrix}=\begin{Bmatrix}p_1\\p_2\end{Bmatrix} \tag{9-4-52}$$

式中,$p_1=-m_1\ddot{u}_g$,$p_2=-m_2\ddot{u}_g$。

为运算方便,取 $m_2=2m_1=2m$,$k_2=2k_1=2k$,$c_2=2c_1=2c$。

将上述参数代入式(9-4-52)得

$$\boldsymbol{M}=m\begin{bmatrix}1 & 0\\0 & 2\end{bmatrix},\quad \boldsymbol{C}=c\begin{bmatrix}1 & -1\\-1 & 3\end{bmatrix},\quad \boldsymbol{K}=k\begin{bmatrix}1 & -1\\-1 & 3\end{bmatrix},\quad \boldsymbol{Q}=-m\ddot{u}_g\begin{Bmatrix}1\\2\end{Bmatrix}$$

求得固有频率、振型向量以及振型矩阵如下:

$$\omega_1=\sqrt{\frac{k}{2m}},\quad \omega_2=\sqrt{\frac{2k}{m}},\quad \boldsymbol{A}_1=\begin{Bmatrix}2\\1\end{Bmatrix},\quad \boldsymbol{A}_2=\begin{Bmatrix}1\\-1\end{Bmatrix},\quad \boldsymbol{A}=\begin{bmatrix}2 & 1\\1 & -1\end{bmatrix}$$

利用振型矩阵对式(9-4-52)进行解耦得到

$$\boldsymbol{M}^*\ddot{\boldsymbol{T}}+\boldsymbol{C}^*\dot{\boldsymbol{T}}+\boldsymbol{K}^*\boldsymbol{T}=\boldsymbol{P}^*$$

式中,$\boldsymbol{M}^*=\boldsymbol{A}^{\mathrm{T}}\boldsymbol{M}\boldsymbol{A}=m\begin{bmatrix}6 & 0\\0 & 3\end{bmatrix}$,$\boldsymbol{C}^*=\boldsymbol{A}^{\mathrm{T}}\boldsymbol{C}\boldsymbol{A}=c\begin{bmatrix}3 & 0\\0 & 6\end{bmatrix}$,$\boldsymbol{K}^*=\boldsymbol{A}^{\mathrm{T}}\boldsymbol{K}\boldsymbol{A}=k\begin{bmatrix}3 & 0\\0 & 6\end{bmatrix}$,$\boldsymbol{P}^*=\boldsymbol{A}^{\mathrm{T}}\boldsymbol{Q}=m\ddot{u}_g\begin{Bmatrix}-4\\1\end{Bmatrix}$。

由式(9-4-16)计算出复频响应函数

$$H_{11}(\overline{\omega})=\frac{4}{3k-6m\overline{\omega}^2+3c\overline{\omega}\mathrm{i}}+\frac{1}{6k-3m\overline{\omega}^2+6c\overline{\omega}\mathrm{i}}$$

$$H_{12}(\overline{\omega})=\frac{2}{3k-6m\overline{\omega}^2+3c\overline{\omega}\mathrm{i}}-\frac{1}{6k-3m\overline{\omega}^2+6c\overline{\omega}\mathrm{i}}$$

$$H_{21}(\overline{\omega})=\frac{2}{3k-6m\overline{\omega}^2+3c\overline{\omega}\mathrm{i}}-\frac{1}{6k-3m\overline{\omega}^2+6c\overline{\omega}\mathrm{i}}$$

$$H_{22}(\overline{\omega})=\frac{1}{3k-6m\overline{\omega}^2+3c\overline{\omega}\mathrm{i}}+\frac{1}{6k-3m\overline{\omega}^2+6c\overline{\omega}\mathrm{i}}$$

组成复频响应函数矩阵

$$\boldsymbol{H}(\overline{\omega})=\begin{bmatrix}H_{11}(\overline{\omega}) & H_{12}(\overline{\omega})\\ H_{21}(\overline{\omega}) & H_{22}(\overline{\omega})\end{bmatrix}$$

激励的相关函数矩阵

$$\boldsymbol{R}_{pp}(\tau)=\begin{bmatrix}R_{p_1p_1}(\tau) & R_{p_1p_2}(\tau)\\ R_{p_2p_1}(\tau) & R_{p_2p_2}(\tau)\end{bmatrix}=E[\boldsymbol{Q}(t)\boldsymbol{Q}^{\mathrm{T}}(t+\tau)]$$

$$=E\left[\begin{Bmatrix}-1\\-2\end{Bmatrix}\{-1\quad -2\}m^2\ddot{u}_g(t)\ddot{u}_g(t+\tau)\right]$$

$$=m^2\begin{bmatrix}1 & 2\\ 2 & 4\end{bmatrix}R_{\ddot{u}_g\ddot{u}_g}(\tau)$$

因自相关函数与自谱密度互为傅立叶变换对,可得到激励的自谱密度函数矩阵

$$\boldsymbol{S}_{pp}(\overline{\omega})=\int_{-\infty}^{+\infty}\boldsymbol{R}_{pp}(\tau)\mathrm{e}^{-\mathrm{i}\overline{\omega}\tau}\mathrm{d}\tau=\int_{-\infty}^{+\infty}m^2\begin{bmatrix}1 & 2\\ 2 & 4\end{bmatrix}R_{\ddot{u}_g\ddot{u}_g}(\tau)\mathrm{e}^{-\mathrm{i}\overline{\omega}\tau}\mathrm{d}\tau=m^2\begin{bmatrix}1 & 2\\ 2 & 4\end{bmatrix}S_{\ddot{u}_g\ddot{u}_g}(\overline{\omega})$$

根据式(9-4-36)可得

$$\boldsymbol{S}_{uu}(\overline{\omega})=\boldsymbol{H}^*(\overline{\omega})\boldsymbol{S}_{pp}(\overline{\omega})\boldsymbol{H}^{\mathrm{T}}(\overline{\omega})=m^2S_{\ddot{u}_g\ddot{u}_g}(\overline{\omega})\begin{bmatrix}S_{11}(\overline{\omega}) & S_{12}(\overline{\omega})\\ S_{21}(\overline{\omega}) & S_{22}(\overline{\omega})\end{bmatrix}$$

其中

$$S_{11}(\overline{\omega})=|H_{11}|^2+2H_{12}^*H_{11}+2H_{11}^*H_{12}+4|H_{12}|^2$$

$$S_{12}(\overline{\omega})=H_{11}^*H_{21}+2H_{12}^*H_{21}+2H_{11}^*H_{22}+4H_{12}^*H_{22}$$

$$S_{21}(\overline{\omega})=H_{21}^*H_{11}+2H_{22}^*H_{11}+2H_{21}^*H_{12}+4H_{22}^*H_{12}$$

$$S_{22}(\overline{\omega})=|H_{21}|^2+2H_{22}^*H_{21}+2H_{21}^*H_{22}+4|H_{22}|^2$$

计算上层结构的位移响应均方值

$$\psi_{u_1}^2=\frac{1}{2\pi}\int_{-\infty}^{+\infty}S_{u_1u_1}(\overline{\omega})\mathrm{d}\overline{\omega}=\frac{m^2}{2\pi}\int_{-\infty}^{+\infty}S_{\ddot{u}_g\ddot{u}_g}(\overline{\omega})S_{11}\mathrm{d}\overline{\omega}$$

该积分较为复杂,可用数值积分进行计算。

进而可以计算出上层结构的位移响应均方差

$$\sigma_{u_1}^2=\psi_{u_1}^2-\mu_{u_1}^2=\psi_{u_1}^2\quad(\text{均值为零})$$

【例 9-4-2】 超高层建筑在风荷载 $P(t)$ 作用下发生的水平振动多以第一阶模态的振动为主,高阶振动的影响是次要的,因此动力减振器一般放置在建筑的顶层或靠近顶层,最好是放在振幅最大处附近,如图 9-4-2 所示。图中主系统质量为 m_1,刚度系数为 k_1,减振器的质量为 m_2,连接主系统与减振器的弹簧刚度系数为 k_2,阻尼器参数为 c_2。假设作用在主质量 m_1 上为理想白噪声的随机激励,即 $S_{pp}(\overline{\omega}) = S_0$。求主系统位移响应的均方值。

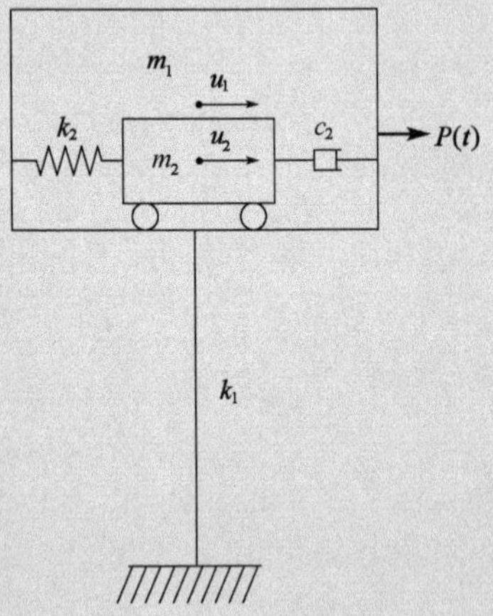

图 9-4-2 简化高耸结构及附加 TMD 系统

【解】 (1)设主系统与减振器的水平位移分别为 u_1 与 u_2,列出系统运动方程如下:

$$\begin{bmatrix} m_1 & 0 \\ 0 & m_2 \end{bmatrix}\begin{Bmatrix} \ddot{u}_1 \\ \ddot{u}_2 \end{Bmatrix} + \begin{bmatrix} c_2 & -c_2 \\ -c_2 & c_2 \end{bmatrix}\begin{Bmatrix} \dot{u}_1 \\ \dot{u}_2 \end{Bmatrix} + \begin{bmatrix} k_1+k_2 & -k_2 \\ -k_2 & k_2 \end{bmatrix}\begin{Bmatrix} u_1 \\ u_2 \end{Bmatrix} = \begin{Bmatrix} P(t) \\ 0 \end{Bmatrix}$$

(2)计算系统的复频响应函数。

为了得到主系统 m_1 上的随机响应,需要首先得到系统的复频响应函数。这里根据复频响应函数概念求解。令 $P(t) = \mathrm{e}^{\mathrm{i}\overline{\omega}t}$,$u_1 = A_1\mathrm{e}^{\mathrm{i}\overline{\omega}t}$,$u_2 = A_2\mathrm{e}^{\mathrm{i}\overline{\omega}t}$,则有 $\dot{u}_1 = \mathrm{i}\,\overline{\omega}A_1\mathrm{e}^{\mathrm{i}\overline{\omega}t}$,$\dot{u}_2 = \mathrm{i}\,\overline{\omega}A_2\mathrm{e}^{\mathrm{i}\overline{\omega}t}$,$\ddot{u}_1 = -\overline{\omega}^2A_1\mathrm{e}^{\mathrm{i}\overline{\omega}t}$,$\ddot{u}_2 = -\overline{\omega}^2A_2\mathrm{e}^{\mathrm{i}\overline{\omega}t}$。

代入运动方程有

$$\begin{cases} -m_1\overline{\omega}^2A_1\mathrm{e}^{\mathrm{i}\overline{\omega}t} + c_2(\mathrm{i}\,\overline{\omega}A_1\mathrm{e}^{\mathrm{i}\overline{\omega}t} - \mathrm{i}\,\overline{\omega}A_2\mathrm{e}^{\mathrm{i}\overline{\omega}t}) + k_2(A_1\mathrm{e}^{\mathrm{i}\overline{\omega}t} - A_2\mathrm{e}^{\mathrm{i}\overline{\omega}t}) + k_1A_1\mathrm{e}^{\mathrm{i}\overline{\omega}t} = \mathrm{e}^{\mathrm{i}\overline{\omega}t} \\ -m_2\overline{\omega}^2A_2\mathrm{e}^{\mathrm{i}\overline{\omega}t} + c_2(\mathrm{i}\,\overline{\omega}A_2\mathrm{e}^{\mathrm{i}\overline{\omega}t} - \mathrm{i}\,\overline{\omega}A_1\mathrm{e}^{\mathrm{i}\overline{\omega}t}) + k_2(A_2\mathrm{e}^{\mathrm{i}\overline{\omega}t} - A_1\mathrm{e}^{\mathrm{i}\overline{\omega}t}) = 0 \end{cases}$$

求得

$$A_1 = \frac{(-c_2\overline{\omega}) + (k_2 - m_2\overline{\omega}^2)\mathrm{i}}{(c_2m_1\overline{\omega}^3 + c_2m_2\overline{\omega}^3 - c_2k_1\overline{\omega}) + (k_1k_2 - k_1m_2\overline{\omega}^2 - k_2m_1\overline{\omega}^2 - k_2m_2\overline{\omega}^2 + m_1m_2\overline{\omega}^4)\mathrm{i}}$$

根据复频响应函数定义,可得 $H_{11}(\overline{\omega}) = A_1$。

也可以根据式(9-4-22)利用 MATLAB 程序的符号运算功能求得 $\boldsymbol{H}(\overline{\omega})$ 显式表达式,可以得到同样的 $H_{11}(\overline{\omega})$。

(3)计算位移响应均方值。

主系统 m_1 上的位移响应均方值为

$$\psi_{u_1}^2 = \frac{1}{2\pi}\int_{-\infty}^{+\infty} S_{u_1u_1}(\overline{\omega})\,\mathrm{d}\overline{\omega} = \frac{1}{2\pi}\int_{-\infty}^{+\infty} |H_{11}(\overline{\omega})|^2 S_{pp}(\overline{\omega})\,\mathrm{d}\overline{\omega}$$

上述积分较为复杂,可用数值积分进行计算。在实际工程中,可优化动力减振器的参数 m_2、k_2、c_2,使得主系统 m_1 响应的均方值最小,达到减振器的最优化设计效果。

9.4.2 间接分析方法

1)运用振型叠加法求线性系统确定性响应

经典(瑞利)阻尼的线性振动系统中,振型关于阻尼矩阵满足正交关系,阻尼矩阵表示为

$$\boldsymbol{C}=a_0\boldsymbol{M}+a_1\boldsymbol{K} \tag{9-4-53}$$

设系统的质量与刚度矩阵均为正定矩阵,其固有频率矩阵为

$$\boldsymbol{\omega}=\mathrm{diag}(\omega_1,\omega_2,\cdots,\omega_n) \tag{9-4-54}$$

系统的振型矩阵为

$$\boldsymbol{A}=[\boldsymbol{A}_1\quad \boldsymbol{A}_2\quad \cdots\quad \boldsymbol{A}_n] \tag{9-4-55}$$

式中,$\boldsymbol{A}_j=\{A_{1j}\quad A_{2j}\quad \cdots\quad A_{nj}\}^{\mathrm{T}}$,为第 j 阶振型($j=1,2,\cdots,n$)。

根据振型关于质量、刚度、阻尼(瑞利阻尼)的正交性,有

$$\boldsymbol{A}^{\mathrm{T}}\boldsymbol{M}\boldsymbol{A}=\boldsymbol{M}^* \tag{9-4-56}$$

$$\boldsymbol{A}^{\mathrm{T}}\boldsymbol{K}\boldsymbol{A}=\boldsymbol{K}^* \tag{9-4-57}$$

$$\boldsymbol{A}^{\mathrm{T}}\boldsymbol{C}\boldsymbol{A}=\boldsymbol{C}^* \tag{9-4-58}$$

式中,$\boldsymbol{M}^*$、$\boldsymbol{K}^*$、$\boldsymbol{C}^*$ 分别表示系统的广义质量矩阵、广义刚度矩阵、广义阻尼矩阵,均为对角矩阵,其对角元素分别为 M_j、K_j、C_j($j=1,2,\cdots,n$)。

根据振型叠加原理,有

$$\boldsymbol{q}=\boldsymbol{A}\boldsymbol{T} \tag{9-4-59}$$

式中,$\boldsymbol{T}=\{T_1(t)\quad T_2(t)\quad \cdots\quad T_n(t)\}^{\mathrm{T}}$,称为主坐标。

将式(9-4-59)代入系统运动方程 $\boldsymbol{M}\ddot{\boldsymbol{q}}+\boldsymbol{C}\dot{\boldsymbol{q}}+\boldsymbol{K}\boldsymbol{q}=\boldsymbol{Q}$,并在方程两边左乘 $\boldsymbol{A}^{\mathrm{T}}$,可得

$$\boldsymbol{M}^*\ddot{\boldsymbol{T}}+\boldsymbol{C}^*\dot{\boldsymbol{T}}+\boldsymbol{K}^*\boldsymbol{T}=\boldsymbol{P}^* \tag{9-4-60}$$

式中

$$\boldsymbol{P}^*=\boldsymbol{A}^{\mathrm{T}}\boldsymbol{Q} \tag{9-4-61}$$

式(9-4-60)为解耦的运动方程,可得到用主坐标 T_j 表示的 n 个独立运动方程,即

$$M_j\ddot{T}_j+C_j\dot{T}_j+K_jT_j=P_j\quad (j=1,2,\cdots,n) \tag{9-4-62}$$

式中,P_j 为 $\boldsymbol{P}^*$ 的第 j 个元素,其余参量意义同上。

方程(9-4-62)的解为

$$T_j(t)=\int_0^t h_j(t-\tau)P_j(\tau)\mathrm{d}\tau \tag{9-4-63}$$

$$h_j(t)=\begin{cases}\dfrac{1}{M_j\omega_{\mathrm{D}j}}\mathrm{e}^{-\xi_j\omega_j t}\sin\omega_{\mathrm{D}j}t & (t\geqslant 0)\\ 0 & (t<0)\end{cases} \tag{9-4-64}$$

式中,$\omega_{\mathrm{D}j}=\omega_j\sqrt{1-\xi_j}$,为第 j 阶有阻尼固有频率;ω_j 为第 j 阶无阻尼固有频率;ξ_j 为第 j 阶阻尼比。

将式(9-4-64)表示的 n 个脉冲响应函数组成脉冲响应函数矩阵,即

$$\hat{\boldsymbol{h}}(t)=\mathrm{diag}[h_1(t),h_2(t),\cdots,h_n(t)] \tag{9-4-65}$$

由式(9-4-65)可以得到相应的复频响应函数矩阵

$$\hat{\boldsymbol{H}}(\overline{\omega})=\mathrm{diag}[H_1(\overline{\omega}),H_2(\overline{\omega}),\cdots,H_n(\overline{\omega})] \tag{9-4-66}$$

式中

$$H_j(\overline{\omega})=\frac{1}{K_j-M_j\overline{\omega}^2+\mathrm{i}\overline{\omega}C_j} \quad (j=1,2,\cdots,n) \tag{9-4-67}$$

根据式(9-4-63)求出所有 $T_j(t)(j=1,2,\cdots,n)$ 代入式(9-4-59),即可得到系统的位移响应,以向量表示为

$$\boldsymbol{q}(t)=\int_0^t \boldsymbol{A}\,\hat{\boldsymbol{h}}(t-\tau)\boldsymbol{P}^*(\tau)\mathrm{d}\tau \tag{9-4-68}$$

2)平稳激励下系统反应的数字特征

假设随机激励 $\boldsymbol{Q}(t)$ 为平稳过程,其相关函数矩阵为 $\boldsymbol{R}_{pp}(\tau)$,功率谱密度函数矩阵为 $\boldsymbol{S}_{pp}(\overline{\omega})$,两者均为对称矩阵,对角线元素为自相关函数或自谱密度函数,非对角线元素代表互相关函数或互谱密度函数。基于变换式(9-4-61),可得广义荷载 $\boldsymbol{P}^*(t)$ 的相关函数矩阵和功率谱密度函数矩阵分别为

$$\boldsymbol{R}_{p^*p^*}(\tau)=E[\boldsymbol{P}^*(t)\boldsymbol{P}^{*\mathrm{T}}(t+\tau)]=\boldsymbol{A}^{\mathrm{T}}E[\boldsymbol{Q}(t)\boldsymbol{Q}^{\mathrm{T}}(t+\tau)]\boldsymbol{A}=\boldsymbol{A}^{\mathrm{T}}\boldsymbol{R}_{pp}(\tau)\boldsymbol{A} \tag{9-4-69}$$

$$\boldsymbol{S}_{p^*p^*}(\overline{\omega})=\int_{-\infty}^{+\infty}\boldsymbol{R}_{p^*p^*}(\tau)\mathrm{e}^{-\mathrm{i}\overline{\omega}\tau}\mathrm{d}\tau=\boldsymbol{A}^{\mathrm{T}}\left(\int_{-\infty}^{+\infty}\boldsymbol{R}_{pp}(\tau)\mathrm{e}^{-\mathrm{i}\overline{\omega}\tau}\mathrm{d}\tau\right)\boldsymbol{A}=\boldsymbol{A}^{\mathrm{T}}\boldsymbol{S}_{pp}(\overline{\omega})\boldsymbol{A} \tag{9-4-70}$$

根据式(9-4-29)可得主坐标反应相关函数矩阵为

$$\boldsymbol{R}_{TT}(\tau)=\int_{-\infty}^{+\infty}\hat{\boldsymbol{h}}(x)\int_{-\infty}^{+\infty}\boldsymbol{R}_{p^*p^*}(\tau+x-y)\hat{\boldsymbol{h}}^{\mathrm{T}}(y)\mathrm{d}y\mathrm{d}x \tag{9-4-71}$$

同样,根据式(9-4-36)可得主坐标反应功率谱密度函数矩阵为

$$\boldsymbol{S}_{TT}(\overline{\omega})=\hat{\boldsymbol{H}}^*(\overline{\omega})\boldsymbol{S}_{p^*p^*}(\overline{\omega})\hat{\boldsymbol{H}}^{\mathrm{T}}(\overline{\omega}) \tag{9-4-72}$$

需要说明的是:此处系统输入为 $\boldsymbol{P}^*(t)$,输出为 $\boldsymbol{T}(t)$,相应的脉冲反应函数矩阵为 $\hat{\boldsymbol{h}}(t)$,复频响应函数矩阵为 $\hat{\boldsymbol{H}}(\overline{\omega})$。

基于变换式(9-4-59),可得系统响应的相关函数和功率谱密度函数矩阵分别为

$$\boldsymbol{R}_{vv}(\tau)=E[\boldsymbol{q}(t)\boldsymbol{q}^{\mathrm{T}}(t+\tau)]=\boldsymbol{A}E[\boldsymbol{T}(t)\boldsymbol{T}^{\mathrm{T}}(t+\tau)]\boldsymbol{A}^{\mathrm{T}}=\boldsymbol{A}\boldsymbol{R}_{TT}(\tau)\boldsymbol{A}^{\mathrm{T}} \tag{9-4-73}$$

$$\boldsymbol{S}_{vv}(\overline{\omega})=\int_{-\infty}^{+\infty}\boldsymbol{R}_{vv}(\tau)\mathrm{e}^{-\mathrm{i}\overline{\omega}\tau}\mathrm{d}\tau=\boldsymbol{A}\left[\int_{-\infty}^{+\infty}\boldsymbol{R}_{TT}(\tau)\mathrm{e}^{-\mathrm{i}\overline{\omega}\tau}\mathrm{d}\tau\right]\boldsymbol{A}^{\mathrm{T}}=\boldsymbol{A}\boldsymbol{S}_{TT}(\overline{\omega})\boldsymbol{A}^{\mathrm{T}} \tag{9-4-74}$$

综合考虑式(9-4-74)、式(9-4-72)以及式(9-4-70)可得

$$\boldsymbol{S}_{vv}(\overline{\omega})=\boldsymbol{A}\hat{\boldsymbol{H}}^*(\overline{\omega})\boldsymbol{A}^{\mathrm{T}}\boldsymbol{S}_{pp}(\overline{\omega})\boldsymbol{A}\,\hat{\boldsymbol{H}}^{\mathrm{T}}(\overline{\omega})\boldsymbol{A}^{\mathrm{T}} \tag{9-4-75}$$

系统反应均值向量为

$$\boldsymbol{\mu}_v=E(\boldsymbol{q})=E[\boldsymbol{A}\boldsymbol{T}(t)]=\boldsymbol{A}E[\boldsymbol{T}(t)] \tag{9-4-76}$$

由式(9-4-25)可知:

$$E[\boldsymbol{T}(t)]=\hat{\boldsymbol{H}}(0)\boldsymbol{\mu}_{P^*} \tag{9-4-77}$$

此处,系统输入为 $\boldsymbol{P}^*(t)$,输出为 $\boldsymbol{T}(t)$,对应的复频响应函数矩阵为 $\hat{\boldsymbol{H}}(\overline{\omega})$。

同时有

$$\boldsymbol{\mu}_{P^*} = E[\boldsymbol{P}^*(t)] = E[\boldsymbol{A}^{\mathrm{T}}\boldsymbol{Q}(t)] = \boldsymbol{A}^{\mathrm{T}}E[\boldsymbol{Q}(t)] = \boldsymbol{A}^{\mathrm{T}}\boldsymbol{\mu}_P \tag{9-4-78}$$

综合以上三式,可得

$$\boldsymbol{\mu}_v = \boldsymbol{A}\,\hat{\boldsymbol{H}}(0)\boldsymbol{A}^{\mathrm{T}}\boldsymbol{\mu}_P \tag{9-4-79}$$

根据式(9-4-73)可求得输出相关函数矩阵 $\boldsymbol{R}_{vv}(\tau)$,其对角元素 $R_{v_kv_k}(\tau)(k=1,2,\cdots,n)$是各输出的自相关函数。只要令$\tau=0$,就可以根据式(9-4-31)与式(9-4-32)分别求得系统各反应的均方值与方差。与直接分析方法的式(9-4-29)相比,运用式(9-4-73)计算响应的相关函数更方便一些,因为脉冲响应函数矩阵 $\hat{\boldsymbol{h}}(t)$ 容易得到。

另外,根据式(9-4-75)可求得输出功率谱密度函数矩阵 $\boldsymbol{S}_{vv}(\bar{\omega})$,其对角元素 $S_{v_kv_k}(\bar{\omega})(k=1,2,\cdots,n)$是各输出的自谱密度函数。同样,可以根据式(9-4-39)与式(9-4-40)分别求得系统各反应的均方值与方差。与直接分析方法的式(9-4-36)相比,运用式(9-4-75)计算响应的功率谱密度更方便一些,因为复频响应函数矩阵 $\hat{\boldsymbol{H}}^*(\bar{\omega})$ 容易得到。然而,计算工作量还是很大,根据振型叠加原理,在应用式(9-4-59)进行坐标变换时,可以近似取前 N 阶振型进行线性组合,一般 $N \ll n$,这样可以大大减少计算工作量。此时,相应矩阵或向量的阶次要做出调整。

【例 9-4-3】 已知条件同例 9-4-1,试用间接分析方法计算上层结构的反应的均方差。

【解】 在例 9-4-1 中,已根据系统运动方程求得系统的各阶振型、频率、广义质量、广义刚度及广义阻尼矩阵。

这里可以根据式(9-4-66)直接求出复频响应函数矩阵

$$\hat{\boldsymbol{H}}(\bar{\omega}) = \begin{bmatrix} H_1(\bar{\omega}) & 0 \\ 0 & H_2(\bar{\omega}) \end{bmatrix}$$

其中,$H_1(\bar{\omega}) = \dfrac{1}{3k - 6m\bar{\omega}^2 + 3\mathrm{i}c\bar{\omega}}$,$H_2(\bar{\omega}) = \dfrac{1}{6k - 3m\bar{\omega}^2 + 6\mathrm{i}c\bar{\omega}}$。

例 9-4-1 已推导输入的功率谱密度矩阵为

$$\boldsymbol{S}_{pp}(\bar{\omega}) = m^2\begin{bmatrix} 1 & 2 \\ 2 & 4 \end{bmatrix} S_{\ddot{u}_g\ddot{u}_g}(\bar{\omega})$$

将其代入式(9-4-75)可求得

$$\boldsymbol{S}_{uu}(\bar{\omega}) = \boldsymbol{A}\,\hat{\boldsymbol{H}}^*(\bar{\omega})\boldsymbol{A}^{\mathrm{T}}\boldsymbol{S}_{pp}(\bar{\omega})\boldsymbol{A}\,\hat{\boldsymbol{H}}^{\mathrm{T}}(\bar{\omega})\boldsymbol{A}^{\mathrm{T}} = m^2 S_{\ddot{u}_g\ddot{u}_g}(\bar{\omega})\begin{bmatrix} S_{11}(\bar{\omega}) & S_{12}(\bar{\omega}) \\ S_{21}(\bar{\omega}) & S_{22}(\bar{\omega}) \end{bmatrix}$$

其中

$$S_{11} = 64|H_1|^2 - 8H_1^*H_2 - 8H_2^*H_1 + |H_2|^2$$
$$S_{12} = 32|H_1|^2 + 8H_1^*H_2 - 4H_2^*H_1 - |H_2|^2$$
$$S_{21} = 32|H_1|^2 - 4H_1^*H_2 + 8H_2^*H_1 - |H_2|^2$$
$$S_{22} = 16|H_1|^2 + 4H_1^*H_2 + 4H_2^*H_1 + |H_2|^2$$

上层结构的位移响应均方差为

$$\psi_{u_1}^2 = \frac{1}{2\pi}\int_{-\infty}^{+\infty} S_{u_1u_1}(\overline{\omega})\,\mathrm{d}\overline{\omega} = \frac{m^2}{2\pi}\int_{-\infty}^{+\infty} S_{\ddot{u}_g\ddot{u}_g}(\overline{\omega})S_{11}(\overline{\omega})\,\mathrm{d}\overline{\omega}$$

该积分较为复杂,可用数值积分进行计算。进一步可以计算出上层结构的位移响应均方差

$$\sigma_{u_1}^2 = \psi_{u_1}^2 - \mu_{u_1}^2 = \psi_{u_1}^2 \quad (\text{均值为零})$$

9.5 虚拟激励法

随机振动基本理论框架和计算方法早已建立,可是传统计算方法复杂、低效,导致在实际工程中应用随机振动成果存在不少困难。虚拟激励法改进了结构响应功率谱密度的计算方法,使其计算过程方便、高效、精确,它将平稳随机响应的计算转化为简谐响应的计算;将非平稳随机响应的计算转化为普通的逐步积分计算,根据求得的虚拟响应通过简单的计算即可得出响应功率谱密度,再由结构响应功率谱密度计算出相应的谱矩(方差、二阶矩等)[31,37]。根据这些功率谱密度和谱矩,就可以计算各种直接应用于工程设计的统计量,如导致结构首次超越破坏的概率或疲劳寿命,评价汽车行驶平稳性的指标等。本节主要讨论平稳随机过程的虚拟激励法在线性系统振动分析中的应用(更多内容可参考文献[37]),下面按单维单点激励、单维多点激励、多维单点激励、多维多点激励由浅至深阐述其基本原理。分析非线性系统随机振动问题,若采用虚拟激励法,则需要进行等效线性化处理,此时可考虑采用概率密度演化理论,详见文献[38]。

9.5.1 系统受单维单点平稳随机激励

线性系统受到自谱密度为 $S_{pp}(\overline{\omega})$ 的单点平稳随机激励 $P(t)$ 作用时,其响应 $v(t)$ 的自谱密度 $S_{vv}(\overline{\omega})$ 按式(9-3-20)应为

$$S_{vv}(\overline{\omega}) = |H(\overline{\omega})|^2 S_{pp}(\overline{\omega}) \tag{9-5-1}$$

此关系如图 9-5-1a)所示。其中复频响应函数 $H(\overline{\omega})$ 的意义如图 9-5-1b)所示。当随机激励被单位简谐激励 $\mathrm{e}^{\mathrm{i}\overline{\omega}t}$ 代替时,相应的简谐响应为 $v = H(\overline{\omega})\mathrm{e}^{\mathrm{i}\overline{\omega}t}$。这里的 $H(\overline{\omega})$ 不是指某特定的复频响应函数,对于同一结构的不同响应,复频响应函数并不相同,如图 9-5-1d)中的 $H_1(\overline{\omega})$ 与 $H_2(\overline{\omega})$。

$$\text{a)}\ S_{pp}(\overline{\omega}) \rightarrow \boxed{H(\overline{\omega})} \rightarrow S_{vv} = |H(\overline{\omega})|^2 S_{pp}$$

$$\text{b)}\ P = \mathrm{e}^{\mathrm{i}\overline{\omega}t} \rightarrow \boxed{H(\overline{\omega})} \rightarrow v = H(\overline{\omega})\mathrm{e}^{\mathrm{i}\overline{\omega}t}$$

$$\text{c)}\ \widetilde{P} = \sqrt{S_{pp}(\overline{\omega})}\,\mathrm{e}^{\mathrm{i}\overline{\omega}t} \rightarrow \boxed{H(\overline{\omega})} \rightarrow \tilde{v} = \sqrt{S_{pp}(\overline{\omega})}\,H(\overline{\omega})\mathrm{e}^{\mathrm{i}\overline{\omega}t}$$

$$\text{d)}\ \widetilde{P} = \sqrt{S_{pp}(\overline{\omega})}\,\mathrm{e}^{\mathrm{i}\overline{\omega}t} \rightarrow \boxed{H(\overline{\omega})} \rightarrow \tilde{v}_1 = \sqrt{S_{pp}(\overline{\omega})}\,H_1(\overline{\omega})\mathrm{e}^{\mathrm{i}\overline{\omega}t}$$

$$\tilde{v}_2 = \sqrt{S_{pp}(\overline{\omega})}\,H_2(\overline{\omega})\mathrm{e}^{\mathrm{i}\overline{\omega}t}$$

图 9-5-1　虚拟激励法的基本原理

显然，若在激励 $e^{i\bar{\omega}t}$之前乘常数 $\sqrt{S_{pp}(\bar{\omega})}$，即构造一虚拟激励

$$\tilde{P}(t) = \sqrt{S_{pp}(\bar{\omega})}e^{i\bar{\omega}t} \tag{9-5-2}$$

则其响应应乘同一常数，表达式为 $\tilde{v} = \sqrt{S_{pp}(\bar{\omega})}H(\bar{\omega})e^{i\bar{\omega}t}$，称为虚拟响应，如图 9-5-1c）所示。其中，$\tilde{\#}$表示随机变量#的相应虚拟量。

然后，由虚拟响应的共轭 $\tilde{v}^*$ 与虚拟响应 $\tilde{v}$ 相乘，可得到响应的自谱密度，即

$$\tilde{v}^*\tilde{v} = [\sqrt{S_{pp}(\bar{\omega})}H^*(\bar{\omega})e^{-i\bar{\omega}t}][\sqrt{S_{pp}(\bar{\omega})}H(\bar{\omega})e^{i\bar{\omega}t}] = |H(\bar{\omega})|^2S_{pp}(\bar{\omega}) = S_{vv}(\bar{\omega}) \tag{9-5-3}$$

由虚拟激励的共轭 $\tilde{P}^*$ 与虚拟响应 $\tilde{v}$ 以及虚拟响应的共轭 $\tilde{v}^*$ 与虚拟激励 $\tilde{P}$ 相乘可得到响应与激励的互谱密度

$$\begin{cases}\tilde{P}^*\tilde{v} = \sqrt{S_{pp}(\bar{\omega})}e^{-i\bar{\omega}t}\sqrt{S_{pp}(\bar{\omega})}H(\bar{\omega})e^{i\bar{\omega}t} = H(\bar{\omega})S_{pp}(\bar{\omega}) = S_{pv}(\bar{\omega}) \\ \tilde{v}^*\tilde{P} = \sqrt{S_{pp}(\bar{\omega})}H^*(\bar{\omega})e^{-i\bar{\omega}t}\sqrt{S_{pp}(\bar{\omega})}e^{i\bar{\omega}t} = H^*(\bar{\omega})S_{pp}(\bar{\omega}) = S_{vp}(\bar{\omega})\end{cases} \tag{9-5-4}$$

若在以上系统中考虑两个虚拟响应量 $\tilde{v}_1$ 与 $\tilde{v}_2$，如图 9-5-1d）所示，同样可推导出不同响应之间的互谱密度，即

$$\begin{cases}\tilde{v}_1^*\ \tilde{v}_2 = \sqrt{S_{pp}(\bar{\omega})}H_1^*(\bar{\omega})e^{-i\bar{\omega}t}\sqrt{S_{pp}(\bar{\omega})}H_2(\bar{\omega})e^{i\bar{\omega}t} = H_1^*(\bar{\omega})S_{pp}(\bar{\omega})H_2(\bar{\omega}) = S_{v_1v_2}(\bar{\omega}) \\ \tilde{v}_2^*\ \tilde{v}_1 = H_2^*(\bar{\omega})S_{pp}(\bar{\omega})H_1(\bar{\omega}) = S_{v_2v_1}(\bar{\omega})\end{cases} \tag{9-5-5}$$

根据以上论述，实际应用时先计算出虚拟荷载作用下的虚拟响应，然后计算有关功率谱密度，即

$$\boldsymbol{S}_{vv}(\bar{\omega}) = \tilde{\boldsymbol{q}}^*\ \tilde{\boldsymbol{q}}^{\mathrm{T}} \tag{9-5-6}$$

$$\boldsymbol{S}_{pv}(\bar{\omega}) = \tilde{\boldsymbol{Q}}^*\ \tilde{\boldsymbol{q}}^{\mathrm{T}} \tag{9-5-7}$$

$$\boldsymbol{S}_{vp}(\bar{\omega}) = \tilde{\boldsymbol{q}}^*\ \tilde{\boldsymbol{Q}}^{\mathrm{T}} \tag{9-5-8}$$

针对 n 自由度的弹性结构，在实际计算时按照形成系统矩阵的“对号入座”法则，列出 $n\times 1$ 维的虚拟荷载向量 $\tilde{\boldsymbol{Q}}$（$\tilde{\boldsymbol{Q}} = \boldsymbol{J}\tilde{P}(t)$，$\boldsymbol{J}$ 为 $n\times 1$ 维常量矩阵，表征外力分布情况），将其代入复数形式的系统运动方程

$$\boldsymbol{M}\ddot{\tilde{\boldsymbol{q}}} + \boldsymbol{C}\dot{\tilde{\boldsymbol{q}}} + \boldsymbol{K}\tilde{\boldsymbol{q}} = \tilde{\boldsymbol{Q}} \tag{9-5-9}$$

通过解析法、振型叠加法或数值积分方法求解上述方程，得到系统虚拟响应向量 $\tilde{\boldsymbol{q}}$。在具体的求解过程中，可先将虚拟激励 $\tilde{\boldsymbol{Q}}$ 拆分为实部和虚部分别计算各自对应的响应，再将两部分响应组合得到虚拟响应 $\tilde{\boldsymbol{q}}$；也可直接求解复荷载作用下的复响应，即系统虚拟响应 $\tilde{\boldsymbol{q}}$。然后，由式(9-5-6) ~ 式(9-5-8)可求得有关的功率谱密度矩阵。

如果要求某一内力f、应力σ或应变ε的功率谱密度,需要先求得虚拟激励作用下上述各物理量的虚拟响应$\tilde{f}$、$\tilde{\sigma}$和$\tilde{\varepsilon}$,然后直接得到它们的自谱密度,即

$$S_{ff}(\overline{\omega})=\tilde{f}^{*}\tilde{f},\quad S_{\sigma\sigma}(\overline{\omega})=\tilde{\sigma}^{*}\tilde{\sigma},\quad S_{\varepsilon\varepsilon}(\overline{\omega})=\tilde{\varepsilon}^{*}\tilde{\varepsilon} \tag{9-5-10}$$

或各响应的互谱密度,如

$$S_{\sigma f}(\overline{\omega})=\tilde{\sigma}^{*}\tilde{f},\quad S_{vf}(\overline{\omega})=\tilde{v}^{*}\tilde{f} \tag{9-5-11}$$

由上可知,虚拟激励法应用起来十分方便,计算自谱密度函数和互谱密度函数都有简单统一的计算公式,只要激励和响应之间的关系是线性的,就可以运用虚拟激励法。

【例 9-5-1】 某双跨结构的刚度、质量、阻尼的分布如图 9-5-2 所示。设地面运动加速度$\ddot{u}_g$的功率谱密度为S_0(即为白噪声过程),不考虑各柱根间地面运动的相位差。图中u_1、u_2与u_3分别为对应质点相对于地面的位移,计算结构相对位移向量的功率谱密度矩阵$\boldsymbol{S}_{uu}(\overline{\omega})$及三根柱剪力的自谱密度向量$\boldsymbol{S}_Q(\overline{\omega})$。

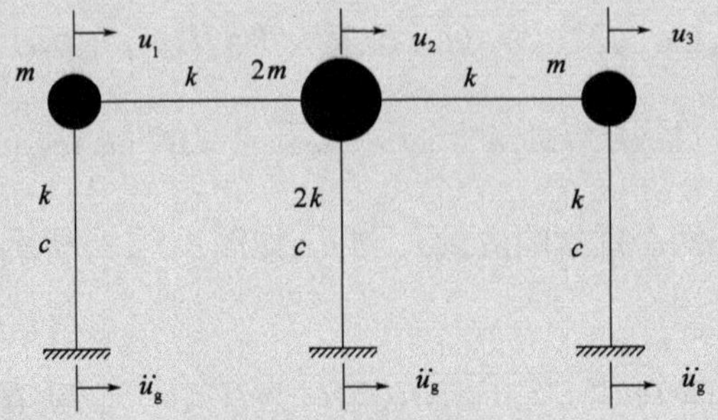

图 9-5-2 双跨结构

【解】 列出该结构的运动方程

$$\begin{bmatrix} m & 0 & 0 \\ 0 & 2m & 0 \\ 0 & 0 & m \end{bmatrix}\begin{Bmatrix} \ddot{u}_1 \\ \ddot{u}_2 \\ \ddot{u}_3 \end{Bmatrix}+\begin{bmatrix} c & 0 & 0 \\ 0 & c & 0 \\ 0 & 0 & c \end{bmatrix}\begin{Bmatrix} \dot{u}_1 \\ \dot{u}_2 \\ \dot{u}_3 \end{Bmatrix}+\begin{bmatrix} 2k & -k & 0 \\ -k & 4k & -k \\ 0 & -k & 2k \end{bmatrix}\begin{Bmatrix} u_1 \\ u_2 \\ u_3 \end{Bmatrix}=-\begin{Bmatrix} m \\ 2m \\ m \end{Bmatrix}\ddot{u}_g(t)$$

构造虚拟激励

$$\ddot{\tilde{u}}_g(t)=\sqrt{S_0}\,e^{i\overline{\omega}t}$$

相应的复数形式的运动方程为

$$\begin{bmatrix} m & 0 & 0 \\ 0 & 2m & 0 \\ 0 & 0 & m \end{bmatrix}\begin{Bmatrix} \ddot{\tilde{u}}_1 \\ \ddot{\tilde{u}}_2 \\ \ddot{\tilde{u}}_3 \end{Bmatrix}+\begin{bmatrix} c & 0 & 0 \\ 0 & c & 0 \\ 0 & 0 & c \end{bmatrix}\begin{Bmatrix} \dot{\tilde{u}}_1 \\ \dot{\tilde{u}}_2 \\ \dot{\tilde{u}}_3 \end{Bmatrix}+\begin{bmatrix} 2k & -k & 0 \\ -k & 4k & -k \\ 0 & -k & 2k \end{bmatrix}\begin{Bmatrix} \tilde{u}_1 \\ \tilde{u}_2 \\ \tilde{u}_3 \end{Bmatrix}=-\begin{Bmatrix} m \\ 2m \\ m \end{Bmatrix}\sqrt{S_0}\,e^{i\overline{\omega}t}$$

它的解可自下式求得

$$\begin{bmatrix} 2k-m\overline{\omega}^2+\mathrm{i}\overline{\omega}c & -k & 0 \\ -k & 4k-2m\overline{\omega}^2+\mathrm{i}\overline{\omega}c & -k \\ 0 & -k & 2k-m\overline{\omega}^2+\mathrm{i}\overline{\omega}c \end{bmatrix}\begin{Bmatrix} \tilde{u}_1 \\ \tilde{u}_2 \\ \tilde{u}_3 \end{Bmatrix}=-\begin{Bmatrix} m \\ 2m \\ m \end{Bmatrix}\sqrt{S_0}\,\mathrm{e}^{\mathrm{i}\overline{\omega}t}$$

利用问题的对称性可求得虚拟位移响应[37]

$$\tilde{\boldsymbol{u}}=\begin{Bmatrix} \tilde{u}_1 \\ \tilde{u}_2 \\ \tilde{u}_3 \end{Bmatrix}=-\frac{1}{\Delta}\begin{Bmatrix} S+0.5T\mathrm{i} \\ S+T\mathrm{i} \\ S+0.5T\mathrm{i} \end{Bmatrix}m\sqrt{S_0}\,\mathrm{e}^{\mathrm{i}\overline{\omega}t}$$

其中

$$S=3k-m\overline{\omega}^2,\quad T=\overline{\omega}c,\quad \Delta=S(S-2k)-0.5T^2+1.5T(S-k)\mathrm{i}$$

求得位移响应自谱密度矩阵为

$$\boldsymbol{S}_{uu}(\overline{\omega})=\tilde{\boldsymbol{u}}^*\ \tilde{\boldsymbol{u}}^{\mathrm{T}}=\frac{m^2S_0}{|\Delta|^2}\begin{bmatrix} S^2+\dfrac{T^2}{4} & S^2+\dfrac{T^2}{2}+\dfrac{ST}{2}\mathrm{i} & S^2+\dfrac{T^2}{4} \\ S^2+\dfrac{T^2}{2}-\dfrac{ST}{2}\mathrm{i} & S^2+T^2 & S^2+\dfrac{T^2}{2}-\dfrac{ST}{2}\mathrm{i} \\ S^2+\dfrac{T^2}{4} & S^2+\dfrac{T^2}{2}+\dfrac{ST}{2}\mathrm{i} & S^2+\dfrac{T^2}{4} \end{bmatrix}$$

三根柱虚拟剪力响应为

$$\tilde{\boldsymbol{Q}}=\begin{Bmatrix} \tilde{Q}_1 \\ \tilde{Q}_2 \\ \tilde{Q}_3 \end{Bmatrix}=\begin{Bmatrix} k\,\tilde{u}_1 \\ 2k\,\tilde{u}_2 \\ k\,\tilde{u}_3 \end{Bmatrix}$$

求得剪力响应自谱密度向量为

$$\boldsymbol{S}_Q(\overline{\omega})=\begin{Bmatrix} S_{Q_1Q_1} \\ S_{Q_2Q_2} \\ S_{Q_3Q_3} \end{Bmatrix}=\begin{Bmatrix} \tilde{Q}_1^*\,\tilde{Q}_1 \\ \tilde{Q}_2^*\,\tilde{Q}_2 \\ \tilde{Q}_3^*\,\tilde{Q}_3 \end{Bmatrix}=\frac{m^2k^2S_0}{|\Delta|^2}\begin{Bmatrix} S^2+\dfrac{T^2}{4} \\ 4S^2+4T^2 \\ S^2+\dfrac{T^2}{4} \end{Bmatrix}\tag{9-5-12}$$

本例求出了响应功率谱密度矩阵的显式表达式,更多工程问题需要用逐步积分法等求解虚拟响应,然后用数值方法计算功率谱密度矩阵随频率的变化关系。

9.5.2 系统受单维多点完全相干平稳随机激励

大跨度桥梁的抗震分析一直是工程界极为关切的问题,对这类结构考虑不同地面节点的运动相位差(即行波效应)是很重要的。铁路轨道存在不平顺,列车在轨道上运行时,同一条轨道上的任意两车轮可以近似认为受到轮轨相同的随机激励,但其间存在某一时间差。导管架海洋平台各个支腿受到的随机波浪力之间也必须考虑相位差。对于这类问题,按传统的随机振动方法计算工作量极大,也成为随机振动工程应用的一大障碍。其实上述问题均可视为广义的单维多点随机激励问题,将 9.5.1 节的方法略微推广即可简便地解决。

设 n 自由度的弹性系统受到多点(s 点)异相位平稳随机激励 $\boldsymbol{P}(t)$

$$\boldsymbol{P}(t)=\begin{Bmatrix}P_1(t)\\P_2(t)\\\vdots\\P_s(t)\end{Bmatrix}=\begin{Bmatrix}a_1P(t-\tau_1)\\a_2P(t-\tau_2)\\\vdots\\a_sP(t-\tau_s)\end{Bmatrix}\tag{9-5-13}$$

各输入分量有相同的形式,但存在时间滞后,即作用时间上相差一个常因子,用τ_j $(j=1,2,\cdots,s)$表示。式中,$a_j(j=1,2,\cdots,s)$代表各点的作用强度。假定式(9-5-13)中所有的 a_j 和τ_j 皆为已知常数,则 $\boldsymbol{P}(t)$可视为广义的单维激励。设 $P(t)$的自谱密度 $S_{pp}(\overline{\omega})$为已知,则按式(9-5-2),相应的虚拟激励为

$$\widetilde{P}(t)=\sqrt{S_{pp}(\overline{\omega})}\,\mathrm{e}^{\mathrm{i}\overline{\omega}t}\tag{9-5-14}$$

显然,与 $P(t-\tau_1)$对应的虚拟激励为 $\widetilde{P}(t-\tau_1)=\sqrt{S_{pp}(\overline{\omega})}\,\mathrm{e}^{\mathrm{i}\overline{\omega}(t-\tau_1)}$;而与式(9-5-13)相应的虚拟激励为

$$\widetilde{\boldsymbol{P}}(t)=\begin{Bmatrix}a_1\mathrm{e}^{-\mathrm{i}\overline{\omega}\tau_1}\\a_2\mathrm{e}^{-\mathrm{i}\overline{\omega}\tau_2}\\\vdots\\a_s\mathrm{e}^{-\mathrm{i}\overline{\omega}\tau_s}\end{Bmatrix}\sqrt{S_{pp}(\overline{\omega})}\,\mathrm{e}^{\mathrm{i}\overline{\omega}t}\tag{9-5-15}$$

按照形成系统矩阵的"对号入座"法则将 $\widetilde{\boldsymbol{P}}(t)$扩充为维度 $n\times1$ 的虚拟荷载向量 $\widetilde{\boldsymbol{Q}}$($\widetilde{\boldsymbol{Q}}=\boldsymbol{J}\widetilde{\boldsymbol{P}}(t)$,$\boldsymbol{J}$ 为 $n\times s$ 维常量矩阵,表征外力分布情况),将其代入复数形式的系统运动方程

$$\boldsymbol{M}\ddot{\widetilde{\boldsymbol{q}}}+\boldsymbol{C}\dot{\widetilde{\boldsymbol{q}}}+\boldsymbol{K}\widetilde{\boldsymbol{q}}=\widetilde{\boldsymbol{Q}}\tag{9-5-16}$$

求解方程(9-5-16)得到虚拟响应 $\widetilde{\boldsymbol{q}}$,也可以继续求得感兴趣的其他虚拟响应,如内力虚拟响应$\widetilde{\boldsymbol{f}}(t)$,然后可求出各响应的自谱与互谱。

【例 9-5-2】 如图 9-5-3 所示,某两自由度结构受异相位侧向荷载作用。二侧向力为平稳随机集中力,均为白噪声过程,对应自谱密度均为 S_0,但两者存在作用时间差τ。求位移响应功率谱密度矩阵及根部剪力的自谱密度[37]。

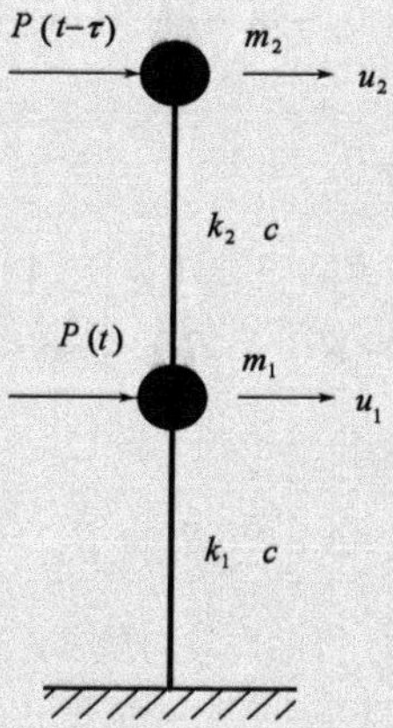

图 9-5-3 结构受异相位激励

【解】 列出该结构的运动方程

$$\begin{bmatrix} m_1 & 0 \\ 0 & m_2 \end{bmatrix}\begin{Bmatrix} \ddot{u}_1 \\ \ddot{u}_2 \end{Bmatrix} + \begin{bmatrix} 2c & -c \\ -c & c \end{bmatrix}\begin{Bmatrix} \dot{u}_1 \\ \dot{u}_2 \end{Bmatrix} + \begin{bmatrix} k_1 + k_2 & -k_2 \\ -k_2 & k_2 \end{bmatrix}\begin{Bmatrix} u_1 \\ u_2 \end{Bmatrix} = \begin{Bmatrix} P(t) \\ P(t-\tau) \end{Bmatrix}$$

构造虚拟激励

$$\widetilde{\boldsymbol{P}}(t) = \begin{Bmatrix} 1 \\ \mathrm{e}^{-\mathrm{i}\overline{\omega}\tau} \end{Bmatrix}\sqrt{S_0}\,\mathrm{e}^{\mathrm{i}\overline{\omega}t}, \text{对应的 } \boldsymbol{J} = \begin{bmatrix} 1 & 0 \\ 0 & 1 \end{bmatrix}$$

相应的复数形式的系统运动方程为

$$\begin{bmatrix} m_1 & 0 \\ 0 & m_2 \end{bmatrix}\begin{Bmatrix} \ddot{\tilde{u}}_1 \\ \ddot{\tilde{u}}_2 \end{Bmatrix} + \begin{bmatrix} 2c & -c \\ -c & c \end{bmatrix}\begin{Bmatrix} \dot{\tilde{u}}_1 \\ \dot{\tilde{u}}_2 \end{Bmatrix} + \begin{bmatrix} k_1 + k_2 & -k_2 \\ -k_2 & k_2 \end{bmatrix}\begin{Bmatrix} \tilde{u}_1 \\ \tilde{u}_2 \end{Bmatrix} = \sqrt{S_0}\begin{Bmatrix} 1 \\ \mathrm{e}^{-\mathrm{i}\overline{\omega}\tau} \end{Bmatrix}\mathrm{e}^{\mathrm{i}\overline{\omega}t} \tag{9-5-17}$$

令

$$\begin{Bmatrix} \tilde{u}_1 \\ \tilde{u}_2 \end{Bmatrix} = \begin{Bmatrix} B_1 \\ B_2 \end{Bmatrix}\mathrm{e}^{\mathrm{i}\overline{\omega}t} = \begin{Bmatrix} B_{\mathrm{r}1} + \mathrm{i}B_{\mathrm{i}1} \\ B_{\mathrm{r}2} + \mathrm{i}B_{\mathrm{i}2} \end{Bmatrix}\mathrm{e}^{\mathrm{i}\overline{\omega}t} \tag{9-5-18}$$

将式(9-5-18)代入式(9-5-17),可得

$$\begin{bmatrix} R_{11} & R_{12} \\ R_{21} & R_{22} \end{bmatrix}\begin{Bmatrix} B_1 \\ B_2 \end{Bmatrix} = \sqrt{S_0}\begin{Bmatrix} 1 \\ \mathrm{e}^{-\mathrm{i}\overline{\omega}\tau} \end{Bmatrix} \tag{9-5-19}$$

其中

$$\begin{bmatrix} R_{11} & R_{12} \\ R_{21} & R_{22} \end{bmatrix} = \begin{bmatrix} k_1 + k_2 - \overline{\omega}^2 m_1 + 2\mathrm{i}\,\overline{\omega} c & -k_2 - \mathrm{i}\,\overline{\omega} c \\ -k_2 - \mathrm{i}\,\overline{\omega} c & k_2 - \overline{\omega}^2 m_2 + \mathrm{i}\,\overline{\omega} c \end{bmatrix}$$

式(9-5-19)的解为

$$\begin{Bmatrix} B_1 \\ B_2 \end{Bmatrix} = \begin{bmatrix} R_{22} & -R_{12} \\ -R_{21} & R_{11} \end{bmatrix} \begin{Bmatrix} 1 \\ \mathrm{e}^{-\mathrm{i}\overline{\omega}\tau} \end{Bmatrix} \frac{1}{\Delta} \sqrt{S_0}$$

其中

$$\Delta = R_{22} R_{11} - R_{12}^2$$

所以位移响应功率谱密度矩阵为

$$\begin{aligned} \boldsymbol{S}_{uu}(\overline{\omega}) &= \begin{Bmatrix} \tilde{u}_1^* \\ \tilde{u}_2^* \end{Bmatrix} \{ \tilde{u}_1 \quad \tilde{u}_2 \} \\ &= \begin{bmatrix} B_1^* B_1 & B_1^* B_2 \\ B_2^* B_1 & B_2^* B_2 \end{bmatrix} \\ &= \begin{bmatrix} B_{r1}^2 + B_{i1}^2 & (B_{r1}B_{r2} + B_{i1}B_{i2}) + \mathrm{i}(B_{r1}B_{i2} - B_{i1}B_{r2}) \\ (B_{r1}B_{r2} + B_{i1}B_{i2}) - \mathrm{i}(B_{r1}B_{i2} - B_{i1}B_{r2}) & B_{r2}^2 + B_{i2}^2 \end{bmatrix} \end{aligned}$$

根部剪力虚拟响应为

$$\tilde{Q} = k_1 \tilde{u}_1$$

其自谱密度为

$$S_{QQ}(\overline{\omega}) = \tilde{Q}^* \tilde{Q} = |\tilde{Q}|^2 = |k_1^2 \tilde{u}_1^2| = k_1^2 (B_{r1}^2 + B_{i1}^2)$$

9.5.3 系统受多维单点平稳随机激励

在实际情况中,如汽车运行时各车轮所受的路面随机激励之间通常并非完全相干,而是具有部分相干性。大跨度桥梁在地震荷载作用下,除了必须考虑不同地面节点的运动相位差(即行波效应)外,还应考虑地震波并非严格出自一点,以及土壤介质不均匀造成各点激励之间相干性的损失;阵风作用于建筑物上时,同一迎风面的不同点处所受的随机阵风荷载之间也是有部分相干性的,处理这类部分相干问题相比处理完全相干问题更加困难。

在解决这类具有部分相干性的问题时,可以运用虚拟激励法将部分相干问题分解为有限个完全相干问题的叠加。其实只需在解决完全相干问题的基础上再向前走一步,就可以解决此类部分相干问题。

设 n 自由度的线性系统受 m 维单点(部分相干)平稳随机激励 $\boldsymbol{P}(t)$ 作用,其 $m \times m$ 阶功率谱密度矩阵 $\boldsymbol{S}_{pp}(\overline{\omega})$ 已知。由于任意激励功率谱密度矩阵必是厄米特矩阵,所以它可被表达

成如下形式

$$S_{pp}(\overline{\omega})=\sum_{j=1}^{m}\lambda_j\boldsymbol{\phi}_j\boldsymbol{\phi}_j^{*\mathrm{T}} \tag{9-5-20}$$

式中，λ_j 及 $\boldsymbol{\phi}_j$ 分别是矩阵 $\boldsymbol{S}_{pp}(\overline{\omega})$ 的特征值和特征向量，它们满足以下关系式

$$S_{pp}(\overline{\omega})\boldsymbol{\phi}_j=\lambda_j\boldsymbol{\phi}_j \tag{9-5-21}$$

$$\boldsymbol{\phi}_i^{*\mathrm{T}}\boldsymbol{\phi}_j=\delta_{ij}=\begin{cases}1 & (i=j)\\ 0 & (i\neq j)\end{cases} \tag{9-5-22}$$

因此，只要用每一特征对构造下列虚拟激励

$$\tilde{\boldsymbol{p}}_j=\boldsymbol{\phi}_j^{*}\sqrt{\lambda_j}\,\mathrm{e}^{\mathrm{i}\overline{\omega}t} \tag{9-5-23}$$

就可以将 $\boldsymbol{S}_{pp}(\overline{\omega})$ 表达为以下形式

$$S_{pp}(\overline{\omega})=\sum_{j=1}^{m}\tilde{\boldsymbol{p}}_j^{*}\tilde{\boldsymbol{p}}_j^{\mathrm{T}} \tag{9-5-24}$$

以上是利用激励功率谱密度矩阵的特征值与特征向量构造虚拟激励。除此以外，还可以将厄米特矩阵 $\boldsymbol{S}_{pp}(\overline{\omega})$ 直接进行复三角分解，也能将 $\boldsymbol{S}_{pp}(\overline{\omega})$ 分解成式(9-5-24)的形式，详见文献[37]。

无论结构复杂与否，与 $\tilde{\boldsymbol{p}}_j$ 对应的虚拟响应 $\tilde{\boldsymbol{q}}_j$ 总能表达成如下形式：

$$\tilde{\boldsymbol{q}}_j=\boldsymbol{H}(\overline{\omega})\,\tilde{\boldsymbol{p}}_j \tag{9-5-25}$$

式中，$\boldsymbol{H}(\overline{\omega})$ 为复频响应函数矩阵，复杂系统的 $\boldsymbol{H}(\overline{\omega})$ 不易求得。在实际运用虚拟激励法时往往并不需要直接求得系统的 $\boldsymbol{H}(\overline{\omega})$，此处仅仅是为了表述原理而引入该矩阵。因 $\tilde{\boldsymbol{p}}_j$ 与式(9-5-15)在结构上完全一致，同样按照形成系统矩阵的“对号入座”法则将 $\tilde{\boldsymbol{p}}_j$ 扩充为维度 $n\times1$ 的虚拟荷载向量 $\tilde{\boldsymbol{Q}}_j$（$\tilde{\boldsymbol{Q}}_j=\boldsymbol{J}\tilde{\boldsymbol{p}}_j$，$\boldsymbol{J}$ 为 $n\times m$ 维常量矩阵，表征外力分布情况），将其代入复数形式的系统运动方程

$$\boldsymbol{M}\ddot{\tilde{\boldsymbol{q}}}_j+\boldsymbol{C}\dot{\tilde{\boldsymbol{q}}}_j+\boldsymbol{K}\tilde{\boldsymbol{q}}_j=\tilde{\boldsymbol{Q}}_j$$

可采用与 9.5.1 节相同的方法直接求得虚拟位移响应 $\tilde{\boldsymbol{q}}_j$。虚拟响应、虚拟荷载与相关功率谱密度矩阵的关系证明如下：

$$\sum_{j=1}^{m}\tilde{\boldsymbol{q}}_j^{*}\tilde{\boldsymbol{q}}_j^{\mathrm{T}}=\boldsymbol{H}^{*}(\overline{\omega})\left(\sum_{j=1}^{m}\tilde{\boldsymbol{p}}_j^{*}\tilde{\boldsymbol{p}}_j^{\mathrm{T}}\right)\boldsymbol{H}^{\mathrm{T}}(\overline{\omega})=\boldsymbol{H}^{*}(\overline{\omega})\boldsymbol{S}_{pp}(\overline{\omega})\boldsymbol{H}^{\mathrm{T}}(\overline{\omega})=\boldsymbol{S}_{vv}(\overline{\omega}) \tag{9-5-26}$$

$$\sum_{j=1}^{m}\tilde{\boldsymbol{p}}_j^{*}\tilde{\boldsymbol{q}}_j^{\mathrm{T}}=\left(\sum_{j=1}^{m}\tilde{\boldsymbol{p}}_j^{*}\tilde{\boldsymbol{p}}_j^{\mathrm{T}}\right)\boldsymbol{H}^{\mathrm{T}}(\overline{\omega})=\boldsymbol{S}_{pp}(\overline{\omega})\boldsymbol{H}^{\mathrm{T}}(\overline{\omega})=\boldsymbol{S}_{pv}(\overline{\omega}) \tag{9-5-27}$$

$$\sum_{j=1}^{m}\tilde{\boldsymbol{q}}_j^{*}\tilde{\boldsymbol{p}}_j^{\mathrm{T}}=\boldsymbol{H}^{*}(\overline{\omega})\left(\sum_{j=1}^{m}\tilde{\boldsymbol{p}}_j^{*}\tilde{\boldsymbol{p}}_j^{\mathrm{T}}\right)=\boldsymbol{H}^{*}(\overline{\omega})\boldsymbol{S}_{pp}(\overline{\omega})=\boldsymbol{S}_{vp}(\overline{\omega}) \tag{9-5-28}$$

基于上述关系式，实际应用时先计算出虚拟荷载作用下的虚拟响应，然后由以下算式计算有关功率谱密度矩阵

$$\boldsymbol{S}_{vv}(\overline{\omega})=\sum_{j=1}^{m}\tilde{\boldsymbol{q}}_j^{*}\tilde{\boldsymbol{q}}_j^{\mathrm{T}} \tag{9-5-29}$$

$$\boldsymbol{S}_{pv}(\overline{\omega})=\sum_{j=1}^{m}\tilde{\boldsymbol{p}}_j^{*}\tilde{\boldsymbol{q}}_j^{\mathrm{T}} \tag{9-5-30}$$

$$\boldsymbol{S}_{vp}(\overline{\omega})=\sum_{j=1}^{m}\tilde{\boldsymbol{q}}_j^{*}\tilde{\boldsymbol{p}}_j^{\mathrm{T}} \tag{9-5-31}$$

9.5.4 系统受多维多点平稳随机激励

多维多点随机激励问题在实际工程中广泛存在。列车在运行中受到来自轨道的方向、轨距、高低和水平不平顺随机激励,再考虑到列车不同轮对间存在的相位差,因此列车在轨道上运行实际上是一个多维多点随机激励问题。在进行抗震分析时,结构在多维和单维地震作用下,计算得到的地震响应结果是不同的,尤其是对于大跨度结构,在对其进行结构抗震分析时只考虑单维分量的地震作用是不准确的,多维地震作用对大跨度结构的影响不容忽视。跨座式单轨交通系统也是一个多维多点随机激励问题,其独特的轮对布置导致该系统每一维的作用点相位互不相同。在9.5.1~9.5.3节的基础上,下面进行多维多点问题的分析。

设n自由度的线性系统受到m维部分相干平稳随机激励$\boldsymbol{P}(t)$作用,其$m\times m$功率谱密度矩阵$\boldsymbol{S}_{pp}(\overline{\omega})$已知。$m$维激励中每一维均为多点异相位激励,并且各维的作用点数不一定相同。假设第r维激励的作用点数为s_r,与式(9-5-13)同理,第r维异相位激励$\boldsymbol{P}_r(t)$可写为

$$\boldsymbol{P}_r(t)=\begin{Bmatrix}P_{r_1}(t)\\P_{r_2}(t)\\\vdots\\P_{r_{s_r}}(t)\end{Bmatrix}=\begin{Bmatrix}a_{r_1}P(t-\tau_{r_1})\\a_{r_2}P(t-\tau_{r_2})\\\vdots\\a_{r_{s_r}}P(t-\tau_{r_{s_r}})\end{Bmatrix}\quad(r=1,2,\cdots,m)\tag{9-5-32}$$

式中,a_{r_j}、$\tau_{r_j}(j=1,2,\cdots,s_r)$分别代表各点的作用强度与相位。于是,该系统所受的多维多点激励可表示为

$$\boldsymbol{P}(t)=\begin{Bmatrix}\boldsymbol{P}_1(t)\\\boldsymbol{P}_2(t)\\\vdots\\\boldsymbol{P}_m(t)\end{Bmatrix}\tag{9-5-33}$$

针对已知的功率谱密度矩阵$\boldsymbol{S}_{pp}(\overline{\omega})$,同样可以将其表达为式(9-5-20)的形式。为了构造与$\boldsymbol{P}(t)$对应的虚拟激励$\hat{\boldsymbol{p}}_j$,首先构造m维单点虚拟激励

$$\hat{\boldsymbol{p}}_j^m(t)=\boldsymbol{\phi}_j^*\sqrt{\lambda_j}\mathrm{e}^{\mathrm{i}\overline{\omega}t}=\begin{Bmatrix}\phi_{j1}^*\\\phi_{j2}^*\\\vdots\\\phi_{jm}^*\end{Bmatrix}\sqrt{\lambda_j}\mathrm{e}^{\mathrm{i}\overline{\omega}t}\tag{9-5-34}$$

式中,$\phi_{j1}^*,\phi_{j2}^*,\cdots,\phi_{jm}^*$为$\boldsymbol{S}_{pp}(\overline{\omega})$的第$j$个特征向量$\boldsymbol{\phi}_j$的$m$个分量;$\lambda_j$为$\boldsymbol{S}_{pp}(\overline{\omega})$的第$j$个特征值。

与单维多点输入类似,针对第r维(包含s_r点输入)构造如下虚拟激励

$$\tilde{\boldsymbol{p}}_{jr}(t)=\begin{Bmatrix}a_{r_1}\mathrm{e}^{-\mathrm{i}\overline{\omega}\tau_{r_1}}\\a_{r_2}\mathrm{e}^{-\mathrm{i}\overline{\omega}\tau_{r_2}}\\\vdots\\a_{r_{s_r}}\mathrm{e}^{-\mathrm{i}\overline{\omega}\tau_{r_{s_r}}}\end{Bmatrix}\phi_{jr}^*\sqrt{\lambda_j}\mathrm{e}^{\mathrm{i}\overline{\omega}t}\quad(r=1,2,\cdots,m)\tag{9-5-35}$$

然后,将各维对应的虚拟激励向量组合即可得到多维多点虚拟激励 $\tilde{\boldsymbol{p}}_j$,即

$$\tilde{\boldsymbol{p}}_j = \begin{Bmatrix} \tilde{\boldsymbol{p}}_{j1} \\ \tilde{\boldsymbol{p}}_{j2} \\ \vdots \\ \tilde{\boldsymbol{p}}_{jm} \end{Bmatrix} \tag{9-5-36}$$

$\tilde{\boldsymbol{p}}_j$ 的维度为 $s \times 1$,其中 $s = \sum_{r=1}^{m} s_r$。同样按照形成系统矩阵的"对号入座"法则将 $\tilde{\boldsymbol{p}}_j$ 扩充为 $n \times 1$ 维的虚拟荷载向量 $\tilde{\boldsymbol{Q}}_j$($\tilde{\boldsymbol{Q}}_j = \boldsymbol{J}\tilde{\boldsymbol{p}}_j$,$\boldsymbol{J}$ 为 $n \times s$ 维常量矩阵,表征外力分布情况),将其代入复数形式的系统运动方程

$$\boldsymbol{M}\ddot{\tilde{\boldsymbol{q}}}_j + \boldsymbol{C}\dot{\tilde{\boldsymbol{q}}}_j + \boldsymbol{K}\tilde{\boldsymbol{q}}_j = \tilde{\boldsymbol{Q}}_j \tag{9-5-37}$$

求解方程(9-5-37)得到虚拟响应 $\tilde{\boldsymbol{q}}_j$,最后根据式(9-5-29)即可得到系统响应功率谱密度矩阵 $\boldsymbol{S}_{vv}(\bar{\omega})$。同样,根据式(9-5-30)与式(9-5-31)可求得荷载与响应的互谱。

9.6 系统动力可靠性

9.6.1 概述

9.3~9.5 节给出了预测线性系统随机响应的方法,所得到的随机响应统计量(如均值、均方根值、方差等)的主要用途是据以判断系统能否正常运行或者是否安全。如许多情况下,常常根据响应的均方根值及经验判断振动的严重性。更合适的方法是,根据一定的破坏模型,导出系统可靠性的概率。研究随机振动的最终目的是评估与改善结构系统的可靠性。为此,在前面讲述随机振动反应分析的基础上,进一步介绍系统可靠性分析的初步知识,以便对系统随机动力分析有全貌性了解。

系统随机振动的可靠性通常称为系统的动力可靠性。可靠性最常用的度量是可靠度,其定义为系统在随机动力荷载作用下,在给定时段内不发生破坏或失效的概率。因此,系统的动力可靠性分析必须涉及:(1)结构或构件的统计特性;(2)随机激励的统计特性;(3)系统失效或破坏准则;(4)系统动力反应的概率分析。但是,作为系统动力可靠性的基本理论,一般假定系统特性、荷载特性甚至破坏准则都是已知的,主要研究如何通过系统动力反应的概率分析确定结构在给定时段内不发生破坏的概率。

本节首先阐述系统的破坏准则与相应的动力可靠性定义,然后介绍随机反应超越界限、随机反应极值以及随机反应最大值的概率分析方法。

9.6.2 系统破坏准则

系统的动力可靠性分析必须对系统的安全与破坏作出规定,即给出系统的安全与破坏准则。目前,系统动力可靠性分析所采用的破坏准则大致可分为两类:第一类是首次超越(简称首超)破

坏准则;第二类是疲劳破坏准则,它包括高周和低周疲劳破坏准则。本节仅介绍第一类破坏准则,第二类破坏准则详见文献[39]。

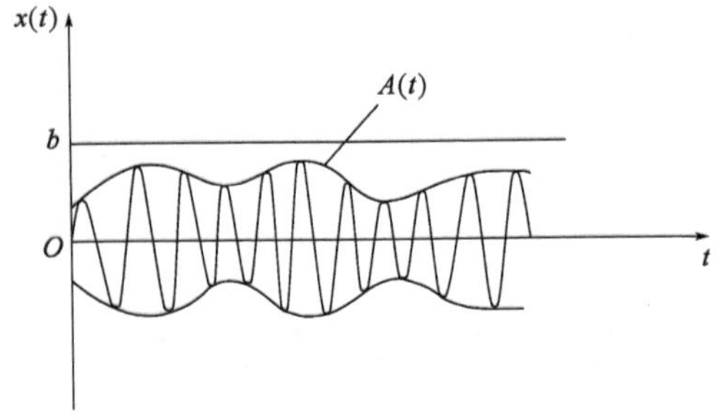

图 9-6-1　首次超越界限

首超破坏准则假设系统的动力反应(如控制点的应力、应变或位移等)首次超越临界值或安全界限时系统就发生破坏。基于首超破坏准则的系统动力可靠性,简称为系统的首超可靠性。

系统动力反应的安全界限通常有三种情况:单侧界限、双侧界限和包络界限。按安全界限的种类不同,首超可靠性的定义略有差别,下面将分别叙述。

1)单侧界限(B 界限)

系统动力反应具有单侧安全界限的情况,安全范围由一侧界限 $-b$ 或 b $(b>0)$ 划分。若系统动力反应 $X(t)$ 在时段 $D_T=[0,T]$ 内满足 $X(t)\leqslant b$,则系统是安全的,见图 9-6-1。这一条件可以写成如下安全准则:

$$E_{1\text{-}1}=\{X(t)\leqslant b,\ \forall t\in D_T\} \tag{9-6-1}$$

类似地,可以写出具有单侧负界限$[X(t)\geqslant -b]$的安全准则。

当系统的动力反应 $X(t)$ 是随机过程时,$X(t)$ 在时段 D_T 内的最大值是一个随机变量,若用 X_{m1} 表示这个随机变量,即

$$X_{m1}=\max_{t\in D_T}X(t)$$

则安全准则表达式(9-6-1)可以写成

$$E_{1\text{-}2}=\{X_{m1}\leqslant b\} \tag{9-6-2}$$

它表示动力反应 $X(t)$ 在时段 D_T 内的最大值 X_{m1} 不超过给定的安全界限 b 时,系统是安全的。可见,当系统动力反应为随机过程时,系统安全准则是随机事件,因此,安全准则满足的程度需要用概率度量,这个概率称为系统首超可靠度,可定义为

$$P_{s1}(b;T)=P\{X_{m1}\leqslant b\}=F_{X_{m1}}(b) \tag{9-6-3}$$

式中,$F_{X_{m1}}(x)$ 为动力反应过程 $X(t)$ 的最大值 X_{m1} 的概率分布函数。因此,系统首超可靠度分析主要归结于求动力反应过程最大值的概率分布。

2)双侧界限(D 界限)

系统动力反应具有双侧安全界限的情况,安全范围由两侧界限 $-b_2$ 和 b_1 $(b_1>0、b_2>0)$ 划分。若系统动力反应 $X(t)$ 在时段 D_T 内满足 $-b_2\leqslant X(t)\leqslant b_1$,则系统是安全的。这一条件可以写成如下安全准则:

$$E_{2\text{-}1}=\{-b_2\leqslant X(t)\leqslant b_1,\ \forall t\in D_T\} \tag{9-6-4}$$

类似于单侧界限的情况,安全准则也可以用动力反应过程 $X(t)$ 在时段 D_T 内的最大值、最小值表示为

$$E_{2\text{-}2}=\{[\min_{t\in D_T}X(t)\geqslant -b_2]\cap[\max_{t\in D_T}X(t)\leqslant b_1]\} \tag{9-6-5}$$

特别地,若两侧安全界限的绝对值相等,即 $b_2=b_1=b$,这时定义 $|X(t)|$ 的最大值为

$$X_{m2}=\max_{t\in D_T}|X(t)| \tag{9-6-6}$$

则相应的安全准则可表示为

$$E_{2\text{-}3}=\{X_{m2}\leqslant b\} \tag{9-6-7}$$

与单侧界限的情况类似,满足上述安全准则的概率称为系统在双侧界限下的首超可靠度,定义为

$$P_{s2}(-b_2,b_1;T)=P\{[\min_{t\in D_T}X(t)\geqslant -b_2]\cap[\max_{t\in D_T}X(t)\leqslant b_1]\} \tag{9-6-8}$$

特别地,当 $b_2=b_1=b$ 时,有

$$P_{s2}(-b,b;T)=P\{X_{m2}\leqslant b\}=F_{X_{m2}}(b) \tag{9-6-9}$$

式中,$F_{X_{m2}}(x)$是动力反应过程$|X(t)|$的最大值 X_{m2} 的概率分布函数。

3)包络界限(E 界限)

包络界限是对动力反应过程 $X(t)$ 的包络线 $A(t)$ 规定的一种安全界限。动力反应过程 $X(t)$ 的包络线 $A(t)$,直观地说,是 $X(t)$ 的极值连成的光滑曲线,它也是一个随机过程。窄带过程 $X(t)$ 的一个样本 $x(t)$ 如图 9-6-1 所示,其包络线 $A(t)$ 示于图中。

若 $X(t)$ 是单自由度线性系统的动力反应过程,则 $X(t)$ 的包络线可定义为

$$A(t)=\sqrt{X^2(t)+\dot{X}^2(t)/\omega^2} \tag{9-6-10}$$

式中,ω 是系统的固有频率。一般的动力反应过程的包络线定义不再详述,见文献[39]。

具有包络界限的首超破坏准则,是认为结构动力反应过程 $X(t)$ 的包络线 $A(t)$ 在时段 D_T 内满足 $A(t)\leqslant b$ 时,结构是安全的。这一条件可以写成如下安全准则:

$$E_{3\text{-}1}=\{A(t)\leqslant b,\ \forall t\in D_T\} \tag{9-6-11}$$

类似地,安全准则表达式(9-6-11)也可以用 $A(t)$ 在时段 D_T 内的最大值 $A_m=\max\limits_{t\in D_T}A(t)$ 表示,即

$$E_{3\text{-}2}=\{A_m\leqslant b\} \tag{9-6-12}$$

因此,系统在包络界限下的首超可靠度可以定义为

$$P_{s3}(b;T)=P\{A_m\leqslant b\}=F_{A_m}(b) \tag{9-6-13}$$

式中,$F_{A_m}(x)$是动力反应过程的包络线的最大值 A_m 的概率分布函数。对于单自由度线性系统,图 9-6-2 直观地给出了上述三种界限在相平面内的安全域。

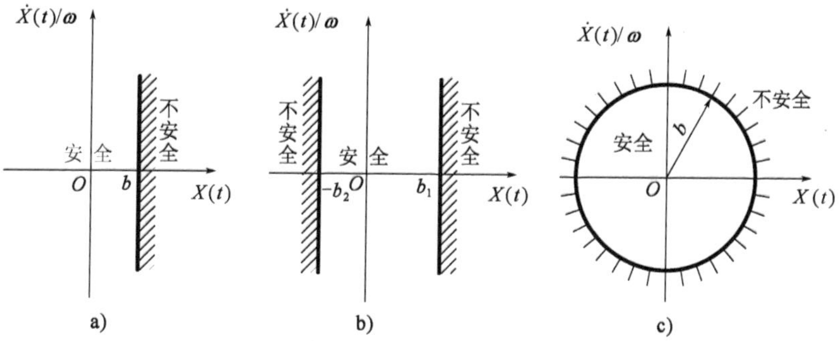

图 9-6-2 系统反应的首次超越安全界限及安全域

a)B 界限; b)D 界限;c)E 界限

9.6.3 随机反应的界限交差问题

本节主要讨论系统随机振动反应在给定时段内超越界限的概率分析,它与随机反应在某一

时刻 t 超越界限的概率分析截然不同。例如,随机反应 $X(t)$ 在给定的时刻 t 超越界限 b 的事件为

$$E_b=\{X(t)>b\}$$

这个事件的概率为

$$P(E_b)=P\{X(t)>b\}=1-P\{X(t)\leqslant b\}=1-F_X(b,t)$$

它是一个普通的概率分布问题,其中 $F_X(x,t)$ 是 t 时刻随机反应 $X(t)$ 的概率分布函数。随机反应 $X(t)$ 在给定时段 D_T 内超越界限 b 的事件为

$$\overline{E}_{1\text{-}1}=\{X(t)>b,\forall t\in D_T\}$$

它定义的是一个失效准则。可见,两者分属不同的问题,后者的概率分析比前者更丰富,同时也更困难一些。

与事件 $\overline{E}_{1\text{-}1}$ 概率分析密切相关的是随机过程 $X(t)$ 超越界限次数问题(也称为界限交叉问题)。若可以估计给定时段 D_T 内 $X(t)$ 超越界限次数,则可以获得超越次数为零的概率,这当然就是系统的可靠度。因此,超越界限次数的概率分析是讨论系统动力可靠性的重要基础。1944 年,美国学者莱斯(Rice)首次建立了在给定时段内随机过程超越界限的次数及其均值的数学表达式,为随机过程的首次超越和极值理论的广泛、深入研究开辟了途径。1960 年,米德尔顿(Middleton)用更完美、更严格的数学方法研究了这一问题,得到了与莱斯相同的结果,并为确定随机过程的其他性质提供了统一的基础。下面叙述的是米德尔顿的方法。

设 $X(t)$, $t\in D_T$,是均方可微的随机过程。定义一个新的随机过程

$$Y(t)=\varepsilon[X(t)-b]\quad(t\in D_T)\tag{9-6-14}$$

式中,$\varepsilon(x)$ 是单位阶跃函数。$Y(t)$ 的形式导数为

$$\dot{Y}(t)=\dot{X}(t)\delta[X(t)-b]\quad(t\in D_T)\tag{9-6-15}$$

式中,$\delta(x)$ 是狄拉克(Dirac)函数。

随机过程 $Y(t)$ 是一个 0-1 过程,具有如下性质

$$Y(t)=\begin{cases}1 & [X(t)\geqslant b]\\0 & [X(t)<b]\end{cases}\tag{9-6-16}$$

因此,$Y(t)$ 可以看作一个计数泛函,每次 $X(t)$ 以正、负斜率超越界限 $x=b$ 时,相应地取值为 1 和 0。由于式(9-6-15)中 δ 作为 t 的函数有权函数 $1/\dot{X}(t)$,$\dot{Y}(t)$ 是一个超越率泛函,每次出现超越时用一个单位脉冲表示,脉冲的符号取决于 $\dot{X}(t)$ 的符号。图 9-6-3 中画出了相应于 $X(t)$、$Y(t)$ 和 $\dot{Y}(t)$ 的典型样本函数。

在时段 D_T 内 $X(t)$ 超越界限 b 的次数 $n(b,T)$ 可表示为

$$n(b,T)=\int_0^T|\dot{X}(t)|\delta[X(t)-b]\mathrm{d}t\tag{9-6-17}$$

由于 $X(t)$ 为随机过程,故 $n(b,T)$ 是随机变量,其均值为

$$\begin{aligned}N(b,T)&=E[n(b,T)]=\int_0^T E\{|\dot{X}(t)|\delta[X(t)-b]\}\mathrm{d}t\\&=\int_0^T\int_{-\infty}^{+\infty}\int_{-\infty}^{+\infty}|\dot{x}|\delta(x-b)f_{X\dot{X}}(x,\dot{x},t)\mathrm{d}x\mathrm{d}\dot{x}\mathrm{d}t\\&=\int_0^T\int_{-\infty}^{+\infty}|\dot{x}|f_{X\dot{X}}(b,\dot{x},t)\mathrm{d}\dot{x}\mathrm{d}t\end{aligned}\tag{9-6-18}$$

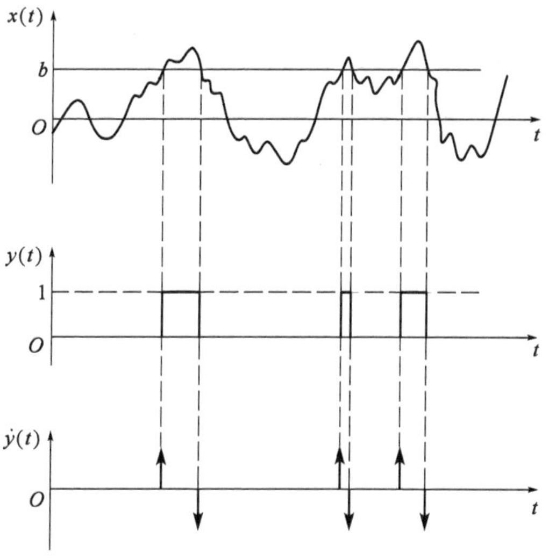

图 9-6-3 $X(t)$、$Y(t)$ 和 $\dot{Y}(t)$ 的典型样本函数

式中，$f_{X\dot{X}}(x,\dot{x},t)$ 是 $X(t)$ 和 $\dot{X}(t)$ 的联合概率密度函数。

由式(9-6-17)可以直接得到在时段 D_T 内 $X(t)$ 以正、负斜率超越界限 b 的次数 $n_+(b,T)$ 和 $n_-(b,T)$ 分别为

$$n_+(b,T) = \int_0^T \dot{X}(t)\delta[X(t)-b]\mathrm{d}t \qquad [\dot{X}(t)>0] \tag{9-6-19}$$

$$n_-(b,T) = \int_0^T [-\dot{X}(t)]\delta[X(t)-b]\mathrm{d}t \qquad [\dot{X}(t)<0] \tag{9-6-20}$$

它们也都是随机变量，相应的均值分别为

$$N_+(b,T) = \int_0^T \int_0^{+\infty} \dot{x} f_{X\dot{X}}(b,\dot{x},t)\mathrm{d}\dot{x}\mathrm{d}t \tag{9-6-21}$$

$$N_-(b,T) = \int_0^T \int_{-\infty}^0 (-\dot{x}) f_{X\dot{X}}(b,\dot{x},t)\mathrm{d}\dot{x}\mathrm{d}t \tag{9-6-22}$$

令

$$\nu_b(t) = \int_{-\infty}^{+\infty} |\dot{x}| f_{X\dot{X}}(b,\dot{x},t)\mathrm{d}\dot{x} \tag{9-6-23}$$

则 $\nu_b(t)$ 就是 $X(t)$ 超越界限 b 的次数的期望超越率，即单位时间内的平均超越次数。显然，

$$\nu_b^+(t) = \int_0^{+\infty} \dot{x} f_{X\dot{X}}(b,\dot{x},t)\mathrm{d}\dot{x} \tag{9-6-24}$$

$$\nu_b^-(t) = -\int_{-\infty}^0 \dot{x} f_{X\dot{X}}(b,\dot{x},t)\mathrm{d}\dot{x} \tag{9-6-25}$$

分别是 $X(t)$ 以正、负斜率超越 b 的期望超越率。

当 $X(t)$ 是平稳过程时，$f_{X\dot{X}}(x,\dot{x},t) = f_{X\dot{X}}(x,\dot{x})$，式(9-6-23 变成

$$\nu_b(t) = \int_{-\infty}^{+\infty} |\dot{x}| f_{X\dot{X}}(b,\dot{x})\mathrm{d}\dot{x} \tag{9-6-26}$$

即 $X(t)$ 的期望超越率 $\nu_b(t)$ 与时间无关,记为 ν_b。这时,式(9-6-18)可表示为

$$N(b,T)=\nu_b T \tag{9-6-27}$$

显然,式(9-6-21)与式(9-6-22)也有类似的情况,即

$$N_+(b,T)=\nu_b^+ T \tag{9-6-28}$$

$$N_-(b,T)=\nu_b^- T \tag{9-6-29}$$

式中,ν_b^+ 与 ν_b^- 为与时间无关的期望超越率。

当 $b=0$ 时,上述问题变成随机过程 $X(t)$ 超越零界限(或零点)的问题,在上述各式中令 $b=0$,即可得到相应的结果。

当 $X(t)$ 是具有零均值的平稳正态随机反应时,$X(t)$ 和 $\dot{X}(t)$ 的联合概率密度函数为

$$f_{X\dot{X}}(x,\dot{x})=\frac{1}{2\pi\sigma_X\sigma_{\dot{X}}}e^{-\left(\frac{x^2}{2\sigma_X^2}+\frac{\dot{x}^2}{2\sigma_{\dot{X}}^2}\right)} \tag{9-6-30}$$

将式(9-6-30)代入式(9-6-24)与式(9-6-25)并积分,得

$$\nu_b^+=\nu_b^-=\frac{\sigma_{\dot{X}}}{2\pi\sigma_X}e^{-\frac{b^2}{2\sigma_X^2}} \tag{9-6-31}$$

令 $b=0$,得

$$\nu_0^+=\nu_0^-=\frac{\sigma_{\dot{X}}}{2\pi\sigma_X} \tag{9-6-32}$$

ν_0^+ 是 $X(t)$ 在单位时间内以正斜率超越零界限的平均次数,可以看作 $X(t)$ 的等效频率,它表示在平均意义下 $X(t)$ 的每秒振动周期数。故又可将 ν_0^+ 表示为

$$\nu_0^+=\frac{\omega_0^*}{2\pi} \tag{9-6-33}$$

式中,$\omega_0^*=\dfrac{\sigma_{\dot{X}}}{\sigma_X}$,称为 $X(t)$ 的等效圆频率;ν_0^+ 相当于系统振动的周期频率。

以上结果可以作如下推广,对于均值为 μ_X 的平稳正态随机响应 $X(t)$

$$\nu_b^+=\nu_b^-=\frac{\sigma_{\dot{X}}}{2\pi\sigma_X}e^{-\frac{(b-\mu_X)^2}{2\sigma_X^2}} \tag{9-6-34}$$

从以上分析可知,对于任何随机响应,只要知道该响应过程与其导数过程的联合概率密度,就可求得期望超越率。对线性振动系统,只要激励为正态随机过程,原则上总可得到其响应的期望超越率。对受到正态白噪声激励的非线性振动系统,凡有精确平稳解的都可求得平稳响应的期望超越率;对不存在精确解的系统,可用某种近似方法得到近似的期望超越率[40]。

9.6.4 随机响应超过给定限值的可靠度

在首超破坏准则下,由单个反应 $X(t)$ 控制的系统动力可靠度就是反应 $X(t)$ 在给定时段

D_T 内一次也不超过给定界限的概率。这个概率的计算非常困难，目前还没有精确的解，只是在一些假设下得到了相应的近似解。主要是假定随机反应 $X(t)$ 与界限的交叉符合某个特殊的过程。本节主要介绍基于泊松(Poisson)假设的动力可靠度分析。

当反应 $X(t)$ 的界限 b(或 b_1 和 b_2)较大时，$X(t)$ 与 b 交叉的机会很小，属稀有事件。因此，可以认为这些交叉是独立发生的，即假设反应 $X(t)$ 在给定时段 D_T 内超越界限 b 的总次数 $n(b,T)$ 是泊松变量。设 $X(t)$ 是非平稳随机反应，其安全域为$[-b_2,b_1]$，则在上述泊松交叉假设下，反应 $X(t)$ 在给定时段 D_T 内以正斜率超越正界限 b_1 的总次数 $n_+(b_1,T)$ 等于 i 次的概率为

$$P\{n_+(b_1,T)=i\}=\frac{1}{i!}\left[\int_0^T \nu_{b_1}^+(t)\mathrm{d}t\right]^i \cdot \mathrm{e}^{-\int_0^T \nu_{b_1}^+(t)\mathrm{d}t} \tag{9-6-35}$$

同理，$X(t)$ 在时段 D_T 内以负斜率超越界限 $-b_2$ 的总次数 $n_-(-b_2,T)$ 等于 i 次的概率为

$$P\{n_-(-b_2,T)=i\}=\frac{1}{i!}\left[\int_0^T \nu_{-b_2}^-(t)\mathrm{d}t\right]^i \cdot \mathrm{e}^{-\int_0^T \nu_{-b_2}^-(t)\mathrm{d}t} \tag{9-6-36}$$

式中，$\nu_{b_1}^+(t)$ 是反应 $X(t)$ 以正斜率与正界限 b_1 交叉的期望穿越率；$\nu_{-b_2}^-(t)$ 是反应 $X(t)$ 以负斜率与负界限 $-b_2$ 交叉的期望超越率；两者分别由式(9-6-24)和式(9-6-25)计算。显然，$X(t)$ 在时段 D_T 内的动力可靠度等于 $X(t)$ 一次也不超过(b_1 和 $-b_2$)的概率，可表示为

$$\begin{aligned}P_{s2}(-b_2,b_1;T)&=P\{[n_+(b_1,T)=0]\cap[n_-(-b_2,T)=0]\}\\&=P\{n_+(b_1,T)=0\}P\{n_-(-b_2,T)=0\}\\&=\mathrm{e}^{-\int_0^T[\nu_{b_1}^+(t)+\nu_{-b_2}^-(t)]\mathrm{d}t}\end{aligned} \tag{9-6-37}$$

式(9-6-37)中第二个等式利用了 $X(t)$ 在时段 D_T 内与界限(包括正负界限)交叉独立的假设。式(9-6-37)是泊松交叉假设下随机反应 $X(t)$ 在时段 D_T 内的动力可靠度一般公式。

若 $X(t)$ 和 $\dot{X}(t)$ 的联合概率密度 $f_{X\dot{X}}(x,\dot{x},t)$ 关于原点对称，即满足

$$f_{X\dot{X}}(x,\dot{x},t)=f_{X\dot{X}}(-x,-\dot{x},t)$$

则由式(9-6-24)与式(9-6-25)可知，$\nu_b^+(t)=\nu_{-b}^-(t)$。具有零均值的平稳正态随机反应就属于这种情况[式(9-6-30)]，这种情况下，对于双侧对称界限 $b_2=b_1=b$，则式(9-6-37)变成

$$P_{s2}(-b,b;T)=\mathrm{e}^{-2\int_0^T \nu_b^+(t)\mathrm{d}t} \tag{9-6-38}$$

显然，对于单侧界限的情况，$X(t)$ 在时段 D_T 内的动力可靠度可表示为

$$P_{s1}(b;T)=\mathrm{e}^{-\int_0^T \nu_b^+(t)\mathrm{d}t} \tag{9-6-39}$$

当 $X(t)$ 是平稳随机反应时，$\nu_b^+(t)$ 与时间 t 无关，即为 ν_b^+，这时式(9-6-38)和式(9-6-39)可写为

$$P_{s2}(-b,b;T)=e^{-2\nu_b^+ T} \tag{9-6-40}$$

$$P_{s1}(b;T)=e^{-\nu_b^+ T} \tag{9-6-41}$$

将9.6.3节确定的ν_b^+计算式(9-6-31)或式(9-6-34)代入以上两式可得到相应的可靠度。

9.6.5 随机响应最大值的概率分布

随机反应$X(t)$及其绝对值$|X(t)|$在时段D_T的最大值可分别表示为

$$X_{m1}=\max_{t\in D_T}X(t) \tag{9-6-42}$$

$$X_{m2}=\max_{t\in D_T}|X(t)| \tag{9-6-43}$$

由9.6.2节的分析知,最大值X_{m1}和X_{m2}的概率分布分别为

$$F_{X_{m1}}(x)=P_{s1}(x;T) \tag{9-6-44}$$

$$F_{X_{m2}}(x)=P_{s2}(-x,x;T) \tag{9-6-45}$$

对于零均值的平稳正态随机反应,应用式(9-6-39)与式(9-6-38),并考虑$\nu_x^+(t)$与时间t无关(记为ν_x^+),可将式(9-6-44)与式(9-6-45)分别表示为

$$F_{X_{m1}}(x)=e^{-\int_0^T\nu_x^+(t)\mathrm{d}t}=e^{-T\nu_x^+} \tag{9-6-46}$$

$$F_{X_{m2}}(x)=e^{-2\int_0^T\nu_x^+(t)\mathrm{d}t}=e^{-2T\nu_x^+} \tag{9-6-47}$$

在反应交叉满足泊松假定的情况下,应用式(9-6-31)与式(9-6-32),可得

$$F_{X_{m1}}(x)=e^{-\nu_0^+ Te^{-\frac{x^2}{2\sigma_X^2}}} \tag{9-6-48}$$

令

$$e^{-u}=\nu_0^+ Te^{-\frac{x^2}{2\sigma_X^2}}$$

上式两边取对数可以得到

$$\frac{x}{\sigma_X}=\sqrt{2\ln(\nu_0^+ T)+2u}$$

$$\approx\sqrt{2\ln(\nu_0^+ T)}+\frac{u}{\sqrt{2\ln(\nu_0^+ T)}}\quad \text{(运用广义二项式定理展开,保留前两项)}$$

从上式中解出

$$u=C_1\left(\frac{x}{\sigma_X}-C_1\right),\quad C_1=\sqrt{2\ln(\nu_0^+ T)}$$

于是,式(9-6-48)可近似表示为

$$F_{X_{m1}}(x)=e^{-e^{-C_1\left(\frac{x}{\sigma_X}-C_1\right)}} \tag{9-6-49}$$

可以求得最大值 X_{m1} 的均值和方差分别为

$$E(X_{m1}) = \gamma_{m1}\sigma_X, \quad D(X_{m1}) = \Delta_{m1}\sigma_X^2 \tag{9-6-50}$$

式中

$$\gamma_{m1} = \sqrt{2\ln(\nu_0^+ T)} + \frac{0.5772}{\sqrt{2\ln(\nu_0^+ T)}}$$

$$\Delta_{m1} = \frac{\pi^2}{12\ln(\nu_0^+ T)}$$

显然，在 $X(t)$ 为零均值平稳正态过程的条件下，同样可以导出最大值 X_{m2} 的概率分布函数、均值和方差的表达式。

在算出随机响应最大值的概率分布后，针对给定的界限也可以计算出反应 $X(t)$ 在给定时段 D_T 内一次也不超过给定界限的概率(即可靠度)；在给定保证概率的条件下，还可以得到一定保证概率的最大响应值。

本章仅介绍了基于首次超越破坏的结构动力可靠度分析方法，针对一些特殊的响应过程(如平稳正态过程)才能得到可靠度的表达式。除此以外，基于扩散过程理论以及概率密度演化理论等也可以进行结构动力可靠度分析。尤其是概率密度演化理论，可采用数值计算手段方便地计算响应最大值的分布函数，从而得到给定界限的动力可靠度或一定保证概率的响应最大值，此方法不仅适用于非线性系统，而且对响应过程特性无特殊要求，限于篇幅本书不再详述，可参考文献[38]。

本章习题

9.1　简述描述随机变量概率分布的方式，并说明各自的特点。

9.2　简述随机过程与随机变量的区别与联系。

9.3　简述随机过程各态历经性的基本概念，并说明实际工程问题中如何应用各态历经性。

9.4　简述频谱函数与功率谱密度函数的区别与联系，进一步说明如何根据测试的系列样本得到随机过程的功率谱密度函数。

9.5　试证明相关函数与功率谱密度函数是一对傅立叶变换对。

9.6　简述虚拟激励法的基本原理，并说明该方法的适用范围。

9.7　应用虚拟激励法时，可采取哪些方法计算系统的虚拟响应？

9.8　题9.8图所示体系受到的荷载 $P(t)$ 为零均值的平稳白噪声过程，功率谱密度为 S_0，求两根不等高柱的柱底弯矩的自谱密度。

9.9　独轮车在凹凸不平的路面上行驶时的力学模型如题9.9图所示。设已知路面不平顺空间功率谱密度为 $S_{y_r y_r}(\Omega) = S_0$(常数)，空间圆频率 Ω 与时间圆频率 ω 的关系为 $\Omega = \omega/v_0$，v_0 为独轮车的行驶速度。试计算车体竖向振动位移的功率谱密度函数。

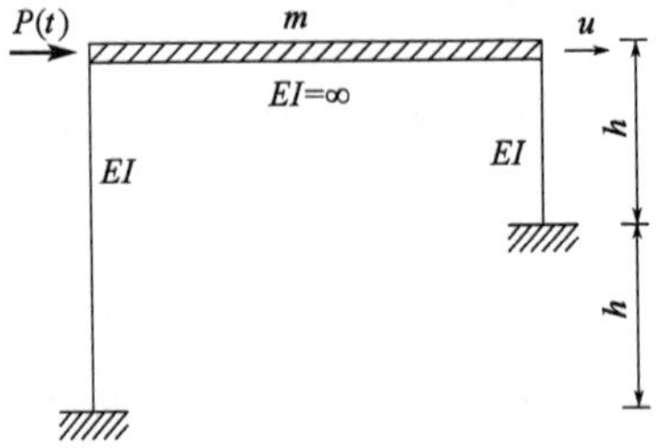

题9.8图

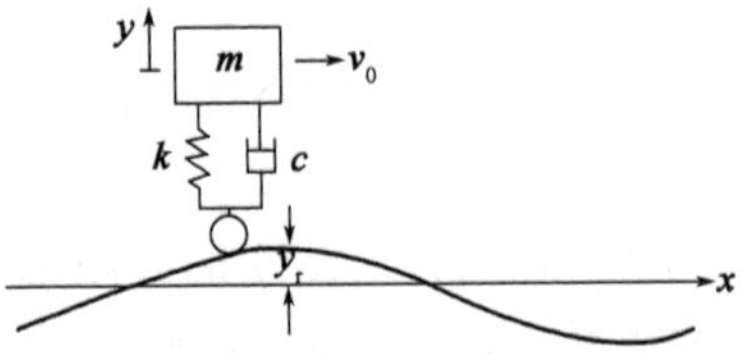

题9.9图

9.10　两自由度系统的质量块与支撑面间光滑接触,如题9.10图所示。设 $k_1=k_2=k_3$, $m_1=m_2$,在质量块 m_1 上作用有平稳随机外力 $P(t)$,其均值为零,自谱 $S_{pp}(\overline{\omega})=S_0$。自行拟定参数,分别用直接分析方法、间接分析方法以及虚拟激励法求位移响应 $v_1(t)$ 与 $v_2(t)$ 的自谱、互谱、均值及方差。

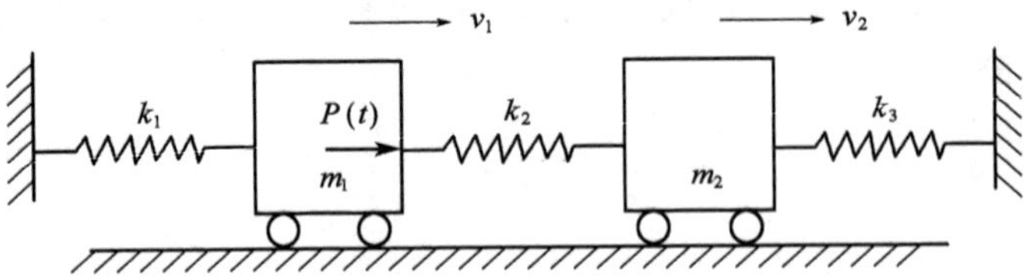

题9.10图

附　　录

附录1　基于MATLAB的系统矩阵生成程序

```
%*******************************************
%         平面梁单元刚度、质量及阻尼矩阵自动生成程序(MATLAB语言)
%*******************************************
function[K,C,M] = KCM( ~ )
syms vi vi0z vj vj0z;
syms vi0t vi0zt vj0t vj0zt;
syms vi0tt vi0ztt vj0tt vj0ztt;
syms z ln E In c m;
% ------推导单元矩阵的准备工作--------------------
n1 =1 -3 * (z/ln)^2 +2 * z^3/ln^3;
n2 = z -2 * z^2/ln + z^3/(ln^2);
n3 =3 * (z/ln)^2 -2 * (z/ln)^3;
n4 = -z^2/ln + z^3/(ln^2);
nz = [n1,n2,n3,n4];                        %形函数
qe = [vi,vi0z,vj,vj0z];                    %节点位移参量向量
qe0t = [vi0t,vi0zt,vj0t,vj0zt];            %节点速度参量向量
qe0tt = [vi0tt,vi0ztt,vj0tt,vj0ztt];       %节点加速度参量向量
vz = nz * qe';                             %单元竖向位移函数
vz0zz = diff(vz,z,2);                      %vz 对 z 的 2 阶导数
nqe = size(qe,2);                          %单元自由度数
% ------确定单元总势能表达式--------------------
ui = int(1/2 * (E * In * vz0zz^2),z,0,ln);  %从0到l_n积分得到单元弯曲应变能
vc = int(c * nz * qe0t' * vz,z,0,ln);       %从0到l_n积分得到单元阻尼力势能
vm = int(m * nz * qe0tt' * vz,z,0,ln);      %从0到l_n积分得到单元惯性力势能
ptotal = ui + vc + vm;                      %单元总势能(未计入外荷载势能)
% ------确定单元矩阵表达式--------------------
ke = sym((zeros(nqe,nqe)));
ce = sym((zeros(nqe,nqe)));
me = sym((zeros(nqe,nqe)));
for i = 1:nqe
```

```
    ptotalqei = diff(ptotal,qe(i));
  for j = 1:nqe
     ke(i,j) = diff(ptotalqei,qe(j));           %单元刚度矩阵(表达式)
     ce(i,j) = diff(ptotalqei,qe0t(j));         %单元阻尼矩阵(表达式)
     me(i,j) = diff(ptotalqei,qe0tt(j));        %单元质量矩阵(表达式)
  end
end
%------输出单元矩阵表达式-------------------------------
mc = {ke ce me};                                %矩阵元胞
zc = {'Ke' 'Ce' 'Me'};                          %字符元胞
for it = 1:3
fid = fopen([num2str(zc{it}),'.txt'],'w');
fprintf(fid,'%s','[');
[ro,co] = size(mc{it});
for jt = 1:ro
     for kt = 1:co-1
        fprintf(fid,'%s,',mc{it}(jt,kt));
     end
     fprintf(fid,'%s',mc{it}(jt,co));
     if jt < ro
     fprintf(fid,';\n');
     end
 end
 fprintf(fid,'%s',']');
 end
```

附录2 基于Python的系统矩阵生成程序

```
#-------------------------------------------------------------
#      平面梁单元刚度、质量及阻尼矩阵自动生成程序(Python语言)
#-------------------------------------------------------------
from sympy import *
import numpy as np
#-------------定义变量符号----------------------------------
vi,vi0z,vj,vj0z = symbols('vi vi0z vj vj0z')
vi0t,vi0zt,vj0t,vj0zt = symbols('vi0t vi0zt vj0t vj0zt')
vi0tt,vi0ztt,vj0tt,vj0ztt = symbols('vi0tt vi0ztt vj0tt vj0ztt')
z,ln = symbols('z ln')
E,In,c,m = symbols('E In c m')
#------------列出位移、速度以及加速度向量--------------------
qe = [vi,vi0z,vj,vj0z]                          #节点位移参量向量
```

```
qe0t = [vi0t, vi0zt, vj0t, vj0zt]                    #节点速度参量向量
qe0tt = [vi0tt, vi0ztt, vj0tt, vj0ztt]               #节点加速度参量向量
#-------------确定单元自由度数------------------------
nqe = len(qe)                                        #单元自由度数
#---------------列出单元内部位移、速度、加速度表达式--------------
n1 = 1 - 3 * (z/ln) ** 2 + 2 * z ** 3/ln ** 3
n2 = z - 2 * z ** 2/ln + z ** 3/(ln ** 2)
n3 = 3 * (z/ln) ** 2 - 2 * (z/ln) ** 3
n4 = - z ** 2/ln + z ** 3/(ln ** 2)
nz = np.array([n1, n2, n3, n4])                      #形函数向量
vz = sum(nz * qe)                                    #单元竖向位移函数
vz0t = sum(nz * qe0t)                                #单元竖向速度函数
vz0tt = sum(nz * qe0tt)                              #单元竖向加速度函数
#-------------确定单元总势能表达式---------------------
vz0zz = diff(vz, z, 2)
ui = integrate(1/2 * (E * In * vz0zz ** 2), (z, 0, ln))#从0到ln积分得到单元弯曲应变能
vc = integrate(c * vz0t * vz, (z, 0, ln))            #从0到ln积分得到单元阻尼力势能
vm = integrate(m * vz0tt * vz, (z, 0, ln))           #从0到ln积分得到单元惯性力势能
ptotal = ui + vc + vm                                #单元总势能(未计入外荷载势能)
#-------------定义矩阵---------------------------------
ke = []
ce = []
me = []
#----------对势能进行位移变分得到刚度、阻尼、质量矩阵---------------
for i in range(nqe):
    ptotalqei = diff(ptotal, qe[i])
    for j in range(nqe):
        ke.append([diff(ptotalqei, qe[j])])
        ce.append([diff(ptotalqei, qe0t[j])])
        me.append([diff(ptotalqei, qe0tt[j])])
ke = np.array(ke).reshape(nqe, nqe)                  #平面梁单元刚度矩阵
ce = np.array(ce).reshape(nqe, nqe)                  #平面梁单元阻尼矩阵
me = np.array(me).reshape(nqe, nqe)                  #平面梁单元质量矩阵
#---------输出系统矩阵表达式---------------------------
mc = [ke, ce, me]
zc = ['Ke', 'Ce', 'Me']
for it in range(3):
  md_1 = '['
  for i in range(mc[it].shape[0]):
      md_1 + = '['
      for j in range(mc[it].shape[0]):
          md_2 = str(mc[it][i, j]) + ','
          if  j < mc[it].shape[0] - 1:
```

```
                md_1 + = md_2
            else:
                md_1 + = str(mc[it][i, mc[it].shape[0] -1])
        if i < nqe - 1:
            md_1 + = '],\n'
        else:
            md_1 + = ']]'
    file = open("%s.txt"%(zc[it]),mode = 'w')
    file.write(md_1)
    file.close()
```

附录3　基于 Mathematica 的系统矩阵生成程序

```
(* ---------------------------------------------------------------------- *)
(*       平面梁单元刚度、质量及阻尼矩阵自动生成程序(Mathematica 语言)              *)
(* ---------------------------------------------------------------------- *)
n1 = 1 - 3 * (z/ln)^2 + 2 * z^3/ln^3;
n2 = z - 2 * z^2/ln + z^3/(ln^2);
n3 = 3 * (z/ln)^2 - 2 * (z/ln)^3;
n4 = - z^2/ln + z^3/(ln^2);
nz = {n1,n2,n3,n4};                                   (* 形函数 *)
qe = {vi,vi0z,vj,vj0z};                               (* 节点位移参量向量 *)
qe0t = {vi0t,vi0zt,vj0t,vj0zt};                       (* 节点速度参量向量 *)
qe0tt = {vi0tt,vi0ztt,vj0tt,vj0ztt};                  (* 节点加速度参量向量 *)
vz = nz. qe;                                          (* 单元竖向位移函数 *)
vz0t = nz. qe0t;                                      (* 单元竖向速度函数 *)
vz0tt = nz. qe0tt;                                    (* 单元竖向加速度函数 *)
vz0zz = D[vz, {z,2}];
(* ----------------- 计算单元总势能表达式 ------------------- *)
nqe = Length[qe];                                     (* 单元自由度数 *)
ui = Integrate[1/2 * (E0 * I0 * vz0zz^2),{z,0,ln}];   (* 从 0 到 l_n 积分得到单元弯曲应变能 *)
vc = Integrate[c0 * vz0t * vz,{z,0,ln}];              (* 从 0 到 l_n 积分得到单元阻尼力势能 *)
vm = Integrate[m0 * vz0tt * vz,{z,0,ln}];             (* 从 0 到 l_n 积分得到单元惯性力势能 *)
ptotal = ui + vc + vm;                                (* 单元总势能(未计入外荷载势能) *)
(* -------------- 计算单元刚度、阻尼、质量矩阵表达式 ---------------- *)
ke = Table[0,nqe,nqe];
ce = Table[0,nqe,nqe];
me = Table[0,nqe,nqe];
For[i = 1,i < = nqe,i + + , ptotalqei = D[ptotal,qe[[i]]];
For[j = 1,j < = nqe,j + + ,ke[[i,j]] = D[ptotalqei,qe[[j]]];
ce[[i,j]] = D[ptotalqei,qe0t[[j]]];
```

```
    me[[i,j]] = D[ptotalqei,qe0tt[[j]]]]];
  ke//MatrixForm;
  ce//MatrixForm;
  me//MatrixForm;
  Export["Ke.txt",{ke}];
  Export["Ce.txt",{ce}];
  Export["Me.txt",{me}];
```

附录4　杜哈美数值积分程序

```
%*************************************************************************
%                        杜哈美数值积分法(以例3-6-1为实例)
%*************************************************************************
%------输入计算所需数据-----------------------------------------------------
FP1 = fopen('input.txt','rt');        %打开数据输入文件
w = fscanf(FP1,'%f',1);               %读入自振频率
nt = fscanf(FP1,'%f',1);              %读入计算次数
m = fscanf(FP1,'%f',1);               %读入单元质量
dt = fscanf(FP1,'%f',1);              %读入计算步长
rdamp = fscanf(FP1,'%f',1);           %读入阻尼比
k = fscanf(FP1,'%f',1);               %读入刚度系数
T = dt * nt;
wD = w * (1 - rdamp^2)^0.5;           %低阻尼系统自振圆频率
p = [10 10 10 10 10 10 0 0 0 0 0];    %含nt+1个元素的荷载数组
%------积分计算动力响应-----------------------------------------------------
exp1 = exp( - rdamp * w * dt);
exp2 = exp( - rdamp * w * dt/2);
A(1) = 0;
B(1) = 0;
for i = 1:nt
A(i+1) = A(i) * exp1 + dt * (p(i) * exp1 * cos(wD * (i-1) * dt) + 4 * (p(i) + p(i+1))/2 * exp2 *
cos(wD * ((i-1) * dt + dt/2)) + p(i+1) * cos(wD * i * dt))/(6 * m * wD);
end
for i = 1:nt
B(i+1) = B(i) * exp1 + dt * (p(i) * exp1 * sin(wD * (i-1) * dt) + 4 * (p(i) + p(i+1))/2 * exp2 *
sin(wD * ((i-1) * dt + dt/2)) + p(i+1) * sin(wD * i * dt))/(6 * m * wD);
end
%------输出计算响应---------------------------------------------------------
t1 = [0:dt:T];
vt = A.* sin(wD * t1) - B.* cos(wD * t1);
xlswrite('动位移.xlsx',[t1',vt'],1,'A1');
```

附录5　振型叠加法程序

```
%*****************************************
%                    振型叠加法(以例4-5-1为实例)
%*****************************************
%------输入计算所需数据------------------------------
FP1 = fopen('input.txt','rt');           %打开数据输入文本
dt = fscanf(FP1,'%f',1);                 %读入响应输出步长
nt = fscanf(FP1,'%f',1);                 %读入响应计算总步数
n = fscanf(FP1,'%f',1);                  %读入自由度数
nmode = fscanf(FP1,'%f',1);              %读入选取振型数
p = fscanf(FP1,'%f',1);                  %读入简谐外荷载的幅值
wbar = fscanf(FP1,'%f',1);               %读入简谐外荷载的频率
M = fscanf(FP1,'%d',[n,n]);              %读入质量矩阵
K = fscanf(FP1,'%d',[n,n]);              %读入刚度矩阵
A = fscanf(FP1,'%f',[n,nmode]);          %读入前nmode阶振型
rdamp = fscanf(FP1,'%f',[nmode,1]);      %读入前nmode阶阻尼比
W = fscanf(FP1,'%f',[nmode,1]);          %读入前nmode阶频率
%------确定与正则坐标对应的广义荷载向量---------------------
%---输入原始荷载向量Q------------------------------------
for i = 1:nt;
    for j = 1:n;
        Q(j,i) = p * sin(i * dt * wbar);
    end;
end;
%---将振型进行正则化处理----------------------------------
Mgnrl = diag(A' * M * A);
for i = 1:nmode
    for j = 1:n
        Abar(j,i) = A(j,i)/sqrt(Mgnrl(i));
    end
end
%计算广义荷载向量Pbar
%说明:由于本例荷载为特殊的简谐荷载,后面的杜哈美积分采用了解析式,故未用到Pbar
Pbar = Abar' * Q;                        %计算广义荷载向量(对于一般实例)
P0 = Abar' * p * ones(n,1);              %计算广义简谐荷载幅值(仅用于例4-5-1)
%----本程序针对例4-5-1,基于正则坐标响应的解析式,写出其稳态响应的程序-------
%----对于无解析式的荷载工况,此处需改为杜哈美数值积分程序-------------
for i = 1:nmode
    D(i) = 1/sqrt((1 - wbar^2/W(i)^2)^2 + (2 * rdamp(i) * wbar/W(i))^2);
    cta(i) = atan((2 * rdamp(i) * wbar/W(i))/(1 - wbar^2/W(i)^2));
```

```
    Kbar(i) = W(i)^2;
end
for i = 1:nmode
    for j = 1:nt
        Tbar(i,j) = P0(i) * D(i) * sin(j * wbar * dt - cta(i))/Kbar(i);
    end
end
% ------计算系统的稳态响应------------------------------
for i = 1:n
    for j = 1:nt
        d(i,j) = Abar(i,:) * Tbar(:,j);
    end
end
% ------输出系统的稳态响应------------------------------
t1 = [0:dt:(nt-1) * dt];
xlswrite('稳态响应.xlsx',[t1',d'],1,'A1'); % 将数据写入 xlsx 文件,数据开始位置为 sheet1,A1
```

附录 6　子空间迭代法程序

```
%****************************************************
%                       子空间迭代法
%****************************************************
FP1 = fopen('input.txt','rt');            % 打开数据输入文件
niter = fscanf(FP1,'%f',1);               % 读入最多迭代次数
n = fscanf(FP1,'%f',1);                   % 读入自由度数
nmode = fscanf(FP1,'%f',1);               % 读入假设振型阶数
err = fscanf(FP1,'%f',1);                 % 读入误差容许限值
M = fscanf(FP1,'%d',[n,n]);               % 读入质量矩阵
K = fscanf(FP1,'%d',[n,n]);               % 读入刚度矩阵
A0 = fscanf(FP1,'%f',[n,nmode]);          % 读入 nmode 个假设振型
% ------假设振型标准化------------------------------
for j = 1:nmode
    [maxval,positn] = max(abs(A0(:,j)));
    A0(:,j) = A0(:,j)/ A0(positn,j);
End
% ------迭代计算------------------------------
for  iter = 1:niter
    F0 = A0;
    F1 = K\M * F0;
    for j = 1:nmode
        [maxval,positn] = max(abs(F1(:,j)));
```

```
        F1( :,j) = F1( :,j)/ F1(positn,j);
    end
    M1 = F1' * M * F1;
    K1 = F1' * K * F1;
    [V1,W1] = eig(K1, M1);
    for j = 1:nmode
        [maxval,positn] = max(abs(V1( :,j)));
        a1( :,j) = V1( :,j)/ V1(positn,j);
    end
    A1 = F1 * a1;
    for j = 1:nmode
        [maxval,positn] = max(abs(A1( :,j)))
        A1( :,j) = A1( :,j)/A1(positn,j);
    end
    %收敛性判断
    if max(abs(A1 - A0)) > = err
        A0 = A1;
    else
        break
    end
end
% - - - - - - 频率与振型排序 - - - - - - - - - - - - - - - - - - - - - - - - - - - - - - - -
ww = sqrt(diag(W1));
S = A1;
W = sort(ww);
for j = 1:nmode
    for i = 1:nmode
        if W(j) = = ww(i)
            A( :,j) = S( :,i);
        end
    end
end
% - - - - 输出自振特性 - - - - - - - - - - - - - - - - - - - - - - - - - - - - - - - - - -
xlswrite('自振特性.xlsx',A,1,'A1');    %将数据写入 xlsx 文件,数据的开始位置为 sheet1,A1
xlswrite('自振特性.xlsx',W,2,'A1');    %将数据写入 xlsx 文件,数据的开始位置为 sheet2,A1
```

附录7 威尔逊(Wilson)-θ法程序

```
% * * * * * * * * * * * * * * * * * * * * * * * * * * * * * * * * * * * * * * * * * * *
%                   Wilson-θ 法(以例 4-5-1 为实例)
% * * * * * * * * * * * * * * * * * * * * * * * * * * * * * * * * * * * * * * * * * * *
```

```
FP1 = fopen('input.txt','rt');                    % 打开数据输入文件
dt = fscanf(FP1,'%f',1);                          % 读入时间步长
nt = fscanf(FP1,'%f',1);                          % 读入计算总步数
n = fscanf(FP1,'%f',1);                           % 读入自由度数
cta = fscanf(FP1,'%f',1);                         % 读入算法控制参数
a0 = fscanf(FP1,'%f',1);                          % 读入瑞利阻尼系数 a0
a1 = fscanf(FP1,'%f',1);                          % 读入瑞利阻尼系数 a1
p = fscanf(FP1,'%f',1);                           % 读入简谐外荷载幅值
wbar = fscanf(FP1,'%f',1);                        % 读入简谐外荷载频率
M = fscanf(FP1,'%d',[n,n]);                       % 读入质量矩阵
K = fscanf(FP1,'%d',[n,n]);                       % 读入刚度矩阵
C = a0 * M + a1 * K;                              % 定义阻尼矩阵
% ----确定外荷载时程--------------------------------
for i = 1:nt
    for j = 1:n
        Q(j,i) = p * sin((i-1) * dt * wbar);
    end
end
% ----确定计算系数--------------------------------
b0 = 6/(cta^2 * dt^2);
b1 = 6/(cta * dt);
b2 = 3/(cta * dt);
b3 = cta * dt/2;
b4 = 6/(cta^3 * dt^2);
b5 = -6/(cta^2 * dt);
b6 = 1 - 3/cta;
b7 = dt/2;
b8 = dt^2/6;
% ----确定初始条件--------------------------------
d(:,1) = zeros(n,1);                                    % 初始位移与速度暂定为零
v(:,1) = zeros(n,1);
a(:,1) = M\(Q(:,1) - C * v(:,1) - K * d(:,1));
% ----计算动力响应--------------------------------
Keff = b0 * M + b2 * C + K;
for i = 2:nt;
Qcta(:,i) = Q(:,i-1) + cta * (Q(:,i) - Q(:,i-1));
Qeff = Qcta(:,i) + M * (b0 * d(:,i-1) + b1 * v(:,i-1) + 2 * a(:,i-1)) + C * (b2 * d(:,i-1) + 2 *
v(:,i-1) + b3 * a(:,i-1));
dcta(:,i) = Keff\Qeff;
a(:,i) = b4 * (dcta(:,i) - d(:,i-1)) + b5 * v(:,i-1) + b6 * a(:,i-1);
v(:,i) = v(:,i-1) + b7 * (a(:,i) + a(:,i-1));
d(:,i) = d(:,i-1) + 2 * b7 * v(:,i-1) + b8 * (a(:,i) + 2 * a(:,i-1));
end
```

```
% - - - - 输出动力响应 - - - - - - - - - - - - - - - - - - - - - - - - - - - - - - - - - - -
t1 = [0:dt:(nt-1)*dt];
xlswrite('动力响应.xlsx',[t1',d'],1,'A1'); %将数据写入 xlsx 文件,数据开始位置为 sheet1,A1
xlswrite('动力响应.xlsx',[t1',v'],2,'A1'); %将数据写入 xlsx 文件,数据开始位置为 sheet2,A1
xlswrite('动力响应.xlsx',[t1',a'],3,'A1'); %将数据写入 xlsx 文件,数据开始位置为 sheet3,A1
```

附录 8　纽马克(Newmark)法程序

```
% * * * * * * * * * * * * * * * * * * * * * * * * * * * * * * * * * * * * * * * * * * * * *
%                              Newmark 法(以例 4-5-1 为实例)
% * * * * * * * * * * * * * * * * * * * * * * * * * * * * * * * * * * * * * * * * * * * * *
FP1 = fopen('input.txt','rt');                 %打开数据输入文件
dt = fscanf(FP1,'%f',1);                       %读入时间步长
nt = fscanf(FP1,'%f',1);                       %读入计算总步数
n = fscanf(FP1,'%f',1);                        %读入自由度数
alfa = fscanf(FP1,'%f',1);                     %读入积分控制参数
dta = fscanf(FP1,'%f',1);                      %读入积分控制参数
a0 = fscanf(FP1,'%f',1);                       %读入瑞利阻尼系数 a0
a1 = fscanf(FP1,'%f',1);                       %读入瑞利阻尼系数 a1
p = fscanf(FP1,'%f',1);                        %读入简谐外荷载幅值
wbar = fscanf(FP1,'%f',1);                     %读入简谐外荷载频率
M = fscanf(FP1,'%d',[n,n]);                    %读入质量矩阵
K = fscanf(FP1,'%d',[n,n]);                    %读入刚度矩阵
C = a0*M + a1*K;                               %定义阻尼矩阵
% - - - - 确定外荷载时程 - - - - - - - - - - - - - - - - - - - - - - - - - - - - - - - - -
for i = 1:nt
    for j = 1:n
      Q(j,i) = p*sin((i-1)*dt*wbar);
    end
end
% - - - - 确定计算系数 - - - - - - - - - - - - - - - - - - - - - - - - - - - - - - - - - -
b0 = 1/(alfa*dt^2);
b1 = 1/(alfa*dt);
b2 = 1/(2*alfa) - 1;
b3 = dta/(alfa*dt);
b4 = dta/alfa - 1;
b5 = dt/2*(dta/alfa - 2);
% - - - - 确定初始条件 - - - - - - - - - - - - - - - - - - - - - - - - - - - - - - - - - -
d(:,1) = zeros(n,1);                           %初始位移与速度暂定为零
v(:,1) = zeros(n,1);
a(:,1) = M\(Q(:,1) - C*v(:,1) - K*d(:,1));
```

```
% ----计算动力响应------------------------------
Keff = b0 * M + b3 * C + K;
for i = 2:nt
Qeff = Q(:,i) + M * (b0 * d(:,i-1) + b1 * v(:,i-1) + b2 * a(:,i-1)) + C * (b3 * d(:,i-1) + b4 * v
(:,i-1) + b5 * a(:,i-1));
d(:,i) = Keff\Qeff;
a(:,i) = b0 * (d(:,i) - d(:,i-1)) - b1 * v(:,i-1) - b2 * a(:,i-1);
v(:,i) = b3 * (d(:,i) - d(:,i-1)) - b4 * v(:,i-1) - b5 * a(:,i-1);
end
% ----输出动力响应------------------------------
t1 = [0:dt:(nt-1) * dt];
xlswrite('动力响应.xlsx',[t1',d'],1,'A1'); %将数据写入 xlsx 文件,数据开始位置为 sheet1,A1
xlswrite('动力响应.xlsx',[t1',v'],2,'A1'); %将数据写入 xlsx 文件,数据开始位置为 sheet2,A1
xlswrite('动力响应.xlsx',[t1',a'],3,'A1'); %将数据写入 xlsx 文件,数据开始位置为 sheet3,A1
```

参 考 文 献

[1] 克拉夫,彭津.结构动力学(修订版)[M].2版.王光远,等,译.北京:高等教育出版社,2006.

[2] 周智辉,文颖,曾庆元.结构动力学讲义[M].2版.北京:人民交通出版社股份有限公司,2017.

[3] ZHOU Zhihui, WEN Ying, CAI Chenzhi, et al. Fundamentals of structural dynamics [M]. Changsha: Central South University Press, 2021.

[4] 邱秉权.分析力学[M].北京:中国铁道出版社,1998.

[5] 铁摩辛柯,杨.高等动力学[M].陈凤初,译.北京:科学出版社,1962.

[6] 铁摩辛柯,杨.结构理论[M].叶红玲,杨庆生,等,译.北京:机械工业出版社,2005.

[7] 曾庆元,周智辉,文颖.结构动力学讲义[M].北京:人民交通出版社股份有限公司,2015.

[8] 曾庆元,郭向荣.列车桥梁时变系统振动分析理论与应用[M].北京:中国铁道出版社,1999.

[9] 曾庆元,向俊,周智辉,等.列车脱轨分析理论与应用[M].长沙:中南大学出版社,2006.

[10] 曾庆元.弹性系统动力学总势能不变值原理[J].华中理工大学学报,2000,28(1):1-3.

[11] 普齐米尼斯基.矩阵结构分析理论[M].王德荣,等,译.北京:国防工业出版社,1974.

[12] 柏拉希.金属结构的屈曲强度[M].同济大学钢木结构教研室,译.北京:科学出版社,1965.

[13] 曾庆元,杨平.形成矩阵的"对号入座"法则与桁梁空间分析的桁段有限元法[J].铁道学报,1986,8(2):48-59.

[14] 曾庆元.三跨连续变截面薄壁双室箱形梁计算的有限元法[J].长沙铁道学院学报,1981(2):34-48.

[15] 苗同臣.振动力学[M].北京:中国建筑工业出版社,2017.

[16] 王健,赵国生.MATLAB数学建模与仿真[M].北京:清华大学出版社,2016.

[17] 周智辉,魏标,邹云峰,等.桥梁振动[M].北京:人民交通出版社股份有限公司,2021.

[18] CRAIG, JR RR, KURDILA A J. Fundamentals of structural dynamics[M]. 2nd ed. NJ: John Wiley & Sons. Inc., 2006.

[19] 闻邦椿,刘树英,陈照波,等.机械振动理论及应用[M].北京:高等教育出版社,2009.

[20] 刘晶波,杜修力.结构动力学[M].2版.北京:机械工业出版社,2022.

[21] 张子明,周星德,姜冬菊. 结构动力学[M]. 北京:中国电力出版社,2009.
[22] CHOPRA A K. 结构动力学理论及其在地震工程中的应用[M]. 5 版. 谢礼立,吕大刚,等,译. 北京:高等教育出版社,2023.
[23] 陈华霆,谭平,彭凌云,等. 复振型叠加法截断误差及改进[J]. 振动工程学报,2017,30(4):556-563.
[24] TRAILL-NASH R W. Modal methods in the dynamics of systems with non-classical damping[J]. Earthquake Engineering and Structural Dynamics,1981,9(2):153-169.
[25] 陈政清,樊伟,李寿英,等. 结构动力学[M]. 北京:人民交通出版社股份有限公司,2021.
[26] 杨清宇,马训鸣,朱洪艳,等. 现代控制理论[M]. 2 版. 西安:西安交通大学出版社,2020.
[27] 武兰河. 结构动力学[M]. 北京:人民交通出版社股份有限公司,2016.
[28] 包世华. 结构动力学[M]. 武汉:武汉理工大学出版社,2017.
[29] 谢贻权,何福保. 弹性和塑性力学中的有限单元法[M]. 北京:机械工业出版社,1981.
[30] BATHE K J, WILSON E L. Numerical methods in finite element analysis[M]. 2nd ed. NJ: Prentice Hall, 1976.
[31] 张亚辉,林家浩. 结构动力学基础[M]. 大连:大连理工大学出版社,2007.
[32] 于开平,邹经湘. 结构动力学[M]. 3 版. 哈尔滨:哈尔滨工业大学出版社,2015.
[33] 王文亮,杜作润. 结构振动与动态子结构方法[M]. 上海:复旦大学出版社,1985.
[34] 威尔逊. 结构静力与动力分析——强调地震工程学的物理方法[M]. 原著第 4 版. 北京金土木软件技术有限公司,中国建筑标准设计研究院,译. 北京:中国建筑工业出版社,2006.
[35] 郑兆昌. 机械振动(中册)[M]. 北京:机械工业出版社,1986.
[36] 刘祥庆,刘晶波,丁桦. 时域逐步积分算法稳定性与精度的对比分析[J]. 岩石力学与工程学报,2007,26(S1):3000-3008.
[37] 林家浩,张亚辉. 随机振动的虚拟激励法[M]. 北京:科学出版社,2004.
[38] 李杰,陈建兵. 结构随机动力学[M]. 律梦泽,译. 上海:上海科学技术出版社,2023.
[39] 欧进萍,王光远. 结构随机振动[M]. 北京:高等教育出版社,1998.
[40] 朱位秋. 随机振动[M]. 北京:科学出版社,1992.

图书在版编目(CIP)数据

结构动力学讲义 / 周智辉,文颖,曾庆元编著. —
3 版. — 北京 : 人民交通出版社股份有限公司, 2024.7
ISBN 978-7-114-19493-1

Ⅰ.①结… Ⅱ.①周… ②文… ③曾… Ⅲ.①结构动
力学 Ⅳ.①O342

中国国家版本馆 CIP 数据核字(2024)第 075892 号

本教材第 2 版曾获 2021 年度湖南省研究生优秀教材
Jiegou Donglixue Jiangyi

书　　名: **结构动力学讲义**(第 3 版)
著 作 者: 周智辉　文　颖　曾庆元
责任编辑: 卢俊丽　陈虹宇
责任校对: 赵媛媛　刘　璇　龙　雪
责任印制: 刘高彤
出版发行: 人民交通出版社
地　　址: (100011)北京市朝阳区安定门外外馆斜街 3 号
网　　址: http://www.ccpcl.com.cn
销售电话: (010)59757973
总 经 销: 人民交通出版社发行部
经　　销: 各地新华书店
印　　刷: 北京虎彩文化传播有限公司
开　　本: 787×1092　1/16
印　　张: 18
字　　数: 438 千
版　　次: 2015 年 11 月　第 1 版
2017 年 8 月　第 2 版
2024 年 7 月　第 3 版
印　　次: 2024 年 7 月　第 3 版第 1 次印刷　总第 3 次印刷
书　　号: ISBN 978-7-114-19493-1
定　　价: 59.00 元